U0731018

高等职业教育土木建筑类专业系列教材

建筑结构识图与平法构造

（含图册）

（第二版）

主　编　马桂芬　杨劲珍

副主编　陈艳燕　南学平

参　编　郭晓松　郭　漫

科 学 出 版 社

北 京

内 容 简 介

本书依据现行的有关标准规范和 22G101—1～22G101—3 图集、18G901—1～18G901—3 图集为基础进行编写，是编者结合当前学生实际情况、从事建筑结构教学十几年经验的总结。本书重点突出、图文并茂、通俗易懂。在内容上以必需、够用为原则，力求体现职业教育教材的特点。全书分为8 个模块，模块 1 介绍建筑结构基础知识，模块 2 介绍建筑结构施工图基础知识，模块 3～模块 5 分别介绍梁、柱、板平法施工图及标准构造详图，模块 6～模块 8 分别介绍剪力墙、楼梯以及基础平法施工图及标准构造详图。

本书可供高职土建相关专业学生使用，也可作为相关专业人员的学习及参考用书。

图书在版编目（CIP）数据

建筑结构识图与平法构造：含图册 / 马桂芬，杨劲珍主编. —2 版. —北京：科学出版社，2024.5

高等职业教育土木建筑类专业系列教材

ISBN 978-7-03-077220-6

Ⅰ. ①建… Ⅱ. ①马… ②杨… Ⅲ. ①建筑结构-建筑制图-识图-高等职业教育-教材 Ⅳ. ①TU204

中国国家版本馆 CIP 数据核字（2023）第 243331 号

责任编辑：万瑞达 李程程 / 责任校对：赵丽杰
责任印制：吕春珉 / 封面设计：曹 来

科学出版社 出版

北京东黄城根北街 16 号
邮政编码：100717
http://www.sciencep.com

三河市骏杰印刷有限公司印刷

科学出版社发行　各地新华书店经销

*

2019 年 6 月第 一 版　开本：787×1092　1/16
2024 年 5 月第 二 版　印张：20 3/4
2024 年 5 月第五次印刷　字数：487 000

定价：69.00 元（共两册）
（如有印装质量问题，我社负责调换）

销售部电话 010-62136230　编辑部电话 010-62130874（VA03）

版权所有，侵权必究

第二版前言

本书以现行的有关标准、规范及全国住房和城乡建设职业教育教学指导委员会的指导意见为依据，从高等职业教育的特点和培养高技能人才的实际出发，以房屋建筑中的钢筋混凝土结构为重点，介绍建筑结构基础知识和建筑结构施工图基础知识等内容。本书还着重介绍《混凝土结构施工图 平面整体表示方法制图规则和构造详图》（22G101—1～22G101—3）。混凝土结构施工图平面整体表示方法简称平法，该方法已在全国结构工程中得到普遍应用。对于土建相关专业学生而言，能看懂平法施工图是依据平法施工图进行工程施工、工程监理、工程计量计价等的基础。

本书内容翔实，始终围绕培养学生识图能力来组织编写。每个模块中都有大量的例题帮助学生理解、加深对应的知识点；每个模块中结合构造详图深入浅出地总结常见钢筋混凝土构件的构造做法，并从识图的角度给学生相应的提示；每个模块设有课程思政、知识要求、技能要求和关键术语等，所有学习任务介绍完后进行模块小结，并附有大量习题，可供学生巩固和练习。通过本书的学习，学生可逐渐积累建筑结构基础知识和建筑结构施工图基础知识，掌握常见钢筋混凝土构件的制图规则和构造要求。在此基础上，学生能识读一般常用建筑结构的施工图。本书中尺寸以毫米（mm）为单位，标高以米（m）为单位。

全书共分 8 个模块。具体编写分工如下：模块 1 由郭漫和马桂芬共同编写；模块 3 和模块 6 由杨劲珍编写；模块 2、模块 4 和模块 5 由马桂芬编写；模块 7 由郭晓松编写；模块 8 由南学平编写；图册中实际工程施工图，由陈艳燕提供。

在编写本书过程中，编者参考了一些公开出版的图书和发表的论文资料，在此对有关作者表示衷心的感谢。由于时间仓促，编者水平有限及经验不足，书中难免会有疏漏和不足之处，恳请各位读者批评指正。

编　者
2023 年 8 月

第一版前言

教育是国之大计、党之大计。教育、科技、人才是全面建设社会主义现代化国家的基础性、战略性支撑。全面建设社会主义现代化国家，必须坚持科技是第一生产力、人才是第一资源、创新是第一动力，深入实施科教兴国战略、人才强国战略、创新驱动发展战略。高等教育人才培养要树立质量意识、抓好质量建设、全面提高人才自主培养质量。

本书以现行的有关标准、规范及全国高职高专教育工程管理类专业教学指导委员会制定的工程造价专业人才培养方案为依据，从高等职业教育的特点和培养高技能人才的实际出发，以房屋建筑中的钢筋混凝土结构为重点，介绍了建筑结构基础知识和建筑结构施工图基础知识等。本书还着重介绍了《混凝土结构施工图 平面整体表示方法制图规则和构造详图》（16G101—1～16G101—3）。混凝土结构施工图平面整体表示方法，简称"平法"，该平法已在全国结构工程中得到普遍应用，对于土建相关专业学生而言，能看懂平法施工图是依据平法施工图进行工程施工、工程监理、工程计量计价等的基础。

本书每章开始设有知识要求、技能要求和关键术语，章后做了小结，并附有习题，可供学生巩固和练习。通过本书的学习，学生可逐渐积累建筑结构基础知识和建筑结构施工图基础知识，熟悉常见钢筋混凝土构件的制图规则和构造要求。在此基础上，能识读一般常用建筑结构的施工图。

全书共分八章。具体编写分工如下：第 1 章由陈艳燕和马桂芬共同编写；第 2 章、第 3 章由陈艳燕编写；第 4 章和第 5 章由马桂芬编写；第 6 章和第 7 章由杨劲珍编写；第 8 章由南学平编写；书后附有实际工程施工图，由陈艳燕提供；全书由危道军统稿。

在编写本书过程中，编者参考了一些公开出版图书和发表的论文资料，在此对有关作者表示衷心的感谢。由于时间仓促，编者水平有限及经验不足，书中难免会有疏漏和不足之处，恳请各位读者批评指正。

编　者
2018 年 10 月

目　录

模块 1

建筑结构基础知识

思政引导 ☞

从范仲淹"先天下之忧而忧，后天下之乐而乐"到陆游"位卑未敢忘忧国"，中华民族之所以拥有今天的辉煌成就，和一代代仁人志士肩负社会责任感而进行努力奋斗密不可分。肩负社会责任感要求我们在追求个人利益的同时兼顾社会效益，时刻以为社会服务、对社会负责为己任。建筑结构如同建筑的骨架，要承受各种力的作用，形成支撑体系，是建筑物赖以存在的物质基础，它决定了建筑物的安全程度，进而决定了人民的生命财产安全甚至是关系到社会的和谐稳定。作为土建相关专业的学生，需要认真学习，培养高度的社会责任感。社会责任感作为一切美德的基础和出发点，是人类理性与良知的集中体现，是社会得以发展的基石。

知识要求 ☞

通过本模块的学习，熟悉建筑结构的概念及分类，理解与结构相关的名词术语；熟悉建筑结构常用材料；掌握常用热轧钢筋的牌号及其对应的符号；掌握混凝土、块材和砂浆强度等级的表示方法；掌握碳素结构钢和低合金高强度结构钢的牌号表示方法；熟悉抗震基础知识；掌握钢筋混凝土基本构件的分类及配筋情况；掌握钢筋混凝土结构常用构造。

技能要求 ☞

通过本模块的学习，能够通过识读结构施工图，了解结构的工程概况（包括该工程的结构类型、抗震设防分类、抗震设防烈度、设计地震分组、抗震等级等）；能够进行结构构件材料的选择（包括材料的种类及强度等级）；会分析钢筋混凝土结构常用构造及基本构件配筋情况。

关键术语 👉

建筑结构、钢筋混凝土结构、砌体结构、框架结构、剪力墙结构、框架-剪力墙结构、钢筋、混凝土、地震、震级、地震烈度、抗震设防烈度、抗震等级。

任务 1.1 熟悉建筑结构的概念及分类

1.1.1 建筑结构的概念

建筑结构是由基础、柱、梁、板和墙体等基本构件通过各种形式连接而成的能承受"作用"的骨架。这里所说的"作用"是使结构产生效应（如结构或构件的内力、应力、位移、应变、裂缝等）的各种原因的统称。作用分为直接作用和间接作用。直接作用即外荷载，是指施加在结构上的外力，如结构的自重、楼面荷载、雪荷载、风荷载等；间接作用指引起结构构件应力变化除荷载以外的其他原因，如地基沉降、混凝土收缩、温度变化、地震作用等。组成建筑结构的构件称为结构构件，如基础、柱、梁、板和墙体都是结构构件，而门、窗不是结构构件。

1.1.2 建筑结构的分类

建筑结构的分类方法有很多，这里仅介绍最常见的两种。

1. 按所用材料的不同分类

（1）混凝土结构

混凝土结构是指以混凝土为主制成的结构，包括素混凝土结构、钢筋混凝土结构和预应力混凝土结构等。

1）素混凝土结构。素混凝土是针对钢筋混凝土和预应力混凝土等而言的。素混凝土是钢筋混凝土的重要组成部分，由水泥、砂（细骨料）、石子（粗骨料）、矿物掺合料、外加剂等，按一定比例混合后加一定比例的水拌制而成。无筋或不配置受力钢筋的混凝土结构为素混凝土结构。素混凝土具有较高的抗压强度，但抗拉强度却很低，故一般在以受压为主的结构构件中采用，如柱墩、基础墙等。

2）钢筋混凝土结构。配置受力普通钢筋的混凝土结构为钢筋混凝土结构。钢筋和混凝土这两种物理、力学性能不同的材料之所以能有效地结合在一起，主要是因为两者之间存在黏结力，受荷载作用后协调变形；而且这两种材料温度线膨胀系数接近。此外，钢筋外边缘至构件表面范围用于保护钢筋的混凝土为保护层，使钢筋不受锈蚀并提高了构件的防火性能。钢筋混凝土结构合理地利用了钢筋和混凝土两者性能特点，可形成强度较高、刚度较大的结构，具有耐久性和防火性能好，可模性好，结构造型灵活，以及整体性、延性好，适用于抗震结构等特点，因而在建筑结构及其他土木工程中得到广泛应用。

3）预应力混凝土结构。预应力混凝土结构是指配置受力的预应力筋，通过张拉或其他方法建立预加应力的混凝土结构，所产生的预压应力可以抵消外荷载所引起的大部分或全部拉应力，从而提高了结构构件的抗裂强度。这样的预应力混凝土一方面由于不出现裂缝或裂缝宽度较小，因而它比相应的普通钢筋混凝土的截面刚度要大，变形要小；另一方面预应力使构件或结构产生的变形与外荷载产生的变形方向相反（习惯称为"反拱"），因而可抵消后者一部分变形，使之容易满足结构对变形的要求，故预应力混凝土适用于建造大跨度结构。混凝土和预应力钢筋强度越高，可建立的预应力值越大，则构件的抗裂性能越好。由于预应力混凝土结构合理有效地利用高强度钢材，因而可节约钢材，减轻结构自重；又由于这种结构抗裂性好，其可建造水工、储水和其他不渗漏结构。

◆ 阅读资料

钢筋混凝土结构的优缺点

在混凝土结构中，钢筋混凝土结构应用最为广泛。钢筋混凝土结构具有以下优点。

1）易于就地取材。钢筋混凝土的主要材料砂、石几乎到处都有，而水泥和钢材的产地在我国分布也较广，这有利于就地取材，降低工程造价。

2）耐久性好。在钢筋混凝土结构中，钢筋被混凝土紧紧包裹而不致锈蚀，也不易被腐蚀性环境侵蚀。因此，其具有很好的耐久性，降低维修率。

3）抗震性能好。钢筋混凝土结构，特别是现浇结构具有很好的整体性，能减缓地震作用所带来的危害。

4）可模性好。混凝土可根据工程需要制成各种形状和尺寸的构件，这给合理选择结构形式及构件的截面形式提供了便利。

5）耐火性好。在钢筋混凝土结构中，钢筋被混凝土包裹着，而且混凝土的导热性很差，因此钢筋不至于在发生火灾时很快软化而造成结构破坏。

钢筋混凝土结构同样存在缺点，主要是自重大，抗裂性能差，现浇结构模板用量大，工期长等。但随着科学技术的不断发展，这些缺点可以逐渐被克服。例如，采用预应力混凝土就可以提高构件的抗裂性能。

（2）砌体结构

砌体结构是指以由块材和砂浆砌筑而成的墙、柱作为建筑物主要受力构件的结构。砌体结构又可分为无筋砌体结构和配筋砌体结构。

无筋砌体是指不配置钢筋，仅由块材和砂浆砌筑而成的砌体。它包括砖砌体、石砌体和砌块砌体等，其抗震性能和抵抗不均匀沉降的能力较差。

配筋砌体是指在由砖、石、砌块砌筑的砌体结构中加入钢筋或钢筋混凝土（砂浆）而形成的砌体。配筋砌体包括网状配筋砖砌体、组合砖砌体（由砖砌体和钢筋混凝土面层或钢筋砂浆面层组合而成）、砖砌体和钢筋混凝土构造柱组合墙（图1.1）以及配筋砌块砌体（图1.2）。

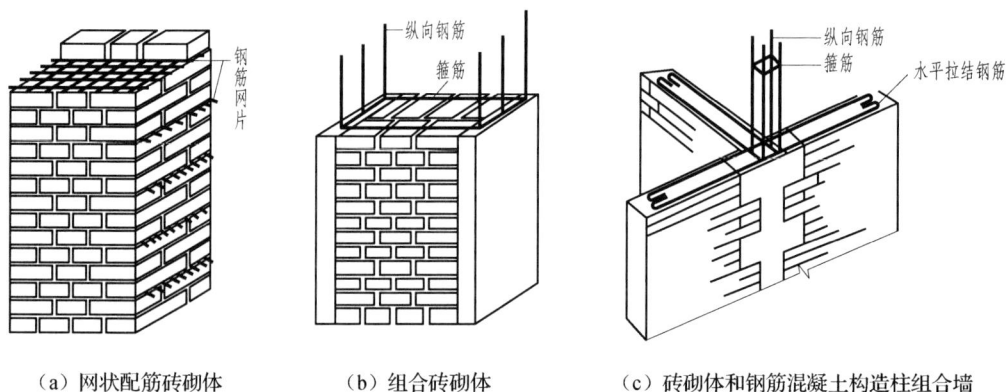

（a）网状配筋砖砌体　　　（b）组合砖砌体　　　（c）砖砌体和钢筋混凝土构造柱组合墙

图1.1　配筋砖砌体

图1.2　配筋砌块砌体

其中，网状配筋砖砌体是在水平灰缝中每隔几皮砖配置钢筋网片。钢筋网有方格网式和连弯式两种，如图1.3所示。

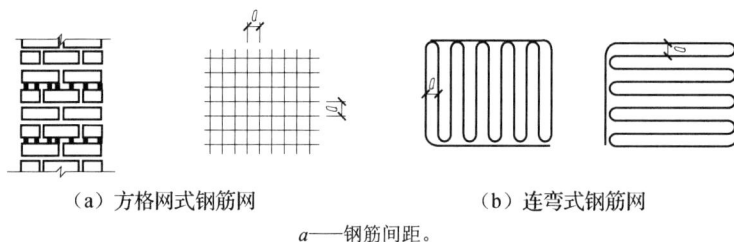

（a）方格网式钢筋网　　　　　　　　（b）连弯式钢筋网

a——钢筋间距。

图1.3　网状配筋砖砌体

◆ **阅读资料**

<h2 align="center">砌体结构的优缺点</h2>

砌体结构在我国应用广泛。

（1）砌体结构的优点

1）易于就地取材。砖、砌块及石材的原料来源方便。

2）砖、石及砌块砌体具有良好的耐火性和较好的耐久性。

3）砌体砌筑时不需要模板和特殊的施工设备。在寒冷地区，冬季可用冻结法砌筑，不需要特殊的保温措施。

4）砖墙和砌块墙体能够隔热和保温，所以既是较好的承重结构，也是较好的围护结构。

（2）砌体结构的缺点

1）与钢结构和混凝土结构相比，砌体的强度较低，因而构件的截面尺寸较大，材料用量多，自重大。

2）砌体的砌筑基本上是手工方式，施工劳动量大。

3）砌体的抗拉、抗剪强度都很低，因而抗震性能较差，在使用上受到一定限制；砖、石的抗压强度也不能充分发挥；抗弯能力低。

4）（烧结）普通砖需用黏土制造，在某些地区过多占用农田，影响农业生产。

（3）钢结构

钢结构是指以钢材为主设计的结构，是主要的建筑结构类型之一。

◆ **阅读资料**

<h2 align="center">钢结构的优缺点</h2>

目前，钢结构的应用正日益增多，尤其是在高层建筑及大跨度结构（如屋架、网架、悬索等结构）中。

钢结构具有以下主要优点。

1）材料强度高，自重轻，塑性和韧性好，材质均匀。

2）便于工厂生产和机械化施工，便于拆卸。

3）抗震性能优越。

4）没有污染，可以再生，节能，符合建筑可持续发展的原则。

钢结构的缺点是易腐蚀，需经常油漆维护，故维护费用较高。钢结构的耐火性差，当温度达到250℃时，钢材力学性能将会发生较大变化，强度只有常温下的一半左右；当温度达到500℃时，钢材完全软化，结构会瞬间坍塌，承载能力完全丧失。

（4）木结构

木结构是指全部或大部分用木材制作的结构。这种结构由于制作简单，过去应用相当普遍。但木材用途广泛，用量日增，而产量却受自然条件的限制，因此木结构现已很少采用。

2. 按承重结构类型分类

（1）砖混结构

砖混结构是指竖向承重的墙、柱等采用砖砌筑，水平承重的梁、楼板、屋面板等采用钢筋混凝土浇筑的结构。也就是说砖混结构是以小部分钢筋混凝土构件及大部分砖墙承重的结构。

砖混结构造价低、砌筑速度快，但因其抗拉、抗剪强度低，抗震性差，所以只能用于层数不多的住宅、宿舍、办公楼、旅馆等民用建筑。

◆ 阅读资料

砖混结构房屋的承重体系

根据建筑物竖向荷载传递路线的不同，可将砖混结构房屋的承重体系划分为下列四种类型。

1）横墙承重体系。将楼板直接搁置在横墙上的承重体系称为横墙承重体系，如图 1.4 所示。在横墙承重体系房屋中，横墙是主要的承重墙，纵墙主要起围护、隔断和将横墙连接成整体的作用。荷载的主要传递路线是：板→横墙→基础→地基。横墙承重体系房屋的横向刚度较大，整体性好，对抵抗风荷载、地震作用和地基的不均匀沉降等较为有利，适用于横墙间距较密的住宅、宿舍、旅馆等民用建筑。

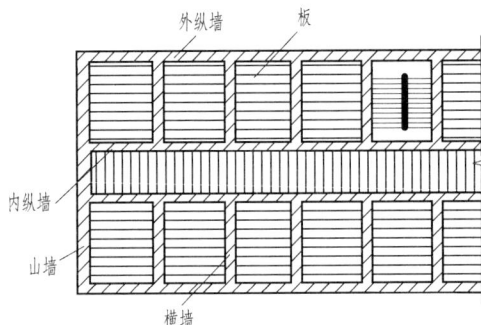

图 1.4　横墙承重体系

2）纵墙承重体系。将楼板直接搁置在纵向承重墙上或将楼板铺设在梁上，称为纵墙承重体系,如图 1.5 所示。在纵墙承重体系房屋中,纵墙是主要的承重墙,横墙主要起分隔和将纵墙连接成整体的作用,荷载的主要传递线是:板→(梁)→纵墙→基础→地基。纵墙承重体系房屋的平面布置灵活,室内空间较大,但横向刚度和房屋的整体性稍差,适用于使用上要求有较大空间的教学楼、实验楼、办公楼、厂房和仓库等工业与民用建筑。

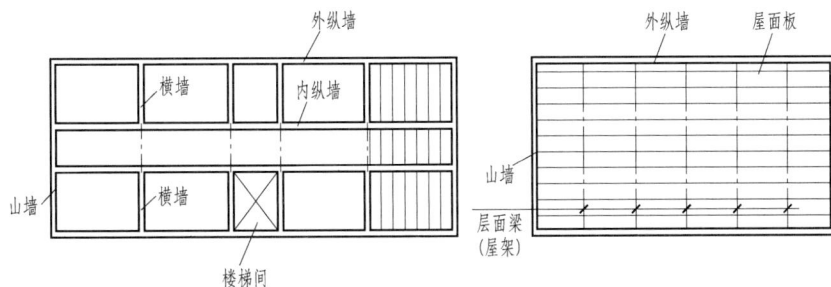

图 1.5　纵墙承重体系

3)纵横墙承重体系。楼板一部分搁置在横墙上,一部分搁置在大梁上,而大梁则搁置在纵墙上,称为纵横墙承重体系,如图 1.6 所示。在纵横墙承重体系房屋中,纵横墙均为承重墙。这种结构房屋的纵墙和横墙均承受屋面或楼面传来的荷载。这种房屋在两个相互垂直的方向上的刚度均较大,有较强的抗风和抗震能力,应用广泛。荷载的主要传递线是:屋(楼)面→纵墙或横墙→基础→地基。

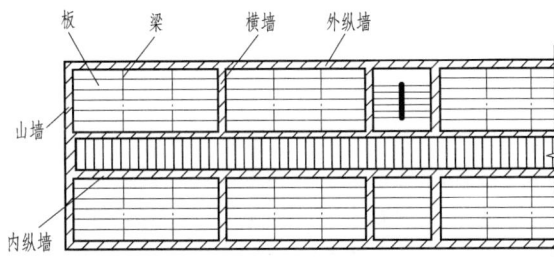

图 1.6　纵横墙承重体系

4)内框架承重体系。楼板沿纵向搁置在大梁上,大梁一端搁置在纵墙上,另一端则与柱整体相连,形成内框架,称为内框架承重体系,如图 1.7 所示。这类布置体系周边利用墙体承重,中间利用梁、柱承重,其荷载的主要传递线是:板→梁(横墙)→柱(纵墙)→基础→地基。内框架承重体系常用于仓库、商店等要求有较开阔平面的建筑。

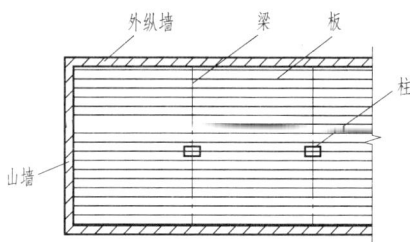

图 1.7　内框架承重体系

（2）框架结构

由梁和柱为主要承重构件组成的承受竖向和水平作用的结构称为框架结构，如图 1.8 所示。这种结构的墙体为非承重墙，只起围护和分隔的作用。框架结构平面布置灵活、抗压强度高、抗震性好，但侧向刚度小，抗侧移的能力差。框架结构广泛应用于多层工业厂房及多高层办公楼、医院、旅馆、教学楼、住宅等。

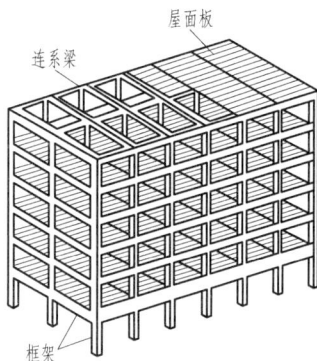

图 1.8　框架结构

框架结构按施工方法可分为现浇整体式框架、装配式框架和装配整体式框架。现浇整体式框架的梁、柱均为整体现浇，梁内纵筋伸入柱内锚固，其结构整体性好，抗震性能好；装配式框架的梁、柱均为预制，节点通过焊接拼装成整体，整体性差，抗震性能差，不宜在抗震要求高的地区采用；装配整体式框架的梁、柱均为预制，吊装就位后，焊接或绑扎节点区钢筋，后浇筑混凝土，形成框架节点，施工复杂。目前，工程中应用较多的是现浇整体式框架。

◆ 阅读资料

框架结构承重布置方案

按楼面竖向荷载传递路线的不同，框架结构承重布置方案有横向框架承重方案、纵向框架承重方案和纵横向框架混合承重方案三种。横向框架承重方案是在房屋的横向布置框架主梁，而在纵向布置连续梁，楼面竖向荷载由横向框架梁传至柱，如图 1.9（a）所示。横向框架承重结构横向刚度大。纵向框架承重方案是在房屋的纵向布置框架主梁，而在横向布置连续梁，楼面竖向荷载由纵向框架梁传至柱，如图 1.9（b）所示。纵向框架承重结构横向刚度差，但有利于设备管道的穿行。纵横向框架混合承重方案是在两个方向均布置框架主梁以承受楼面荷载，如图 1.9（c）所示。这种承重结构双向刚度均较大，整体工作性能好，目前采用较多。

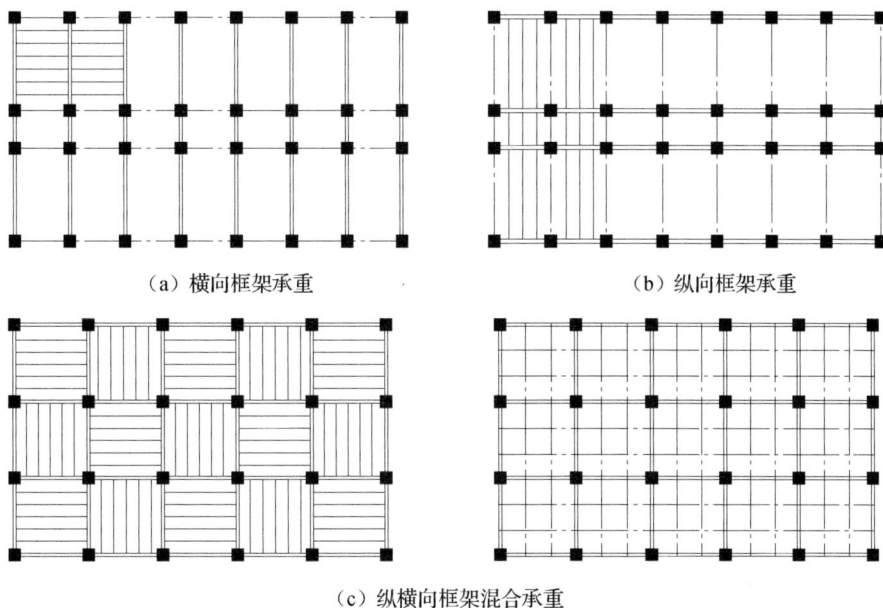

(a) 横向框架承重

(b) 纵向框架承重

(c) 纵横向框架混合承重

图 1.9　框架结构布置方案

（3）剪力墙结构

剪力墙结构是指由剪力墙承受水平和竖向作用的结构，如图 1.10 所示。剪力墙实质上是固结于基础的钢筋混凝土墙，具有很高的抗侧移能力。因其既承担竖向荷载，又承担水平荷载（剪力），故名剪力墙。剪力墙又称抗风墙或抗震墙、结构墙。一般情况下，剪力墙结构楼盖内不设梁，楼板直接支承在墙体上，墙体既是承重构件，又起围护和分隔的作用。

钢筋混凝土剪力墙结构横墙多，侧向刚度大，整体性好，对承受水平力有利；无突出墙面的梁柱，整齐美观，特别适合居住建筑，并可使用大模板、隧道模、滑升模板等先进施工方法，有利于缩短工期，节省人力。剪力墙体系的平面布置不灵活，房间划分受到较大限制。所以一般用于住宅、旅馆等开间要求较小的建筑。

（4）框架-剪力墙结构

在框架结构中的适当部位增设一定数量的钢筋混凝土剪力墙，框架和剪力墙共同承受竖向和水平作用的结构叫作框架-剪力墙结构（简称框-剪结构），如图 1.11 所示。

图 1.10　剪力墙结构

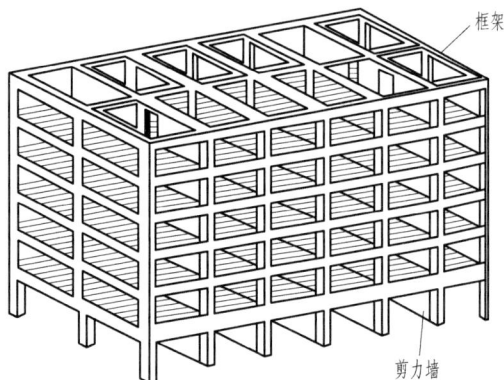

图 1.11　框架-剪力墙结构

框架-剪力墙结构的侧向刚度比框架结构大，大部分水平荷载由剪力墙承担，而竖向荷载主要由框架承受，因而用于高层房屋比框架结构更为经济合理；同时由于它只在部分位置设置剪力墙，因而保持了框架结构易于分割空间、立面易于变化等优点；此外，这种结构的抗震性能也较好。框架-剪力墙结构广泛应用于多层及高层办公楼、旅馆和公寓等建筑中。

（5）框支剪力墙结构

当高层剪力墙结构的底部要求有较大空间时，可将底部一层或几层部分剪力墙设计为框支剪力墙，形成框支剪力墙结构，如图 1.12 所示。框支剪力墙结构中的局部、部分剪力墙因建筑要求不能落地，直接落在下面支承的梁上，再由梁将荷载传至柱上，这样的梁就叫框支梁，柱就叫框支柱，上面的墙就叫框支剪力墙。这是一个局部的概念，因为结构中一般只有部分剪力墙会是框支剪力墙，大部分剪力墙一般都会落地。

框支剪力墙结构属竖向不规则结构，上、下层不同结构的内力和变形需通过转换层传递，抗震性能较差。

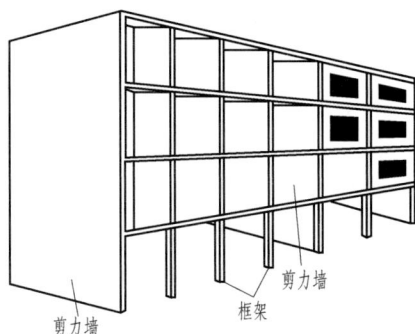

图 1.12 框支剪力墙结构

（6）筒体结构

以筒体为主组成的承受竖向和水平作用的结构称为筒体结构。筒体是由实心钢筋混凝土墙或密柱框架（框筒）构成的封闭井筒式结构，其受力与一个固定于基础上的筒形悬臂构件相似。根据开孔的多少，筒体有实腹筒和空腹筒两种，分别如图 1.13（a）、（b）所示。实腹筒一般由电梯井、楼梯间、管道井等形成，开孔少，因其常位于房屋中部，故又称核心筒。空腹筒又称框筒，由布置在房屋四周的密排立柱和截面高度很大的横梁（又称窗裙梁）组成，梁高一般为 0.6～1.22m。筒体结构就是由核心筒和框筒等基本单元组成的。

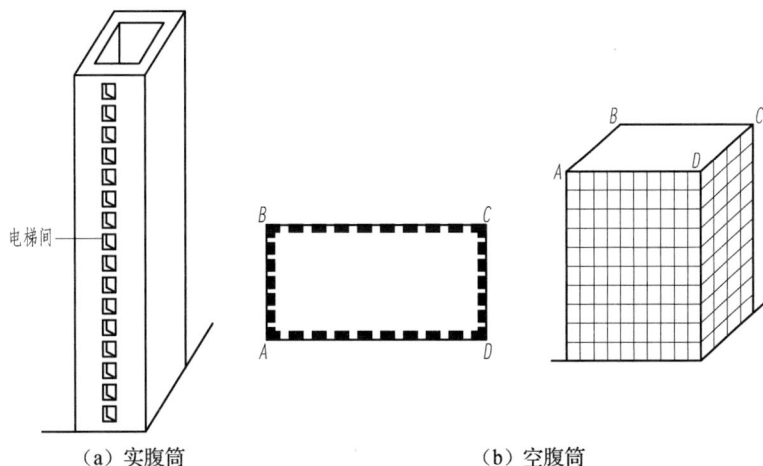

（a）实腹筒　　　　　　　　　　　　（b）空腹筒

图 1.13 筒体

根据房屋高度及其所受水平力的不同，筒体结构可以布置成框筒结构、框架-核心筒结构、筒中筒结构、多筒结构、成束筒结构和多重筒结构等形式，如图 1.14 所示。筒中筒结构通常用框筒作外筒，用实腹筒作内筒。

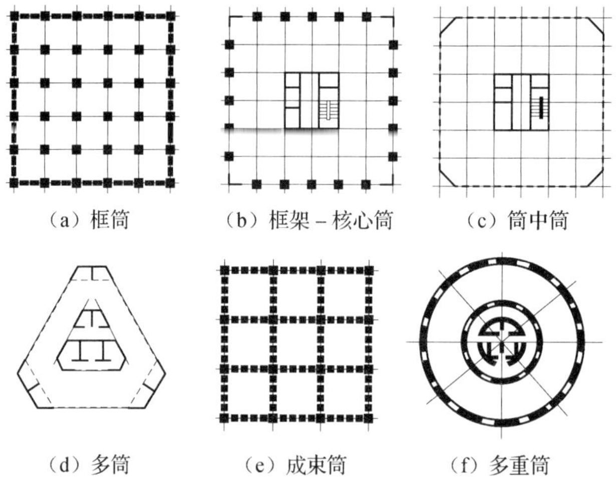

(a) 框筒　　　(b) 框架-核心筒　　　(c) 筒中筒

(d) 多筒　　　(e) 成束筒　　　(f) 多重筒

图 1.14　筒体结构

筒体结构外形采用形状规则的几何图形，如圆形、矩形、正多边形。它将剪力墙集中到房屋的内部和外围，形成空间封闭筒体，使结构体系既有极大的抗侧力刚度，又能因为剪力墙的集中而获得较大的空间，使建筑平面设计获得良好的灵活性，适用于 30 层以上或 100m 以上的超高层公共建筑。

> **小贴士**
>
> 按承重结构的类型分类不仅仅只有上述的 6 种结构，还有拱结构、网架结构和空间薄壁结构等，本书不再一一叙述。结构类型由结构设计者选定，并在结构设计说明里用文字加以说明。也就是说，识图时，通过识读结构设计说明能够知道设计者采用的是哪一种结构类型。

任务 1.2　熟悉建筑结构材料

1.2.1　钢筋

钢筋是指钢筋混凝土结构和预应力钢筋混凝土结构所用钢材，其横截面为圆形，有时为带有圆角的方形。

1. 钢筋的分类

钢筋分类方法有很多，这里仅介绍按外形、化学成分和加工工艺分类三种方法。

（1）按外形分类

普通钢筋按外形来分可分为光圆钢筋和带肋钢筋，如图 1.15 所示。

带肋钢筋

光圆钢筋

图 1.15　光圆钢筋和带肋钢筋

带肋钢筋也称变形钢筋，表面有突出的纵肋和横肋，其肋纹形式有月牙形、螺纹形和人字形三种。光圆钢筋被轧制为表面光滑的圆形截面，与带肋钢筋相比，因带肋钢筋表面有突出的纵肋和横肋，所以其与混凝土之间的黏结力比带肋钢筋与混凝土之间的黏结力小。

> **小贴士**
>
> 　　普通钢筋是混凝土结构构件中的各种非预应力钢筋的总称。预应力钢筋是指预应力钢筋混凝土中预先施加了应力的钢筋，工程中主要是通过张拉钢筋来实现的。在构件受力前张拉钢筋，达到规定应力值后再放松钢筋，利用钢筋的弹性回缩给混凝土一个预压应力，以抵消外荷载所引起的大部分或全部拉应力，起到提高结构构件抗裂性能的作用。预应力钢筋混凝土中，受张拉的钢筋为预应力钢筋，没有受张拉的钢筋为普通钢筋。设计者会根据《混凝土结构设计规范（2015 年版）》（GB 50010—2010）的规定配置预应力钢筋和普通钢筋。

（2）按化学成分分类

钢筋按化学成分可分为碳素钢和普通低合金钢。碳素钢按其含碳量的多少分为低碳钢（含碳量 <0.25%）、中碳钢（含碳量为 0.25%～0.6%）和高碳钢（含碳量为 0.6%～1.4%）。低碳钢强度低但塑性好，称为软钢；高碳钢强度高但塑性、可焊性差，称为硬钢。普通低合金钢是在碳素钢中加入含量小于 5%的合金元素，如锰、硅、矾、钛等。大部分低合金钢属于软钢。

（3）按加工工艺分类

钢筋按加工工艺的不同可分为热轧钢筋、冷加工钢筋、热处理钢筋、消除应力钢丝（包括光面钢丝、螺旋肋钢丝）和钢绞线等。

2. 常用钢筋类型和钢筋符号

钢筋混凝土结构主要采用热轧钢筋，《混凝土结构设计规范（2015 年版）》（GB 50010—2010）中给出了七种不同牌号的热轧钢筋可供设计者选择，即 HPB300、HRB335、HRB400、HRBF400、RRB400、HRB500 和 HRBF500。设计者在选配钢筋时，首先应确定其牌号，然后用相应的钢筋符号在图中表示出来。常用普通钢筋的牌号及其符号如表 1.1 所示。

表 1.1　常用普通钢筋的牌号及其符号

牌号	符号	牌号	符号
HPB300	Φ	RRB400	$Φ^R$
HRB400	Φ	HRB500	Φ
HRBF400	$Φ^F$	HRBF500	$Φ^F$

小贴士

因为《钢筋混凝土用钢　第 2 部分：热轧带肋钢筋（GB/T 1499.2—2018）》已经取消了 HRB335 这类钢筋，所以在后面内容中不再提及这类钢筋。该规范同时增加了 600MPa 级钢筋（HRB600）和带 E 的钢筋牌号，E 为"地震"（earthquake）的英文首位字母。

上述热轧钢筋可归为以下四种类型。

（1）热轧光圆钢筋

HPB300 为热轧光圆钢筋（hot rolled plain bars，HPB）。这种钢筋经热轧成型，横截面通常为圆形，为表面光滑的成品钢筋。HPB300 表示屈服强度标准值为 $300N/mm^2$ 的热轧光圆钢筋，可按直条或盘圆交货。

（2）普通热轧带肋钢筋

HRB400、HRB500 和 HRB600 为普通热轧带肋钢筋（hot rolled ribbed bars，HRB），HRB 后面的数字表示其屈服强度的标准值。这种钢筋经热轧成型，表面有突出的纵肋和横肋，通常按直条交货，直径不大于 12mm 的钢筋也可以按盘圆交货。带肋钢筋应在其表面轧上牌号标志。HRB400、HRB500 和 HRB600 的牌号标志分别为 4、5、6。HRB400E、HRB500E 分别用 4E、5E 表示。

（3）细晶粒热轧带肋钢筋

HRBF400 和 HRBF500 为细晶粒热轧带肋钢筋（hot rolled bars of fine grains，HRBF），HRBF 后面的数字表示钢筋屈服强度的标准值。带肋钢筋应在其表面轧上牌号标志。HRBF400 和 HRBF500 的牌号标志分别为 C4 和 C5。HRBF400E、HRBF500E 分别用 C4E、C5E 表示。

❖ 阅读资料

细晶粒热轧带肋钢筋

细晶粒热轧带肋钢筋是我国冶金行业研究开发的新型热轧钢筋，这种钢筋在生产过程中不需要添加或只需添加很少的钒、钛等合金元素，而是在热轧过程中通过控轧和控冷工艺，使钢筋组织晶粒细化、强度提高，该工艺既能提高强度又能降低脆性转变温度，钢中微合金元素通过析出质点从冶炼凝固过程到焊接加热冷却过程影响晶粒成核和晶界迁移进而影响晶粒尺寸。细晶强化的特点是：在提高强度的同时，还能提高韧性或保持韧性和塑性基本不下降。细晶粒热轧带肋钢筋的外形与普通低合金热轧带肋钢筋相同，其强度和延性完全满足混凝土结构对钢筋性能的要求。用细晶粒热轧带肋钢筋（如 HRBF400 和 HRBF500 钢筋）代替我国目前大量使用的普通低合金热轧带肋钢筋，可节约国家宝贵的钒、钛等合金元素资源，降低钢筋的价格，社会效益和经济效益十分显著。

（4）余热处理钢筋

RRB400 为余热处理钢筋（quenching and self-tempering ribbed steel bars，钢筋牌号为 RRB），RRB 后面的数字表示钢筋屈服强度的标准值。这种钢筋经热轧后利用热处理原理进行表面控制冷却，并利用芯部余热自身完成回火处理。带肋钢筋应在其表面轧上牌号标志。例如，RRB400 的牌号标志为 K4。

小贴士

国家标准规定，有较高要求的抗震结构适用的钢筋牌号为表 1.1 中已有带肋钢筋牌号后加 E，如 HRB400E、HRBF400E，数字代表钢筋屈服强度的标准值（单位 MPa）。

国家标准还规定，热轧带肋钢筋在其表面除了轧上牌号标志外，还可依次轧上经注册的厂名（或商标）和公称直径毫米数。厂名以汉语拼音首字母表示，公称直径毫米数以阿拉伯数字表示。对于公称直径不大于 10mm 的钢筋，可不轧制标志，可采用挂标牌方法。

❖ 阅读资料

冷轧带肋钢筋

冷轧带肋钢筋是热轧圆盘条经冷轧后形成的一种带有二面或三面横肋的钢筋。

冷轧带肋钢筋牌号由 CRB 和钢筋的抗拉强度特征值构成。C、R、B 分别为冷轧（cold rolled）、带肋（ribbed）、钢筋（bars）三个词的英文首位字母。冷轧带肋钢筋主要有 CRB550、CRB650、CRB800、CRB600H、CRB680H、CRB800H 六个牌号，其中牌号带"H"的三种为高延性冷轧带肋钢筋（经回火处理，具有较高伸长率的冷轧带肋钢筋）。CRB550、CRB600H为普通钢筋混凝土用钢筋；CRB650、CRB800、CRB800H宜用作预应力混凝土结构构件中的预应力钢筋；CRB680H既可作为普通钢筋混凝土用钢筋，又可作为预应力混凝土用钢筋。

1.2.2 混凝土

钢筋混凝土构件是由钢筋和混凝土两种材料组成的，所以设计者在选材时，除了选择钢筋外，还需要选择混凝土。在选择混凝土时，只需要选配混凝土的强度，混凝土强度是按强度等级进行分类的。混凝土强度等级用大写的 C 打头，再加其强度数值，如C20、C25、C30、C40等。

设计者在选配混凝土时，首先应确定其强度等级，然后在图中用文字加以说明。

▶ 阅读资料

混凝土强度等级是按立方体抗压强度标准值确定的。立方体抗压强度标准值系指按照标准方法制作养护的边长为 150mm 的立方体试件，在 28d 龄期用标准试验方法测得的具有 95%保证率的抗压强度。举例通俗地讲，强度等级为 C30 的混凝土，就是混凝土试块的抗压强度值大于等于 30MPa 的概率为 95%。也就是说，该混凝土试块按标准进行强度值检测时，其结果大于等于 30MPa 的概率为 95%。

设计者在选配混凝土强度等级时，要满足相关的规范要求。我国颁布的《混凝土结构设计规范（2015 年版）》（GB 50010—2010）规定的混凝土强度等级有C15、C20、C25、C30、C35、C40、C45、C50、C55、C60、C65、C70、C75 和C80 共 14 个等级。我国 2021 年颁布的《混凝土结构通用规范》（GB 55008—2021）中对混凝土的最低强度做了相应的规定：结构混凝土强度等级的选用应满足工程结构的承载力、刚度及耐久性需求。对设计工作年限为 50 年的混凝土结构，结构混凝土的强度等级应符合下列规定；对设计工作年限大于 50 年的混凝土结构，结构混凝土的最低强度等级应比下列规定提高。

1）素混凝土结构构件的混凝土强度等级不应低于C20。

2）钢筋混凝土结构构件的混凝土强度等级不应低于C25。

3）预应力混凝土楼板结构的混凝土强度等级不应低于C30，其他预应力混凝土结构构件的混凝土强度等级不应低于C40。

4）钢-混凝土组合结构构件的混凝土强度等级不应低于C30。

5）抗震等级不低于二级的钢筋混凝土结构构件，混凝土强度等级不应低于C30。

6）采用 500MPa 及以上等级钢筋的钢筋混凝土结构构件，混凝土强度等级不应低于 C30。

7）承受重复荷载作用的钢筋混凝土结构构件，混凝土强度等级不应低于C30。

小贴士

由上述阅读资料可知：按照最新的规范要求，低于C20的混凝土不能用于混凝土结构构件。C20的混凝土只能用于素混凝土结构构件，低于C25的混凝土不能用于钢筋混凝土结构构件。

在识读钢筋混凝土结构构件施工图时，应注意从图中的文字说明中去获取混凝土的强度等级信息；同时应注意构件所用钢筋的牌号和混凝土的强度等级

1.2.3　砌体材料

砌体工程所用的主要材料是砖、砌块、石材及砂浆。

1. 砖

砖是一种传统的墙体砌筑材料，工程中常见的砖有烧结普通砖、烧结多孔砖、蒸压灰砂普通砖和蒸压粉煤灰普通砖。

（1）烧结普通砖

烧结普通砖是指由煤矸石、页岩、粉煤灰或黏土为主要原料，经过焙烧而成的实心砖。烧结普通砖分为烧结煤矸石砖、烧结页岩砖、烧结粉煤灰砖和烧结黏土砖等。

烧结普通砖的尺寸为240mm×115mm×53mm，其强度等级有MU10、MU15、MU20、MU25和MU30五种。砖的强度等级通常以其抗压强度为主要标准来确定，同时应满足一定的抗折强度。

（2）烧结多孔砖

烧结多孔砖以煤矸石、页岩、粉煤灰或黏土为主要原料，经焙烧而成，孔洞率不大于35%，孔的尺寸小而数量多，主要用于承重部分。

工程中承重用的烧结多孔砖目前主要采用 P 型砖和 M 型砖。P 型砖的尺寸为240mm×115mm×90mm，M 型砖的尺寸为190mm×190mm×90mm。烧结多孔砖的强度等级有 MU10、MU15、MU20、MU25 和 MU30 五种。

（3）蒸压灰砂普通砖和蒸压粉煤灰普通砖

蒸压灰砂普通砖是指以石灰等钙质材料和砂等硅质材料为主要原料，经坯料制备、压制排气成型、高压蒸汽养护而制成的实心砖。

蒸压粉煤灰普通砖是指以石灰、消石灰（如电石渣）或水泥等钙质材料与粉煤灰等硅质材料为主要原料，掺加适量石膏等外加剂和其他集料，经坯料制备、压制排气成型、高压蒸汽养护而制成的实心砖。

蒸压灰砂普通砖和蒸压粉煤灰普通砖的尺寸与烧结普通砖相同，其强度等级有MU15、MU20、MU25 三种。

小贴士

设计者如选择砖作为块材，会在图中说明选择的是哪一种砖，如果选择的是非标准尺寸的砖，还会指出其规格尺寸。例如，设计者选择烧结多孔砖，则会指出是 P 型砖还是 M 型砖。设计者还会确定砖的强度等级，并在图中给出文字说明。识读砖砌体施工图时，应注意设计者选用的是哪种类型的砖，其尺寸是多少，其强度等级是多少。

2. 砌块

砌块的种类、规格和强度等级由设计者确定，并在图中表示出来，其强度等级有 MU5、MU7.5、MU10、MU15、MU20 五种。

▶ 阅读资料

砌　块

我国各地本着就地取材的原则，大量利用工业废渣制成了具有不同特点的砌块，有粉煤灰硅酸盐砌块、混凝土空心砌块、煤矸石空心砌块、炉渣空心砌块、页岩陶粒混凝土砌块和钢渣碳化砌块等。这些砌块用作建筑物墙体，具有足够的强度和刚度，能够满足隔声、隔热、保温等要求，建筑物的耐久性和技术经济效益也较好。

砌块的规格、型号与建筑的层高、开间和进深有关。砌块的长度、高度和厚度应在建筑平面上能砌筑各种按统一模数要求的层高，而且对砌筑门垛、独立柱、带壁柱等应有良好适应性，同时，还应考虑门窗的模数化和砌筑宽度为 100mm 倍数的窗间墙。

一般砌块的长度应符合建筑平面模数，既要尽量减少砌块规格，又要尽可能避免镶砖。对于空心砌块，由于孔数和孔洞形状不同，还应考虑上下皮砌块的肋、壁、孔均能对准，便于错缝和纵横交叉搭接，使砌块全部实体均可一起承重，以充分发挥其力学性能。

砌块的高度应适应各类建筑物层高范围内的墙高，并综合考虑纵、横墙搭接，门窗高度，有无门窗过梁和圈梁、楼板的搁置等。

砌块的厚度不仅要与建筑平面模数相适应，还要考虑强度、构造和热工要求。

砌块的重量应控制在 200～300kg，以便预制、运输和安装。规格以 5～6 种为宜。

常用的粉煤灰硅酸盐密实中型砌块强度等级有 MU10 和 MU15。主体规格：长度有 1180mm、880mm、580mm、430mm，高度有 380mm，宽度有 240mm、200mm、190mm、180mm。

3. 石材

石材按其加工后的外形规则程度可分为料石和毛石，其强度等级有 MU20、MU30、MU40、MU50、MU60、MU80 和 MU100 七级。

> **小贴士**
>
> MU 是指砌体中块材（包括砖、砌块和石材）的强度等级符号，后面的数字表示由标准试验方法所得的砌体抗压强度，单位为 MPa。识图时应注意块材的类型及其强度等级。

4. 砂浆

砂浆按其组成材料的不同，可分为水泥砂浆、混合砂浆和非水泥砂浆（石灰、黏土砂浆），其强度等级有 M2.5、M5、M7.5、M10 和 M15 五级。

当采用混凝土小型空心砌块时，应采用与其配套的砌块专用砂浆和砌块灌孔混凝土。按《混凝土小型空心砌块和混凝土砖砌筑砂浆》（JC/T 860—2008）的规定，混凝土小型空心砌块和混凝土砖砌筑砂浆强度等级用 Mb 标记，强度等级可分为 Mb15、Mb10、Mb7.5、Mb5 等。某强度等级砌块专用砂浆的抗压强度指标与同一级别一般砂浆的抗压强度指标相同，如 Mb15 的抗压强度指标与 M15 的抗压强度指标相同。砌块灌孔混凝土用 Cb 表示。某强度等级砌块灌孔混凝土的抗压强度指标与同一级别一般混凝土的抗压强度指标相同，如 Cb20 的抗压强度指标与 C20 的抗压强度指标相同。

1.2.4　钢结构用钢材

在钢结构中采用的钢材主要有碳素结构钢和低合金高强度结构钢两种。

1. 碳素结构钢

碳素结构钢的牌号由代表屈服强度的字母 Q、屈服强度数值（N/mm^2）、质量等级代号（A、B、C、D）及脱氧方法代号（F、b、Z、TZ）四个部分按顺序组成。

国家标准《碳素结构钢》（GB/T 700—2006）将碳素结构钢按屈服强度数值分为 Q195、Q215、Q235 和 Q275 四个牌号。质量等级按 S、P 杂质含量由多到少，分别以 A、B、C、D 表示，质量等级由低到高，以 A 级最差，D 级最优。脱氧方法的代号用汉语拼音首字母 F、b、Z 和 TZ 表示，分别表示沸腾钢、半沸腾钢、镇静钢和特殊镇静钢。镇静钢和特殊镇静钢的代号在钢材的牌号中可省略，镇静钢脱氧充分，沸腾钢脱氧较差。A、B 级钢各有 F、b、Z 三种，C 级钢只有 Z 一种，D 级钢只有 TZ 一种。

例如，Q235-AF 表示屈服强度为 235N/mm^2 的 A 级沸腾钢，Q235-Ab 表示屈服强度为 235 N/mm^2 的 A 级半沸腾钢，Q235-C 表示屈服强度为 235N/mm^2 的 C 级镇静钢，

Q235-D 表示屈服强度为 235N/mm^2 的 D 级特殊镇静钢。

2. 低合金高强度结构钢

低合金高强度结构钢的牌号与碳素结构钢牌号的表示方法基本相同，由代表屈服强度的字母 Q、最小上屈服强度数值（N/mm^2）、交货状态代号、质量等级代号（B、C、D、E、F）四个部分按顺序组成。

例如，Q355ND 表示最小上屈服强度为 355N/mm^2 的 D 级钢，交货状态为正火或正火轧制。

> **小贴士**
>
> 钢材的牌号由设计者选定，并在图中用文字加以说明，识图时，应注意钢材的牌号。

任务 1.3　熟悉建筑结构抗震基础知识

1.3.1　基本概念

1. 构造地震

地震即大地振动，是一种具有突发性的自然现象。地震按其发生的原因，主要有天然地震（火山地震、陷落地震、构造地震）、诱发地震（矿山采掘活动、水库蓄水等引发的地震）和人工地震（爆破、核爆炸、物体坠落等产生的地震）。常见的地震一般指天然地震中的构造地震。构造地震破坏作用大，影响范围广，是房屋建筑抗震研究的主要对象。建筑抗震设计中所指的地震是指地壳构造运动（岩层构造状态的变动）使岩层发生断裂、错动而引起的地面振动，这种地面振动称为构造地震，简称地震。最常见的构造地震是指由于地球内部不断地运动，地壳内层积聚了大量内能，这些内能所产生的力作用在岩层上，使地壳发生变形，在脆弱部分发生断裂和错动引起地壳振动。国际上将地震的大小和强烈程度用震级和烈度来表示。

地壳深处发生岩层断裂、错动的地方称为震源。地震术语示意如图 1.16 所示。震源正上方的地面称为震中。震中附近地面的运动最激烈，此处也是破坏最严重的地区，叫震中区。地面上某处到震源的距离叫震中距。同一地震中，地震烈度等值线称为等震线，震源至震中的距离称为震源深度。一般把震源深度小于 60km 的地震称为浅源地震，60～300km 的地震称为中源地震，大于 300km 的地震称为深源地震。我国发生的绝大部分地震属于浅源地震。例如，"5·12"汶川地震，其震源深度为 10～20km，即属于浅源地震。

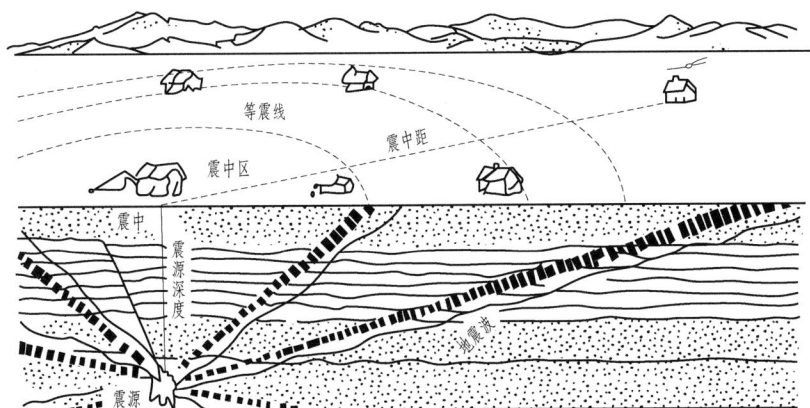

图 1.16　地震术语示意

> **阅读资料**

地　震　波

地震引起的振动以波的形式从震源向四周传播，这种波称为地震波。地震波按其在地壳传播的位置不同，可分为体波和面波。

1）体波。体波是在地球内部由震源向四周传播的波，分为纵波（P 波）和横波（S 波）。纵波是由震源向四周传播的压缩波，介质质点的振动方向与波的传播方向一致，引起地面垂直振动，其特点是周期短、振幅小、波速快，在地壳内一般以 500～1000m/s 的速度传播。横波是由震源向四周传播的剪切波，介质质点的振动方向与波的传播方向垂直，引起地面水平振动，其特点是周期长、振幅大、波速慢，在地壳内一般以 300～400m/s 的速度传播。

利用纵波与横波传播速度的差异，可从地震观测站的记录上得到纵波与横波到达时间差，从而可推算出震源所在的位置。

2）面波。面波是体波经地层界面多次放射、折射形成的次生波。面波的质点振动方向比较复杂，既引起地面水平振动又引起地面垂直振动。当地震发生时，纵波首先到达，使房屋产生上下颠簸，接着横波到达，使房屋产生水平摇晃，一般是当面波和横波都到达时，房屋振动最为激烈。

2. 震级

震级是衡量某次地震大小的等级，用符号 M 表示。一次地震只有一个震级，目前国际上比较通用的是里氏震级。它以标准地震仪在距震中 100km 处记录下来的最大水平地动位移（即振幅 A，以 μm 计）的常用对数值来表示该次地震的震级。当震级相差一级时，地面振动振幅增加约 10 倍，而能量增加近 32 倍。

◆ 阅读资料

震级的划分

一般说来，$M<3$ 的地震，人们不容易察觉，称为弱震；$3\leqslant M<4$ 的地震，人们能感觉到，但不会造成破坏，称为有感地震；$4\leqslant M<6$ 的地震可造成破坏，但与震源深度和震中距有关，称为中强震；$6\leqslant M<7$ 的地震可造成破坏，称为强震；$7\leqslant M<8$ 的地震可造成较大破坏，称为大地震；$M\geqslant 8$ 的地震可造成严重破坏，称为巨大地震。

3. 烈度

（1）地震烈度

地震烈度是指某一地区的地面上各类建筑物等遭受地震影响的强烈程度，用 I 表示。地震烈度不仅与震级大小有关，而且与震源深度、震中距、地质构造等因素有关。地震烈度与震级是两个不同的概念，一次地震，只能有一个震级，而有多个烈度。一般来说，离震中越远地震烈度越小，震中区的地震烈度最大，并称为震中烈度。

为了评定地震烈度，需要建立一个标准，这个标准称为地震烈度表。地震烈度表根据房屋震害、人的感觉、器物反应、生命线工程震害、其他震害现象和仪器测定等方面进行区分。目前，国际上普遍采用的是划分为 12 度的地震烈度表。

◆ 阅读资料

多遇地震、设防地震和罕遇地震

近年来，根据我国华北、西北和西南地区地震发生概率的统计分析，同时为了工程设计需要作了如下定义：50 年内超越概率为 63.2% 的地震为多遇地震，重现期为 50 年；50 年内超越概率为 10% 的地震为设防地震，重现期为 475 年；50 年内超越概率为 2%～3% 的地震为罕遇地震，重现期为 1600～2400 年。多遇地震比设防地震大约低 1.55 度，而罕遇地震比设防地震大约高 1 度。

（2）抗震设防烈度

按国家规定的权限批准作为一个地区抗震设防依据的地震烈度，称为抗震设防烈度。一般情况下，可采用《中国地震动参数区划图》（GB 18306—2015）确定的地震基本烈度，或采用《建筑抗震设计规范（2016 年版）》（GB 50011—2010）（以下简称《抗震规范》）设计基本地震加速度对应的地震烈度。对已编制抗震设防区划的城市也可采用批准的抗震设防烈度或设计地震动参数进行抗震设防。

阅读资料

设计地震分组

考虑设计地震分组是因为近年来震害表明，在宏观烈度相似的情况下，处在大震级远震中距下的柔性建筑，其震害要比在中、小震级近震中距下重得多，这是因为地震波在向外传播时短周期分量衰减快，长周期分量衰减慢，并且长周期地震波在软地基中又比短周期地震波放大得多，加之类似共振现象的存在，则在远离震中区的软地基上的长周期结构，将遭到较重的破坏。所以抗震设计时，对同样场地条件、同样烈度的地震，按震源机制、震级大小和远近区别对待是必要的，《抗震规范》附录 A 给出了我国主要城镇的抗震设防烈度、设计基本地震加速度和设计地震分组。

《抗震规范》将设计地震分为三组，如黑龙江省和湖北省全省县级及县级以上设防城镇的设计地震分组均为第一组，伊春市、牡丹江市、荆州市等抗震设防烈度为 6 度，设计基本地震加速度为 0.05g。

1.3.2　建筑物重要性分类

从抗震防灾的角度，根据建筑物使用功能的重要性，按其受地震破坏时产生的后果严重程度，《抗震规范》将建筑物分为甲、乙、丙、丁四类。具体划分按国家标准《建筑工程抗震设防分类标准》（GB 50223—2008）的规定采用。

1. 特殊设防类（简称甲类）

特殊设防类指使用上有特殊设施，涉及国家公共安全的重大建筑工程和地震时可能发生严重次生灾害等特别重大灾害后果，需要进行特殊设防的建筑。

2. 重点设防类（简称乙类）

重点设防类指地震时使用功能不能中断或需要尽快恢复的生命线相关建筑，以及地震时可能导致大量人员伤亡等重大灾害后果，需要提高设防标准的建筑。

3. 标准设防类（简称丙类）

标准设防类指大量的除甲、乙、丁类以外按标准要求进行设防的建筑。

4. 适度设防类（简称丁类）

适度设防类指使用上人员稀少且震损不致产生次生灾害，允许在一定条件下适度降低要求的建筑。

甲类建筑应按国家规定的批准权限批准执行，乙类建筑应按城市抗震救灾规划或有关部门批准执行。

◆ 阅读资料

抗震设防标准和抗震设防目标及其实现方法

所谓建筑抗震设防是对建筑物进行抗震设计，包括地震作用、抗震承载力计算和采取抗震措施，以达到抗震的效果。

（1）抗震设防标准

建筑物的抗震设防标准是衡量抗震设防要求的尺度，它是指各类工程按照规定的可靠性要求和技术经济水平所统一确定的抗震技术要求。在进行建筑设计时，应根据建筑物重要性的不同采取不同的抗震设防标准。

甲类建筑的地震作用应高于本地区抗震设防烈度的要求，其值应按批准的地震安全性评价结果确定。当抗震设防烈度为6~8度时，其抗震措施应符合本地区抗震设防烈度提高1度的要求；当为9度时，应符合比9度抗震设防更高的要求。

乙类建筑的地震作用应符合本地区抗震设防烈度的要求。一般情况下，当抗震设防烈度为6~8度时，其抗震措施应符合本地区抗震设防烈度提高1度的要求；当为9度时，应符合比9度抗震设防更高的要求。

丙类建筑的地震作用和抗震措施均应符合本地区抗震设防烈度的要求。

丁类建筑的地震作用仍应符合本地区抗震设防烈度的要求。抗震措施应允许比本地区抗震设防烈度的要求适当降低，但抗震设防烈度为6度时不应降低。

抗震设防烈度为6度时，除规范有具体规定外，对乙、丙、丁类建筑可仅进行抗震措施的设计而不作地震作用计算。

（2）抗震设防目标及其实现方法

结合我国具体情况，《抗震规范》提出了"三水准"的抗震设防目标，以及两阶段设计方法。

第一水准：当遭受到多遇的低于本地区设防烈度的地震（小震）影响时，建筑一般应不受损坏或不需修理仍能继续使用。

第二水准：当遭受本地区设防烈度的地震（中震）影响时，建筑可能有一定的损坏，经一般修理和不需修理仍能继续使用。

第三水准：当遭受高于本地区设防烈度的罕遇地震（大震）影响时，不致倒塌或发生不危及生命的严重破坏。

上述抗震设防目标可概括为"小震不坏，中震可修，大震不倒"。《抗震规范》采用了简化的两阶段设计方法来实现上述目标。

第一阶段设计：按第一水准（小震）的地震动参数计算结构地震作用效应及其与其他荷载效应的基本组合，而后进行结构构件的截面承载力验算和弹性变形验算，同时采取相应的构造措施，这样既满足第一水准"不坏"的设防要求，又满足第二水准"损坏可修"的设防要求。

第二阶段设计：对于地震时易倒塌的结构、有明显薄弱层的不规则结构以及有特殊要求的建筑结构，还应进行结构的薄弱部位的弹塑性层间变形验算并采取相应的抗震构造措施，满足第三水准的设防要求。

1.3.3　现浇钢筋混凝土房屋的抗震等级

同样烈度下不同结构体系、不同高度的建筑有不同的抗震要求，因此，钢筋混凝土结构的抗震措施，不仅要按建筑抗震设防类别区别对待，而且要根据抗震等级不同而异。

钢筋混凝土房屋应根据设防类别、烈度、结构类型和房屋高度采用不同的抗震等级，并应符合相应的计算和构造措施要求。抗震等级分为一、二、三、四共四个等级，不同等级体现不同的抗震要求，一级抗震要求最高，四级抗震要求最低。现浇钢筋混凝土房屋的抗震等级如表 1.2 所示。

表 1.2　现浇钢筋混凝土房屋的抗震等级

结构类型		设防烈度									
		6		7			8			9	
框架结构	高度/m	≤24	>24	≤24	>24		≤24	>24		≤24	
	框架	四	三	三	二		二	一		一	
	大跨度框架	三		二							
框架-抗震墙结构	高度/m	≤60	>60	≤24	25~60	>60	≤24	25~60	>60	≤24	25~50
	框架	四	三	四	三	二	三	二	一	二	一
	抗震墙	三		三		二	二		一	一	
抗震墙结构	高度/m	≤80	>80	≤24	25~80	>80	≤24	25~80	>80	≤24	25~60
	剪力墙	四	三	四	三	二	三	二	一	二	一

注：1. 接近或等于高度分界时，应允许结合房屋不规则程度及场地、地基条件确定抗震等级。

2. 建筑场地为Ⅰ类时，除 6 度外应允许按表内降低 1 度所对应的抗震等级采取抗震构造措施，但相应的计算要求不应降低。

3. 大跨度框架指跨度不小于 18m 的框架。

> **小贴士**
>
> 对于建筑物的抗震设防类别、抗震设防烈度、设计地震分组及结构的抗震等级，设计者会在结构设计说明中的工程概况里用文字加以说明，识图时注意识读这些信息。

任务 1.4　熟悉常用钢筋混凝土构件

结构是由基本的结构构件组成的，因此，要识读结构施工图，首先要清楚该结构是由哪些结构构件组成的。工程中最常见的构件是钢筋混凝土构件，现对常用钢筋混凝土构件进行介绍。

1.4.1　梁

钢筋混凝土梁是工程中常见的构件，它是组成钢筋混凝土楼盖、楼梯、雨篷、基础的结构构件。梁中放有钢筋骨架，和混凝土一起共同受力，如图 1.17 所示。

图 1.17　梁的钢筋骨架

1. 常见梁的类型及代号

（1）框架梁

框架梁是指两端与框架柱相连的梁，如图 1.18 所示；或者两端与剪力墙相连且跨高比（跨度与高度的比值）不小于 5 的梁。

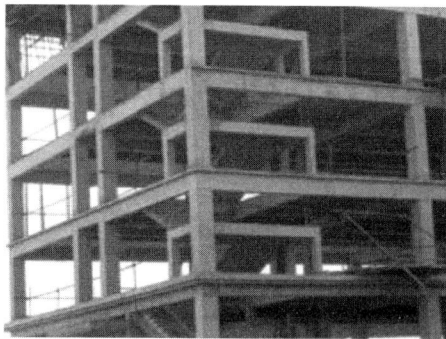

图 1.18　框架梁

跨度是指构件相邻两个支座轴线间的距离，如果不考虑支座宽度，相邻两个支座之间的净距离，则称为净跨。

支座是指用以支承上部构件，并且承受上部构件传递下来的荷载，并使其固定于一定位置的支承部件。例如，梁支承在柱上，则柱为梁的支座；梁支承在墙上，则墙体为梁的支座。若梁支承在另一道梁上，则下面支承的梁为主梁，支承在其上的梁为次梁。很显然，主梁是次梁的支座。同理可知，板支承在梁上，则梁为板的支座；板支承在墙上，则墙体为板的支座。

框架梁按照其在房屋的不同部位又可以分为屋面框架梁、楼层框架梁、地下框架梁。其中，地下框架梁是指设置在基础顶面以上且低于建筑标高正负零（室内地面）以下，并以框架柱为支座的梁。屋面框架梁、楼层框架梁和地下框架梁的代号分别为 WKL、KL 和 DKL。

（2）连梁

连梁是指两端与剪力墙相连且跨高比小于 5 的梁，如图 1.19 所示。连梁的代号为 LL。

图 1.19　连梁

（3）非框架梁

非框架梁是指支承在梁或墙体上的梁。图 1.20 所示为现浇钢筋混凝土肋形楼盖，其中的次梁即非框架梁。非框架梁的代号为 L。

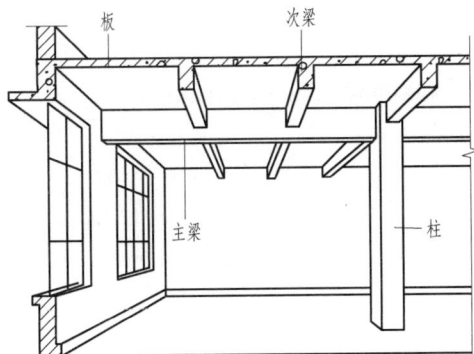

图 1.20　现浇钢筋混凝土肋形楼盖

（4）框支梁

当剪力墙结构的底部要求有较大空间时，可将底部一层或几层设计成框架结构，如图 1.21 所示。框架结构向剪力墙结构过渡的楼层为转换层。上部不能直接连续贯通落地的剪力墙通过转换层的水平转换梁与下部竖向构件连接，此支承剪力墙的水平转换梁叫框支梁，支承框支梁的柱为转换柱。框支梁的代号为 KZL。

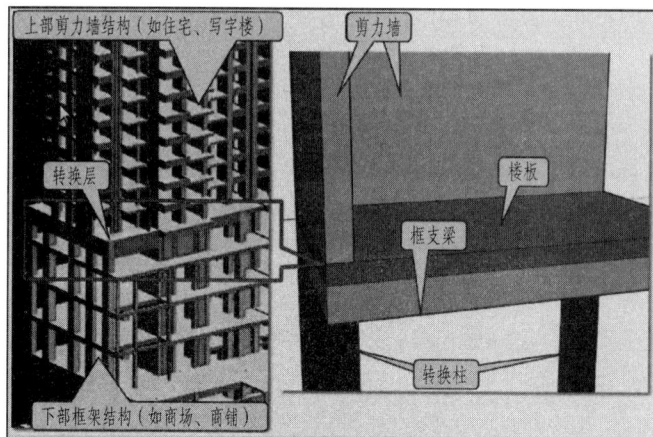

图 1.21　框支梁和转换柱

（5）纯悬挑梁

纯悬挑梁是指从柱或者剪力墙上直接悬挑出来的梁，如图 1.22 所示。纯悬挑梁的支座为柱或剪力墙，其一端与柱或剪力墙整体现浇，另一端悬空，没有支承。纯悬挑梁的代号是 XL。

图 1.22　纯悬挑梁

（6）井字梁

井字梁是指"十"字交叉布置，形成"井"字状，两个方向梁高相同、无主梁和次梁之分的梁，如图 1.23 所示。井字梁的代号为 JZL。

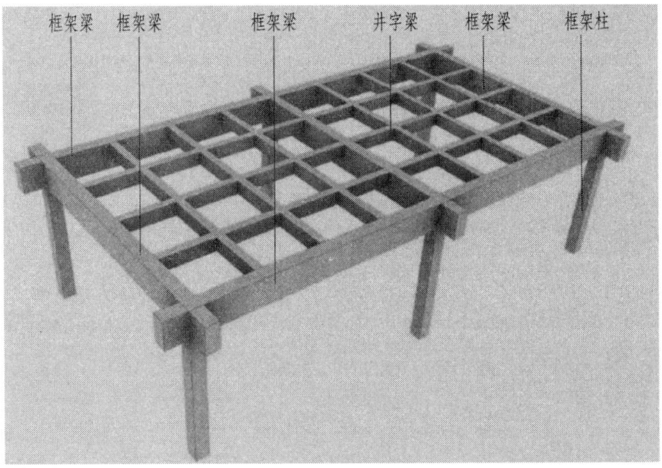

图 1.23 井字梁

（7）过梁

过梁是指设置在门、窗洞口上的梁，如图 1.24 所示。过梁两端支承在洞口两边的墙体上，承受上部传来的荷载，并将其传给洞口两边的墙体。过梁的代号为 GL。

图 1.24 过梁

（8）圈梁

圈梁是指在砌体结构房屋中，在砌体内沿墙体水平方向设置的封闭的钢筋混凝土梁，如图 1.25 所示。

圈梁的设置可以增强砌体结构房屋的整体和空间刚度，防止地基的不均匀沉降或较大振动荷载对房屋产生的不利影响。因其沿墙体连续围合布置，所以叫圈梁。圈梁的代号为 QL。在房屋的基础上部设置的圈梁叫基础圈梁（JQL）或地圈梁（DQL）。

图 1.25　圈梁

（9）基础梁

基础梁简单说就是在地基土层上的梁，如图 1.26 所示。基础梁一般用于框架结构、框架剪力墙结构，框架柱落于基础梁或基础梁交叉点上，其主要作用是作为上部建筑的基础，将上部荷载传递到地基上。基础梁的代号为 JL。

图 1.26　基础梁

> **小贴士**
>
> 梁的类型很多，上面介绍的只是最常见的几种。设计者会将梁的类型在结构施工图中用代号表示出来。识图时，由梁的类型代号即可识别出梁的类型，应注意这些代号代表的是哪一种类型的梁。

2. 梁中钢筋的布置

配置在梁中的钢筋，按其作用可分为以下几种。

（1）纵向受力钢筋

纵向受力钢筋是指沿梁的纵向布置的受力钢筋，如图 1.27 所示，其主要是用来承受弯矩作用所产生的拉应力，所以一般设置在梁的受拉区。对于梁来说，跨中部位下边受拉，靠近支座的部位上边受拉。所以，梁中的纵向受力钢筋可分为梁下部纵向受力钢筋和梁上部纵向受力钢筋。工程中习惯把设置在梁下部的纵向受力钢筋称为（跨中）正钢筋，设置在梁上部的纵向受力钢筋称为支座负筋。

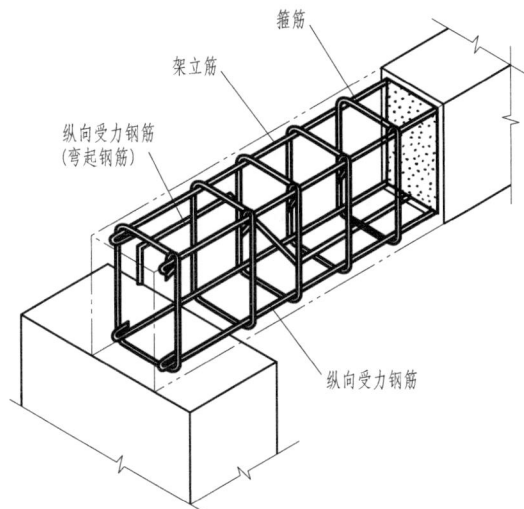

图 1.27 梁中钢筋的布置

设计者配置纵向受力钢筋时，首先选择钢筋的牌号，然后选配钢筋的根数和直径，并在施工图上进行标注。

小贴士

纵向受力钢筋有直钢筋和弯起钢筋两种形式，直钢筋两端直接伸入支座，而弯起钢筋在靠近支座的地方弯起，伸入梁的上部。弯起钢筋与梁轴线的夹角称为弯起角。梁中弯起钢筋的弯起角一般取 45°；当梁高 $h>800\text{mm}$ 时，弯起角取 60°。因弯起钢筋施工较麻烦，工程中现在很少采用。

（2）箍筋

箍筋是指垂直于纵向受力钢筋方向（沿横向）设置的钢筋。这种钢筋沿梁的纵向每隔一定的距离布置一道。箍筋主要用来承受剪力和弯矩引起的主拉应力，同时还可与纵向钢筋一起形成一个稳定的钢筋骨架。在工程中，以梁断面钢筋为例，箍筋的每一个立边叫作一个肢。只有一个立边的箍筋称为单肢箍；闭合矩形的箍筋因为有两个立边，称为双肢箍；由两个双肢箍组合而成的一组箍筋称为四肢箍，如图 1.28 所示。

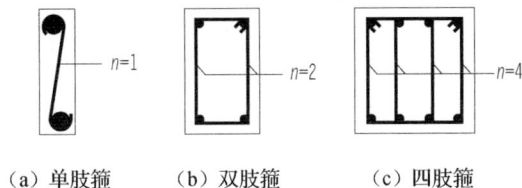

（a）单肢箍   （b）双肢箍   （c）四肢箍

图 1.28 箍筋

不难看出：用三个双肢箍可组合成六肢箍；用一个双肢箍和一个单肢箍可组合成三肢箍；用两个双肢箍和一个单肢箍可组合成五肢箍等。

设计者配置箍筋时，首先选择箍筋的牌号，然后选配箍筋的肢数、直径和间距，并在施工图上进行标注。

> **小贴士**
>
> 箍筋的肢数由设计者确定，识图时应注意箍筋为几肢箍。

（3）架立筋

这种钢筋与纵向受力钢筋一样，都属于纵向钢筋，所以也沿梁的纵向布置，但纵向受力钢筋放在受拉区，而架立筋放在受压区。架立筋主要用来固定梁内箍筋的位置，与纵向受力钢筋及箍筋一起构成稳定的钢筋骨架。

设计者配置架立筋时，根据《混凝土结构设计规范（2015 年版）》（GB 50010—2010）的构造要求直接选配钢筋的牌号、根数和直径，并在施工图上进行标注。

（4）梁侧纵筋

梁侧纵筋有两种。一种是当腹板高度 h_w 不小于 450mm 时，需要在梁的两侧设置梁侧面纵向构造钢筋（也称腰筋），如图 1.29 所示。纵向构造钢筋间距 $a \leqslant 200mm$，这种钢筋的作用是增强钢筋骨架的刚度，防止梁的侧面因混凝土的收缩和温度变化而产生裂缝。还有一种是因为梁受扭需要在梁的两侧设置梁侧面受扭纵筋，这种钢筋起到承受扭矩的作用。

设计者配置梁侧面纵向构造钢筋，受扭纵筋时，根据《混凝土结构设计规范（2015 年版）》（GB 50010—2010）的构造要求直接选配钢筋的牌号、根数和直径，并在施工图上进行标注。

> **小贴士**
>
> 梁侧面纵向构造钢筋和梁侧面受扭纵筋的构造要求不同，识图时应注意区分。

（5）拉筋

当梁设置有梁侧纵筋时，应设置拉筋，将梁两侧的纵筋拉结起来，以增强整个钢筋骨架的刚度。拉筋的排数与梁侧纵筋的排数相同。当梁宽不大于 350mm 时，拉筋直径为 6mm；当梁宽大于 350mm 时，拉筋直径为 8mm；拉筋间距为非加密区箍筋间距的两倍，当设有多排拉筋时，上下两排拉筋应竖向错开设置，如图 1.29 和图 1.30 所示。

拉筋在施工图上一般不标注。如果设计者进行了标注，则采用设计者标注的信息。如果设计者没有进行标注，则采用《混凝土结构设计规范（2015 年版）》（GB 50010—2010）的规定。

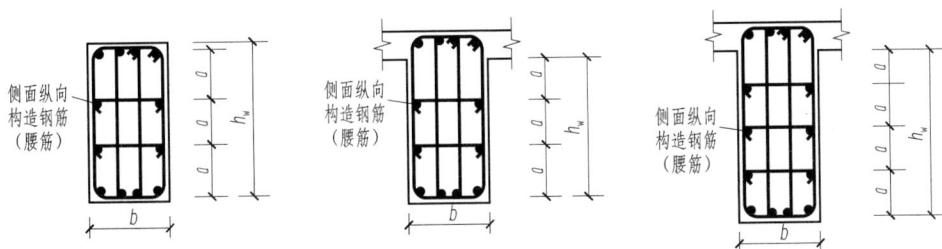

图 1.29 腰筋与拉筋

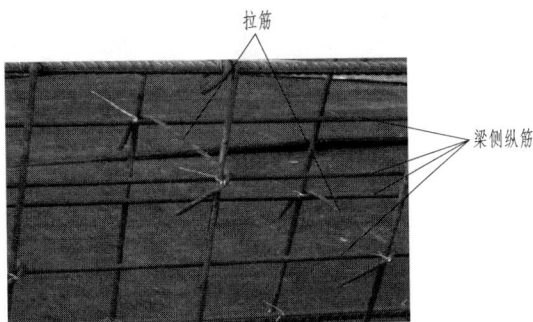

图 1.30 梁侧纵筋与拉筋

（6）附加横向钢筋

主梁和次梁相交处，主梁高度范围内受到次梁传来的集中荷载的作用，此集中力在主梁的局部长度上将引起法向应力和剪应力，此局部应力所产生的主拉应力可能使梁腹部出现斜向裂缝。为了防止斜向裂缝出现而引起局部破坏，应在次梁两侧设置附加横向钢筋。

附加横向钢筋包括附加箍筋和附加吊筋。附加横向钢筋应布置在长度为 $s=2h_1+3b$ 的范围内，如图 1.31 所示。第一道附加箍筋离次梁边 50mm，附加吊筋下部水平段每边伸出次梁各 50mm，所以其下部水平段的尺寸为次梁的宽度加 100mm，上部水平段延伸的长度为 20d。附加吊筋的弯起角一般取 45°；当主梁高度 h_b>800mm 时，弯起角取 60°。

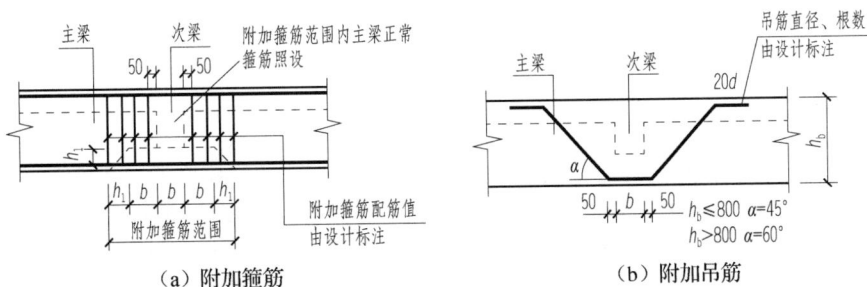

（a）附加箍筋 （b）附加吊筋

图 1.31 梁附加横向钢筋的布置

1.4.2 板

钢筋混凝土板也是工程中常见的构件，它也是组成钢筋混凝土楼盖、楼梯、雨篷、基础的结构构件。板相对于梁而言平面尺寸较大而厚度较小。板中放有钢筋网，和混凝土一起共同受力，如图 1.32 所示。

<table>
<tr><td>（a）上部钢筋网满铺</td><td>（b）上部钢筋网局部布置</td></tr>
</table>

图 1.32　板中的钢筋网

1. 板的分类

（1）按施工方法不同分类

板按照施工方法的不同可分为预制板和现浇板。

1）预制板。预制板是指在工厂加工成型后直接运到施工现场进行安装的板，如图 1.33 所示。

图 1.33　预制板

预制板在早期建筑中常用作楼面板和屋面板，因采用预制板的楼盖和屋盖防水性差、整体性差和抗震性差，所以现在的楼盖和屋盖中已很少采用这种板。

2）现浇板。现浇板是现场浇筑而成的，即在现场搭好模板，绑扎钢筋，浇筑混凝土，养护，拆除模板。

采用现浇板的楼盖和屋盖相对于采用预制板的楼盖和屋盖防水性好、整体性好、抗震性好。因此，多高层建筑常采用现浇楼板。

（2）按受力特点不同分类

板按照受力特点的不同可分为单向板和双向板，如图 1.34 所示。

（a）单向板　　　　　　　　　　　　（b）双向板

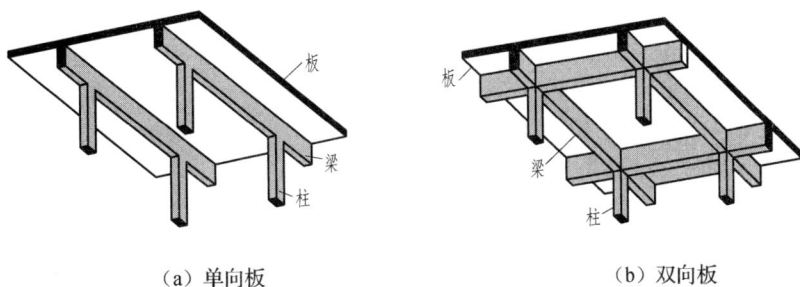

图 1.34　单向板和双向板

1）单向板。单向板是指单向受力的板或者承受的荷载只沿一个方向传递的板。两对边支承的板为单向板。例如，前面所说的预制板，两对边支承在墙体或梁上，板上的荷载沿一个方向传递给两边的支座（墙体或梁），所以其为单向板。两对边支承的现浇板，也是一种单向板。例如，现浇板式楼梯的梯段板，两对边支承在平台梁上，其上的荷载沿一个方向传递给两边的平台梁，所以其也是一种单向板。一边支承的现浇板，也是一种单向板。例如，一端与雨篷梁现浇在一起、另外三边悬空的雨篷板，其上的荷载沿一个方向传递给支承端的雨篷梁，所以其是一种单向板。对于双向（四面）支承的现浇板，当板的长边与短边之比大于或等于 3.0 时，因其沿长边方向传递的荷载很小，所以通常忽略不计，而将其视为单向板。

2）双向板。双向板是指双向受力的板或者承受的荷载沿两个方向（双向）传递的板。对于双向（四面）支承的现浇板，当板的长边与短边之比小于或等于 2.0 时，因其沿长边方向传递的荷载较大，所以不能忽略不计，而将其视为双向板。

小贴士

对于双向（四面）支承的现浇板，当板的长边与短边之比大于 2 且小于 3 时，将其视为单向板还是双向板由设计者确定。单向板和双向板识图的方法相同。

2. 板中钢筋的布置

预制板是在预制厂按通用图集生产的定型产品，因此，设计者只需在结构平面布置图中把预制板的块数、类型和规格表示出来即可，预制板的表示方法为：

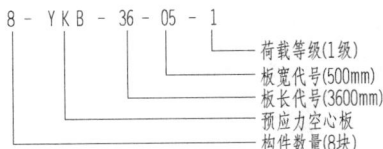

```
8 - YKB - 36 - 05 - 1
```

荷载等级（1级）
板宽代号（500mm）
板长代号（3600mm）
预应力空心板
构件数量（8块）

预制板的钢筋布置，可根据预制板的类型和规格直接查通用图集，不需要设计者画出其配筋图，所以，在这里主要介绍的是现浇板中钢筋的布置。

配置在现浇板中的钢筋，按其作用可分为以下几种。

（1）受力钢筋

受力钢筋的作用是承受弯矩作用所产生的拉应力，所以其一般设置在板的受拉区。对于板来说，跨中部位下边受拉，靠近支座（梁）的部位上边受拉。所以，板中的受力钢筋可分为板底受力钢筋和板面受力钢筋，如图 1.35 所示。工程中习惯把设置在板底的受力钢筋称为（板底）正钢筋，设置在板面的受力钢筋称为（板面）负筋或支座负筋。

对于单向支承的现浇板，板底受力钢筋沿跨度方向单向布置。对于双向支承的单向板，板底受力钢筋平行于板短边方向布置。对于双向板，板底受力钢筋双向布置。板面受力钢筋垂直于支座（梁）方向布置。

设计者配置受力钢筋时，首先选择钢筋的牌号，然后选配钢筋的直径和间距，并在施工图上进行标注。可把同一方向的板面受力钢筋拉通形成贯通筋，如图 1.32（a）所示；也可将板面受力钢筋向跨内伸出一定长度后截断，如图 1.32（b）所示。

小贴士

板面受力钢筋是否贯通由设计者确定，如果其采用的是非贯通的方式，设计者会在图中标注板面受力钢筋向跨内伸出的长度。识图时要注意板面受力钢筋是否贯通，如未贯通，应识读其向跨内伸出的长度是多少。

（2）分布钢筋

分布钢筋布置在受力钢筋的内侧，与受力钢筋垂直，如图 1.35 所示。分布钢筋的作用是固定受力钢筋的位置，同时也可阻止混凝土因温度变化和收缩而开裂。对于双向支承的单向板，分布钢筋也承受了一定的拉应力。

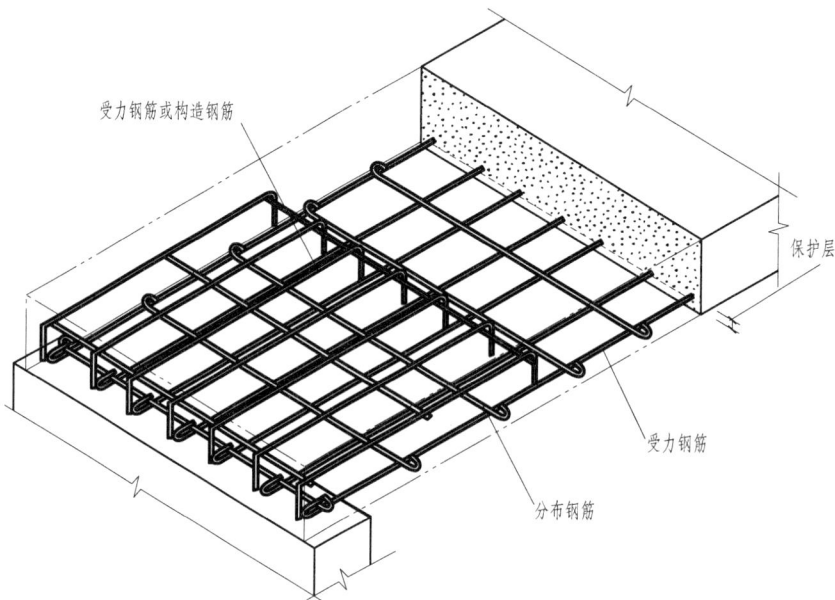

图 1.35　板中钢筋的布置

小贴士

受力钢筋只沿一个方向设置时，在另一个方向必然设置有分布钢筋，与受力钢筋形成一个稳定的钢筋网。板底的分布钢筋放在受力钢筋的上面，板面的分布钢筋放在受力钢筋的下面。识图时不必纠结钢筋是受力钢筋还是分布钢筋，因为不管是受力钢筋还是分布钢筋，标注的方法相同。只要能通过图纸明确设计者选配的钢筋采用的是何种牌号，直径是多少，相邻钢筋的间距是多少，是板底钢筋或是板面钢筋，是贯通筋或是非贯通筋即可。

（3）板面构造钢筋

在板与承重墙体及单向板与主梁交接的位置，板面承受的负弯矩很小，因此计算时忽略不计，但构造上需要加以弥补。设计者通过构造要求而不是通过计算来配置这种钢筋。《混凝土结构设计规范（2015 年版）》（GB 50010—2010）要求板面构造钢筋不小于 φ8@200，如图 1.36 所示。

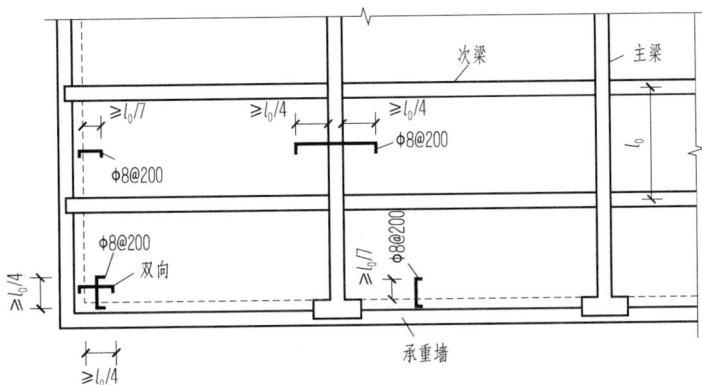

图 1.36　板面构造钢筋的布置

小贴士

板面构造钢筋和板面受力钢筋的作用相同的，都承受负弯矩，两者在图中的标注方法也相同，只是设计者配筋的方法有所不同，前者参照《混凝土结构设计规范（2015 年版）》（GB 50010—2010）直接配置，后者则需要通过计算配置。识图时不必纠结板面钢筋是受力钢筋还是构造钢筋，只要能通过图纸明确设计者选配的钢筋采用的是何种牌号，直径是多少，相邻钢筋的间距是多少，是贯通筋或是非贯通筋即可。

（4）板面温度筋

板面温度筋是在收缩应力较大的现浇板区域内，为防止构件由于温差较大时开裂而设置的钢筋。只有采用图 1.32（b）所示的配筋方式时才有可能设置这种钢筋。板面负筋或板面构造钢筋向跨内伸出一定长度后截断，在中间区域设置板面温度筋与板面负筋或板面构造钢筋连接。对于是否设置了板面温度筋直接看图即知。

> **小贴士**
>
> 除了上述结构施工图中需表达的钢筋以外，还有一些施工时采用的措施钢筋，如图 1.37 中的马凳筋。马凳筋可以支承板面钢筋网，固定板面钢筋的位置，防止板面钢筋塌陷。 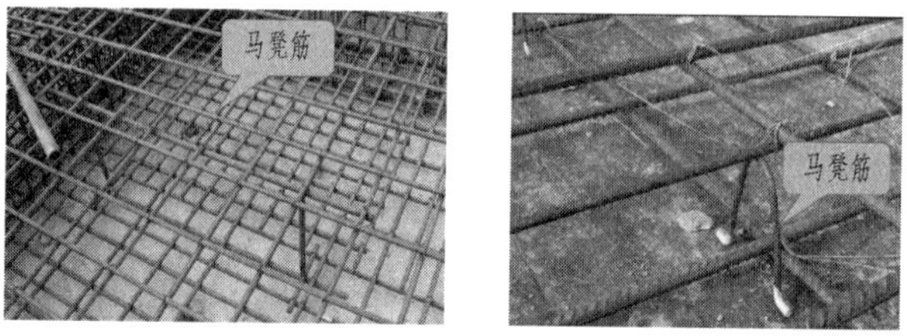
>
>
> 图 1.37　马凳筋

1.4.3　柱

钢筋混凝土柱是最基本的承重构件，常用作楼盖的支柱。柱中放有钢筋骨架，和混凝土一起共同受力，如图 1.38 所示。

图 1.38　柱的钢筋骨架

1. 常见柱的类型及代号

（1）框架柱

支承框架梁的柱叫作框架柱。框架柱承受框架梁传递的荷载，并传递给基础。框架柱的代号为 KZ。

框架柱根据其在框架中的不同位置又可分为中柱、边柱和角柱，如图 1.39 所示。

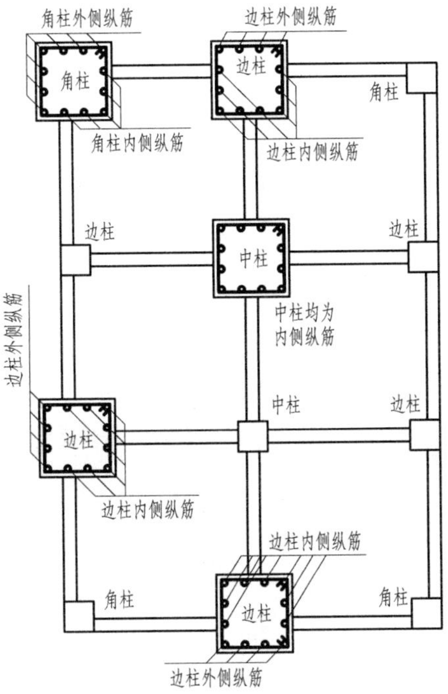

图 1.39   中柱、边柱和角柱

（2）转换柱

支承转换梁的柱叫作转换柱，如图 1.21 所示。转换梁的概念在前面已有叙述，在此不再赘述。转换柱的代号为 ZHZ。

（3）异形框架柱

异形框架柱是异形截面框架柱的简称。这里所谓的"异形截面"是指柱截面的几何形状与常用普通的矩形或方形截面相异。为了避免柱突出墙体，把柱与墙体结合起来，设计成 L 形、T 形、Z 形或"十"字形等截面形状的柱，这种柱统称为异形柱，如图 1.40 所示。异形框架柱的代号为 YKZ。

（a）L 形柱   （b）T 形柱   （c）"十"字形柱

图 1.40   异形框架柱的截面形式

（4）芯柱

在砌体结构中，芯柱是指在砌块内部空腔中插入竖向钢筋并浇灌混凝土后形成的砌体内部的钢筋混凝土小柱。在框架结构中，芯柱是指在框架柱截面中三分之一左右的核心部位配置附加纵筋及箍筋而形成的内部加强区域，如图 1.41 所示。芯柱的代号为 XZ。

（5）梯柱

楼梯间设置的支承中间平台梁的柱即为梯柱，如图 1.42 所示。梯柱的代号为 TZ。

（6）构造柱

在多层砌体房屋墙体的规定部位，按构造配筋，并按先砌墙后浇灌混凝土柱的施工顺序制成的混凝土柱，通常称为混凝土构造柱，简称构造柱，如图 1.43 所示。构造柱的代号为 GZ。

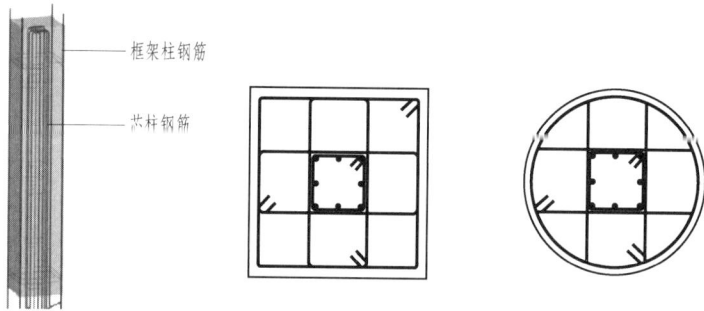
框架柱钢筋
芯柱钢筋

图 1.41　框架结构中的芯柱

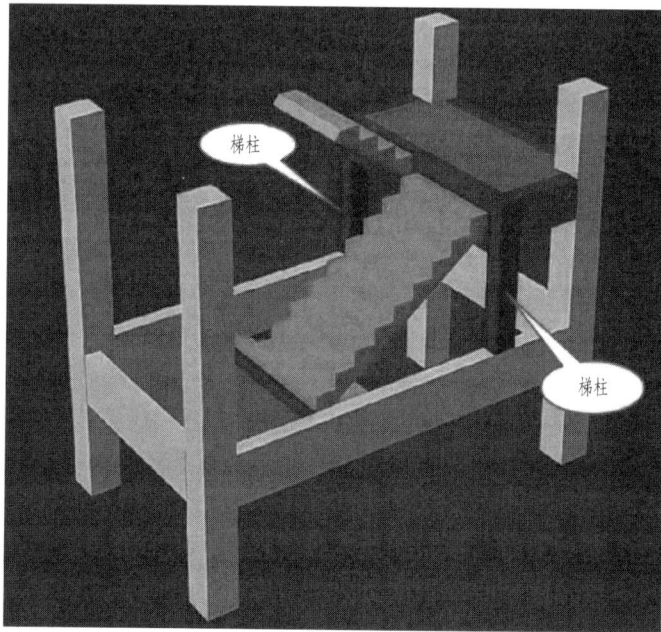
梯柱
梯柱

图 1.42　梯柱

图 1.43　构造柱

小贴士

柱的类型很多,上面介绍的只是最常见的几种。设计者会将柱的类型在结构施工图中用代号表示出来。识图时,由柱的代号即可识别出柱的类型。

2. 柱中钢筋的布置

配置在柱中的钢筋,按其作用可分为以下几种。

(1)纵向受力钢筋

纵向受力钢筋沿柱的纵向布置,如图 1.38 所示,其主要作用是协助混凝土承受压力,以减小截面尺寸,同时承受可能的弯矩及混凝土收缩和温度变化引起的拉应力,防止柱突然的脆性破坏。对偏心较大的偏心受压柱,截面受拉区的纵向受力钢筋则用来承受拉力。

小贴士

偏心是指柱承受的纵向压力偏离柱截面形心。如只沿一个方向偏心,则为单向偏心受压柱;如沿两个方向都有偏心,则为双向偏心受压柱;如没有偏心,则为轴心受压柱。当单向偏心受压柱的截面高度 $H \geqslant 600$mm 时,除了在柱偏心方向的两侧设置纵向受力钢筋外,还应在柱垂直偏心方向的两侧设置直径为 10～16mm 的纵向构造钢筋,并相应设置复合箍筋或拉筋;配置纵向构造钢筋是为了避免过大的无筋表面,纵向构造钢筋与箍筋一起构成对柱核心部位混凝土的围箍约束,这是增强和维持柱抗力的重要条件。识图时不必纠结柱是轴心受压柱、单向偏心受压柱还是双向偏心受压柱,这是设计者设计柱时应该考虑的。设计好柱后,识图者只要通过图纸,将柱的截面形状、尺寸和配筋这些信息弄清楚即可。识图时也不必纠结纵向钢筋是受力钢筋还是构造钢筋,这是设计者配筋时应该考虑的。已配置好的钢筋,在图中进行了标注,识图者只要理解标注的信息即可。对于常见的框架柱,如果是边柱和角柱,应注意其纵筋是内侧纵筋还是外侧纵筋,因为两者在顶层节点的构造有所不同,后面章节会有介绍。

(2)箍筋

柱箍筋垂直纵向钢筋布置,如图 1.38 所示。箍筋的作用是:与纵向钢筋一起形成稳固的钢筋骨架;作为纵向钢筋的支点,减少纵向钢筋的纵向弯曲变形;承受柱的剪力;使柱截面核心内的混凝土受到横向约束而提高承载能力。

柱箍筋类型由设计者确定,并在施工图中表示出来,如表 1.3 所示。工程中采用第一种箍筋类型比较多。这种箍筋为矩形箍筋或矩形复合箍筋。复合箍筋是指由矩形箍、多边形箍、圆形箍或拉筋组成的箍筋,矩形复合箍筋是指由矩形箍组成或者由矩形箍和拉筋组成的箍筋,而单个矩形箍和单个圆形箍则称为普通箍。设计者如采用矩形复合箍,还需要确定 m(平行于 h 边的箍筋肢数)和 n(平行于 b 边的箍筋肢数)。一旦确定了 m

和 n，也就确定了矩形复合箍筋的复合方式，如图 1.44 所示。

表 1.3　柱箍筋类型表

箍筋类型编号	箍筋肢数	复合方式
1	$m \times n$	肢数 m 肢数 n
2	—	
3	—	
4	Y+$m \times n$ 圆形箍	肢数 m 肢数 n

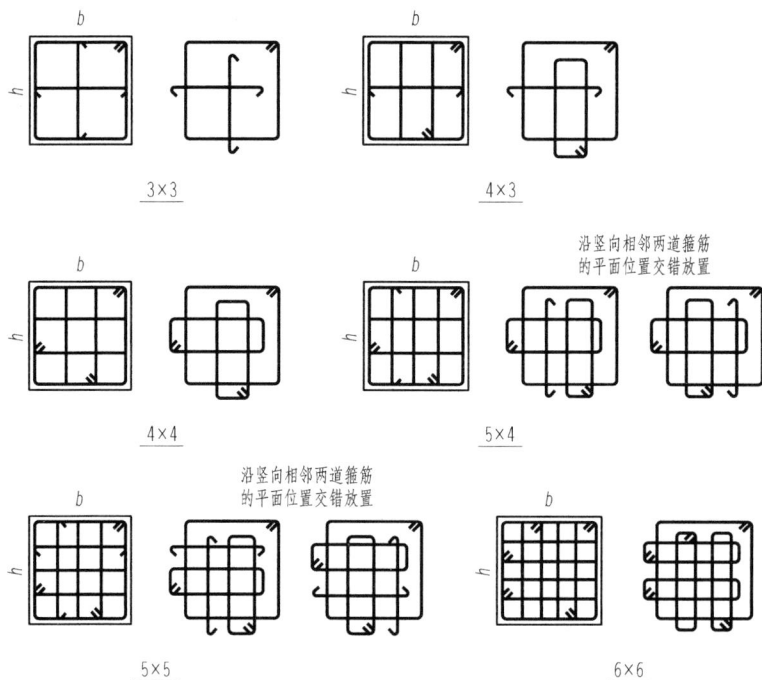

图 1.44　矩形复合箍筋的复合方式

任务 1.5　掌握钢筋混凝土结构常用构造

1.5.1　混凝土结构的环境类别

《混凝土结构设计规范（2015 年版）》（GB 50010—2010）将混凝土结构的环境类别划分为五类，如表 1.4 所示。环境类别不同，结构的构造要求也不同。

表 1.4　混凝土结构的环境类别

环境类别	条件
一	室内干燥环境； 无侵蚀性静水浸没环境
二 a	室内潮湿环境； 非严寒和非寒冷地区的露天环境； 非严寒和非寒冷地区与无侵蚀性的水或土壤直接接触的环境； 严寒和寒冷地区的冰冻线以下与无侵蚀性的水或土壤直接接触的环境
二 b	干湿交替环境； 水位频繁变动环境； 严寒和寒冷地区的露天环境； 严寒和寒冷地区冰冻线以上与无侵蚀性的水或土壤直接接触的环境
三 a	严寒和寒冷地区冬季水位变动区环境； 受除冰盐影响环境； 海风环境
三 b	盐渍土环境； 受除冰盐作用环境； 海岸环境
四	海水环境
五	受人为或自然的侵蚀性物质影响的环境

注：1. 室内潮湿环境是指构件表面经常处于结露或湿润状态的环境。
　　2. 严寒和寒冷地区的划分应符合现行国家标准《民用建筑热工设计规范》（GB 50176—2016）的有关规定。
　　3. 海岸环境和海风环境宜根据当地情况，考虑主导风向及结构所处迎风、背风部位等因素的影响，由调查研究和工程经验确定。
　　4. 受除冰盐影响环境是指受到除冰盐盐雾影响的环境；受除冰盐作用环境是指被除冰盐溶液溅射的环境以及使用除冰盐地区的洗车房、停车楼等建筑。
　　5. 暴露的环境是指混凝土结构表面所处的环境。

小贴士

混凝土结构的环境类别直接见结构设计说明。在结构设计说明中，设计者对结构的环境类别都会用文字加以说明。

1.5.2　混凝土保护层的最小厚度

混凝土保护层厚度是指最外层钢筋外边缘至混凝土表面的距离，其主要作用是保护钢筋不致锈蚀，保证结构的耐久性；保证钢筋与混凝土间的黏结；在火灾等情况下，避免钢筋过早软化。混凝土保护层厚度不能太小，应符合《混凝土结构设计规范（2015 年版）》（GB 50010—2010）中混凝土保护层最小厚度的要求，如表 1.5 所示。

表 1.5　混凝土保护层的最小厚度　　　　　　　　　　　单位：mm

环境类别	板、墙	梁、柱
一	15	20
二 a	20	25
二 b	25	35
三 a	30	40
三 b	40	50

注：1. 表中混凝土保护层厚度是指最外层钢筋外边缘至混凝土表面的距离，适用于设计工作年限为 50 年的混凝土结构。
　　2. 构件中受力钢筋的保护层厚度不应小于钢筋的公称直径。
　　3. 设计工作年限为 100 年的混凝土结构，一类环境中，最外层钢筋的保护层厚度不应小于表中数值的 1.4 倍；二、三类环境中，应采取专门的有效措施。
　　4. 混凝土强度等级为 C25 时，表中保护层厚度数值应增加 5mm。
　　5. 基础底面钢筋的保护层厚度，有混凝土垫层时应从垫层顶面算起，且不应小于 40mm。

【例 1.1】　条件：设计工作年限为 50 年的混凝土结构，一类环境，柱采用 C30 级混凝土，柱纵筋直径为 25mm，柱箍筋直径为 8mm。

要求：确定柱混凝土保护层厚度。

【解】　由已知条件直接查表 1.5 即可得出柱混凝土保护层厚度为 20mm。柱纵筋保护层厚度为 20mm+8mm=28mm>25mm，满足表 1.5 中文字注写第二条，所以确定柱混凝土保护层厚度为 20mm。

【例 1.2】　条件：设计工作年限为 50 年的混凝土结构，一类环境，柱采用 C25 级混凝土，柱纵筋直径为 25mm，柱箍筋直径为 8mm。

要求：确定柱混凝土保护层厚度。

【解】　由已知条件直接查表 1.5 即可得出柱混凝土保护层厚度为 20mm，再根据表 1.5 中文字注写第四条，柱混凝土保护层厚度为 20mm+5mm=25mm，很显然其满足文字注写第二条，所以确定柱混凝土保护层厚度为 25mm。

【例 1.3】　条件：设计工作年限为 100 年的混凝土结构，一类环境，柱采用 C30 级混凝土，柱纵筋直径为 25mm，柱箍筋直径为 8mm。

要求：确定柱混凝土保护层厚度。

【解】　由已知条件直接查表 1.5 即可得出柱混凝土保护层厚度为 20mm，再根据表 1.5 中文字注写第三条，柱混凝土保护层厚度为 1.4×20mm=28mm，很显然其满足文字注写第二条，所以确定柱混凝土保护层厚度为 28mm。

小贴士

　　各构件的混凝土保护层厚度可直接见结构设计说明。在结构设计说明中，设计者对各构件的混凝土保护层厚度一般会用文字加以说明。如果结构设计说明中只给出了混凝土保护层最小厚度要求，则识图者需要根据环境类别查表得出各构件最外层钢筋混凝土保护层厚度，再根据表格下方的文字注写确定保护层厚度是否需要调整。

1.5.3　钢筋锚固长度

钢筋锚固长度一般是指梁、板、柱等构件的钢筋伸入支座或基础中的总长度。钢筋可以直线锚固，当直线锚固条件不够时，可采用弯折锚固。弯折锚固长度包括直线段和弯折段。下面主要介绍钢筋直线锚固的长度。

1. 受拉钢筋锚固长度

（1）受拉钢筋基本锚固长度（l_{ab}、l_{abE}）

当计算中充分利用钢筋的抗拉强度时，受拉钢筋基本锚固长度可按下式计算得出。

$$l_{ab} = \alpha \frac{f_y}{f_t} d \tag{1.1}$$

$$l_{abE} = \zeta_{aE} l_{ab} \tag{1.2}$$

式中：l_{ab}——受拉钢筋基本锚固长度（无抗震要求时）。

l_{abE}——受拉钢筋基本锚固长度（有抗震要求时）。

α——钢筋的外形系数，光圆钢筋取 0.16，带肋钢筋取 0.14。

f_y——钢筋的抗拉强度设计值，由钢筋的牌号直接查表得出。

f_t——混凝土轴心抗拉强度设计值，由混凝土强度等级直接查表得出。

d——钢筋的公称直径，见图中钢筋的标注。

ζ_{aE}——抗震锚固长度修正系数，对一、二级抗震等级取 1.15，对三级抗震等级
　　　取 1.05，对四级抗震等级取 1.00。

为方便设计、施工及预算人员计算，将受拉钢筋的基本锚固长度做成表格，以备查阅，如表 1.6 和表 1.7 所示。

表 1.6　受拉钢筋基本锚固长度 l_{ab}　　　　　　　　　　　　　　　单位：mm

钢筋种类	混凝土强度等级							
	C25	C30	C35	C40	C45	C50	C55	≥C60
HPB300	34d	30d	28d	25d	24d	23d	22d	21d
HRB400、HRBF400、RRB400	40d	35d	32d	29d	28d	27d	26d	25d
HRB500、HRBF500	48d	43d	39d	36d	34d	32d	31d	30d

表 1.7　抗震设计时受拉钢筋基本锚固长度 l_{abE}　　　　　　　　　　单位：mm

钢筋种类及抗震等级		混凝土强度等级							
		C25	C30	C35	C40	C45	C50	C55	≥C60
HPB300	一、二级	39d	35d	32d	29d	28d	26d	25d	24d

钢筋种类及抗震等级		混凝土强度等级							
		C25	C30	C35	C40	C45	C50	C55	≥C60
HPB300	三级	36d	32d	29d	26d	25d	24d	23d	22d
HRB400、	一、二级	46d	40d	37d	33d	32d	31d	30d	29d
HRBF400	三级	42d	37d	34d	30d	29d	28d	27d	26d
HRB500、	一、二级	55d	49d	45d	41d	39d	37d	36d	35d
HRBF500	三级	50d	45d	41d	38d	36d	34d	33d	32d

小贴士

受拉钢筋基本锚固长度可通过直接查表 1.6 和表 1.7 得出。抗震等级为四级时，抗震设计时受拉钢筋基本锚固长度 l_{abE} 等于非抗震设计时受拉钢筋基本锚固长度 l_{ab}。

【例1.4】 求纵向受拉钢筋的基本锚固长度。

条件：C25 级混凝土和 HPB300 级钢筋，钢筋直径为 20mm。

要求：求纵向受拉钢筋的基本锚固长度 l_{ab}。

【解】 由已知条件直接查表 1.6 即可得出 l_{ab} =34d=34×20mm=680mm。

【例1.5】 求抗震设计时受拉钢筋基本锚固长度 l_{abE}。

条件：C30 级混凝土和 HRB400 级钢筋，钢筋直径为 22mm，抗震等级为二级。

要求：求纵向受拉钢筋的基本锚固长度 l_{abE}。

【解】 由已知条件直接查表 1.7 即可得出 l_{abE} =40d=40×22mm=880mm。

【例1.6】 求抗震设计时受拉钢筋的基本锚固长度 l_{abE}。

条件：C25 级混凝土和 HRB400 级钢筋，钢筋直径为 20mm，抗震等级为四级。

要求：求纵向受拉钢筋的基本锚固长度 l_{abE}。

【解】 由已知条件直接查表 1.6 即可得出 l_{abE} =40d=40×20mm=800mm。

（2）受拉钢筋锚固长度（l_a、l_{aE}）

受拉钢筋锚固长度可按下式计算得出，如按下式算得的 l_a 值小于 200mm，则取 200mm。

$$l_a = \zeta_a l_{ab} \tag{1.3}$$

$$l_{aE} = \zeta_{aE} l_a = \zeta_a l_{abE} \tag{1.4}$$

式中： l_a ——受拉钢筋锚固长度（无抗震要求时）。

l_{aE} ——受拉钢筋锚固长度（有抗震要求时）。

ζ_a ——受拉钢筋锚固长度修正系数，其取值如表 1.8 所示，当多于一项时，可连乘计算，但不应小于 0.6。如不需要修正，取值为 1。

表 1.8　受拉钢筋锚固长度修正系数 ζ_a

锚固条件		ζ_a	说明
带肋钢筋的公称直径大于 25mm		1.1	
环氧树脂涂层带肋钢筋		1.25	
施工过程中易受扰动的钢筋		1.1	
锚固区保护层厚度	$3d$	0.8	锚固区保护层厚度为中间值时修正系数按内插值计算。d 为锚固钢筋直径
	$5d$	0.7	

小贴士

当钢筋的保护层厚度不大于 $5d$ 时，锚固长度范围内应设置横向构造钢筋，其直径不应小于 $d/4$（d 为锚固钢筋的最大直径）；对梁、柱、斜撑等构件间距不应大于 $5d$，对板、墙等平面构件间距不应大于 $10d$，且均不应大于 100mm（d 为锚固钢筋的最小直径）。

为方便设计、施工及预算人员计算，将受拉钢筋的锚固长度做成表格，以备查阅，如表 1.9 和表 1.10 所示。

表 1.9　受拉钢筋锚固长度 l_a　　　　单位：mm

钢筋种类	混凝土强度等级															
	C25		C30		C35		C40		C45		C50		C55		≥C60	
	$d\le25$	$d>25$	$d\le25$	$d>25$	$d\le25$	$d>25$	$d\le25$	$d>25$	$d\le25$	$d>25$	$d\le25$	$d>25$	$d\le25$	$d>25$	$d\le25$	$d>25$
HPB300	$34d$	—	$30d$	—	$28d$	—	$25d$	—	$24d$	—	$23d$	—	$22d$	—	$21d$	—
HRB400、HRBF400、RRB400	$40d$	$44d$	$35d$	$39d$	$32d$	$35d$	$29d$	$32d$	$28d$	$31d$	$27d$	$30d$	$26d$	$29d$	$25d$	$28d$
HRB500、HRBF500	$48d$	$53d$	$43d$	$47d$	$39d$	$43d$	$36d$	$40d$	$34d$	$37d$	$32d$	$35d$	$31d$	$34d$	$30d$	$33d$

表 1.10　受拉钢筋抗震锚固长度 l_{aE}　　　　单位：mm

钢筋种类及抗震等级		混凝土强度等级															
		C25		C30		C35		C40		C45		C50		C55		≥C60	
		$d\le25$	$d>25$	$d\le25$	$d>25$	$d\le25$	$d>25$	$d\le25$	$d>25$	$d\le25$	$d>25$	$d\le25$	$d>25$	$d\le25$	$d>25$	$d\le25$	$d>25$
HPB300	一、二级	$39d$	—	$35d$	—	$32d$	—	$29d$	—	$28d$	—	$26d$	—	$25d$	—	$24d$	—
	三级	$36d$	—	$32d$	—	$29d$	—	$26d$	—	$25d$	—	$24d$	—	$23d$	—	$22d$	—
HRB400、HRBF400	一、二级	$46d$	$51d$	$40d$	$45d$	$37d$	$40d$	$33d$	$37d$	$32d$	$36d$	$31d$	$35d$	$30d$	$33d$	$29d$	$32d$

钢筋种类及抗震等级		混凝土强度等级														
		C25		C30		C35		C40		C45		C50		C55		≥C60
		$d≤25$	$d>25$	$d≤25$	$d>25$	$d≤25$	$d>25$	$d≤25$	$d>25$	$d≤25$	$d>25$	$d≤25$	$d>25$	$d≤25$	$d>25$	$d≤25$	$d>25$
HRB400、HRBF400	三级	$42d$	$46d$	$37d$	$41d$	$34d$	$37d$	$30d$	$34d$	$29d$	$33d$	$28d$	$32d$	$27d$	$30d$	$26d$	$29d$
HRB500、HRBF500	一、二级	$55d$	$61d$	$49d$	$54d$	$45d$	$49d$	$41d$	$46d$	$39d$	$43d$	$37d$	$40d$	$36d$	$39d$	$35d$	$38d$
	三级	$50d$	$56d$	$45d$	$49d$	$41d$	$45d$	$38d$	$42d$	$36d$	$39d$	$34d$	$37d$	$33d$	$36d$	$32d$	$35d$

小贴士

对照表 1.9 和表 1.6、表 1.10 和表 1.7 可知，对于带肋钢筋的公称直径大于 25mm 的钢筋，受拉钢筋的锚固长度已经考虑了受拉钢筋锚固长度修正系数。对表 1.8 所示除带肋钢筋的公称直径大于 25mm 以外的锚固条件，受拉钢筋的锚固长度应用查表得出的锚固长度再乘以相应的受拉钢筋锚固长度修正系数。

受拉钢筋锚固长度没必要按公式计算，直接查表即可得出。抗震等级为四级时，抗震设计时受拉钢筋锚固长度 l_{aE} 等于非抗震设计时受拉钢筋锚固长度 l_a。

【例 1.7】 求纵向受拉钢筋的锚固长度。

条件：C30 级混凝土和 HRB400 级钢筋，钢筋直径为 20mm。

要求：求纵向受拉钢筋的锚固长度 l_a。

【解】 由已知条件直接查表 1.9 即可得出 $l_a = 35d = 35×20mm = 700mm$。

【例 1.8】 求纵向受拉钢筋的抗震锚固长度。

条件：C30 级混凝土和 HRB400 级钢筋，钢筋直径分别为 22mm 和 28mm，抗震等级为二级。

要求：求纵向受拉钢筋的抗震锚固长度 l_{aE}。

【解】 由已知条件直接查表 1.10 即可得出：

直径为 22mm 的受拉钢筋的锚固长度为 $l_{aE} = 40d = 40×22mm = 880mm$。

直径为 28mm 的受拉钢筋的锚固长度为 $l_{aE} = 45d = 45×28mm = 1260mm$。

【例 1.9】 求纵向受拉钢筋的抗震锚固长度。

条件：C30 级混凝土和 HRB400 级钢筋，钢筋直径分别为 22mm 和 28mm，抗震等级为四级。

要求：求纵向受拉钢筋的抗震锚固长度 l_{aE}。

【解】 由已知条件直接查表 1.9 即可得出：

直径为 22mm 的受拉钢筋的锚固长度为 $l_{aE} = 35d = 35×22mm = 770mm$。

直径为 28mm 的受拉钢筋的锚固长度为 $l_{aE} = 39d = 39×28mm = 1092mm$。

2. 纵向受压钢筋锚固长度

当计算中充分利用纵向受压钢筋的抗压强度时，其锚固长度不应小于受拉钢筋锚固长度的 70%。

【例 1.10】 求纵向受压钢筋的锚固长度。

条件：C30 级混凝土和 HRB400 级钢筋，钢筋直径为 20mm。

要求：求纵向受压钢筋的锚固长度。

【解】 由已知条件直接查表 1.9 即可得出受拉钢筋锚固长度为 $l_a =35d=35\times20mm=700mm$，则纵向受压钢筋的锚固长度为 70%×700mm=490mm。

3. 当计算中不利用其强度时，钢筋伸入支座的锚固长度 l_{as}

当计算中不充分利用钢筋的强度时，其伸入支座的锚固长度 l_{as} 对于梁来说，如为带肋钢筋则为 $12d$，如为光圆钢筋则为 $15d$。例如，梁侧面纵向构造钢筋，因其为构造钢筋，计算时是不考虑利用其强度的，所以其在支座内的锚固长度为 $12d$ 或 $15d$。

【例 1.11】 求梁侧面纵向构造钢筋的锚固长度。

条件：C30 级混凝土，梁侧面纵向构造钢筋采用直径为 12mm 的 HPB300 级钢筋。

要求：求梁侧面纵向构造钢筋的锚固长度。

【解】 由已知条件可得梁侧面纵向构造钢筋的锚固长度为 15×12mm=180mm。

1.5.4　钢筋的连接

1. 钢筋的主要连接方式

在施工过程中，当构件所用的钢筋长度不够时（钢筋出厂长度一般是 9m），需要对钢筋进行连接。钢筋的主要连接方式有三种：绑扎搭接连接、机械连接和焊接，如图 1.45 所示。机械连接分为锥螺纹连接和直螺纹连接。焊接连接分为电弧焊、闪光对焊和电渣压力焊。

无论采用哪一种连接方式，受力钢筋的接头均宜设在受力较小的地方，且在同一根钢筋上宜少设接头。

◆ 阅读资料

为了保证钢筋受力可靠，对钢筋连接接头范围和接头加工质量有如下规定。

1）当受拉钢筋直径大于 25mm 及受压钢筋直径大于 28mm 时，不宜采用绑扎搭接。

2）轴心受拉及小偏心受拉杆件中纵向受力钢筋不应采用绑扎搭接。

3）纵向受力钢筋连接位置宜避开梁端、柱端箍筋加密区。如必须在此区段连接时，应采用机械连接或焊接。

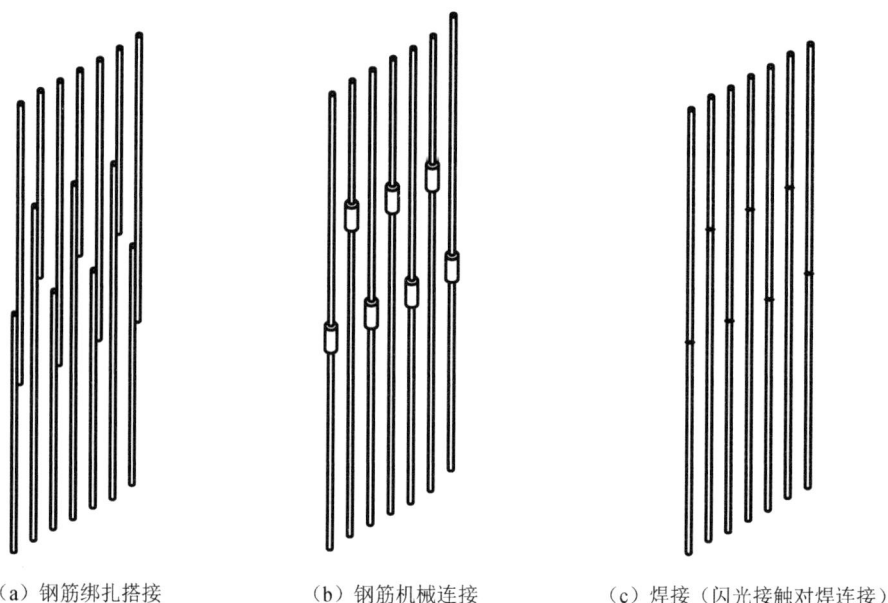

（a）钢筋绑扎搭接　　　　　（b）钢筋机械连接　　　　　（c）焊接（闪光接触对焊连接）

图 1.45　钢筋的主要连接方式

2. 钢筋连接接头面积百分率

《混凝土结构设计规范（2015 年版）》（GB 50010—2010）规定：同一构件中相邻纵向受力钢筋的绑扎搭接接头宜相互错开。钢筋绑扎搭接接头连接区段的长度为 1.3 倍搭接长度（$1.3l_l$ 或 $1.3l_{lE}$），钢筋焊接接头连接区段的长度为 $35d$ 且不小于 500mm，钢筋机械连接接头连接区段的长度为 $35d$，d 为相互连接两根钢筋中较小直径。凡接头中点位于连接区段长度内，连接接头均属同一连接区段，如图 1.46 所示。

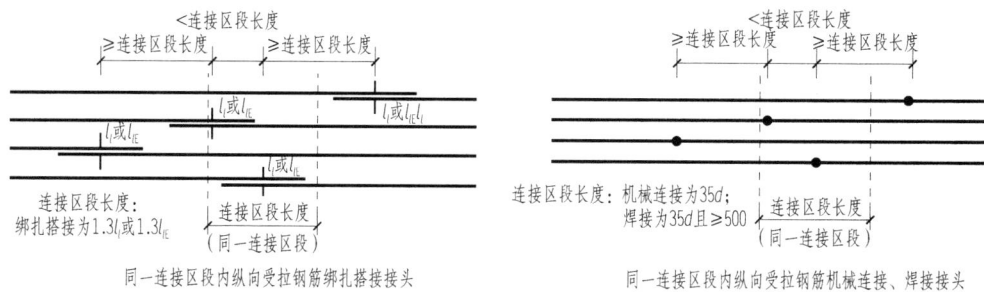

图 1.46　同一连接区段

同一连接区段内纵筋的连接接头面积百分率为该区段内有连接接头的纵向受力钢筋截面面积与全部纵筋截面面积的比值。当钢筋直径相同时，则图 1.46 所示同一连接区段内纵筋连接接头面积百分率为 50%。

不同直径钢筋搭接时，搭接长度（l_l 或 l_{lE}）按较小直径计算，如图 1.47 所示。不同直径钢筋连接时，接头面积和连接区段长度按较小直径计算。同一构件纵向受力钢筋直径不同时，连接区段长度按较大直径计算，如图 1.47～图 1.49 所示。

图 1.47 直径不同钢筋搭接接头面积和连接区段长度

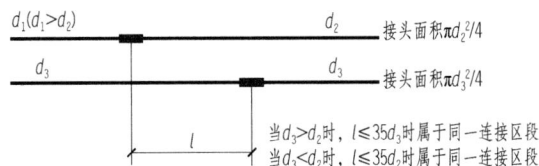

图 1.48 直径不同钢筋机械连接接头面积和连接区段长度

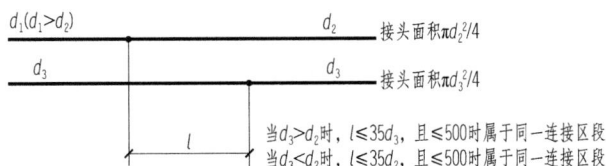

图 1.49 直径不同钢筋焊接接头面积和连接区段长度

小贴士

钢筋的连接方式及钢筋连接接头面积百分率可直接见结构设计说明。在结构设计说明中，设计者对其会用文字加以说明。不同直径钢筋连接时，接头面积和连接区段长度按较小直径计算。同一构件纵向受力钢筋直径不同时，连接区段长度按较大直径计算。

3. 纵向钢筋绑扎搭接长度

（1）纵向受拉钢筋绑扎搭接长度

钢筋的搭接长度是钢筋计算中的一个重要参数，纵向受拉钢筋绑扎搭接长度的相关规定如表 1.11 所示。

表 1.11 纵向受拉钢筋绑扎搭接长度相关规定

纵向受拉钢筋绑扎 搭接长度 l_{lE}、l_l	抗震	$l_{lE} = \zeta_l l_{aE}$	
	非抗震	$l_l = \zeta_l l_a$	
纵向受拉钢筋搭 接长度修正系数 ζ_l	纵向受拉钢筋搭接接头面积百分率		
	≤25%	50%	100%
	1.2	1.4	1.6

小贴士

　　纵向受拉钢筋的搭接长度没必要按公式计算，直接查表即可得出。抗震等级为四级时，抗震设计时受拉钢筋搭接长度 l_{lE} 等于非抗震设计时受拉钢筋搭接长度 l_l。

　　为方便设计、施工及预算人员计算，将纵向受拉钢筋的搭接长度编制成表格，以备查阅，如表 1.12 和表 1.13 所示。

表 1.12　纵向受拉钢筋绑扎搭接长度 l_l　　　　　单位：mm

钢筋种类及同一区段内搭接钢筋面积百分率		混凝土强度等级														
		C25		C30		C35		C40		C45		C50		C55		C60	
		$d\le25$	$d>25$	$d\le25$	$d>25$	$d\le25$	$d>25$	$d\le25$	$d>25$	$d\le25$	$d>25$	$d\le25$	$d>25$	$d\le25$	$d>25$	$d\le25$	$d>25$
HPB300	≤25%	41d	—	36d	—	34d	—	30d	—	29d	—	28d	—	26d	—	25d	—
	50%	48d	—	42d	—	39d	—	35d	—	34d	—	32d	—	31d	—	29d	—
	100%	54d	—	48d	—	45d	—	40d	—	38d	—	37d	—	35d	—	34d	—
HRB400、HRBF400、RRB400	≤25%	48d	53d	42d	47d	38d	42d	35d	38d	34d	37d	32d	36d	31d	35d	30d	34d
	50%	56d	62d	49d	55d	45d	49d	41d	45d	39d	43d	38d	42d	36d	41d	35d	39d
	100%	64d	70d	56d	62d	51d	56d	46d	51d	45d	50d	43d	48d	42d	46d	40d	45d
HRB500、HRBF500	≤25%	58d	64d	52d	56d	47d	52d	43d	48d	41d	44d	38d	42d	37d	41d	36d	40d
	50%	67d	74d	60d	66d	55d	60d	50d	56d	48d	52d	45d	49d	43d	48d	42d	46d
	100%	77d	85d	69d	75d	62d	69d	56d	64d	54d	59d	51d	56d	50d	54d	48d	53d

表 1.13　纵向受拉钢筋抗震搭接长度 l_{lE}　　　　　单位：mm

钢筋种类及同一区段内搭接钢筋面积百分率			混凝土强度等级														
			C25		C30		C35		C40		C45		C50		C55		C60	
			$d\le25$	$d>25$	$d\le25$	$d>25$	$d\le25$	$d>25$	$d\le25$	$d>25$	$d\le25$	$d>25$	$d\le25$	$d>25$	$d\le25$	$d>25$	$d\le25$	$d>25$
一、二级抗震等级	HPB300	≤25%	47d	—	42d	—	38d	—	35d	—	34d	—	31d	—	30d	—	29d	—
		50%	55d	—	49d	—	45d	—	41d	—	39d	—	36d	—	35d	—	34d	—
	HRB400、HRBF400	≤25%	55d	61d	48d	54d	44d	48d	40d	44d	38d	43d	37d	42d	36d	40d	35d	38d
		50%	64d	71d	56d	63d	52d	56d	46d	52d	45d	50d	43d	49d	42d	46d	41d	45d
	HRB500、HRBF500	≤25%	66d	73d	59d	65d	54d	59d	49d	55d	47d	52d	44d	48d	43d	47d	42d	46d
		50%	77d	85d	69d	76d	63d	69d	57d	64d	55d	60d	52d	56d	50d	55d	49d	53d
三级抗震等级	HPB300	≤25%	43d	—	38d	—	35d	—	31d	—	30d	—	29d	—	28d	—	26d	—
		50%	50d	—	45d	—	41d	—	36d	—	35d	—	34d	—	32d	—	31d	—
	HRB400、HRBF400	≤25%	50d	55d	44d	49d	41d	44d	36d	41d	35d	40d	34d	38d	32d	36d	31d	35d
		50%	59d	64d	52d	57d	48d	52d	42d	48d	41d	46d	39d	45d	38d	42d	36d	41d
	HRB500、HRBF500	≤25%	60d	67d	54d	59d	49d	54d	46d	50d	43d	47d	41d	44d	40d	43d	38d	42d
		50%	70d	78d	63d	69d	57d	63d	53d	59d	50d	55d	48d	52d	46d	50d	45d	49d

小贴士

对照表 1.12 和表 1.13 可知，对于带肋钢筋的公称直径大于 25mm 的钢筋，受拉钢筋的搭接长度已经考虑了直径的影响。对表 1.8 所示除带肋钢筋的公称直径大于 25mm 以外的锚固条件，受拉钢筋的搭接长度应用查表得出的搭接长度再乘以相应的受拉钢筋锚固长度修正系数。

【例 1.12】　求纵向受拉钢筋的绑扎搭接长度。

条件：某钢筋混凝土次梁，采用 C30 级混凝土，梁下部布置了 4 根直径为 20mm 的 HRB400 级钢筋，采用绑扎搭接连接，其搭接接头面积百分率为 25%。

要求：求纵向受拉钢筋的绑扎搭接长度。

【解】　由已知条件直接查表 1.12 可得出 $l_l =42d=42\times20mm = 840mm$。

【例 1.13】　求纵向受拉钢筋的绑扎搭接长度。

条件：某非抗震设计的钢筋混凝土梁，采用 C30 级混凝土，布置了 4 根直径为 20mm 的 HRB500 级纵向受拉钢筋，采用绑扎搭接连接，其搭接接头面积百分率为 50%。

要求：求纵向受拉钢筋的绑扎搭接长度。

【解】　由已知条件直接查表 1.12 可得出 $l_l =60d=60\times20mm = 1200mm$。

【例 1.14】　求纵向受拉钢筋的绑扎搭接长度。

条件：某按抗震等级为二级设计的钢筋混凝土梁，采用 C30 级混凝土，布置了 4 根直径为 20mm 的 HRB400 级纵向受拉钢筋，采用绑扎搭接连接，其搭接接头面积百分率为 50%。

要求：求纵向受拉钢筋的绑扎搭接长度。

【解】　由已知条件直接查表 1.13 可得出 $l_{lE} =56d=56\times20mm=1120mm$。

（2）纵向受压钢筋绑扎搭接长度

当构件中的纵向受压钢筋采用绑扎搭接连接时，其搭接长度不应小于纵向受拉钢筋绑扎搭接长度的 70%，且在任何情况下不应小于 200mm。

【例 1.15】　求纵向受压钢筋的绑扎搭接长度。

条件：混凝土基础内伸出 8 根直径为 20mm 的 HRB400 级纵向钢筋，并与圆形截面柱的 8 根直径为 20mm 的 HRB400 级纵向受压钢筋搭接，其搭接接头面积百分率为 50%。混凝土采用 C30 级。

要求：求纵向受压钢筋的绑扎搭接长度。

【解】　由已知条件直接查表 1.12 可得出 $l_l =49d=49\times20mm = 980mm$。

纵向受压钢筋的绑扎搭接长度为 70%×980mm=686mm>200mm。

4. 纵向受力钢筋搭接区箍筋构造

梁、柱纵向受力钢筋如采用搭接连接，在搭接区内箍筋应加密，如图 1.50 所示。搭接区内箍筋直径不小于 $d/4$（d 为搭接钢筋最大直径），间距不大于 100mm 及 5d（d 为搭接钢筋最小直径）。当受压钢筋直径大于 25mm 时，尚应在搭接接头两个端面外 100mm 的范围内各设置两道箍筋。

5. 钢筋的弯钩

HPB300 级钢筋为光圆钢筋，与混凝土之间的黏结力较小，为加强其与混凝土之间的黏结力，防止其在受拉时滑动，《混凝土结构设计规范（2015 年版）》（GB 50010—2010）规定：HPB300 级钢筋作为受拉钢筋，其末端应做 180° 弯钩，弯心直径不小于 $2.5d$，弯后平直段长度不应小于 $3d$，如图 1.51 所示；但作为受压钢筋时可不做弯钩。

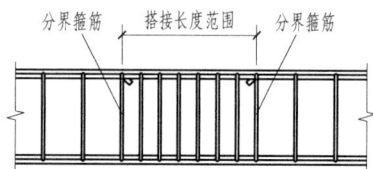

图 1.50　纵向受力钢筋搭接区箍筋构造

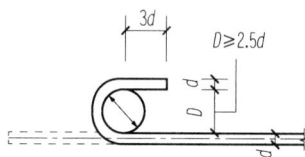

图 1.51　光圆钢筋末端 180° 弯钩

梁、柱箍筋的末端也需要弯钩，以便钩住纵向钢筋，与纵向钢筋形成稳定的钢筋骨架。箍筋的弯钩形式如图 1.52 所示。

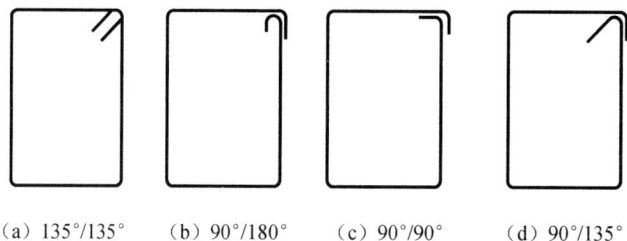

（a）135°/135°　　（b）90°/180°　　（c）90°/90°　　（d）90°/135°

图 1.52　梁、柱箍筋弯钩形式

箍筋弯钩形式一般采用 135°/135° 的形式，它是箍筋弯钩的一般默认形式，如图 1.52（a）所示。箍筋弯钩还可采用 90°/180°、90°/90° 和 90°/135° 的形式，如图 1.52（b）～（d）所示，前两种箍筋形式一般只在结构非抗震时采用。

对非抗震构件的箍筋，弯钩平直段部分的长度为箍筋直径的 5 倍；对抗震构件的箍筋，弯钩平直段部分的长度为箍筋直径的 10 倍，且不小于 75mm。

小贴士

HPB300 级钢筋末端所做 180° 弯钩增加的长度为 $6.25d$。

▶ 阅读资料

一个箍筋（钢筋为 HPB300 级）弯钩增加长度如表 1.14 所示。

表 1.14　一个箍筋（钢筋为 HPB300 级）弯钩增加长度表

类别	结构有抗震要求			结构无抗震要求		
弯钩形式	180°弯钩	135°弯钩	90°弯钩	180°弯钩	135°弯钩	90°弯钩
弯钩增加长度	$13.25d$	$11.90d$	$10.50d$	$8.25d$	$6.90d$	$5.50d$

小　结

1．建筑结构是由基础、柱、梁、板和墙体等基本构件通过各种形式连接而成的能承受"作用"的骨架。组成建筑结构的构件称为结构构件。

2．混凝土结构、砌体结构、钢结构和木结构是按所用材料的不同来划分的结构类型。

3．混凝土结构是指以混凝土为主设计的结构，包括素混凝土结构、钢筋混凝土结构和预应力混凝土结构等。

4．砌体结构是指以由块材和砂浆砌筑而成的墙、柱作为建筑物主要受力构件的结构。

5．钢结构是指以钢材为主制作的结构。木结构是指全部或大部分用木材制作的结构。

6．砖混结构、框架结构、剪力墙结构、框架-剪力墙结构、框支剪力墙结构和筒体结构是按承重结构的类型来划分的结构类型。

7．砖混结构是指竖向承重的墙、柱等采用砖砌筑，水平承重的梁、楼板、屋面板等采用钢筋混凝土浇筑的结构。

8．框架结构是指由梁和柱为主要承重构件组成的承受竖向和水平作用的结构。

9．剪力墙结构是指由剪力墙承受水平和竖向作用的结构。

10．框架-剪力墙结构是指框架和剪力墙结合在一起共同承受竖向和水平作用的结构。

11．普通钢筋按外形来分可分为光圆钢筋和带肋钢筋。

12．HPB300、HRB400、HRBF400、RRB400、HRB500、HRBF500 和 HRB600 为钢筋混凝土结构主要采用的热轧钢筋。

13．HPB300 为热轧光圆钢筋，HRB400、HRB500 和 HRB600 为普通热轧带肋钢筋，HRBF400 和 HRBF500 为细晶粒热轧带肋钢筋，RRB400 为余热处理钢筋。

14．混凝土强度等级有 C15、C20、C25、C30、C35、C40、C45、C50、C55、C60、C65、C70、C75 和 C80 共 14 个等级，钢筋混凝土结构构件的混凝土强度等级不应低于 C25。

15．砌体工程所用的主要材料是砖、砌块、石材及砂浆。在钢结构中采用的钢材主要有碳素结构钢和低合金高强度结构钢两种。

16. 震级是衡量某次地震大小的等级，用符号 M 表示。地震烈度是指某一地区的地面上各类建筑物等遭受地震影响的强烈程度。抗震设防烈度是指按国家规定的权限批准作为一个地区抗震设防依据的地震烈度。

17. 从抗震防灾的角度，根据建筑物使用功能的重要性，按其受地震破坏时产生的后果严重程度，《抗震规范》将建筑物分为甲、乙、丙、丁四类。

18. 抗震等级分为一、二、三、四共四个等级，它体现不同的抗震要求，一级抗震要求最高，四级抗震要求最低。

19. 钢筋混凝土梁是工程中最常见的构件之一，本模块主要介绍了梁的类型、代号及配置在梁中的钢筋。

20. 钢筋混凝土板是工程中最常见的构件之一，本模块主要介绍了板的分类及配置在板中的钢筋。

21. 钢筋混凝土柱是工程中最常见的构件之一，本模块主要介绍了柱的类型、代号及配置在柱中的钢筋。

22. 本模块介绍了钢筋混凝土结构常用构造，包括混凝土结构环境类别的划分、混凝土保护层的最小厚度要求、钢筋锚固长度要求、钢筋连接构造、纵向受力钢筋搭接区箍筋构造及钢筋弯钩做法等。

习　　题

一、填空题

1. 以混凝土为主制成的结构为_____结构；以钢材为主制成的结构为_____结构；由块材和砂浆砌筑而成的墙、柱作为建筑物主要受力构件的结构称为_____结构。

2. 由梁和柱为主要承重构件组成的承受竖向和水平作用的结构为_____结构；由剪力墙承受水平和竖向作用的结构为_____结构；由框架和剪力墙结合在一起共同承受竖向和水平作用的结构为_____结构。

3. 普通钢筋按外形来分可分为_____钢筋和_____钢筋。

4. C 为_____强度等级符号；MU 为_____强度等级符号；M 为_____强度等级符号；Mb 为_____强度等级符号；Cb 为_____强度等级符号。

5. _____是衡量某次地震大小的等级，用符号 M 表示；_____是指某一地区的地面上各类建筑物等遭受地震影响的强烈程度。_____是指按国家规定权限批准作为一个地区抗震设防依据的地震烈度。

6. 梁中弯起钢筋的弯起角一般取_____°；当梁高 $h>800$mm 时，弯起角取_____°。

7. 箍筋的每一个立边叫作一个肢，只有一个立边的箍筋称为_____肢箍，闭合矩形的箍筋因为有两个立边，称为_____肢箍。

8. 当腹板高度 h_w 不小于 450mm 时，需要在梁的两侧设置_____钢筋。

9. 吊筋的弯起角一般取_____°；当主梁高度 $h>800$mm 时，弯起角取_____°。

10. 板按照施工方法的不同可分为_____板和_____板；板按照受力特点的不同可分为_____板和_____板。

11. 构件混凝土保护层厚度根据_____查表确定，表格中的混凝土保护层厚度是指_____至混凝土表面的距离。适用于设计工作年限为_____年的混凝土结构。

12. 钢筋的主要连接方式有_____、_____和_____三种。

二、单选题

1. （　　）是按所用材料的不同来划分的结构类型。
   A. 混凝土结构　　　　　　　　B. 剪力墙结构
   C. 框架–剪力墙结构　　　　　D. 筒体结构

2. （　　）是按承重结构的类型来划分的结构类型。
   A. 混凝土结构　　B. 砌体结构　　C. 钢结构　　D. 框架结构

3. （　　）是按外形来划分的钢筋名称。
   A. 热轧钢筋　　B. 冷加工钢筋　　C. 带肋钢筋　　D. 热处理钢筋

4. HPB300 为（　　）。
   A. 普通热轧带肋钢筋　　　　　B. 热轧光圆钢筋
   C. 细晶粒热轧带肋钢筋　　　　D. 余热处理钢筋

5. HRB400 和 HRB500 为（　　）。
   A. 普通热轧带肋钢筋　　　　　B. 热轧光圆钢筋
   C. 细晶粒热轧带肋钢筋　　　　D. 余热处理钢筋

6. HRBF400 和 HRBF500 为（　　）。
   A. 普通热轧带肋钢筋　　　　　B. 热轧光圆钢筋
   C. 细晶粒热轧带肋钢筋　　　　D. 余热处理钢筋

7. RRB400 为（　　）。
   A. 普通热轧带肋钢筋　　　　　B. 热轧光圆钢筋
   C. 细晶粒热轧带肋钢筋　　　　D. 余热处理钢筋

8. 关于碳素结构钢下列说法错误的是（　　）。
   A. 碳素结构钢的质量等级分别以 A、B、C、D 表示
   B. 碳素结构钢的质量等级以 A 级最优
   C. 镇静钢和特殊镇静钢的代号在钢材的牌号中可省略
   D. Q235-AF 表示屈服强度为 235N/mm^2 的 A 级沸腾钢

9. 关于低合金高强度结构钢下列说法错误的是（　　）。
   A. 低合金高强度结构钢的牌号由代表屈服强度的字母 Q、最小上屈服强度数值、交货状态代号和质量等级代号四个部分按顺序组成
   B. 低合金高强度结构钢的质量等级分别以 B、C、D、E、F 表示
   C. 低合金高强度结构钢的质量等级以 A 级最优
   D. Q355ND 表示最小上屈服强度为 355N/mm^2 的 D 级钢、交货状态为正火或正火轧制

10．对于一次地震，震级有（　　　）。

    A．一个   B．二个   C．三个   D．多个

11．对于一次地震，烈度有（　　　）个。

    A．一个   B．二个   C．三个   D．多个

12．一般工业与民用建筑为（　　　）建筑。

    A．甲类   B．乙类   C．丙类   D．丁类

13．抗震等级分为一、二、三、四共四个等级，它体现不同的抗震要求，（　　　）抗震要求最高。

    A．一级   B．二级   C．三级   D．四级

14．（　　　）不属于梁中钢筋。

    A．纵向受力钢筋   B．箍筋

    C．架立钢筋   D．分布钢筋

15．关于5-YKB-33-06-2下列说法错误的是（　　　）。

    A．板的块数为5

    B．"YKB"表示板为预制板

    C．板的标志长度为3300mm；板的标志宽度为600mm

    D．板的荷载等级为2

16．（　　　）不属于板中钢筋。

    A．受力钢筋   B．板面构造钢筋

    C．架立钢筋   D．分布钢筋

17．关于保护层厚度下列说法错误的是（　　　）。

    A．构件中受力钢筋的保护层厚度不应小于钢筋的公称直径

    B．设计工作年限为100年的混凝土结构最外层钢筋的保护层厚度直接查表得出

    C．混凝土强度等级为C25时，钢筋保护层厚度应用查表得出的表中数值再加5mm

    D．基础底面钢筋的保护层厚度，有混凝土垫层时应从垫层顶面算起，且不应小于40mm

18．l_{ab}和l_a分别为（　　　）符号。

    A．受拉钢筋基本锚固长度和受拉钢筋锚固长度

    B．受拉钢筋锚固长度和受拉钢筋基本锚固长度

    C．受压钢筋基本锚固长度和受压钢筋锚固长度

    D．受压钢筋锚固长度和受压钢筋基本锚固长度

19．l_{abE}和l_{aE}为（　　　）符号。

    A．抗震设计时受拉钢筋基本锚固长度和受拉钢筋锚固长度

    B．抗震设计时受拉钢筋锚固长度和受拉钢筋基本锚固长度

    C．抗震设计时受压钢筋基本锚固长度和受压钢筋锚固长度

    D．抗震设计时受压钢筋锚固长度和受压钢筋基本锚固长度

20. 关于钢筋绑扎搭接连接下列说法错误的是（　　　）。

　　A．同一构件中相邻纵向受力钢筋的接头宜相互错开

　　B．钢筋绑扎搭接接头连接区段的长度为 1.3 倍搭接长度

　　C．不同直径钢筋搭接时，搭接长度按较大直径计算

　　D．不同直径钢筋搭接时，连接区段长度按较小直径计算

21. 关于钢筋焊接和机械连接下列说法错误的是（　　　）。

　　A．钢筋焊接接头连接区段的长度为 35d 且不小于 500mm

　　B．钢筋机械连接接头连接区段的长度为 35d

　　C．不同直径钢筋连接时，接头面积和连接区段按较小直径计算

　　D．同一构件纵向受力钢筋直径不同时，连接区段长度按较小直径计算

22. 任何情况下纵向受拉钢筋锚固长度都不应小于（　　　）mm。

　　A．150　　　　　　B．200　　　　　　C．250　　　　　　D．300

23. 任何情况下纵向受拉钢筋绑扎搭接长度都不应小于（　　　）mm。

　　A．150　　　　　　B．200　　　　　　C．250　　　　　　D．300

24. 任何情况下纵向受压钢筋绑扎搭接长度都不应小于（　　　）mm。

　　A．150　　　　　　B．200　　　　　　C．250　　　　　　D．300

25. 《混凝土结构设计规范（2015 年版）》（GB 50010—2010）规定：HPB300 级钢筋作为受拉钢筋，其末端应做（　　　）弯钩。

　　A．180°　　　　　　B．135°　　　　　　C．90°　　　　　　D．45°

三、试完成表 1.15 和表 1.16 的填写

表 1.15　常用普通钢筋的牌号及其符号

符号	牌号	符号	牌号
Φ		Φ^R	
Φ		Φ	
Φ^F		Φ^F	

表 1.16　部分常用钢筋混凝土构件名称及其代号

构件代号	构件名称	构件代号	构件名称	构件代号	构件名称
L		XL		ZHZ	
KL		GL		KZ	
WKL		QL		XZ	
KZL		JL		TZ	

四、计算题

1. 已知某钢筋混凝土梁，采用 C25 级混凝土和 HRB400 级钢筋，结构工作年限为 50 年，所处环境类别为一类，梁纵向受拉钢筋的直径为 28mm，箍筋直径为 8mm。试求梁混凝土保护层厚度及其纵向受拉钢筋的锚固长度 l_a。

2．已知某钢筋混凝土梁，采用 C30 级混凝土和 HRB400 级钢筋，结构工作年限为 50 年，所处环境类别为一类，抗震等级为四级，梁纵向受拉钢筋的直径为 25mm，箍筋直径为 8mm。试求梁混凝土保护层厚度及其纵向受拉钢筋的锚固长度 l_{aE}。

3．已知某钢筋混凝土梁，采用 C25 级混凝土和 HRB400 级钢筋，抗震等级为二级，纵向受拉钢筋的直径为 28mm。试求其纵向受拉钢筋的锚固长度 l_{aE}。

4．已知某钢筋混凝土梁，采用 C25 级混凝土，梁侧面纵向构造钢筋采用直径为 14mm 的 HPB300 级钢筋。试求梁侧面纵向构造钢筋的锚固长度。

5．已知某非抗震设计的钢筋混凝土梁，采用 C25 级混凝土，布置了 4 根直径为 20mm 的 HRB400 级纵向受拉钢筋，采用绑扎搭接连接，其搭接接头面积百分率为 50%。试求纵向受拉钢筋的绑扎搭接长度。

6．已知某钢筋混凝土梁，抗震等级为一级，采用 C25 级混凝土，布置了 4 根直径为 20mm 的 HRB400 级纵向受拉钢筋，采用绑扎搭接连接，其搭接接头面积百分率为 50%。试求纵向受拉钢筋的绑扎搭接长度。

7．已知某钢筋混凝土梁，抗震等级为四级，采用 C25 级混凝土，布置了 4 根直径为 28mm 的 HRB400 级纵向受拉钢筋，采用绑扎搭接连接，其搭接接头面积百分率为 50%。试求纵向受拉钢筋的绑扎搭接长度。

模块 2

建筑结构施工图基础知识

思政引导 ☞

　　朱自清先生曾说过："没有受过相当的要问讲习的训练或是没有受过相当的咬文嚼字的工夫的人，是不能了解大意的，至少了解不够正确。"品味语言，就是在接受语言文字基本信息的同时，从词句组合搭配，词句的韵律、节奏和气势，以及词句出现的语境和表达的情境等方面，对其深层的和言外的意义，表达的有效性与合适性等方面获得全面的理解，是对语言艺术美的全面感知与体验。施工图是工程技术人员的语言，图中的每一个代号和符号，构件的平面位置、立面位置和配筋构造，都需要细细琢磨，我们不但要弄清楚组成结构的各个构件的外部形状和尺寸，还要弄清楚各个构件内部的钢筋配置及其构造。"书山有路勤为径，学海无涯苦作舟。"只有通过大量的识图训练才能提高自己的识图能力，理解设计者的意图。培养严谨、认真、负责的职业素养，避免工程事故的发生。

知识要求 ☞

　　通过本模块内容的学习，了解结构施工图的作用、内容及表示方法；熟悉结构施工图常用构件代号及钢筋的表示方法；掌握梁、板、柱等钢筋混凝土构件详图所表达的内容。

技能要求 ☞

　　通过本模块内容的学习，能够初步掌握钢筋混凝土构件详图的识读方法，能识读简单的钢筋混凝土构件（梁、板、柱）详图。

关键术语 ☞

　　结构设计说明、结构平面布置图、详图法、梁柱表法、平法、钢筋混凝土构件详图、钢筋混凝土构件模板图、钢筋混凝土构件配筋图、钢筋表、剪力墙结构、框架-剪力墙结构。

任务 2.1　了解结构施工图的作用、内容及表示方法

2.1.1　结构施工图的作用

结构施工图是结构设计人员的设计成果，是设计者设计意图的体现，也是施工、监理、经济核算的重要依据。建筑施工图是在满足建筑物的使用功能、美观、防火等要求的基础上，表明房屋的外形、内部平面布置、细部构造和内部装修等内容的图纸。结构施工图则是在满足建筑物的安全、适用、耐久等要求的基础上，表明建筑结构体系和结构构件（如基础、梁、板、柱等）的布置、形状、尺寸、材料、细部构造和施工要求等内容的图纸。也就是说，凡需要进行结构设计计算的承重构件（如基础、柱、梁和板等），其材料、形状、大小及内部构造等，皆由结构施工图表明。

结构施工图是放灰线、挖土方、支模板、绑钢筋、浇筑混凝土、安装各类承重构件、编制预算以及施工组织计划的重要依据。

2.1.2　结构施工图的内容

结构施工图的主要内容包括结构设计说明、结构平面布置图、构件详图等。

1. 结构设计说明

结构设计说明是主要表述有关结构方面共性问题的图纸。

结构设计说明以文字叙述为主，主要说明工程概况、该项工程的结构设计依据、对材料质量及构件的要求、标准图或通用图的使用、构造要求、地基的概况及施工注意事项等。结构设计说明一般作为单位工程结构施工图的首页（图册结施 01）。

▶ 阅读资料 ▬▬▬▬▬▬▬▬▬▬▬▬▬▬▬▬▬▬▬▬▬▬▬▬▬▬▬▬▬▬▬▬▬

识读结构设计说明应掌握的主要内容

识读结构设计说明应掌握的主要内容如下。

1）熟悉新建工程的工程概况，包括工程名称、建筑层数、建筑物高度、结构类型、结构或构件的安全等级、房屋的设计使用年限、抗震设防分类标准、抗震设防烈度、设计地震分组、抗震等级、混凝土环境类别和场地类别等。

2）了解新建工程的结构设计依据，包括业主提供的岩土工程勘察报告及各相关的建筑结构设计规范、标准、规程和规定。

3）了解荷载取值情况。

4）熟悉基础和主体结构及其构件各部位所用的材料、要求与构造做法。

5）熟悉结构构件混凝土保护层的厚度。

6）熟悉结构施工图的表达方式、图纸中的通用符号与通用详图、标准图集的

名称与索引内容，并注意区别标准图集索引内容的用词，如是"详"（或"按照"）还是"参照"，若为"参照"应注意是哪些内容与标准图集不同。

7）熟悉新建工程的场地特征与地基的地质条件、地基的处理方法及其适用范围、地基的变形要求、地基的检验方法与验收标准。

8）熟悉基础和主体结构变形缝的设置部位、构造要求及其功能类别。当不设置变形缝而采用后浇带时，应熟悉后浇带的设置部位、构造要求和二次浇筑的时间。

9）熟悉新建工程的设计对工程施工的要求，施工缝的设置部位、连接方法与构造要求、连接或二次浇筑的时间。

10）注意设计说明中基本上都有一条"图中未尽事宜均按现行有关技术标准、规范、规程、规定执行"，在施工图识读过程中，应尽可能了解有哪些"未尽事宜"。

2. 结构平面布置图

结构平面布置图与建筑平面图相似，属于全局性的图纸。结构平面布置图通常包含基础平面图、楼层结构平面布置图和屋顶结构平面布置图。

3. 构件详图

构件详图属于局部性的图纸，用以表示构件的形状、大小，所用材料的强度等级和制作安装要求。构件详图主要内容有：基础详图，梁、板、柱等钢筋混凝土构件详图，楼梯结构详图及其他构件详图等。

> **小贴士**
>
> 若基础、梁、板、柱、剪力墙和楼梯等钢筋混凝土构件采用标准构造，设计者不需要画出其构造详图，只需要在结构设计说明中注明标准图集的名称和图集号。识图人员通过查找图集中对应的构件详图了解其构造做法。

2.1.3　混凝土结构施工图的表示方法

混凝土结构施工图的表示方法有三种，即详图法、梁柱表法和平面整体设计方法（简称平法）。

1）详图法。详图法是通过平、立、剖面图将各构件（梁、柱、墙等）的结构尺寸、配筋规格等逼真地表示出来的方法。详图法绘图的工作量较大。

2）梁柱表法。梁柱表法采用表格填写方法将结构构件的结构尺寸和配筋规格用数字符号表达出来。此法比详图法要更加简单方便，手工绘图时，深受设计人员的欢迎；其不足之处是同类构件的许多数据需要多次填写，容易出现错漏，图纸数量多。

3）平法。平法是把结构构件的结构尺寸、标高、构造和配筋等信息，按照平面整体表示方法的制图规则，整体、直接地标示在各类构件的结构平面布置图上，再与标准构造详图配合，构成一套新型完整、简洁明了的结构施工图的方法。

平法改变了传统的将构件（梁、柱、板、剪力墙）从结构平面布置图中索引出来，再逐个绘制模板详图和配筋详图的烦琐方法，图面简洁、清楚、直观性强，图纸数量少，很受设计和施工人员欢迎。因此，本书将在后面模块重点介绍平法施工图的识读。

◆ 阅读资料

识读结构施工图的基本要领

在识读结构施工图时，要注意积累结构识图的经验，掌握结构识图的基本要领。识读结构施工图的基本要领如下。

（1）由大到小，由粗到细

在识读结构施工图时，首先应识读结构平面布置图，然后识读构件图，包括识读构件详图或断面图。

（2）仔细识读结构设计说明或附注

在结构施工图中，对于一些无法直接用图形表示或没必要用图形表示，而又直接关系到工程的做法及工程质量的内容，往往以文字要求的形式在施工图中表达出来。显然，这些说明或附注同样是图纸中的主要内容之一，不但要求识读人必须看，而且要求其必须看懂，并且认真、正确地理解。例如，结构的类型、结构构件的抗震等级、混凝土的强度等级等无法在图中画出，只能在结构设计说明中用文字加以说明。在结构施工图中，现浇板中的分布钢筋，同样无法在图中画出，只能以附注的形式表达于同一张施工图中。因此，识图时必须认真阅读结构设计说明或附注。

（3）牢记常用图例和符号

在结构施工图中，为了表达方便、简捷及让识图人员一目了然，图纸绘制中有很多内容采用符号或图例来表示。施工图中常用的图例和符号是工程技术人员的共同"语言"，因此，识图人员务必牢记这些图例和符号，这样才能顺利地识读图纸，避免识读过程中出现"语言"障碍。

（4）注意尺寸及其单位

图纸中的图形或图例均有其尺寸，尺寸的单位为米（m）或毫米（mm）。结构施工图中，除了图纸中的标高尺寸以 m 为单位外，其余的尺寸均以 mm 为单位。在图中尺寸数字的后面一律不加注单位，共同形成一种默认。

（5）不得随意变更或修改图纸

在识读结构施工图过程中，若发现图纸设计或表达不全甚至出现错误时，应及时、准确地作出记录，但不得随意变更设计，或轻易加以修改。对有疑问的地方或内容可以保留意见，在适当的时间向有关人员提出设计图纸中存在的问题或给出合理的建议，并及时与设计人员协商解决。

任务 2.2　熟悉结构施工图常用构件代号及钢筋的表示方法

2.2.1　结构施工图常用构件代号

房屋结构的基本构件很多，布置复杂，为了图面清晰，以及把不同的构件表示清楚，《建筑结构制图标准》（GB/T 50105—2010）规定：结构施工图中，构件的名称可用代号来表示，代号后应用阿拉伯数字标注该构件的型号或编号，也可标注为构件的顺序号。构件的顺序号采用不带角标的阿拉伯数字连续编排。构件代号通常用构件名称的汉语拼音首字母表示。常用构件代号如表 2.1 所示。

表 2.1　常用构件代号

序号	名称	代号	序号	名称	代号	序号	名称	代号
1	板	B	10	梁	L	19	柱	Z
2	屋面板	WB	11	屋面梁	WL	20	基础	J
3	空心板	KB	12	吊车梁	DL	21	桩	ZH
4	槽形板	CB	13	圈梁	QL	22	柱间支撑	ZC
5	折板	ZB	14	过梁	GL	23	垂直支撑	CC
6	密肋板	MB	15	联系梁	LL	24	水平支撑	SC
7	楼梯板	TB	16	基础梁	JL	25	雨篷	YP
8	盖板	GB	17	楼梯梁	TL	26	阳台	YT
9	檐口板	YB	18	屋架	WJ	27	预埋件	M

2.2.2　钢筋的表示方法

1. 钢筋的标注方法

在结构施工图中，需要对钢筋进行标注。标注方式有以下两种。

（1）标注钢筋的根数和直径

梁、柱中的纵向钢筋皆采用该种标注方式。例如：

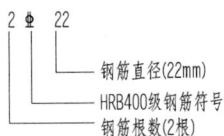

2 ⏀ 22
　　钢筋直径(22mm)
　　HRB400级钢筋符号
　　钢筋根数(2根)

表示钢筋根数为 2，采用的是 HRB400 级钢筋，钢筋的直径为 22mm。

（2）标注钢筋的直径和相邻钢筋中心距

梁、柱中的箍筋和拉筋及板中的钢筋皆采用该种标注方式。例如：

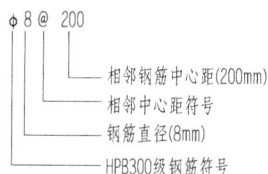

φ 8 @ 200

相邻钢筋中心距(200mm)
相邻中心距符号
钢筋直径(8mm)
HPB300级钢筋符号

表示采用的是 HPB300 级钢筋，钢筋的直径为 8mm，相邻钢筋的中心距为 200mm。

小贴士

由钢筋的级别符号可知设计者采用的是哪一种牌号的热轧钢筋。

2. 结构施工图中钢筋的表示方法

为了突出构件中钢筋的配置情况，钢筋用单根粗实线绘制，钢筋的断面用小圆点表示，且在构件的断面图中，不绘制钢筋混凝土材料图例，而是按前面所述的标注方法标注钢筋的直径、根数或相邻钢筋中心距。为便于识别，构件中的各种钢筋应进行编号，编号采用阿拉伯数字顺次编写并将数字写在圆圈内，圆圈用直径为 6mm 的细实线绘制，并用引出线指到被编号的钢筋，如图 2.1 所示。

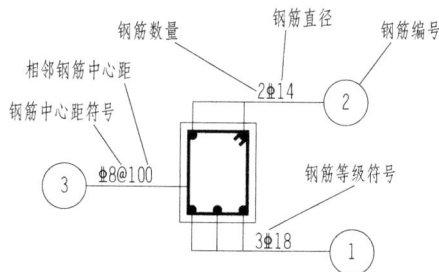

图 2.1　钢筋的标注

为表示出钢筋的端部形状、钢筋的搭接及钢筋的配置，钢筋在施工图中一般采用图例来表示，如表 2.2 所示。

表 2.2　钢筋的表示方法

内容	表示方法	内容	表示方法
1）端部无弯钩的钢筋	——————	2）当无弯钩钢筋投影重叠时，可在钢筋端部画 45°方向粗短画线	

续表

内容	表示方法	内容	表示方法
3）在平面图中配置双向钢筋时，底层钢筋弯钩应向上或向左，顶层钢筋则向下或向右	底层 顶层 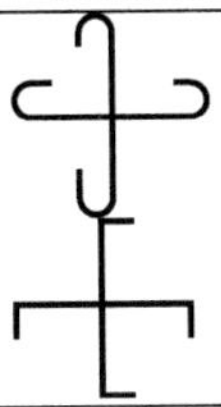	5）对于一组相同钢筋，可用粗实线绘制其中一根，同时用尺寸线标注其起止范围	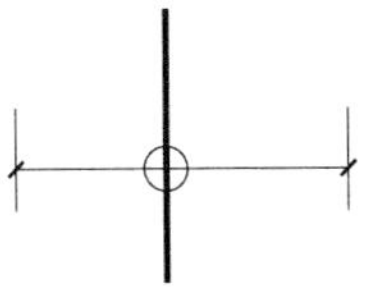
4）无弯钩的钢筋搭接		6）图中表示的箍筋、环箍等布置复杂时，应加画钢筋详图及进行说明	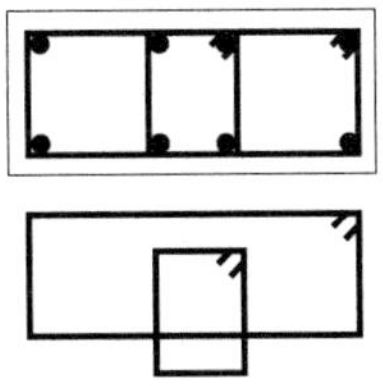

小贴士

板底钢筋如需做 180° 弯钩，弯钩朝上。在图上看到的向上或向左的弯钩在实际工程中都是朝上的；板面钢筋可做 90° 弯钩，下面支承在底模上，弯钩朝下。在图上看到的向下或向右的弯钩在实际工程中都是朝下的。板面钢筋也可不做 90° 弯钩直接截断，用马凳筋等措施钢筋支承板面钢筋。

任务 2.3 识读梁、板、柱等钢筋混凝土构件详图

2.3.1 钢筋混凝土构件详图基本内容

钢筋混凝土构件详图是加工制作钢筋、浇筑混凝土的依据，其内容包括模板图、配筋图、钢筋表和文字说明四部分。

1. 钢筋混凝土构件的模板图

模板图也称外形图。钢筋混凝土构件的模板图主要表示构件的外形，预埋件、预留插筋、预留孔洞的位置及各部分尺寸，有关标高以及构件与定位轴线的位置关系等。但对外形简单的构件，一般不必单独绘制模板图，只需在配筋图中把构件的尺寸标注清楚即可。当构件的外形复杂或预埋件较多时（如单层工业厂房中的吊车梁），一般都要单独画出模板图。模板图通常由构件的立面图和剖面图组成。模板图是模板制作和安装的主要依据。

2. 钢筋混凝土构件的配筋图

钢筋混凝土构件的配筋图着重表达构件内部钢筋的配置情况，需要标注钢筋的规

格、级别、数量、形状大小。配筋图是钢筋下料以及绑扎钢筋骨架的依据，是构件详图的主要图样。

梁、柱配筋图通常由构件立面图和断面图组成，如图 2.2 所示。必要时，还需要把构件中的钢筋抽出来绘制钢筋详图（钢筋人样图），如图 2.3 所示。板的配筋图通常在如图 2.4（a）所示的平面图中表达，可不画出图 2.4（b）所示的立面图。

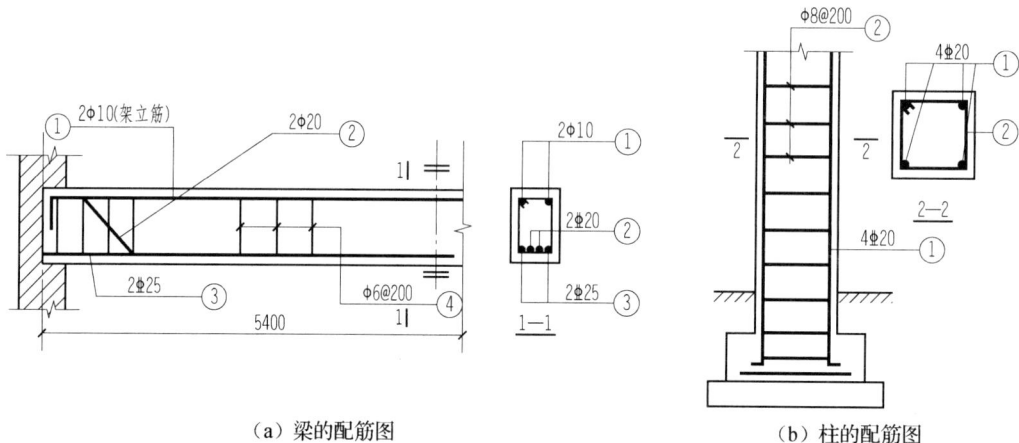

（a）梁的配筋图　　　　　　　　　　　　（b）柱的配筋图

图 2.2　梁、柱配筋图

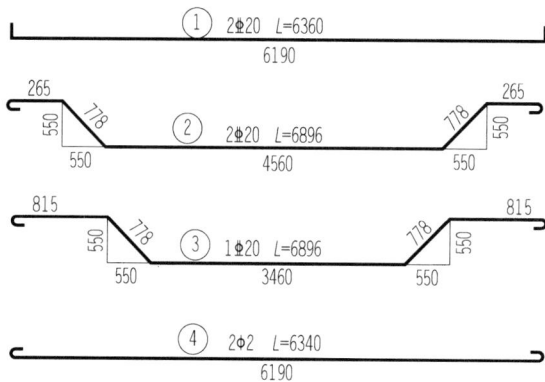

图 2.3　钢筋详图

（a）板的平面图　　　　　　　　　　　　（b）板的立面图

图 2.4　板配筋图

3. 钢筋混凝土构件的钢筋表

钢筋表的设置主要是便于钢筋放样、加工，编制施工预算，同时也便于识图。钢筋表内容一般包括构件名称、构件数量、钢筋编号、钢筋规格、简图、长度、根数、重量等，如表 2.3 所示。

表 2.3　钢筋表

构件名称	构件数量	钢筋编号	钢筋规格	简图	长度/mm	每件根数	总根数	总长/m
L201	4	①	Φ20		6360	2	8	50.88
		②	Φ20		6896	2	8	55.16
		③	Φ20		6896	1	4	55.16
		④	φ12		6340	2	8	50.72
		⑤	φ8		1766	25	100	176.6

4. 文字说明

文字说明包括钢筋牌号、混凝土强度等级，板内分布钢筋的规格和间距，梁、板主筋的混凝土保护层厚度等。

小贴士

构件详图是采用正投影法绘制的。识读梁、板、柱等钢筋混凝土构件的详图是识读结构施工图的基础。

2.3.2　钢筋混凝土构件配筋图识读实例

1. 梁的配筋图识读实例

【例 2.1】　识读如图 2.5 所示梁的配筋图。

【解】　图 2.5 所示是某现浇钢筋混凝土梁的配筋图。图名中的 L 表示该梁为非框架梁，1 为其序号。由立面图可知，梁支承在砖墙上，支承的长度为 240mm，梁的跨度为 6m，通过简单的计算可知梁长为 6240mm，梁的净跨为 5760mm。由断面图可知，该梁的截面形状为矩形，截面宽度为 250mm，截面高度为 500mm。

由 2—2 断面图可知，在梁的跨中下部配置有①（2Φ20）、③（1Φ20）和④号（1Φ20）三种规格的钢筋。下部纵筋排成一排，①号钢筋放在角部，③和④号钢筋放在中间，①号钢筋有两根，③和④号钢筋各有一根。这三种编号的钢筋牌号相同，都为 HRB400

级钢筋，直径相同，都为 20mm。对照 1—1 断面图和立面图可知，①号钢筋为直钢筋，两端伸入支座锚固。③和④号钢筋先后弯起，伸到梁的上部，再伸入支座端部后垂直弯折 300mm 截断。由立面图可知，③和④号钢筋弯起后位于梁顶第一排，它们的上弯点到支座边缘的距离分别为 550mm 和 50mm。对照 1—1、2—2 断面图和立面图可知，梁的上部配置有 2 根②号钢筋（2Φ12），其直径为 12mm，钢筋牌号为 HPB300，放在梁的角部，为直钢筋，两端伸入支座端部后垂直弯折 180mm 截断。对照 1—1、2—2 断面图和立面图可知，该梁配置的箍筋为⑤号钢筋（Φ6@200），其为直径 6mm 的 HPB300 级钢筋，箍筋肢数为 2，沿梁的跨度方向等间距布置，相邻箍筋之间的中心距为 200mm。

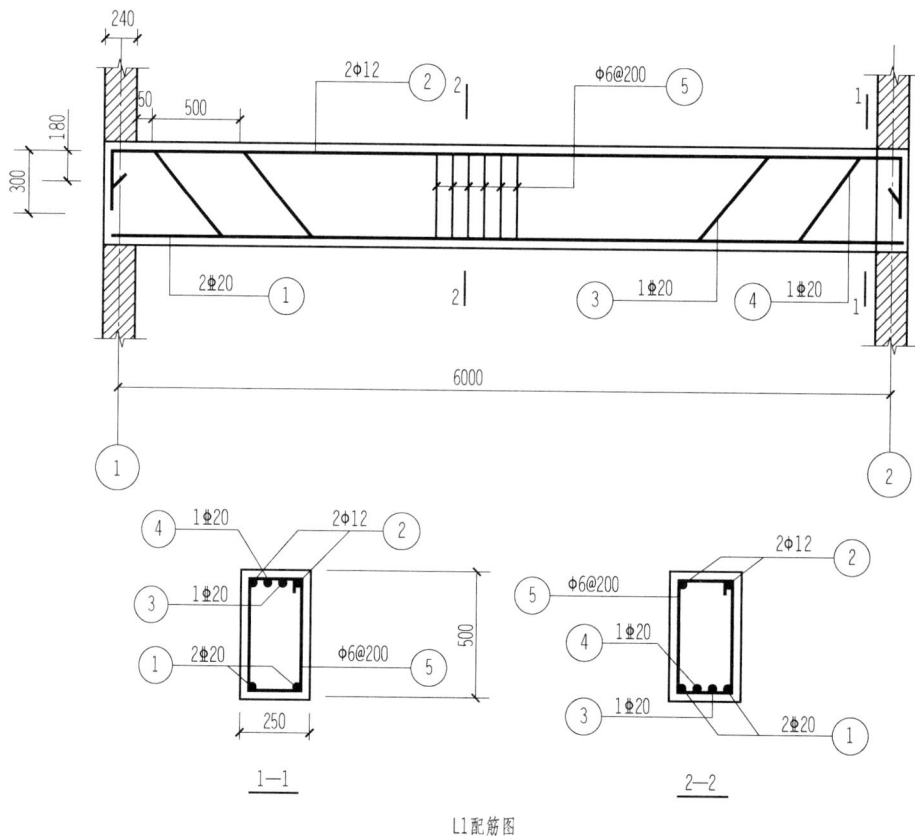

图 2.5　梁的配筋图

2. 板的配筋图识读实例

【例 2.2】　识读如图 2.6 所示板的配筋图。

【解】　图 2.6 所示是某现浇钢筋混凝土板的局部配筋图，该板厚度为 100mm。该配筋图表达了其中一个板块的平面尺寸和配筋情况。该板块短跨长为 1.8m，长跨长为 2.5m。图中的①号和②号钢筋弯钩朝上（朝左），钢筋的末端做了 180° 的弯钩，为板底钢筋，两者形成板底钢筋网。①号钢筋平行于该板块短边方向设置，是直径为 10mm 的

HPB300 级钢筋，每隔 150mm 设置一根。②号钢筋平行于该板块长边方向设置，是直径为 8mm 的 HPB300 级钢筋，每隔 200mm 设置一根。在板与支座交接的地方设置了③号和④号钢筋，③号和④号钢筋弯钩朝下（朝右），为板面钢筋，两者都是直径为 8mm 的 HPB300 级钢筋，每隔 200mm 设置一根。③号钢筋水平段长度为 800mm，两端做 90° 弯钩，直达底模。④号钢筋水平段长度为 400mm，一端做 90° 弯钩，直达底模，另一端伸入支座锚固，满足锚固构造要求。该板块的板面分布钢筋没有在图中画出，应该在图中做了文字说明，识图时应结合文字说明，弄清楚分布钢筋的布置情况，包括分布钢筋的牌号、直径和间距。分布钢筋和图中的板面钢筋形成板面钢筋网。

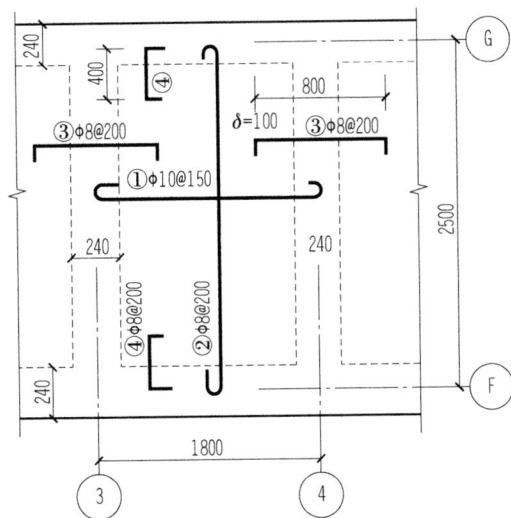

图 2.6　板的配筋图（局部）

3. 柱的配筋图识读实例

【例 2.3】　识读如图 2.7 所示柱的配筋图。

【解】　图 2.7 所示是某现浇钢筋混凝土柱 Z1 的配筋图。图名中的 Z 表示该柱为非框架柱，1 为其序号。从柱的立面图中可以看出，轴线 D 不在柱 Z1 的中心位置，该柱从 ±0.000 起到标高 14.680 止，柱的总高度为 14.680m。从 1—1 断面图可知，柱的截面形状为方形，截面边长为 350mm。对照 1—1 断面图和立面图可知，柱 Z1 配置的纵筋（4⊈16）为 4 根直径为 16mm 的 HRB400 级钢筋，放在柱的四角，其下端与柱下基础伸上来的插筋搭接，除柱的终端外，纵筋上端伸出每层楼面 600mm，以便与上一层纵筋搭接，搭接长度为 600mm。搭接区箍筋（Φ6@100）为直径为 6mm 的 HPB300 级钢筋，间距为 100mm；非搭接区箍筋（Φ6@200）为直径为 6mm 的 HPB300 级钢筋，间距为 200mm。从 1—1 断面图中可看出，柱箍筋为方形普通箍。

从柱的立面图中可看出，柱 Z1 的一侧与梁 L1 和 WL1 连接，另一侧与圈梁 QL 和 WQL 连接，图中细虚线表示圈梁的位置。

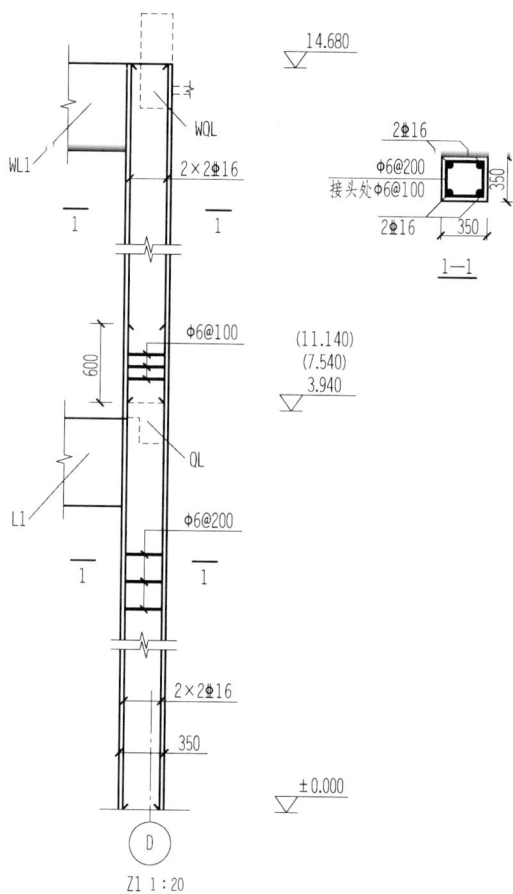

图 2.7　柱的配筋图

小贴士

梁、板和柱等构件的识图方法基本一致，主要应注意：

1）查明构件的断面尺寸、外部形状和使用部位。

2）结合图、表查明各种钢筋的形状、数量及在梁、板和柱中的位置。

3）校对图、表中所需构件的数量是否一致。

4）从设计说明中了解钢筋的级别、混凝土强度等级及施工、构造要求。

5）弄清预埋铁件、预留孔洞的位置。

小　结

1. 结构施工图是放灰线、挖土方、支模板、绑钢筋、浇筑混凝土、安装各类承重构件、编制预算以及施工组织计划的重要依据。

2．结构施工图的主要内容包括结构设计说明、结构平面布置图和构件详图。

3．混凝土结构施工图的表示方法有三种：详图法、梁柱表法和平面整体设计方法。

4．钢筋的标注方法有两种：一种是标注钢筋的根数和直径，另一种是标注钢筋的直径和相邻钢筋中心距。

5．为了突出构件中钢筋的配置情况，结构施工图中，钢筋用单根粗实线绘制，钢筋的断面用小圆点表示。

6．钢筋混凝土构件详图包括模板图、配筋图、钢筋表和文字说明四部分。

7．本模块介绍了钢筋混凝土构件详图所表达的内容，并以梁、板和柱的配筋图为例，重点介绍了钢筋混凝土构件配筋图的识读。

习　　题

一、填空题

1．混凝土结构施工图的表示方法有_____、_____和_____三种。

2．B、WB 和 TB 分别为_____、_____和_____的代号。

3．J、ZH、YP、YT 和 M 分别为_____、_____、_____、_____和_____的代号。

4．_____法是通过平、立、剖面图将各构件的结构尺寸、配筋规格等逼真地表示出来。

5．构件施工图中，为了突出构件中钢筋的配置情况，钢筋用_____绘制，钢筋的断面用_____表示。

6．钢筋混凝土构件详图包括_____、_____、_____和_____四部分。

二、简答题

1．试述结构施工图的主要内容。

2．什么是结构施工图平面整体设计方法？它与传统的施工图表示方法相比有何优点？

3．在结构施工图中，钢筋标注的方式有哪两种？

4．试述 4Φ25 所表示的含义。

5．试述 ϕ12@150 所表示的含义。

三、识图题

1．已知某钢筋混凝土梁的配筋图如图 2.8 所示，识读配筋图并完成下列各题。（除标注的以外其余都为多选题）

（1）（单选题）图名中的 KL3 表示该梁为（　　），3 为其（　　）。

  A．非框架梁、序号　　　　　　　　　B．楼层框架梁、序号

  C．非框架梁、跨数　　　　　　　　　D．楼层框架梁、跨数

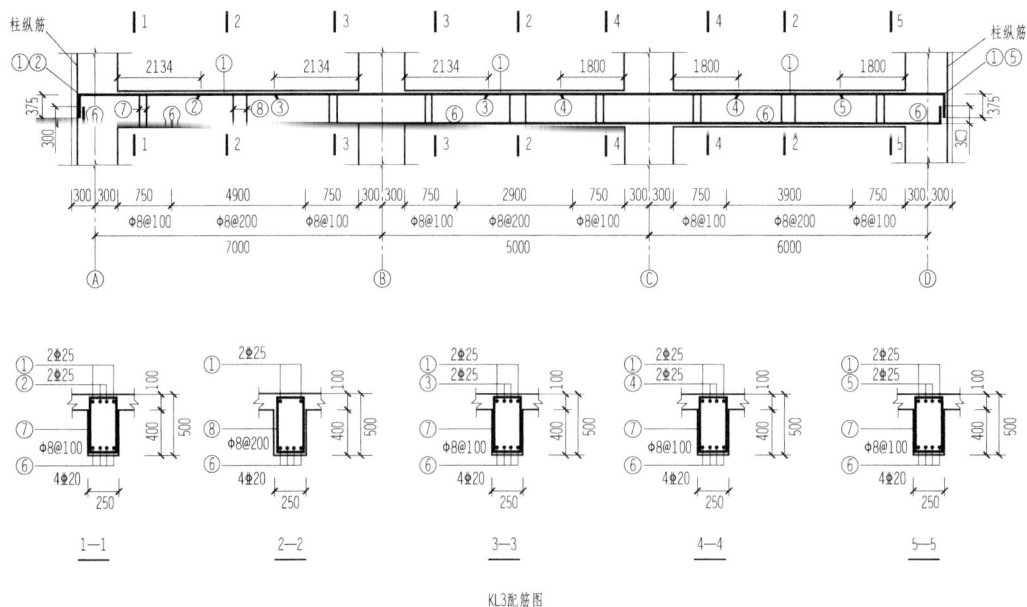

图 2.8　梁的配筋图

（2）关于 KL3 形状和尺寸说法正确的是（　　）。

    A．KL3 为等截面梁

    B．从断面图可以看出 KL3 的断面形状为矩形，截面宽度为 250mm，截面高度为 500mm

    C．从立面图可以看出 KL3 的跨数为 3

    D．从立面图可以看出 KL3 的跨度从左到右分别为 7000mm、5000mm 和 6000mm

    E．从立面图可以看出 KL3 的净跨从左到右分别为 7000mm、5000mm 和 6000mm

（3）关于图中的纵筋和箍筋说法正确的是（　　）。

    A．①号钢筋为梁上部的角部纵筋，应放在箍筋转角的位置

    B．②③④⑤号钢筋为梁上部的中部纵筋，应放在两根①号钢筋之间

    C．⑥号钢筋为梁下部纵筋，两根放在箍筋转角的位置，另外两根放在中间

    D．⑦号钢筋为箍筋，肢数为 2，其为 KL3 最外侧钢筋

    E．图中的⑧号钢筋和⑦号钢筋形状尺寸及钢筋种类完全相同，所以应属标注错误

    F．图中的纵筋和箍筋的位置关系在断面图中表达有误，纵筋应放在箍筋内侧紧挨着箍筋，中间不应该留空当

（4）关于图中 1—1 截面和 2—2 截面配筋说法正确的是（　　）。

    A．1—1 截面上部纵筋有 4 根　　　　　　B．2—2 截面上部纵筋有 2 根

　　　　C．1—1 截面箍筋间距为 100mm　　　　D．2—2 截面箍筋间距为 200mm

（5）关于图中 2—2 截面和 3—3 截面配筋说法正确的是（　　　）。

　　　A．3—3 截面上部纵筋有 4 根

　　　B．2—2 截面和 3—3 截面箍筋直径为 20mm

　　　C．3—3 截面箍筋间距为 200mm

　　　D．2—2 截面和 3—3 截面下部纵筋直径为 20mm

（6）关于图中 2—2 截面和 4—4 截面配筋说法正确的是（　　　）。

　　　A．4—4 截面上部纵筋有 4 根

　　　B．2—2 截面和 4—4 截面上部纵筋为 HRB400 级钢筋

　　　C．4—4 截面箍筋间距为 200mm

　　　D．2—2 截面和 4—4 截面下部纵筋有 4 根

（7）关于图中 2—2 截面和 5—5 截面配筋说法错误的是（　　　）。

　　　A．5—5 截面上部纵筋有 2 根

　　　B．2—2 截面和 5—5 截面上部纵筋直径为 25mm

　　　C．5—5 截面箍筋间距为 200mm

　　　D．2—2 截面和 5—5 截面下部纵筋为 HRB400 级钢筋

（8）关于图中梁上部纵筋说法错误的是（　　　）。

　　　A．2 根①号钢筋左右两端伸至柱外侧纵筋内侧后再垂直向下弯 375mm 截断

　　　B．2 根②号钢筋左端构造做法与①号钢筋相同，右端向跨内伸出 2134mm 截断

　　　C．2 根③号钢筋和两根④号钢筋左右端向跨内伸出 1800mm 截断

　　　D．2 根⑤号钢筋右端构造做法与①号钢筋相同，左端向跨内伸出 2134mm 截断

（9）关于图中梁下部纵筋说法错误的是（　　　）。

　　　A．梁下部纵筋为⑥号钢筋，一共有 20 根

　　　B．梁下部纵筋为 HRB500 级钢筋

　　　C．梁下部纵筋直径为 20mm

　　　D．梁下部纵筋左右两端伸至上部纵筋垂直段内侧后再垂直向上弯 375mm 截断

（10）关于图中箍筋说法错误的是（　　　）。

　　　A．箍筋为 HRB300 级钢筋，箍筋直径为 8mm

　　　B．在每一跨梁的两端距离柱子边缘 500mm 范围内箍筋间距为 100mm

　　　C．在边跨跨中 4900mm 范围内箍筋间距为 200mm

　　　D．在中间跨跨中 2900mm 范围内箍筋间距为 200mm

2．已知某钢筋混凝土板的配筋图如图 2.9 所示，识读配筋图并完成下列各题。

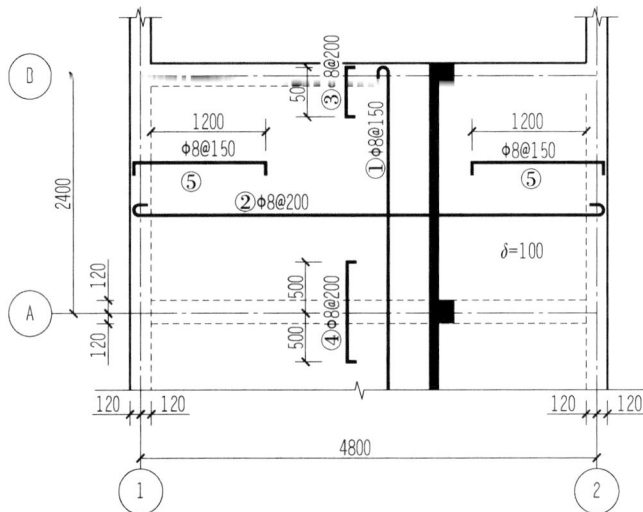

图 2.9　板的配筋图

（1）从图中可以看出该板块的平面位置，位于_____轴线之间。

（2）从图中可以看出该板块的平面形状为_____形，沿纵向的跨度为_____mm，沿横向的跨度为_____mm，板的厚度为_____mm，如图中没有标注板厚，应注意看_____获取板厚信息。

（3）板底沿纵向配置的纵筋为_____号钢筋，板底沿横向配置的纵筋为_____号钢筋，采用的都是_____级钢筋，直径均为_____mm，沿纵向配置的纵筋间距为_____mm，沿横向配置的纵筋间距为_____mm。

（4）板与左右支座交接处设置了_____号钢筋，为板面钢筋，采用的是_____级钢筋，直径为_____mm，间距为_____mm，钢筋自支座边缘向跨内伸出的长度为_____mm，向跨内伸出的一端端部做了_____°弯钩，弯钩朝_____，直达底模，另一端伸入_____锚固，满足锚固构造要求。

（5）板与 A 支座交接处设置了_____号钢筋，为板面钢筋，采用的是_____级钢筋，直径为_____mm，间距为_____mm，钢筋两端自支座中心线向跨内伸出的长度均为_____mm，向跨内伸出的两端均做了_____°弯钩，弯钩朝_____，直达底模。

（6）板与 B 支座交接处设置了_____号钢筋，为板面钢筋，采用的是_____级钢筋，直径为_____mm，间距为_____mm，钢筋水平段长度为_____mm，向跨内伸出的一端端部做了_____°弯钩，弯钩朝_____，直达底模，另一端伸入_____锚固，满足锚固构造要求。

（7）该板块的_____钢筋没有在图中画出，应注意看_____获取此钢筋的布置情况，包括其牌号、直径和间距。

（8）如果图中的板面钢筋向跨内伸出的端部不做 90° 度弯钩，施工时需要采用_____等措施钢筋支承板面钢筋。

3．已知某钢筋混凝土柱的配筋图如图 2.10 所示，识读配筋图并完成下列各题。

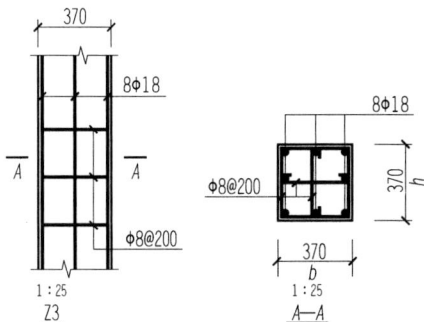

图 2.10　柱的配筋图

（1）从断面图中可以看出该柱的断面形状为_____形，其边长为_____mm。

（2）柱纵筋根数为_____，采用_____级钢筋，直径为_____mm。其中有_____根为角筋，b 边一侧中部和 h 边一侧中部各放_____根钢筋。

（3）柱箍筋类型为_____，外箍形状为_____形，外箍外边缘到构件边缘的距离为混凝土_____厚度。箍筋的肢数为_____×_____。

（4）柱箍筋采用_____级钢筋，直径为_____mm。相邻钢筋中心距为_____mm。

模块 3

梁平法施工图及标准构造详图识读

思政引导 ☞

原始社会，人们住的窝棚面积很小，于是人们开始希望建造更大面积的房屋。方法之一就是搭个大屋顶。但是大屋顶需要有支撑物和承重物，于是承托建筑物的构件及屋面重量的梁应运而生。最早的梁是木制结构，一般泛指架在墙上或柱子上支撑房顶的横木。现如今，钢筋混凝土结构早已取代了木结构，但是人们对于梁依旧有着美好的期许。"上梁"曾出现在北魏时期温子昇的《阊阖门上梁祝文》中，这里的"梁"特指最高的一根，也就是栋。栋的搭建预示着整个房屋的竣工，它的稳固性与主人一家的未来生活有着十分紧密的联系。作为营造技术不可缺失的一环，上梁在文化中表现为两种形式。一种是上梁文，《四库全书》中收录了 206 篇，记录了上梁的过程和人们的心愿；另一种则是上梁仪式，以流程形式呈现上梁的整个过程。立起两根立柱，上面架一根横梁，便是"开间"。二柱一梁一开间，是我们居住空间的母本。人们在横横竖竖中，筑起家园，传承繁衍，生生不息。

通过古代营造技术关于梁内容的了解，认识其所蕴含的中华优秀传统文化，以及所折射出的古人智慧，加深文化认同感和民族归属感。

知识要求 ☞

通过本模块内容的学习，掌握钢筋混凝土梁平法施工图制图规则；掌握梁平法施工图平面注写方式和截面注写方式的具体内容和要求；掌握常见梁的标准构造做法。

技能要求 ☞

通过本模块内容的学习，能够初步掌握梁平法施工图的识图方法；能够读懂梁平法施工图，并能根据梁平法施工图中构件代号及结构设计说明准确找到梁对应的构造详图；能够读懂梁的构造详图。

关键术语 ☞ _____

梁平法施工图、平面注写方式、截面注写方式、集中标注、原位标注、标准构造详图、纵向钢筋连接、纵向钢筋锚固、箍筋加密。

任务 3.1　掌握梁平法施工图制图规则

梁平法施工图是在梁平面布置图上采用平面注写或截面注写两种方式表达结构构件的尺寸和配筋的结构设计施工图纸。

梁平面布置图应分别按梁的不同结构层（标准层），将全部梁和与其相关联的柱、墙、板一起采用适当比例绘制。

在梁平法施工图中，应当采用表格或其他方式注明各结构层的顶面标高、结构层高及相应的结构层号。对于轴线未居中的梁，应标注其偏心定位尺寸（贴柱边的梁可不标注）。

梁的注写方式分为平面注写方式和截面注写方式两种。下面分别介绍这两种标注方式的制图规则及梁的构造详图。

> **小贴士**
>
> 各平法图集中的制图规则，既是设计者完成柱、梁、墙平法施工图的依据，也是施工和监理人员准确理解和实施平法施工图的依据。各图集中的构造详图，编入了目前国内常用的且较为成熟的构造做法，是施工和预算人员必须与平法施工图配套使用的正式设计文件。所以，识图人员必须熟悉制图规则及构造详图。

3.1.1　梁的平面注写方式

平面注写方式是在分标准层绘制的梁平面布置图上，分别从不同编号的梁中各选一根梁，在其上以注写截面尺寸和配筋具体数值的方式来表达梁平法施工图，如图 3.1 所示。

平面注写包括集中标注与原位标注两项内容，如图 3.2 所示。集中标注表达梁的通用数值，原位标注表达梁的特殊数值。当集中标注中的某项数值不适用于梁的某部位时，则将该项数值原位标注，施工时，原位标注取值优先。

> **小贴士**
>
> 如图 3.2 所示，四个梁截面采用传统表示方法绘制，用于对比按平面注写方式表达的同样内容，实际采用平面注写方式表达时不需要绘制梁截面配筋图和图 3.2 中的相应截面号。

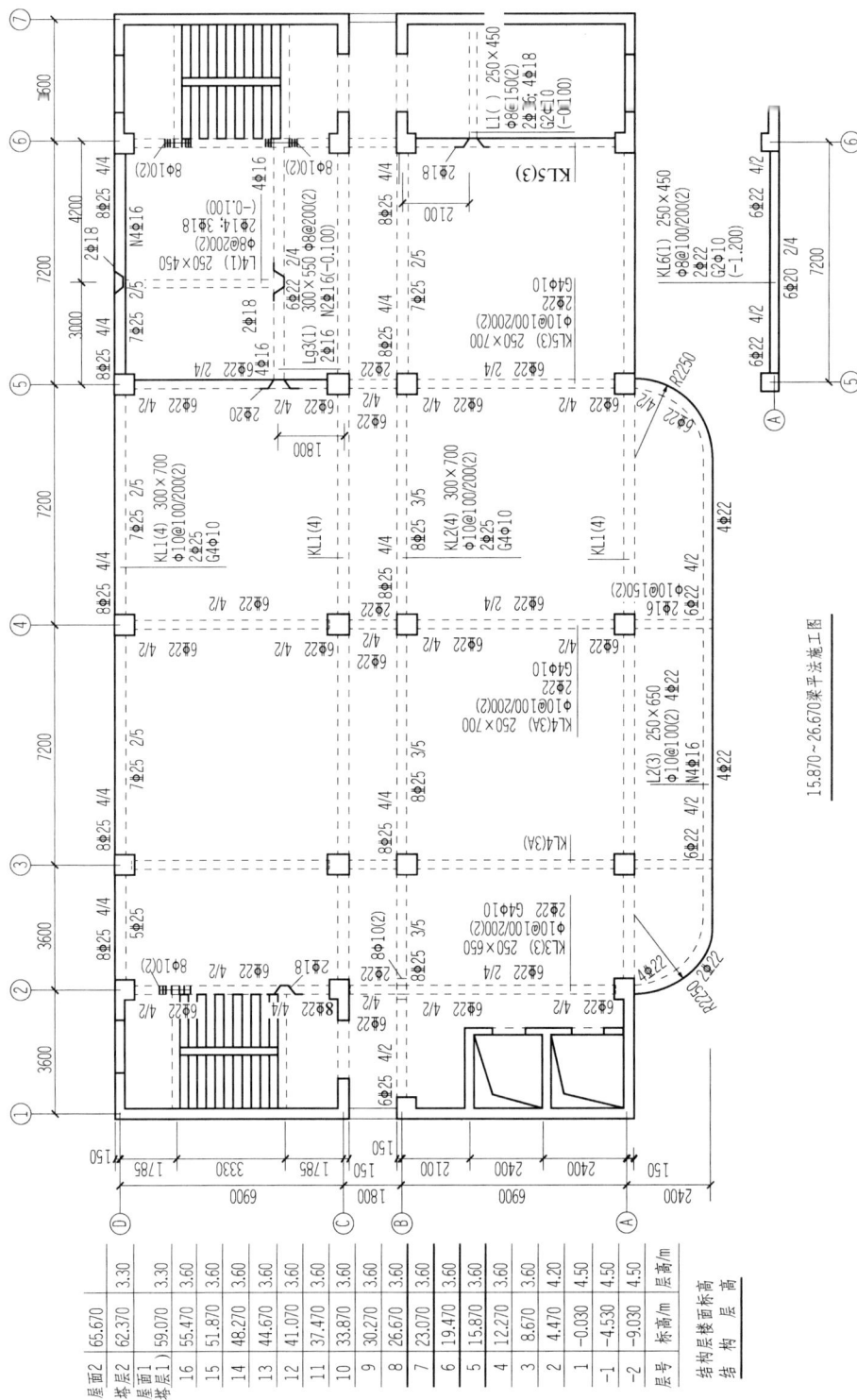

图 3.1　梁平法施工图平面注写方式示例

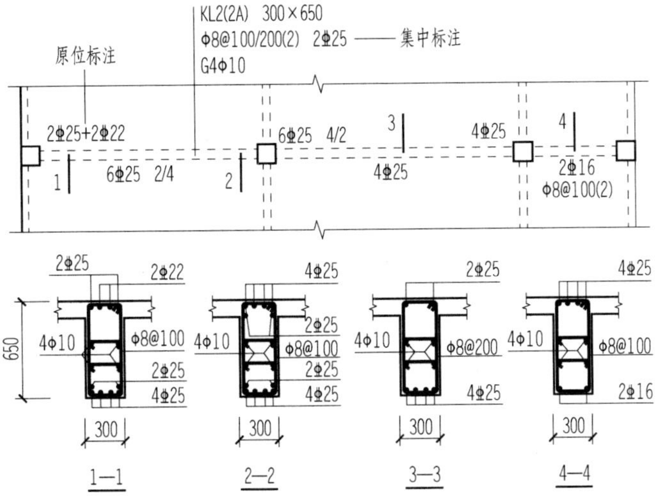

图 3.2　集中标注和原位标注

1. 梁集中标注

梁集中标注的内容有五项必注值（前面五项内容皆为必注值）及一项选注值，集中标注可以从梁的任意一跨引出，规定如下。

（1）梁的编号（必注值）

梁的编号由梁类型代号、序号、跨数及有无悬挑代号组成，如表 3.1 所示。表中的 A 代表梁一端带有悬挑，表中的 B 代表梁两端带有悬挑，悬挑不计入跨数。

表 3.1　梁的编号

梁类型	代号	序号	跨数及是否带有悬挑
楼层框架梁	KL	××	(××)、(××A)、(××B)
楼层框架扁梁	KBL	××	(××)、(××A)、(××B)
屋面框架梁	WKL	××	(××)、(××A)、(××B)
框支梁	KZL	××	(××)、(××A)、(××B)
托柱转换梁	TZL	××	(××)、(××A)、(××B)
非框架梁	L	××	(××)、(××A)、(××B)
悬挑梁	XL	××	
井字梁	JZL	××	(××)、(××A)、(××B)

本书中的非框架梁和井字梁表示端支座为铰接，当非框架梁和井字梁端支座上部纵筋为充分利用钢筋的抗拉强度时，在梁代号后加"g"。当非框架梁按受扭设计时，在梁代号后加"N"。

【例 3.1】　试述 KL3（2A）表示的含义。

【解】　KL3（2A）表示第三号框架梁，2 跨，一端有悬挑。

【例 3.2】　试述 KL5（7B）表示的含义。

【解】 KL5（7B）表示第五号框架梁，7 跨，两端有悬挑。

【例 3.3】 试述 WKL3（4）表示的含义。

【解】 WKL3（4）表示第三号屋面框架梁，4 跨，两端无悬挑。

【例 3.4】 试述 L7（5B）表示的含义。

【解】 L7（5B）表示第七号非框架梁，5 跨，两端有悬挑，端支座为铰接。

【例 3.5】 试述 Lg9（4）表示的含义。

【解】 Lg9（4）表示第九号非框架梁，4 跨，端支座上部纵筋为充分利用钢筋的抗拉强度。

（2）梁截面尺寸（必注值）

1）等截面梁截面尺寸。

沿梁的长度方向截面形状与尺寸不变的梁即等截面梁。当梁为等截面梁时，其截面尺寸用 $b \times h$ 表示。例如，300×650 表示该梁为等截面梁，梁截面宽度为 300mm，梁截面高度为 650mm。

2）加腋梁截面尺寸。

① 竖向加腋梁截面尺寸。当梁为竖向加腋梁时，其截面尺寸用 $b \times h$ $Yc_1 \times c_2$ 表示，其中 c_1 为腋长，c_2 为腋高，如图 3.3 所示。

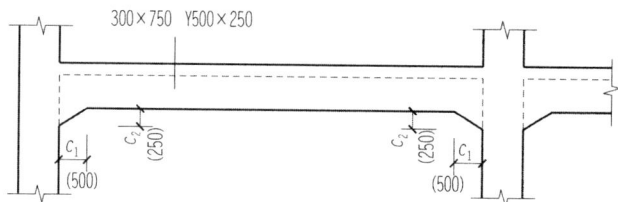

图 3.3 竖向加腋梁截面尺寸注写示意

【例 3.6】 试述图 3.3 所标注的 300×750 Y500×250 表示的含义。

【解】 300×750 Y500×250 表示该梁为竖向加腋梁，梁截面宽度为 300mm，梁截面高度为 750mm，腋长为 500mm，腋高为 250mm。

② 水平加腋梁截面尺寸。当梁为水平加腋梁时，一侧加腋时用 $b \times h$ $PYc_1 \times c_2$ 表示，其中 c_1 为腋长，c_2 为腋宽，如图 3.4 所示。加腋部位应在平面图中示意。

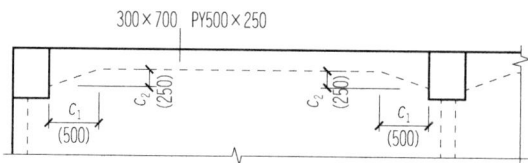

图 3.4 水平加腋梁截面尺寸注写示意

【例 3.7】 试述图 3.4 所标注的 300×700 PY500×250 表示的含义。

【解】 300×700 PY500×250 表示该梁为水平加腋梁，一侧加腋，梁截面宽度为300mm，梁截面高度为700mm，腋长为500mm，腋宽为250mm。

3）悬挑梁截面尺寸。

为减轻构件自重，节约材料，设计者往往把悬挑梁根部和端部的高度设计成不同的尺寸。当有悬挑梁且根部和端部的高度不同时，设计者标注其尺寸时会把根部与端部的高度值用斜线分隔，即 $b×h_1/h_2$，其中 h_1 为根部高度，h_2 为端部高度，如图3.5所示。

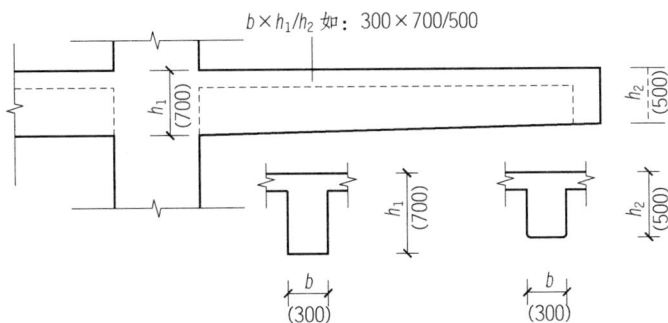

图 3.5 悬挑梁不等高截面尺寸注写示意

【例 3.8】 试述图3.5所标注的 300×700/500 表示的含义。

【解】 300×700/500 表示该梁为悬挑梁，其截面宽度不变，为300mm，截面高度成线性（直线）变化，根部的高度为700mm，端部的高度为500mm。

> **小贴士**
>
> 如悬挑梁根部高度和端部高度的尺寸相同，则其为等截面梁，其标注方法如前所述。

（3）梁箍筋（必注值）

梁箍筋注写的内容包括钢筋级别、直径、加密区与非加密区间距及肢数。箍筋加密区与非加密区的不同间距及肢数需要用斜线"/"分隔；当梁箍筋为同一种间距及肢数时，则不需要用斜线；当加密区与非加密区的箍筋肢数相同时，则将肢数注写一次；箍筋肢数应写在括号内。加密区范围见相应抗震级别的标准构造详图。

【例 3.9】 如果施工图中箍筋标注为 Φ10@100（4）/150（2），试述其表示的含义。

【解】 Φ10@100（4）/150（2）表示箍筋为 HPB300 级钢筋，直径为10mm，加密区间距为100mm，四肢箍；非加密区间距为150mm，双肢箍。

【例 3.10】 如果施工图中箍筋标注为 Φ8@100（2），试述其表示的含义。

【解】 Φ8@100（2）表示箍筋为 HPB300 级钢筋，直径为8mm，箍筋间距为100mm，双肢箍。

【例 3.11】 如果施工图中箍筋标注为 Φ12@100/200（4），试述其表示的含义。

【解】 Φ12@100/200（4）表示箍筋为 HPB300 级钢筋，直径为 12mm，加密区间距为 100mm，非加密区间距为 200mm，均为四肢箍。

非框架梁、悬挑梁、井字梁采用不同的箍筋间距及肢数时，也用斜线"/"将其分隔开来。注写时，先注写梁支座端部的箍筋（包括箍肋的箍数、钢筋级别、直径、间距与肢数），在斜线后注写梁跨中部分的箍筋间距及肢数。

【例3.12】 如果施工图中箍筋标注为 12Φ10@100/200（4），试述其表示的含义。

【解】 12Φ10@100/200（4）表示箍筋为 HPB300 级钢筋，直径为 10m；梁的两端各有 12 个四肢箍，间距为 100mm；梁跨中部分箍筋间距为 200mm，四肢箍。

【例3.13】 如果施工图中箍筋标注为 16Φ10@100（4）/200（2），试述其表示的含义。

【解】 16Φ10@100（4）/200（2）表示箍筋为 HPB300 级钢筋，直径为 10mm；梁的两端各有 16 个四肢箍，间距为 100mm；梁跨中部分间距为 200mm，双肢箍。

（4）梁上部通长筋或架立筋配置（必注值）

梁上部通长筋或架立筋所注规格与根数应根据结构受力要求及箍筋肢数等构造要求而定。当梁上部既有通长筋又有架立筋时，应用加号"+"将通长筋和架立筋相连。注写时需要将通长筋写在加号的前面，架立筋写在加号后面的括号内，以示不同直径及与通长筋的区别。当全部采用架立筋时，则将其写入括号内。

【例3.14】 如果施工图中第四项集中标注的内容为 2Φ25，试述其表示的含义。

【解】 2Φ25 表示梁上部只设置了通长筋。通长筋为 HRB400 级钢筋，2 根，直径为 25mm，用于双肢箍。

【例3.15】 如果施工图中第四项集中标注的内容为 2Φ20+（4Φ12），试述其表示的含义。

【解】 2Φ20+（4Φ12）表示梁上部既设置了通长筋又设置了架立筋。通长筋为 HRB400 级钢筋，2 根，直径为 20mm，架立筋为 HPB300 级钢筋，4 根，直径为 12mm，用于六肢箍。

当梁的上部纵筋和下部纵筋为全跨相同，且多数跨配筋相同时，此项可加注下部纵筋的配筋值，并用分号"；"将上部与下部纵筋的配筋值分隔开来，少数跨不同者，再采用原位标注。

【例3.16】 如果施工图中第四项集中标注的内容为 3Φ20；3Φ18，试述其表示的含义。

【解】 3Φ20；3Φ18 表示梁上部设置的通长筋为 HRB400 级钢筋，3 根，直径为 20mm；梁下部设置的通长筋也为 HRB400 级钢筋，3 根，直径为 18mm。

小贴士

《抗震规范》规定，某些情况下需要在梁的上部设置不少于 2 根通长筋，通长筋可为相同或不相同直径采用搭接连接、机械连接或对焊连接的钢筋。一般情况下，用相同直径的钢筋连接。梁上部通长筋和架立筋是两种不同的钢筋，两者的构造要求不同，识图时要注意这一项标注的内容是上部通长筋还是架立筋。

（5）梁侧面纵向构造钢筋或受扭钢筋配置（必注值）

1）梁侧面纵向构造钢筋的注写。

当梁腹板高度 $h_w \geqslant 450\text{mm}$ 时，须配置纵向构造钢筋，所注规格与根数应符合规范规定。此项注写值以大写字母 G 打头，接续注写设置在梁两个侧面的总配筋值，且两侧面钢筋对称配置。

【例 3.17】　如果施工图中第五项集中标注的内容为 G4φ14，试述其表示的含义。

【解】　G4φ14 表示该梁配置了梁侧面纵向构造钢筋。梁侧面纵向构造钢筋为 HPB300 级钢筋，直径为 14mm，共配置了 4 根，每侧 2 根，在梁的两侧对称布置。

2）梁侧面受扭钢筋的注写。

当梁侧面须配置受扭纵向钢筋时，此项注写值以大写字母 N 打头，接续注写配置在梁两个侧面的总配筋值，且两侧面钢筋对称配置。受扭纵向钢筋应满足梁侧面纵向构造钢筋的间距要求，且不再重复配置纵向构造钢筋。

注意：当为梁侧面构造钢筋时，其搭接与锚固长度可取为 15d；当为侧面受扭纵向钢筋时，其搭接长度为 l_l 或 l_{lE}（抗震），锚固长度为 l_a 或 l_{aE}（抗震），其锚固方式同框架梁下部纵筋。

【例 3.18】　如果施工图中第五项集中标注的内容为 N4φ20，试述其表示的含义。

【解】　N4φ20 表示该梁配置了梁侧面受扭纵向钢筋。梁侧面受扭纵向钢筋为 HRB400 级钢筋，直径为 20mm，共配置了 4 根，每侧 2 根，在梁的两侧对称布置。

（6）梁顶面标高高差（选注值）

梁顶面标高高差是指相对于结构层楼面标高的高差值，对于位于结构夹层的梁，则指相对于结构夹层楼面标高的高差。有高差时，须将其写入括号内，无高差时不注。

> **小贴士**
>
> 当某梁的顶面高于所在结构层的楼面标高时，梁顶面标高高差为正值，反之为负值。

【例 3.19】　如果某结构层的楼面标高为 44.950m 和 48.250m，当某梁的梁顶面标高高差注写为（-0.050）时，试述其表示的含义。

【解】　（-0.050）表示该梁顶面标高分别相对于 44.950m 和 48.250m 低 0.05m。

2. 梁原位标注

梁原位标注的内容规定如下。

（1）梁支座上部纵筋

梁支座上部纵筋标注在梁每一跨的端部（支座旁边）且位于梁的上面（左面），如图 3.6 所示。

KL7(3) 300×700
Φ10@100/200(2)
2Φ25
N4Φ18
(−0.100)

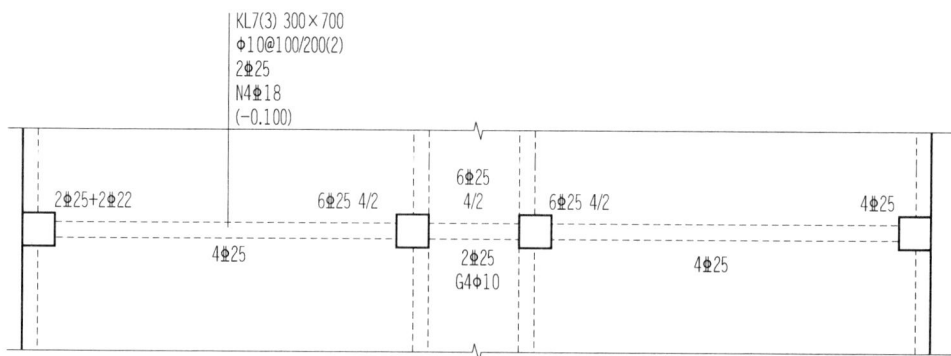

图 3.6　梁支座上部纵筋的原位标注示例

梁支座上部纵筋包括通长筋在内的所有纵筋。

当上部纵筋多于一排时，用斜线"/"将各排纵筋自上而下分开；当同排纵筋有两种直径时，用加号"+"将两种直径的纵筋相连，注写时将角部纵筋写在前面；当梁中间支座两边的上部纵筋不同时，须在支座两边分别标注；当梁中间支座两边的上部纵筋相同时，可仅在支座一边标注配筋值，另一边省去不注；对于端部带悬挑的梁，其上部纵筋注写在悬挑梁根部支座部位，当支座两边的上部纵筋相同时，可仅在支座的一边标注配筋值。

【例 3.20】　如图 3.6 所示，梁中间支座上部纵筋注写为 6Φ25 4/2，梁端部支座上部纵筋注写为 2Φ25+2Φ22，试分别叙述其表示的含义。

【解】　梁中间支座上部纵筋注写为 6Φ25 4/2 表示梁中间支座上部纵筋有两排，上一排纵筋为 4Φ25，下一排纵筋为 2Φ25。梁端部支座上部纵筋注写为 2Φ25+2Φ22 表示梁端部支座上部有 4 根纵筋，2Φ25 为角筋，2Φ22 为中部筋。

（2）梁下部纵筋

梁下部纵筋标注在梁每一跨的中间且位于梁的下面（右面），如图 3.7 所示。

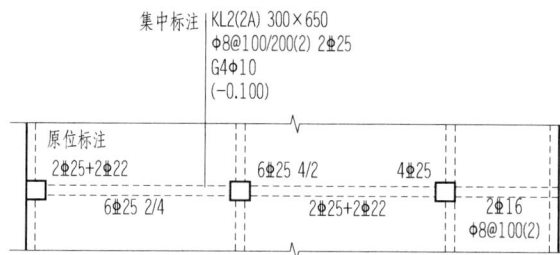

图 3.7　梁下部纵筋的原位标注示例

当下部纵筋多于一排时，用斜线"/"将各排纵筋自上而下分开；当同排纵筋有两种直径时，用加号"+"将两种直径的纵筋相连，注写时角筋写在前面；当梁下部纵筋不全部伸入支座时，将不伸入梁支座的下部纵筋数量写在括号内；当梁的集中标注中已分别注写了梁上部和下部均为通长的纵筋值时，则不需要在梁下部重复做原位标注。

【**例 3.21**】　如图 3.7 所示，梁左跨下部纵筋注写为 6Φ25 2/4，梁右跨下部纵筋注写为 2Φ25+2Φ22，试分别叙述其表示的含义。

【**解**】　梁左跨下部纵筋注写为 6Φ25 2/4 表示 6 根直径为 25mm 的 HRB400 级钢筋，分两排布置，上一排纵筋为 2Φ25，下一排纵筋为 4Φ25，全部伸入支座。梁右跨下部纵筋注写为 2Φ25+2Φ22 表示梁右跨下部有 4 根纵筋，2Φ25 为角筋，2Φ22 为中部筋，全部伸入支座。

【**例 3.22**】　如果把图 3.7 所示梁左跨下部纵筋注写的 6Φ25 2/4 改为 6Φ25 2(-2)/4，试述其表示的含义。

【**解**】　6Φ25 2（-2）/4 表示梁左跨下部纵筋有两排，上一排纵筋为 2Φ25，且不伸入支座；下一排纵筋为 4Φ25，全部伸入支座。

【**例 3.23**】　如果把图 3.7 所示梁左跨下部纵筋注写的 6Φ25 2/4 改为 2Φ25+3Φ22（-3）/5Φ25，试述其表示的含义。

【**解**】　2Φ25+3Φ22（-3）/5Φ25 表示上排纵筋为 2Φ25 和 3Φ22，其中 2Φ25 伸入支座，3Φ22 不伸入支座；下一排纵筋为 5Φ25，全部伸入支座。

当梁设置竖向加腋时，加腋部位下部斜纵筋应在支座下部以 Y 打头注写在括号内，如图 3.8 所示。当梁设置水平加腋时，水平加腋内上、下部斜纵筋应在加腋支座上部以 Y 打头注写在括号内，上、下部斜纵筋之间用"/"分隔，如图 3.9 所示。

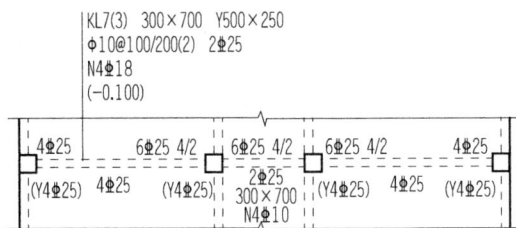

图 3.8　梁竖向加腋平面注写示例

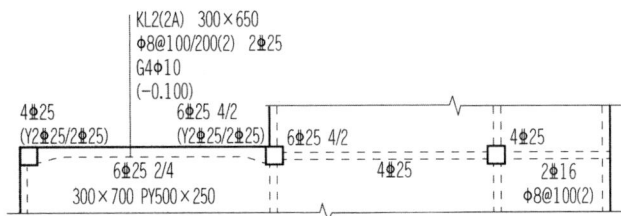

图 3.9　梁水平加腋平面注写示例

（3）集中标注内容不适用于某跨时

当在梁上集中标注的内容（即梁截面尺寸、箍筋、上部通长筋或架立筋、梁侧面纵向构造钢筋或受扭纵向钢筋及梁顶面标高高差中的某一项或几项数值）不适用于某跨或某悬挑部分时，则将其不同数值原位标注在该跨或该悬挑部位，施工时应按原位标注数值取用。

【例 3.24】 如图 3.10 所示，该梁除了对支座上部纵筋和下部纵筋进行了原位标注外，还有哪几处做了原位标注？试分别叙述其表示的含义。

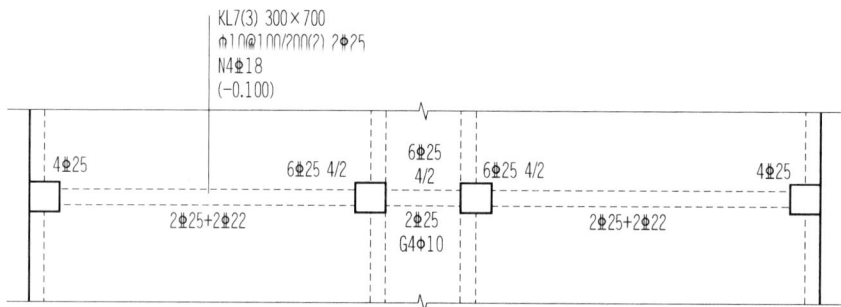

KL7(3) 300×700
Φ10@100/200(2) 2Φ25
N4Φ18
(-0.100)

4Φ25   6Φ25 4/2   6Φ25 4/2   6Φ25 4/2   4Φ25
                              4/2
2Φ25+2Φ22   2Φ25   2Φ25+2Φ22
              G4Φ10

图 3.10 其他情况原位标注示例

【解】 该梁除了对支座上部纵筋和下部纵筋进行了原位标注外，还对另外两处做了原位标注。其中一处是在该梁中间跨的跨中上部原位标注了 6Φ25 4/2，表示该中间跨跨中上部纵筋与集中标注的通长筋（2Φ25）不同。不难理解，因中间跨跨度较小，所以把左右两边的支座负筋拉通布置。另一处是在该梁中间跨的跨中下部原位标注了梁侧面纵向钢筋（G4Φ10），表示该中间跨的梁侧面纵向钢筋与集中标注的梁侧面纵向钢筋（N4Φ18）不同。中间跨的梁侧面纵向钢筋为构造钢筋，直径为 10mm，HPB300 级钢筋；左右两跨的梁侧面纵向钢筋为受扭钢筋，直径为 18mm，HRB400 级钢筋（因没有原位标注，采用集中标注的信息）。

【例 3.25】 如图 3.7 所示，该梁除了对支座上部纵筋和下部纵筋进行了原位标注外，还对哪一处做了原位标注？试述其表示的含义。

【解】 该梁除了对支座上部纵筋和下部纵筋进行了原位标注外，还在梁的悬挑部位对箍筋做了原位标注，则悬挑部位的箍筋应采用原位标注的内容，该处箍筋为 HPB300 级钢筋，直径为 8mm，间距为 100mm，双肢箍。

当在多跨梁的集中标注中已注明加腋，而该梁某跨的根部却不需要加腋时，则应在该跨原位标注等截面的 $b×h$，以修正集中标注中的加腋信息，如图 3.8 所示。

在梁平法施工图中，当局部区域的梁布置得过密时，可将过密区用虚线框出，适当放大比例后再用平面注写方式表示。

小贴士

识图时，如有原位标注，则采用原位标注的信息；如无原位标注，则采用集中标注的信息。

（4）附加箍筋或吊筋

将附加箍筋或吊筋直接画在平面图中的主梁上，用线引注总配筋值（附加箍筋的肢数注在括号内），如图 3.11 所示。当多数附加箍筋或吊筋相同时，可在梁平法施工图上统一注明，少数与统一注明值不同时，再原位引注。

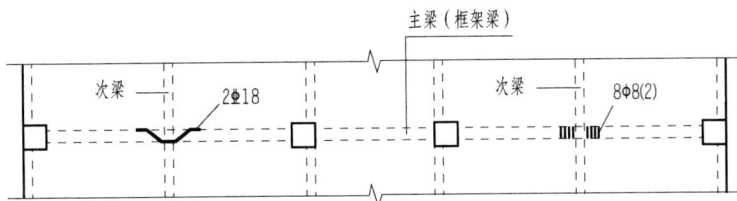

图 3.11 附加箍筋和吊筋的画法示例

小贴士

施工时应注意：附加箍筋或吊筋的几何尺寸应按照标准构造详图，结合其所在位置的主梁和次梁的截面尺寸而定。

【例 3.26】 试述图 3.11 中原位标注的含义。

【解】 该图表示在主梁左跨中间，主梁与次梁交接处，主梁内设置了附加吊筋（2Φ18）。附加吊筋为 HRB400 级钢筋，2 根，直径为 18mm。在主梁右跨中间，主梁与次梁交接处，主梁内设置了附加箍筋（8ϕ8）。附加箍筋为 HPB300 级钢筋，8 根，直径为 8mm，双肢箍。

（5）非框架梁一端采用充分利用钢筋抗拉强度方式的注写

代号为 L 的非框架梁，当某一端支座上部纵筋为充分利用钢筋的抗拉强度时，在梁平面布置图上原位标注，以符号"g"表示，该支座按照非框架梁 Lg 配筋构造，如图 3.12 所示。

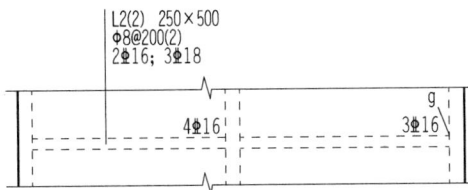

图 3.12 非框架梁一端采用充分利用钢筋抗拉强度方式的注写示意

（6）局部带屋面的楼层框架梁注写

对于局部带屋面的楼层框架梁（代号为 KL），屋面部位梁跨原位标注 WKL，梁纵筋构造在后面介绍。

3.1.2 梁的截面注写方式

梁的截面注写方式，是在分标准层绘制的梁平面布置图上，分别在不同编号的梁中各选择一根梁用剖面号引出配筋图，并在其上以注写截面尺寸和配筋具体数值的方式来表达梁平法施工图，如图 3.13 所示。

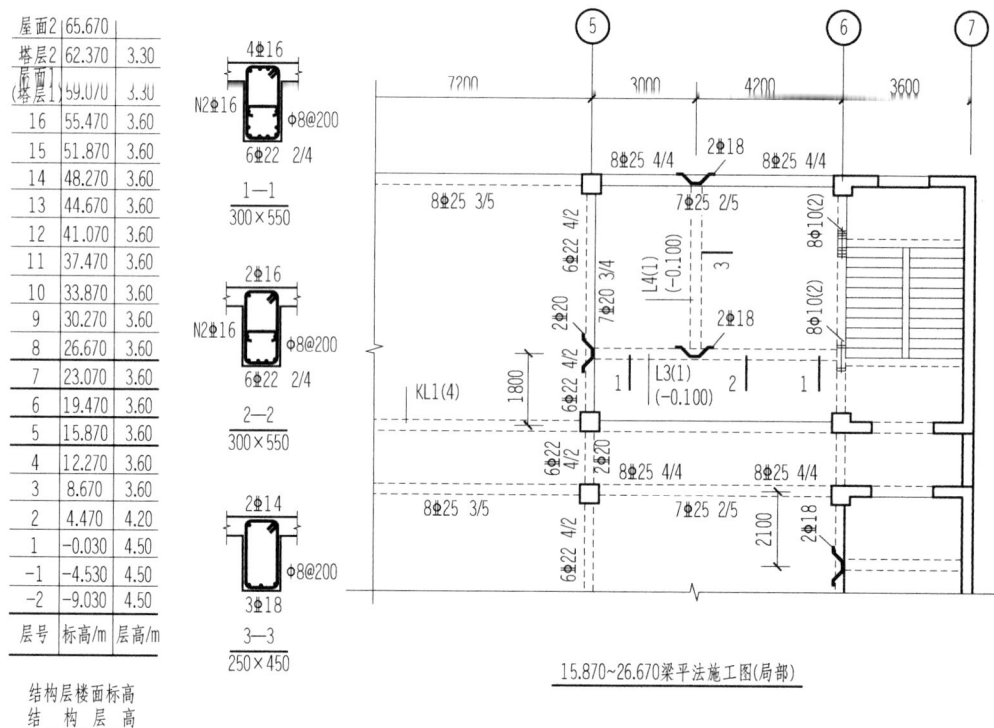

图 3.13　梁平法施工图截面注写方式示例

1. 梁截面注写方式的内容及其在平面图中的表示方法

对所有梁按规定进行编号，其编号的方法与平面注写方式相同，从相同编号的梁中选择一根，先将"单边截面号"画在该梁上，再将截面配筋详图画在本图或其他图上。当某梁的顶面标高与结构层的楼面标高不同时，尚应在其梁编号后继续注写梁顶面标高高差，注写规定与平面注写方式相同。

在截面配筋详图上注写截面尺寸 $b×h$、上部纵筋、下部纵筋、侧面构造钢筋或受扭钢筋以及箍筋的具体数值时，其表达形式与平面注写方式相同。

2. 梁截面注写方式的适用范围

截面注写方式既可以单独使用，也可以与平面注写方式结合使用。

在梁平法施工图的平面图中，一般采用平面注写方式来表达。当平面图中局部区域的梁布置过密时，可以采用截面注写方式来表达，也可将过密区用虚线框出，适当放大比例后再用平面注写方式表示。当表达异形截面梁的尺寸与配筋时，用截面注写方式相对比较方便。

任务 3.2　掌握梁的标准构造详图

设计者根据前述的梁平法制图规则画出梁平法施工图（设计者成果），识图人员要在熟悉梁平法制图规则的基础上读懂梁平法施工图，同时，识图人员应能根据梁平法施工图中梁编号中的类型代号查找梁对应的构造详图（在 22G101—1 构造详图部分查找）。图集中的梁标准构造详图是识图人员必须与梁平法施工图配套使用的正式设计文件。下面结合一些常见梁的标准构造详图介绍其标准构造做法。

3.2.1　非框架梁配筋构造

22G101—1 平法图集给出了非框架梁的配筋构造详图并做了相应的文字说明，如图 3.14 所示。结合详图及图集中的文字说明，可得出非框架梁配筋构造如下。

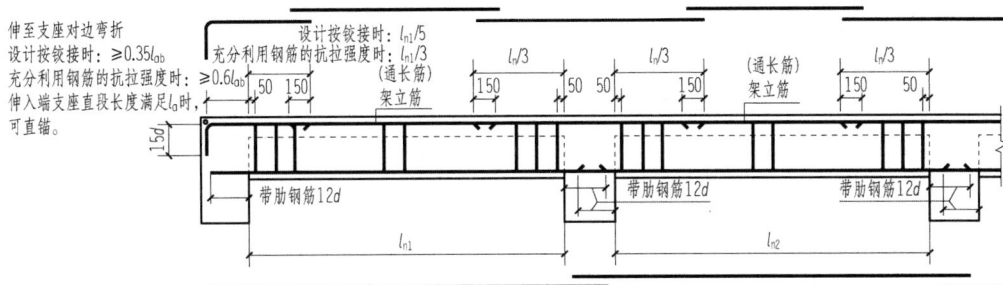

图 3.14　非框架梁配筋构造详图

注：1. 跨度值 l_n 为左跨 l_{ni} 和右跨 l_{ni+1} 中的较大值，其中 $i=1, 2, 3\cdots$。

2. 当梁上部有通长筋时，连接位置宜位于跨中 $l_{n1/3}$ 范围内；梁下部钢筋连接位置宜位于支座 $l_{n1/4}$ 范围内；且在同一连接区段内钢筋接头面积百分率不宜大于 50%。

1. 非框架梁箍筋构造

非框架梁靠近支座的第一道箍筋到支座边缘的距离为 50mm，如图 3.14 所示。如果非框架梁端支座为柱或剪力墙，梁端部应设加密区，设计者应确定加密区长度。如设计未确定时，取该工程框架梁加密区长度（框架梁加密区长度后面会有介绍）。

2. 非框架梁下部纵筋构造

非框架梁下部纵筋应伸入支座锚固，当梁不受扭时，其锚固长度不应小于 12d，如图 3.14 所示。当下部纵筋伸入边支座长度不满足直锚 12d 要求时，如图 3.15 所示，下部纵筋伸至支座对边 135° 弯折，弯折后的直段长度为 5d；或 90° 弯折，弯折后的直段长度为 12d。

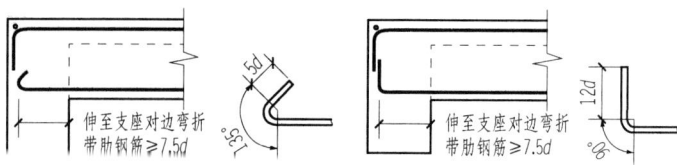

图 3.15　端支座非框架梁下部纵筋弯锚构造

【例 3.27】　若平法施工图中某不受扭非框架梁（L）下部纵筋标注为 4Φ16，端支座宽度为 250mm，梁保护层取 20mm，试求其在支座中的锚固长度。

【解】　非框架梁（L）不受扭，下部纵筋锚固长度应不小于 12d（192mm），而支座宽 250mm，减去保护层后，满足直锚，如图 3.14 所示，下部纵筋锚固长度不小于 192mm（12×16mm）。

【例 3.28】　若平法施工图中某不受扭非框架梁（L）下部纵筋标注为 3Φ20，端支座宽度为 250mm，梁保护层取 20mm，试求其在端支座中的锚固长度。

【解】　非框架梁（L）不受扭，下部纵筋锚固长度应不小于 12d（240mm），而支座宽 250mm，减去保护层后，不满足直锚，若采用 90° 弯锚，则下部纵筋在端支座锚固长度等于 250-20+12d，即锚固长度为 470mm。

当非框架梁受扭（LN）时，下部纵筋伸至支座对边 90° 弯折 15d，当纵筋伸入端支座直段长度满足 l_a 时可直锚，如图 3.16 所示。

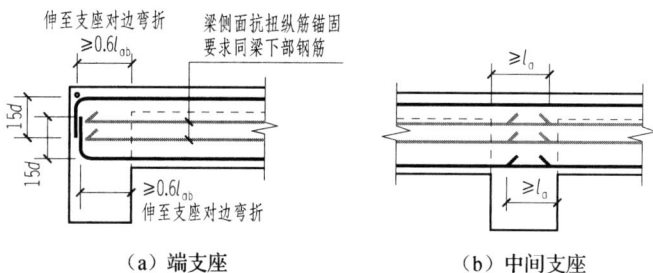

（a）端支座　　　　　　　　　　（b）中间支座

图 3.16　受扭非框架梁（LN）纵筋构造

【例 3.29】　若平法施工图中某受扭非框架梁（LN）下部纵筋标注为 3Φ16，端支座宽度为 350mm，梁保护层取 20mm，混凝土强度等级 C30，试求其在端支座中的锚固长度。

【解】　受扭非框架梁（LN）下部纵筋锚固长度应不小于 l_a，查表 1.9 可知 l_a=35d，支座宽度为 350mm，减去保护层后，不满足直锚，则下部纵筋在端支座锚固长度等于 350-20+15d，即锚固长度为 570mm。

3. 非框架梁上部纵筋构造

（1）非框架梁端支座上部纵筋的构造

1）非框架梁端支座上部纵筋（包括通长筋）在端部支座的锚固。非框架梁支座上部纵筋在端支座处应伸至主梁外侧纵筋内侧后弯折 15d，如图 3.14 所示。当直段长度不

小于 l_a 时可不弯折。

2）非框架梁端支座上部纵筋的截断。非框架梁端支座上部非通长筋及与跨中直径不同的通长筋，伸出端支座边缘不小于 $l_{n1}/5$（设计铰接时）或 $l_{n1}/3$（充分利用钢筋的抗拉强度时）截断。

> **小贴士**
>
> 图 3.14 中"设计按铰接时"用于代号为 L 的非框架梁，"充分利用钢筋的抗拉强度时"用于代号为 Lg 的非框架梁。图 3.14 中要求水平锚固长度不应小于 $0.35l_{ab}$（设计铰接时）或 $0.6l_{ab}$（充分利用钢筋的抗拉强度时），识图时可不考虑这个构造要求，因为设计者在设计时已经考虑并保证满足了这个构造要求。

（2）非框架梁中间支座上部纵筋的构造

非框架梁中间支座非通长筋及与跨中直径不同的通长筋，伸出中间支座边缘不小于 $l_n/3$ 截断，如图 3.14 所示，l_n 为支座左跨和右跨之较大值。

（3）非框架梁架立筋构造

非框架梁架立筋两端与梁支座上部纵筋连接，若采用绑扎搭接连接，搭接长度取 150mm，如图 3.14 所示。

（4）非框架梁通长筋构造

非框架梁上部若设置了通长筋，长度不够时可接长。连接位置宜位于各跨中 $l_{ni}/3$ 范围内。若采用绑扎搭接连接，搭接长度取 l_l。

4. 非框架梁梁侧纵筋构造

非框架梁梁侧纵筋如为构造钢筋，其搭接与锚固长度均取 15d；非框架梁梁侧纵筋若为受扭钢筋，其搭接与锚固长度分别为 l_l 和 l_a。

> **小贴士**
>
> 22G101—1 图集规定了梁支座上部纵筋的长度。为方便施工，凡框架梁的所有支座和非框架梁（不包括井字梁）的中间支座上部纵筋的延伸长度值在 22G101—1 图集标准构造详图中统一取值为：第一排非通长筋及与跨中直径不同的通长筋从柱（梁）边起延伸至 $l_n/3$ 位置，第二排非通长筋延伸至 $l_n/4$ 位置。l_n 的取值规定为：对于端支座，l_n 为本跨的净跨值；对于中间支座，l_n 为支座两边较大一跨的净跨值。

【例 3.30】已知 L5（2）平法施工图如图 3.17 所示，梁混凝土强度等级为 C30，一类环境，分析 L5（2）纵筋构造，并绘制纵筋详图。

【解】上部纵筋在端支座的锚固：查表 1.9 可知 l_a=35d=560mm>250mm-20mm，不能直锚，选择弯锚。

上部非通长筋在支座处截断点距支座边缘的距离如下。

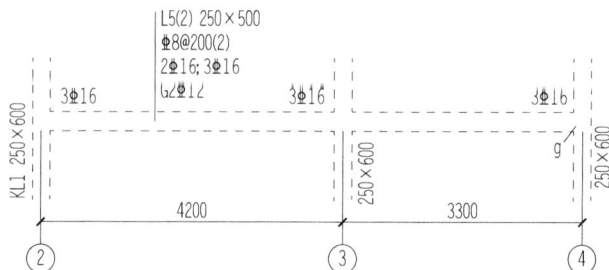

图 3.17　L5（2）平法施工图

左支座处：(4200-250)/5=790（mm）。

右支座处：(3300-250)/3=1017（mm）。

中间支座：(4200-250)/3=1317（mm）。

下部纵筋在端支座的锚固：250mm-20mm>12d=192mm，满足直锚。

梁侧纵筋在端支座的锚固：250mm-20mm>15d=180mm，满足直锚。

L5（2）纵筋详图如图 3.18 所示。

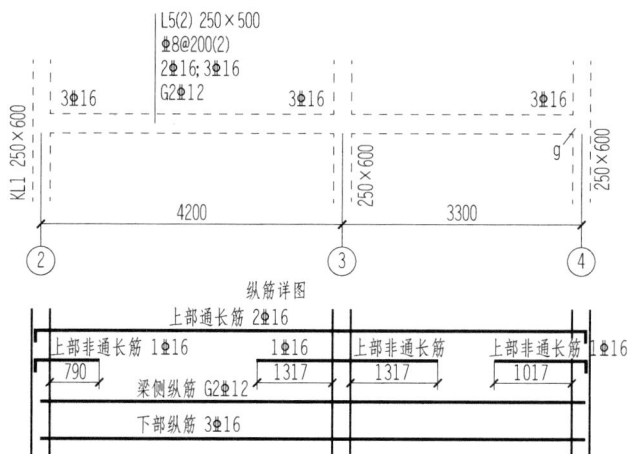

图 3.18　L5（2）各纵筋详图

3.2.2　框架梁（KL、WKL）钢筋构造

1. 框架梁（KL、WKL）箍筋构造

框架梁（KL、WKL）箍筋构造如图 3.19 和图 3.20 所示。由图 3.19 可知，框架梁（KL、WKL）靠近支座的第一道箍筋到支座边缘的距离为 50mm。当抗震等级为一级时，梁端箍筋加密区的长度不应小于 2.0h_b 且不应小于 500mm；当抗震等级为二～四级时，梁端箍筋加密区的长度不应小于 1.5h_b 且不应小于 500mm。

由图 3.20 可知，当框架梁（KL、WKL）端部支承在主梁上时，靠近主梁的一端箍筋可不加密。框架梁（KL、WKL）靠近支座的第一道箍筋到支座边缘的距离也为50mm。当抗震等级为一级时，梁端箍筋加密区的长度不应小于 $2.0h_b$ 且不应小于 500mm；当抗震等级为二～四级时，梁端箍筋加密区的长度不应小于 $1.5h_b$ 且不应小于 500mm。

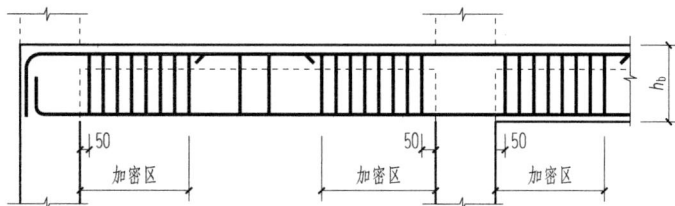

加密区：抗震等级为一级：$\geqslant 2.0h_b$ 且 $\geqslant 500$
抗震等级为二～四级：$\geqslant 1.5h_b$ 且 $\geqslant 500$
弧形梁沿梁中心线展开，箍筋间距沿凸面线量度。
h_b 为梁截面高度。

图 3.19　框架梁（KL、WKL）箍筋构造（一）

加密区：抗震等级为一级：$\geqslant 2.0h_b$ 且 $\geqslant 500$
抗震等级为二～四级：$\geqslant 1.5h_b$ 且 $\geqslant 500$
弧形梁沿梁中心线展开，箍筋间距沿凸面线量度。
h_b 为梁截面高度。

图 3.20　框架梁（KL、WKL）箍筋构造（二）

> **小贴士**
>
> 　　按照《抗震规范》的要求，框架梁（KL、WKL）梁端箍筋需要加密，设计者在平法施工图中只标注了加密区箍筋的级别、直径和间距，而没有表达出梁端箍筋加密区的范围，因此，识图人员应找到对应的构造详图，明确梁端箍筋加密区的范围。框架的抗震等级在结构设计说明中可查。

2. 楼层框架梁（KL）纵向钢筋构造

22G101—1 图集给出了楼层框架梁（KL）的配筋构造详图并做了相应的文字说明，如图 3.21 所示。结合详图及图集中的文字说明，可得出楼层框架梁（KL）纵向钢筋构造如下。

（1）楼层框架梁（KL）下部纵向钢筋构造

1）楼层框架梁（KL）下部纵向钢筋在中间支座的锚固。

楼层框架梁（KL）下部纵向钢筋可伸入中间支座锚固，有条件时也可贯通。当在中间支座锚固时，其锚固方式一般采用直线锚固（直锚）的方式。如采用直锚方式锚固，楼层框架梁（KL）的下部纵向钢筋伸入中间支座的锚固长度不应小于 l_{aE}，且伸过柱中心线不应小于 $5d$。如梁下部纵向钢筋不在柱内锚固时，可在节点外搭接。相邻跨直径不同时，搭接位置位于较小直径一跨。接头距支座边缘的距离不小于 $1.5h_0$，搭接长度不小于 l_{lE}，如图 3.21 所示。

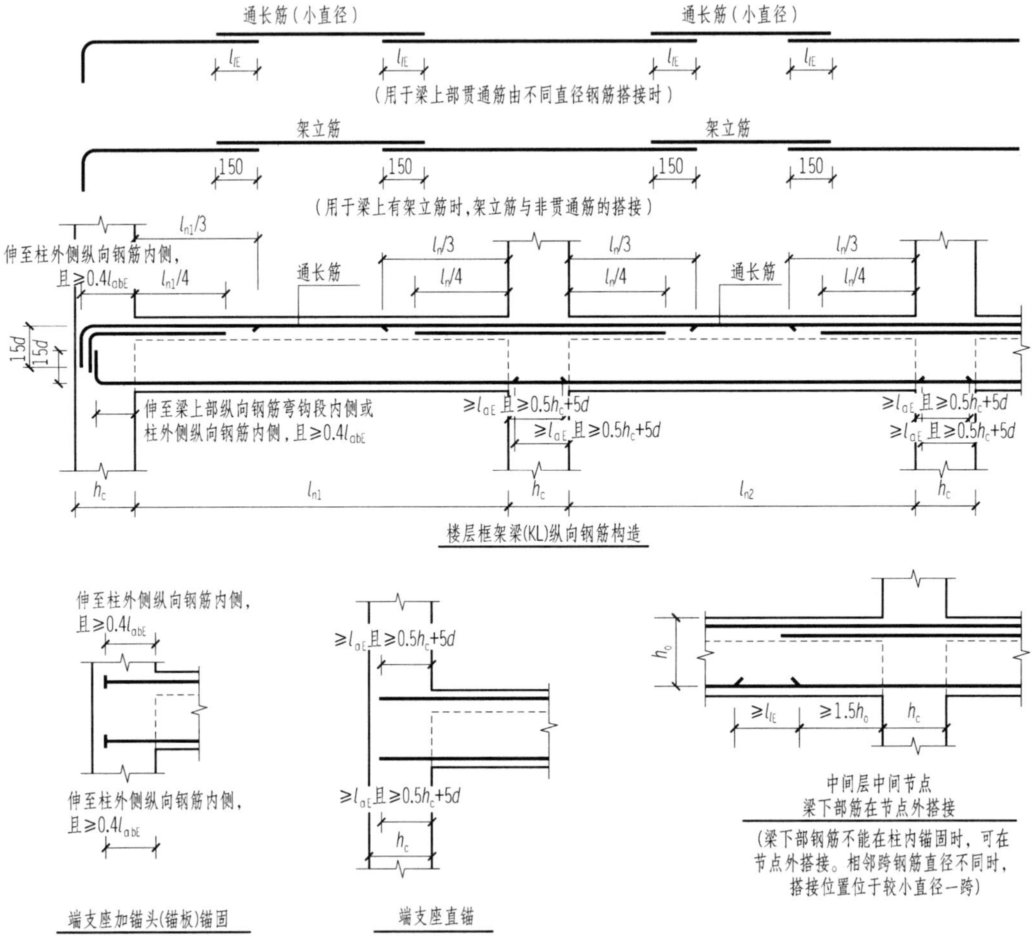

图 3.21 楼层框架梁（KL）纵向钢筋构造详图

2）楼层框架梁（KL）下部纵向钢筋在端支座的锚固。

楼层框架梁（KL）下部纵向钢筋应伸入端支座锚固，其在端支座的锚固方式有直线锚固（直锚）、弯折锚固（弯锚）及在端支座加锚头（锚板）锚固三种。端支座的直锚与中间支座的直锚构造完全相同。实际工程中，端支座宽度往往满足不了直锚的要求，所以一般采用弯锚的方式（也可采用加锚板或锚头的锚固方式）。如采用弯锚方式，楼层框架梁（KL）的下部纵向钢筋应伸入梁端支座上部纵向钢筋弯钩段内侧或柱外侧纵向钢筋内侧，再向上垂直弯折 $15d$，其水平锚固长度不应小于 $0.4l_{abE}$，如图 3.21 所示。

小贴士

要求水平锚固长度不应小于 $0.4\,l_{abE}$ 是设计时要考虑的，识图时可不考虑这个构造要求，因为设计者设计时已经考虑并保证满足了这个构造要求。

（2）楼层框架梁（KL）上部纵向钢筋构造

1）楼层框架梁（KL）端支座上部纵向钢筋的锚固构造。

楼层框架梁（KL）端支座上部纵向钢筋（包括通长筋）应伸入端部支座锚固，其锚固构造与楼层框架梁（KL）下部纵向钢筋在端支座的锚固构造相同，但垂直弯折时，应向下弯折，如图 3.21 所示。

2）楼层框架梁（KL）支座上部纵向钢筋的截断。

楼层框架梁（KL）支座上部纵向钢筋的截断点位置规定：第一排非通长筋及与跨中直径不同的通长筋从柱边起延伸至 $l_n/3$ 位置；第二排非通长筋延伸至 $l_n/4$ 位置，如图 3.21 所示。l_n 的取值规定为：对于端支座，l_n 为本跨的净跨值；对于中间支座，l_n 为支座两边较大一跨的净跨值。

3）楼层框架梁（KL）架立筋构造。

若楼层框架梁（KL）设置有架立筋，架立筋应与支座上部纵向钢筋中的非通长筋两端连接。若采用绑扎搭接连接，搭接长度取 150mm，如图 3.21 所示。

4）楼层框架梁（KL）通长筋构造。

楼层框架梁（KL）中的通长筋长度不够时可接长。若通长筋在支座处与在跨中位置直径不同，其连接位置与架立筋和支座上部纵向钢筋的连接位置相同，如图 3.21 所示。如通长筋直径相同，连接位置宜位于各跨中 $l_n/3$ 范围内。若采用绑扎搭接连接，搭接长度应取 l_{lE}。

（3）楼层框架梁（KL）梁侧纵向钢筋构造

楼层框架梁（KL）梁侧纵向钢筋若为构造钢筋，其搭接与锚固长度均取 $15d$；楼层框架梁（KL）梁侧纵向钢筋若为受扭钢筋，其搭接与锚固长度分别为 l_{lE} 和 l_{aE}。

3. 屋面框架梁（WKL）纵向钢筋构造

22G101—1 图集给出了屋面框架梁（WKL）的配筋构造详图并做了相应的文字说明，如图 3.22 所示。结合详图及图集中的文字说明，可得出屋面框架梁（WKL）配筋构造如下。

（1）屋面框架梁（WKL）下部纵向钢筋构造

屋面框架梁（WKL）下部纵向钢筋构造与楼层框架梁（KL）下部纵向钢筋构造完

全相同，这里不再赘述。

（2）屋面框架梁（WKL）上部纵向钢筋构造

屋面框架梁（WKL）只有端支座上部纵向钢筋（包括通长筋）在端节点的构造与楼层框架梁（KL）不同，所以在这里只介绍其不同之处，其余构造不再赘述。屋面框架梁（WKL）端支座上部纵向钢筋（包括通长筋）应伸至柱外侧纵向钢筋内侧，并向下弯折至少到梁底标高，与柱外侧纵向钢筋搭接，如图 3.22 所示（柱外侧纵向钢筋没有画出来）。

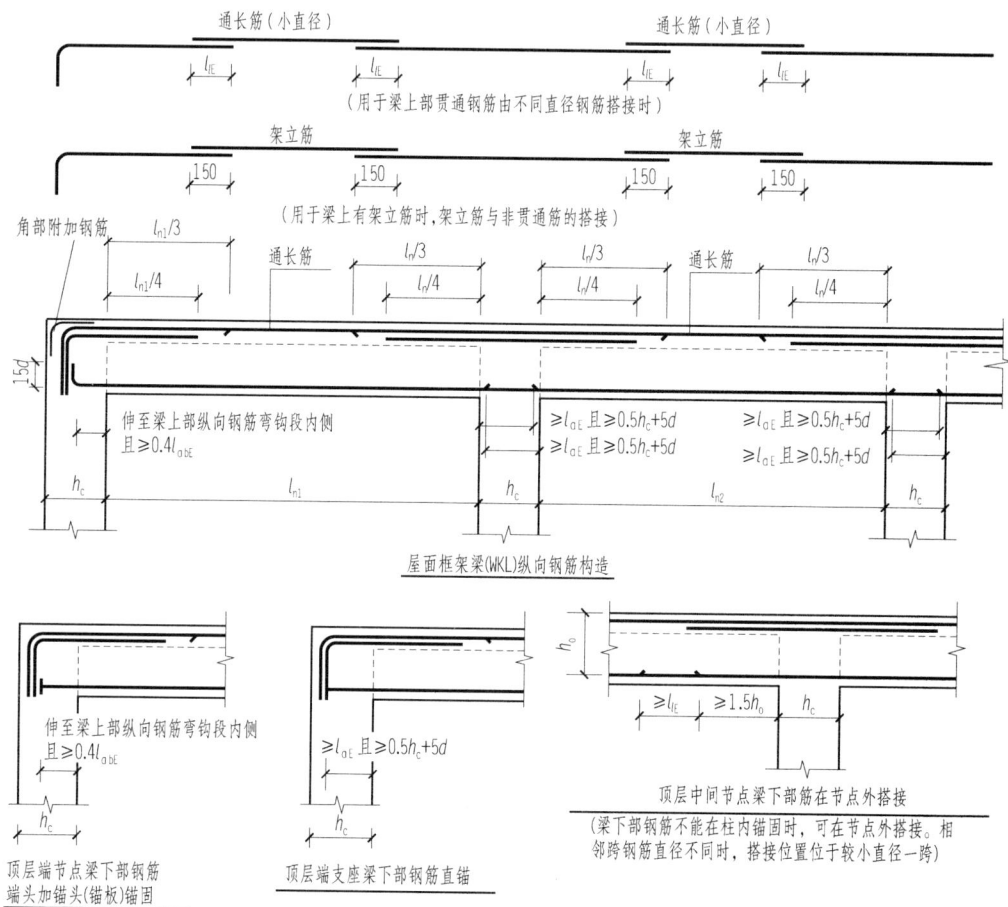

图 3.22　屋面框架梁（WKL）纵向钢筋构造详图

屋面框架梁（WKL）与边柱或角柱相交的节点即顶层端节点的构造做法较多，也较复杂，后面将结合框架边柱或角柱的构造详细介绍，此处不再赘述。

（3）屋面框架梁（WKL）梁侧纵向钢筋构造

屋面框架梁（WKL）梁侧纵向钢筋构造与楼层框架梁 KL 梁侧纵向钢筋构造完全相同，这里不再赘述。

【例3.31】 已知 KL3（2）平法图如图 3.23 所示，结构为四级抗震，梁混凝土强度等级为 C30，一类环境，分析 KL3（2）纵筋构造，并绘制纵筋详图。

【解】 上部（下部）纵筋在端支座的锚固：

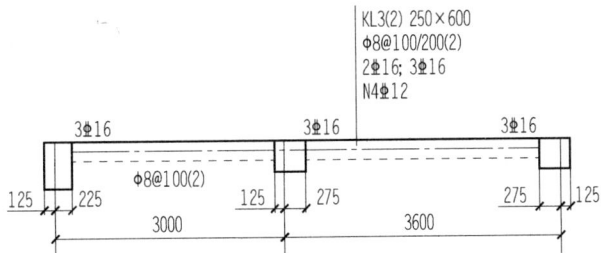

图 3.23　KL3（2）平法图

查表 1.10 可知 $l_{aE}=35d$，左支座 350mm-20mm=330mm<l_{aE}，不能直锚，选择弯锚；右支座同左支座。

上部非通长筋在支座处截断点距支座边缘的距离：

左支座处：(3000mm-225mm-125mm)/3=883mm。

右支座处：(3600mm-2×275mm)/3=1017mm。

中间支座：(3600mm-2×275mm)/3=1017mm。

梁侧纵筋在端支座的锚固：350mm-20mm<l_{aE}=35d=420mm，选择弯锚。

KL3（2）纵筋详图如图 3.24 所示。

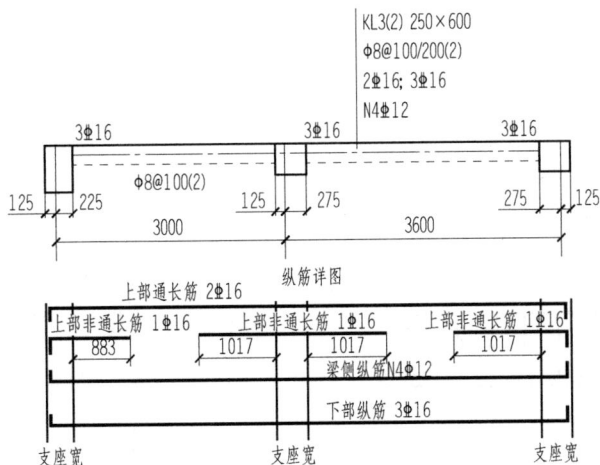

图 3.24　KL3（2）纵筋详图

4. 局部带屋面框架梁的框架梁纵筋构造

局部带屋面框架梁的框架梁纵筋构造如图 3.25 所示，请学生对照前面的文字看懂此图。

5. 框架梁（KL、WKL）与剪力墙连接时钢筋构造

（1）框架梁（KL、WKL）与剪力墙平面外连接构造

当剪力墙厚度较小时，上部纵筋伸至墙外侧纵筋内侧，90°弯折 15d；下部纵筋伸入墙内锚固 12d，如图 3.26（a）所示。当剪力墙厚度较大或设有扶壁柱时，如图 3.26（b）所示，框架梁（KL、WKL）与墙或扶壁柱连接构造同边柱（角柱）与框架梁（KL、WKL）连接构造。框架梁与剪力墙平面外连接构造由设计指定。

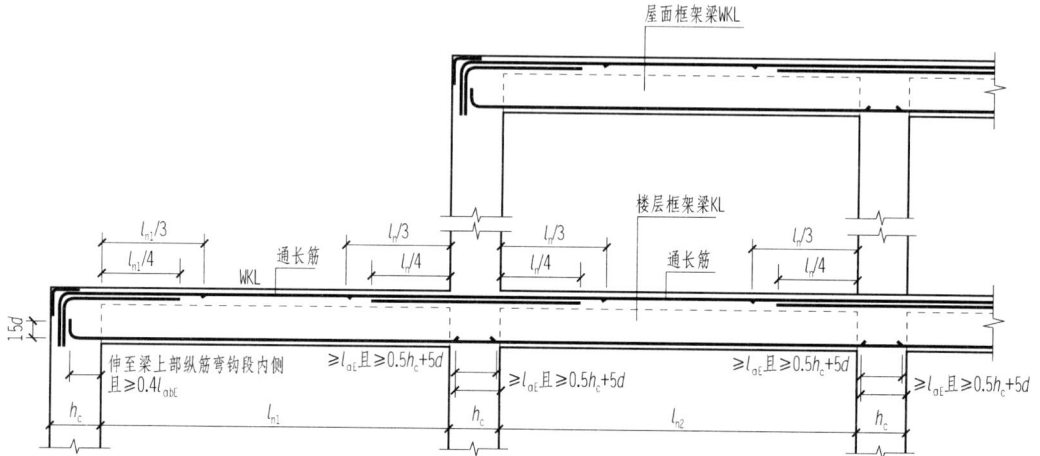

图 3.25　局部带屋面框架梁的框架梁纵筋构造

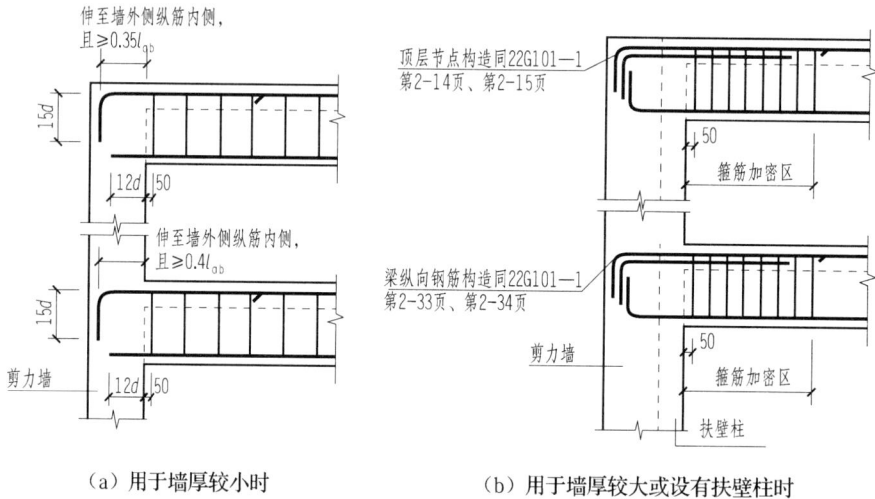

（a）用于墙厚较小时　　　　　　（b）用于墙厚较大或设有扶壁柱时

图 3.26　框架梁（KL、WKL）与剪力墙平面外连接构造

（2）框架梁（KL、WKL）与剪力墙平面内相交构造

框架梁（KL、WKL）与剪力墙平面内相交，框架梁上部（下部）纵筋伸入剪力墙内锚固，且锚固长度不小于 l_{aE}，且不小于 600mm，如图 3.27 所示。

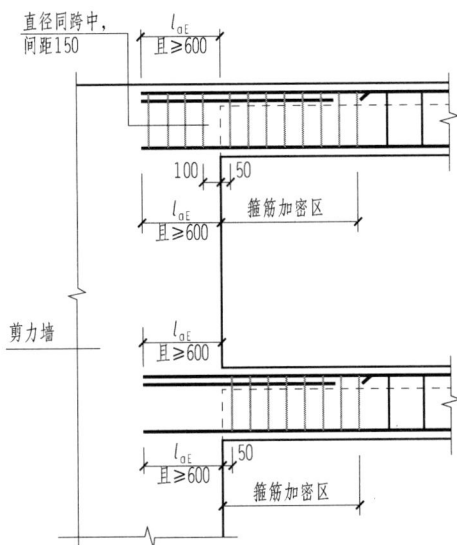

图 3.27　框架梁（KL、WKL）与剪力墙平面内相交构造

屋面框架梁（WKL）与剪力墙平面内相交时，WKL 在墙内锚固范围内设置箍筋，直径同跨中，间距 150mm，第一道箍筋距剪力墙内边线 100mm，如图 3.27 所示。箍筋加密区范围如图 3.19 所示。

6. 不伸入支座的梁下部纵向钢筋构造

22G101—1 图集给出了不伸入支座的梁下部纵向钢筋构造详图，如图 3.28 所示。由图可知：当梁（不包括框支梁）下部纵向钢筋不全部伸入支座时，不伸入支座的梁下部纵向钢筋截断点距支座边缘的距离在标准构造详图中统一取 $0.1l_{ni}$（l_{ni} 为本跨梁的净跨值）。

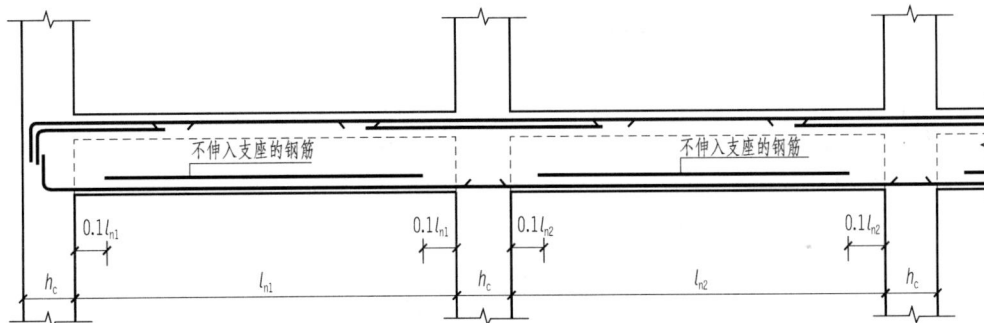

图 3.28　不伸入支座的梁下部纵向钢筋构造详图

7. 附加箍筋和吊筋构造

22G101—1 图集给出了附加箍筋和附加吊筋的构造详图并做了相应的文字说明，如

图 3.29 和图 3.30 所示。

（1）附加箍筋

附加箍筋应在集中力两侧布置，第一道附加箍筋布置在距离次梁边缘 50mm 的位置，其布置在 s 长度范围以内，如图 3.29 所示。

（2）附加吊筋

吊筋下端的水平段要伸至梁底部的纵向钢筋处，每边比次梁宽出 50mm。当主梁高度不大于 800mm 时，弯起角度为 45°；当主梁高度大于 800mm 时，弯起角度为 60°。弯起段应伸至梁上边缘处且加水平长度 20d，如图 3.30 所示。

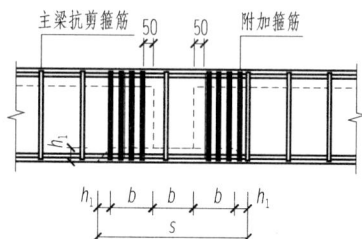

图 3.29　附加箍筋构造

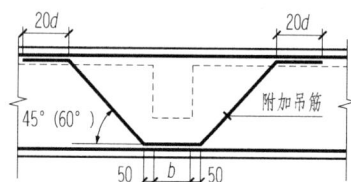

图 3.30　附加吊筋构造

3.2.3　纯悬挑梁（XL）及各类梁的悬挑端配筋构造

22G101—1 图集给出了纯悬挑梁及各类梁的悬挑端配筋构造详图并做了相应的文字说明，如图 3.31 和图 3.32 所示。

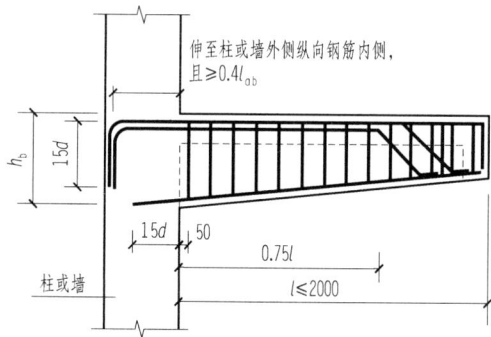

图 3.31　纯悬挑梁（XL）配筋构造详图

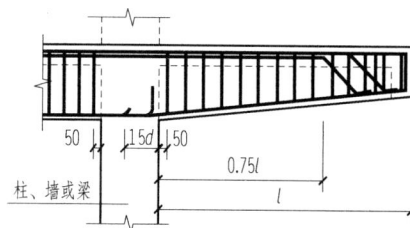

图 3.32　各类梁的悬挑端配筋构造详图

1. 纯悬挑梁（XL）及各类梁的悬挑端上部纵向钢筋构造

纯悬挑梁（XL）是指从混凝土墙或柱挑出的单独的悬臂梁。纯悬挑梁（XL）及各类梁的悬挑端上部纵向钢筋一端应伸入混凝土墙或柱内锚固，其锚固方式有直锚和弯锚两种。直锚长度应不小于 l_a 且最少伸过支座中心线 5d。如果满足不了直锚的要求，则采用弯锚的方式。弯锚时，上部纵向钢筋伸至柱（混凝土墙或梁）外侧纵向钢筋内侧，再垂直向下弯折 15d，如图 3.31 所示。

纯悬挑梁（XL）及各类梁的悬挑端上部第一排纵向钢筋应有不少于 2 根角筋，且不少于第一排纵向钢筋的 1/2 延伸至梁端头并向下弯折不少于 12d，其余延伸至端头并下弯。第二排纵向钢筋延伸至 0.75l 位置再向下弯，l 为自柱（混凝土墙或梁）边算起的悬挑净长。当 l 较小时，可不将钢筋在端部弯下，如图 3.33 所示。

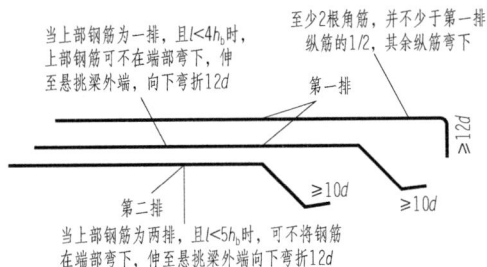

图 3.33　纯悬挑梁（XL）及各类梁的悬挑端上部钢筋构造详图

2. 纯悬挑梁（XL）及各类梁的悬挑端下部纵向钢筋构造

纯悬挑梁（XL）及各类梁的悬挑端下部纵向钢筋一端伸入支座锚固，锚固长度为 15d，另一端伸至构件端部，如图 3.31 和图 3.32 所示。

小贴士

梁平法施工图的识读应掌握以下主要内容：

1）熟悉各层梁的平面布置，包括结构平面总尺寸、梁定位尺寸、截面尺寸、标高、结构配件、编号及其数量。

2）熟悉各梁的配筋方法和表达方式，包括梁纵向钢筋的布置与截断位置和纵向钢筋搭接长度、箍筋的形式与加密区的范围、梁上结构配件的索引位置及其配筋详图。

3）熟悉各梁中预埋件的布置、定位尺寸与细部尺寸。

4）熟悉各梁与柱和墙体的连接构造要求。

5）熟悉图中的附加说明及其材料选用。

小　　结

1. 本模块主要介绍了钢筋混凝土梁平法施工图制图规则及梁的标准构造做法。

2. 梁平法施工图是在梁平面布置图上采用平面注写方式或截面注写方式表达。

3. 平面注写方式是在分标准层绘制的梁平面布置图上，分别从不同编号的梁中各选一根梁，在其上以注写截面尺寸和配筋具体数值的方式来表达梁平法施工图。

4. 平面注写包括集中标注与原位标注。集中标注表达梁的通用数值，原位标注表达梁的特殊数值。当集中标注中的某项数值不适用于梁的某部位时，则将该项数值原位标注，施工时，原位标注取值优先。

5．梁的截面注写方式是在分标准层绘制的梁平面布置图上，分别在不同编号的梁中各选择一根梁用剖面号引出配筋图，并在其上以注写截面尺寸和配筋具体数值的方式来表达梁平法施工图。

6．识图人员应能根据梁平法施工图中梁编号中的类型代号查找梁对应的构造详图，本模块任务3.2结合一些常见梁的标准构造详图介绍了其标准的构造做法。

习　题

一、填空题

1．梁的注写方式分为_____注写方式和_____注写方式两种。

2．平面注写包括_____标注与_____标注。_____标注表达梁的通用数值，_____标注表达梁的特殊数值。施工时，_____标注取值优先。

3．梁的编号由梁_____、_____、_____和_____组成。编号中的 A 代表_____；编号中的 B 代表_____，悬挑不计入跨数。

4．梁箍筋加密区与非加密区的不同间距及肢数需要用_____分隔。

5．当梁的顶面高于所在结构层的楼面标高时，其标高高差为_____值，反之为_____值。

6．当梁支座上部纵筋多于一排时，用_____将各排纵筋自上而下分开；当同排纵筋有两种直径时，用_____将两种直径的纵筋相连，注写时将_____纵筋写在前面。

7．_____是指从混凝土墙或柱挑出的单独的悬臂梁。

8．当梁上部中既有通长筋又有架立筋时，应用_____将通长筋和架立筋相连。注写时须将通长筋写在加号的前面，_____写在加号后面的括号内。

9．当梁的上部纵筋和下部纵筋为全跨相同，且多数跨配筋相同时，可在上部纵筋后加注下部纵筋的配筋值，并用_____将上部与下部纵筋的配筋值分隔开来。

10．当梁侧纵筋注写值以大写字母 G 打头，表示梁侧纵筋为_____钢筋；当梁侧纵筋注写值以大写字母 N 打头，表示梁侧纵筋为_____钢筋。

二、简答题

1．试述梁编号 KL7（6B）表示的含义。

2．试述框架梁箍筋标注为 φ12@100（4）/150（2）所表示的含义。

3．试述梁平法施工图采用平面注写方式表达时集中标注的内容。

4．试述梁平法施工图采用平面注写方式表达时原位标注的内容。

5．若梁平法施工图中第四项集中标注的内容为 2Φ18+（4φ14），试说明其表达的含义。

三、识图题

1. 识读图 3.34，并完成下列各题。

（1）填空题：

1—1 截面上部纵筋有_____根，下部纵筋有_____根，梁侧纵筋有_____根，箍筋配筋为_____；

2—2 截面上部纵筋有_____根，下部纵筋有_____根，梁侧纵筋有_____根，箍筋配筋为_____；

3—3 截面上部纵筋有_____根，下部纵筋有_____根，梁侧纵筋有_____根，箍筋配筋为_____；

4—4 截面上部纵筋有_____根，下部纵筋有_____根，梁侧纵筋有_____根，箍筋配筋为_____。

（2）绘制 1—1、2—2、3—3、4—4 截面图。

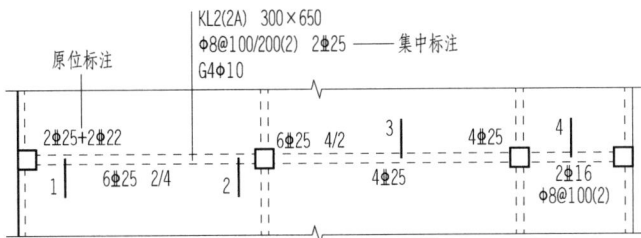

图 3.34　KL2（2A）平法图

2. 框架梁 KL2（1）平法图如图 3.35 所示，梁和柱混凝土强度等级为 C30，四级抗震，一类环境。识读 KL2（1）平法图，完成下列各单选题和绘图题。

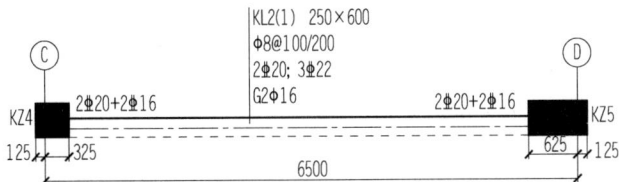

图 3.35　KL2（1）平法图

（1）关于 KL2（1）250×600 说法正确的是（　　　）。

　　A. 该梁为 1 跨，截面宽度为 250mm，截面高度为 600mm

　　B. 该梁为 1 跨，截面宽度为 600mm，截面高度为 250mm

　　C. 该梁为 2 跨，截面宽度为 250mm，截面高度为 600mm

　　D. 该梁为 2 跨，截面宽度为 600mm，截面高度为 250mm

（2）该梁上部通长筋为（　　），下部纵筋为（　　），左支座上部非通长筋为（　　）。

　　A. 2Φ16　　　　　B. 2Φ20　　　　　C. 3Φ22　　　　　D. 2Φ20+2Φ16

（3）关于上部通长筋在 KZ4 内的锚固说法正确的是（　　　）。

    A．锚固方式为直锚，最小锚固长度为 l_{aE}

    B．锚固方式为直锚，最小锚固长度为 max（l_{aE}；450/2+5d）

    C．锚固方式为弯锚，最小锚固长度=450−20+12d=670（mm）

    D．锚固方式为弯锚，最小锚固长度=450−20+15d=730（mm）

（4）关于上部通长筋在 KZ5 内的锚固说法正确的是（　　　）。

    A．锚固方式为直锚，最小锚固长度为 l_{aE}

    B．锚固方式为直锚，最小锚固长度为 max（l_{aE}；750/2+5d）

    C．锚固方式为弯锚，最小锚固长度=750−20+12d=970（mm）

    D．锚固方式为弯锚，最小锚固长度=750−20+15d=1030（mm）

（5）关于左支座上部非通长筋说法正确的是（　　　）。

    A．左支座上部非通长筋为 2Φ16，其截断点距支座内边线距离为 1850mm

    B．左支座上部非通长筋为 2Φ16，其截断点距支座内边线距离为 1388mm

    C．左支座上部非通长筋为 2Φ20，其截断点距支座内边线距离为 1850mm

    D．左支座上部非通长筋为 2Φ20，其截断点距支座内边线距离为 1388mm

（6）关于箍筋 Φ8@100/200 说法正确的是（　　　）。

    A．加密区箍筋为 Φ8@100/200，2 肢箍，加密区长度为 900mm

    B．加密区箍筋为 Φ8@100/200，2 肢箍，加密区长度为 1200mm

    C．加密区箍筋为 Φ8@100，2 肢箍，加密区长度为 900mm

    D．加密区箍筋为 Φ8@100，2 肢箍，加密区长度为 1200mm

（7）梁内靠近支座的第一道箍筋距离支座边缘的距离为（　　　）mm。

    A．50　　　　　　　B．100　　　　　　　C．150　　　　　　　D．200

（8）梁侧纵筋 G2Φ16 锚固长度为（　　　）mm。

    A．150　　　　　　B．192　　　　　　　C．240　　　　　　　D．560

（9）关于该梁拉筋说法正确的是（　　　）。

    A．有拉筋，拉筋为 Φ6@200，一排

    B．有拉筋，拉筋为 Φ6@400，一排

    C．有拉筋，拉筋为 Φ8@400，一排

    D．无拉筋

（10）该梁下部纵筋详图正确的是（　　　）。

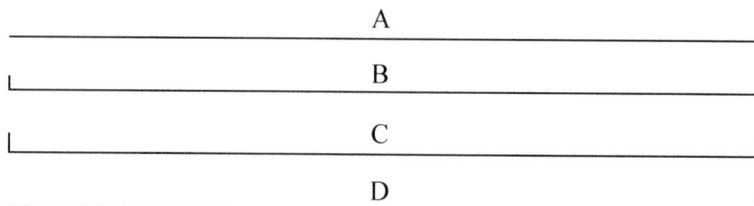

（11）若将梁编号改为 WKL2（1），且柱顶与梁顶平齐，上部通长筋在右支座的锚固说法正确的是（　　　）。

　　A．直锚，锚固长度为 700mm

　　B．弯锚，弯锚长度=750−20+15d=1030（mm）

　　C．弯锚，弯锚长度=750−20+600−20=1310（mm）

　　D．上部纵筋还可以采用加锚头（锚板）锚固

（12）参照图 3.24，绘制 KL2（1）各纵筋详图。

3．某框架梁 KL7（3A）平法图如图 3.36 所示，梁和柱混凝土强度等级为 C30，三级抗震，一类环境，主次梁相交处，在主梁上次梁每侧设置 3 道间距 50mm 的附加箍筋，直径同基本箍。识读该平法图，完成下列单选题和绘图题。

（1）该梁箍筋加密区长度为（　　　）mm。

　　A．500　　　　　　B．700　　　　　　C．1050　　　　　　D．1400

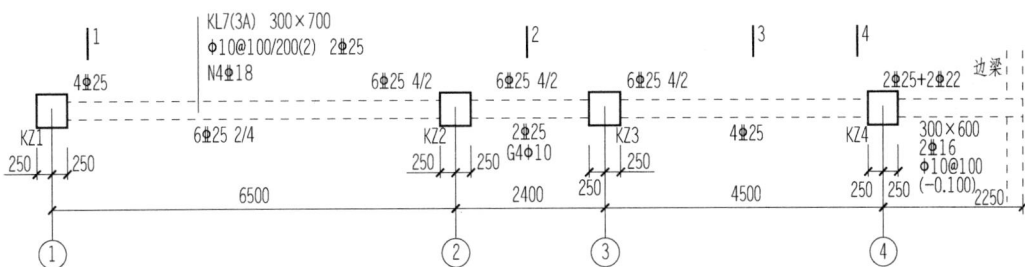

图 3.36　KL7（3A）平法图

（2）关于该梁在①轴支座处上部非通长筋说法正确的是（　　　）。

　　A．上部非通长筋为 4Φ25，其截断点距支座边缘的距离为 1500mm

　　B．上部非通长筋为 4Φ25，其截断点距支座边缘的距离为 2000mm

　　C．上部非通长筋为 2Φ25，其截断点距支座边缘的距离为 1500mm

　　D．上部非通长筋为 2Φ25，其截断点距支座边缘的距离为 2000mm

（3）关于该梁在②～③轴支座处上部非通长筋图样正确的是（　　　）。

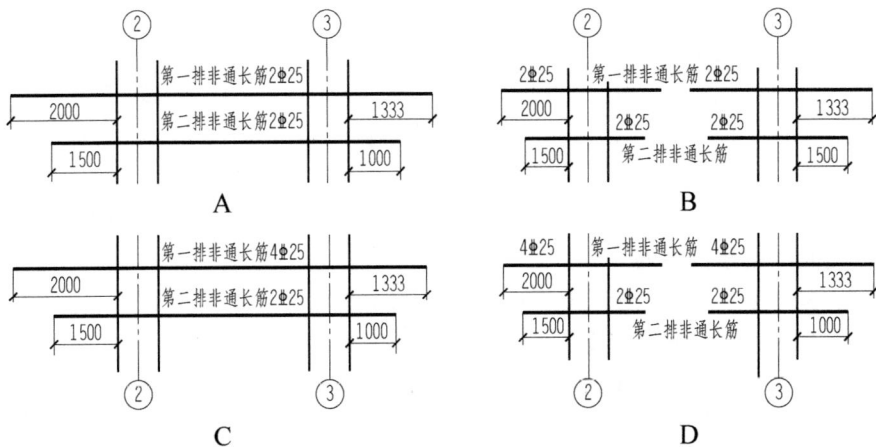

（4）下列关于悬挑部分竖向位置说法正确的是（　　）。

　　A．悬挑梁顶与跨内梁顶平齐，梁底不平齐

　　B．悬挑梁顶面在跨内梁顶之上 0.100m

　　C．悬挑梁顶面在跨内梁顶之下 0.100m

　　D．无法判断

（5）下列关于悬挑部分配筋说法错误的是（　　）。

　　A．悬挑梁上部角筋为 2Φ25，中部筋为 2Φ22

　　B．悬挑梁上部纵筋在支座内应弯锚

　　C．悬挑梁下部纵筋为 2Φ16，其锚固长度为 240mm

　　D．悬挑梁附加箍筋为 3 根 Φ10@50

（6）关于该梁拉筋的说法正确的是（　　）。

　　A．拉筋为 Φ6@400，拉筋有一排　　　　B．拉筋为 Φ6@400，拉筋有二排

　　C．拉筋为 Φ8@400，拉筋有一排　　　　D．拉筋为 Φ8@400，拉筋有二排

（7）判断该梁中各纵筋的锚固方式，参照图 3.24，绘制各纵筋详图。

（8）绘制图上 1—1、2—2、3—3、4—4 截面图。

4．某非框架梁 Lg3（1）平法图如图 3.37 所示，该梁所在的楼层结构标高为 30.270m，梁和柱混凝土强度等级均为 C30，三级抗震，一类环境，主次梁相交处，附加横向钢筋见图。识读平法图，梁轴线居中，完成下列各单选题。

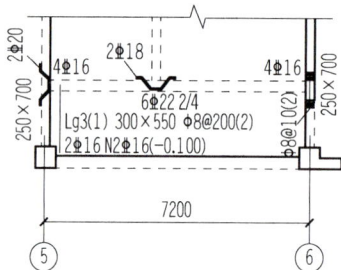

图 3.37　Lg3（1）平法图

（1）Lg3（1）截面宽度为（　　）mm，截面高度为（　　）mm。

　　A．250　　　　　　　B．300　　　　　　　C．550　　　　　　　D．700

（2）上部通长筋为（　　），左支座上部非通长筋为（　　），下部纵筋为（　　），梁侧抗扭纵筋为（　　）。

　　A．2Φ16　　　　　　B．2Φ18　　　　　　C．4Φ16　　　　　　D．6Φ22

（3）梁 Lg3 梁顶标高为（　　）。

　　A．30.370　　　　　　B．30.270　　　　　　C．30.170　　　　　　D．无法确定

（4）梁 Lg3 上部纵筋在左支座的最小锚固长度是（　　）mm。

　　A．192　　　　　　　B．240　　　　　　　C．470　　　　　　　D．592

（5）梁 Lg3 下部纵筋在左支座的最小锚固长度是（　　）mm。若须弯锚，采用 90°

弯锚。

  A．814　　　　　　B．560　　　　　　C．494　　　　　　D．264

  （6）梁 Lg3 梁侧纵筋在左支座的最小锚固长度是（　　）mm。

  A．192　　　　　　B．240　　　　　　C．470　　　　　　D．592

  （7）梁 Lg3 上部非通长筋在端支座处截断点距离支座边缘的距离是（　　）mm。

  A．1390　　　　　B．1440　　　　　C．2317　　　　　D．2400

  （8）关于梁 Lg3 上附加横向钢筋说法正确的是（　　）。

  A．吊筋 2Φ20　　B．吊筋 2Φ18　　C．箍筋 8ϕ10　　D．无附加横向钢筋

柱平法施工图及标准构造详图识读

思政引导 ☞

与柱子有关的成语有很多，有些是褒义词，如"中流砥柱""一柱擎天""尾生抱柱"之类；但也有贬义的，如"胶柱鼓瑟"，这个成语出自《史记·廉颇蔺相如列传》。赵孝成王七年，秦军与赵军在长平（今山西省高平县西北）对垒，这时赵奢已死，蔺相如病重，赵将廉颇坚守营垒。"赵王信秦之间。秦之间言曰：'秦之所恶，独畏马服君赵奢之子赵括为将耳。'赵王因以括为将，代廉颇。蔺相如曰：'王以名使括，若胶柱而鼓瑟耳。括徒能读其父书传，不知合变也。'赵王不听，遂将之。"结果，"括军败，数十万之众遂降秦，秦悉坑之。"在这个典故中，赵孝成王听信秦国间谍散布的谣言，不听蔺相如劝阻，只凭名声来任用赵括，就好像用胶把调弦的柱粘死再去弹瑟那样不知变通。赵括只会读他父亲留下的书，不懂得灵活应变。

虽然这个成语中的柱不是我们建筑结构中的柱子，但这个典故给我们不少启示。在生活中不信谣，不受别人挑拨离间，学会明辨是非，学会接受好的建议，读书也要融会贯通，不能生搬硬套，尽信书则不如无书，具体情况要具体分析，根据客观实际，灵活运用所学知识，才是成功之道；切忌教条主义、拘泥成法、墨守成规。

知识要求 ☞

通过本模块内容的学习，掌握钢筋混凝土柱平法施工图制图规则；掌握柱平法施工图列表注写方式和截面注写方式的具体内容和要求；掌握常见柱的标准构造做法。

技能要求 ☞

通过本模块内容的学习，初步掌握柱平法施工图的识图方法；能读懂柱平法施工图，并能根据柱平法施工图中构件代号及结构设计说明准确找到柱对应的构造详图；能读懂柱的构造详图。

关键术语 ☞
_____

柱平法施工图、列表注写方式、截面注写方式、标准构造详图、纵向钢筋连接、纵向钢筋锚固、箍筋加密。

任务 4.1　掌握柱平法施工图制图规则

4.1.1　柱平法施工图的表示方法

柱平法施工图是在柱平面布置图上采用列表注写方式或截面注写方式表达。柱平面布置图可采用适当比例单独绘制，也可与剪力墙平面布置图合并绘制。在柱平法施工图中，应当采用表格或其他方式注明各结构层的楼面标高、结构层高及相应的结构层号，尚应注明上部结构嵌固部位位置。

上部结构嵌固部位的注写方法如下：

1）嵌固部位在基础顶面时，无须注明。

2）嵌固部位不在基础顶面时，在层高表中嵌固部位标高下用双细线注明，并在层高表下注明上部结构嵌固部位的标高。

3）嵌固部位不在地下室顶板，但仍需要考虑地下室顶板对上部结构实际存在的嵌固作用时，可在层高表地下室顶板标高下用双虚线注明，此时首层柱端箍筋加密区长度范围及纵筋连接位置均按嵌固部位考虑。

> **小贴士**
>
> 嵌固部位直接见图中标注，如果图中未注明嵌固部位，则嵌固部位在基础顶面。

4.1.2　列表注写方式

1. 列表注写方式柱平法施工图的组成

列表注写方式是在柱平面布置图（一般只需要采用适当比例绘制一张柱平面布置图，包括框架柱、转换柱、芯柱等）上分别在同一编号的柱中选择一个或几个截面标注几何参数代号；在柱表中注写柱编号、柱段起止标高、几何尺寸（含柱截面对轴线的定位情况）与配筋的具体数值，并配以各种柱截面形状及其箍筋类型图的方式来表达柱平法施工图，如图 4.1 所示。

由图 4.1 可知，用列表注写方式表达的柱平法施工图包括柱平面布置图、结构层楼面标高及结构层高列表和柱表三个部分，必要时还须配以各种柱截面形状及其箍筋类型图。柱平面布置图表达柱子的平面布置情况。结构层楼面标高及结构层高列表表达结构竖直方向的布置情况；表中竖向粗线表示柱的标高范围为-4.530～59.070m，所在层为

-1～16 层；表中的双细线和双虚线表示地下一层（-1 层）、首层（1 层）柱端箍筋加密区长度及纵筋连接位置均按嵌固部位要求设置。柱表表达柱子的尺寸和配筋信息。

2．柱表注写内容

柱表注写内容规定如下。

（1）注写柱编号

柱编号由类型代号和序号组成，如表 4.1 所示。

表 4.1　柱编号

柱类型	代号	序号
框架柱	KZ	××
转换柱	ZHZ	××
芯柱	XZ	××

▶ 阅读资料

　　编号时，当柱的总高、分段截面尺寸和配筋均对应相同，仅截面与轴线的关系不同时，仍可将其编为同一柱号，但应在图中注明截面与轴线的关系。

（2）注写各段柱的起止标高

注写各段柱的起止标高时，应自柱根部往上以变截面位置或截面未变但配筋改变处为界分段注写。

▶ 阅读资料

　　不同柱的根部标高规定如下。

　　1）从基础起的柱，其根部标高是指基础顶面标高。

　　2）芯柱的根部标高是指根据结构实际需要而定的起始位置标高。

　　3）梁上起框架柱的根部标高是指梁顶面标高。

　　4）剪力墙上起框架柱的根部标高是指墙顶面标高。

当框架柱生根在剪力墙上时，22G101—1 图集提供了柱与墙重叠一层，柱纵筋锚固在墙顶部时柱根构造的做法，设计时应注明选用何种做法。

　小贴士

　　自柱根部各段柱的起止标高，设计者在表格中已经分段列出，识图者可直接由柱表读出柱根部标高及各段柱的起止标高。

层高表（结构层楼面标高、结构层高）

层号	标高/m	层高/m
屋面2	65.670	3.30
塔层2	62.270	3.30
(塔层1)屋面1	59.070	3.60
16	55.470	3.60
15	51.870	3.60
14	48.270	3.60
13	44.670	3.60
12	41.070	3.60
11	37.470	3.60
10	33.870	3.60
9	30.270	3.60
8	26.670	3.60
7	23.070	3.60
6	19.470	3.60
5	15.870	3.60
4	12.270	3.60
3	8.670	3.60
2	4.470	4.20
1	-0.030	4.50
-1	-4.530	4.50
-2	-9.030	

结构层楼面标高
结构层高

上部结构嵌固部位: -4.530m

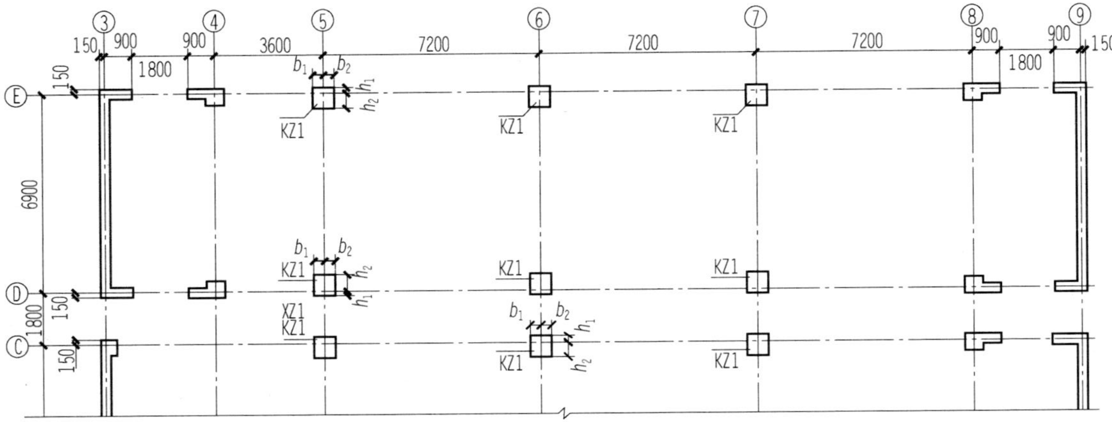

-4.530~59.070柱平法施工图(局部)

柱号	标高/m	b×h (圆柱直径D)	b₁/mm	b₂/mm	h₁/mm	h₂/mm	全部纵筋	角筋	b边一侧中部筋	h边一侧中部筋	箍筋类型号	箍筋	备注
KZ1	-4.530~-0.030	750mm×700mm	375	375	150	550	28Φ25				1(6×6)	Φ10@100/200	
	-0.030~19.470	750mm×700mm	375	375	150	450	24Φ25				1(5×4)	Φ10@100/200	
	19.470~37.470	650mm×600mm	325	325	150	450		4Φ22	5Φ22	4Φ20	1(4×4)	Φ10@100/200	
	37.470~59.070	550mm×500mm	275	275	150	350		4Φ22	5Φ22	4Φ20	1(4×4)	Φ8@100/200	
XZ1	-4.530~8.670						8Φ25				按标准构造详图	Φ10@100	⑤×ⓒ柱KZ1中设置

图 4.1 柱平法施工图列表注写方式示例

（3）注写柱截面尺寸及与轴线关系的具体数值

注写柱截面尺寸及与轴线关系的具体数值时，须对应于各段柱分别注写。

对于矩形柱，对应于各段柱分别注写截面尺寸 $b \times h$ 及与轴线关系的几何参数代号 b_1、b_2 和 h_1、h_2 的具体数值。其中 $b=b_1+b_2$，$h=h_1+h_2$。当截面的某一边收缩变化全与轴线重合或偏到轴线的另一侧时，b_1、b_2、h_1、h_2 中的某项为零或为负值。

设计人员也可在柱平面布置图中注明柱截面尺寸及与轴线的关系，此时柱表中无须重复注写。

▶ 阅读资料

对于圆柱，截面尺寸用直径数字前加 d 表示，表中 $b \times h$ 一栏改用在圆柱直径数字前加 d 表示。为表达简单，圆柱截面与轴线的关系也用 b_1、b_2 和 h_1、h_2 表示，并且 $d=b_1+b_2=h_1+h_2$。

对于芯柱，根据结构需要，可以在某些框架柱的一定高度范围内，在其内部的中心位置设置（分别引注其柱编号）。芯柱中心应与柱中心重合，芯柱截面尺寸按构造确定，并按标准构造详图施工，设计不需要注写；当设计者采用与标准构造详图不同的做法时，应另行注明。芯柱定位随框架柱，不需要注写其与轴线的关系。

（4）注写柱纵向钢筋

当柱纵向钢筋直径相同，各边根数也相同时（包括矩形柱、圆柱和芯柱），将纵向钢筋注写在"全部纵筋"一栏中；除此之外，柱纵向钢筋分角筋、截面 b 边中部筋和 h 边中部筋三项分别注写（对于采用对称配筋的矩形截面柱，可仅注写一侧中部筋，对称边省略不注；对于采用非对称配筋的矩形截面柱，必须每侧均注写中部筋）。

（5）注写箍筋的类型编号及箍筋肢数

设计人员须在箍筋类型栏内注写按表 4.2 规定的箍筋类型编号和箍筋肢数。箍筋肢数可有多种组合，应在表中注明具体的数值 m、n 及 Y 等。

表 4.2　箍筋类型表

箍筋类型编号	箍筋肢数	复合方式
1	$m \times n$	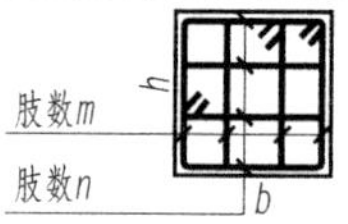
2	—	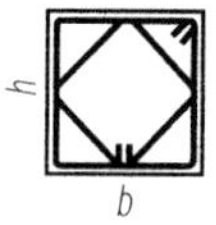

箍筋类型编号	箍筋肢数	复合方式
3	—	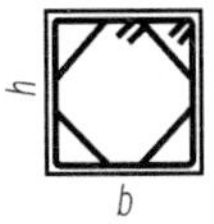
4	Y+m×n 圆形箍	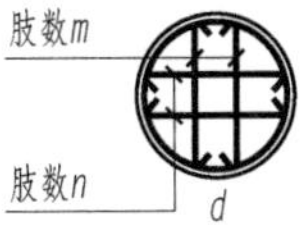

▶ **阅读资料**

1）确定箍筋肢数时应满足对柱纵筋"隔一拉一"以及箍筋肢距的要求。

2）具体工程设计时，若采用超出表 4.2 所列举的箍筋类型或标准构造详图中的箍筋复合方式，应在施工图中另行绘制，并标注与施工图中对应的 b 和 h。

（6）注写柱箍筋

柱箍筋的注写内容包括钢筋级别、直径与间距。

用斜线"/"区分柱端箍筋加密区与柱身非加密区长度范围内箍筋的不同间距。加密区长度按标准构造详图的规定取值。施工人员需要根据标准构造详图的规定，取几种长度值中的最大者作为加密区长度。

【例 4.1】 试述柱箍筋标注为 φ12@100/200 表示的含义。

【解】 φ12@100/200 表示箍筋为 HPB300 级钢筋，直径为 12mm，加密区间距为 100mm，非加密区间距为 200mm。

当框架节点核心区内箍筋与柱端箍筋设置不同时，应在括号中注明核心区箍筋直径及间距。

【例 4.2】 试述柱箍筋标注为 φ12@100/200（φ14@100）表示的含义。

【解】 φ12@100/200（φ14@100）表示柱中箍筋为 HPB300 级钢筋，直径为 12mm，加密区间距为 100mm，非加密区间距为 200mm；框架节点核心区箍筋为 HPB300 级钢筋，直径为 14mm，间距为 100mm。

当箍筋沿柱全高为一种间距时，则不使用斜线"/"。

【例 4.3】 试述柱箍筋标注为 φ12@100 表示的含义。

【解】 φ12@100 表示沿柱全高范围内箍筋均为 HPB300 级钢筋，直径为 12mm，间距为 100mm。

当圆柱采用螺旋箍筋时，须在箍筋前加"L"。

【例 4.4】 试述柱箍筋标注为 Lφ8@100/200 表示的含义。

【解】 Lφ8@100/200 表示采用螺旋箍筋，为 HPB300 级钢筋，直径为 8mm，加密区间距为 100mm，非加密区间距为 200mm。

◆ 阅读资料 ━━━━━━━━━━━━━━━━━━━━━━━━━━━━

当柱（包括芯柱）纵向钢筋采用搭接连接时，在避开柱端箍筋加密区的柱纵向钢筋搭接长度范围内的箍筋，均应按≤5d（d 为柱纵向钢筋较小直径）及不大于 100mm 的间距加密。当为非抗震设计时，在柱纵向钢筋搭接长度范围内的箍筋加密，应由设计者另行注明。

┌─ 小贴士 ─────────────────────

识读采用列表注写方式的柱平法施工图时应与标准图集上的柱构造详图结合起来识读。

4.1.3 截面注写方式

截面注写方式是在分标准层绘制的柱平面布置图上，分别在同一编号的柱中选择一个截面，以直接注写截面尺寸和配筋具体数值的方式来表达柱平法施工图，如图 4.2 所示。

对除芯柱之外的所有柱截面应按表 4.1 的规定进行编号，从同一编号的柱中选择一个截面，按另一种比例原位放大绘制柱截面配筋图，并在各配筋图上继其编号后再注写柱截面尺寸 $b×h$、角筋或全部纵向钢筋（当纵向钢筋采用一种直径且能够图示清楚时）、箍筋的具体数值（箍筋的注写方式及对柱纵向钢筋搭接长度范围内的箍筋间距要求同列表注写方式），以及在柱截面配筋图上标注柱截面尺寸及与轴线关系的几何参数代号 b_1、b_2 和 h_1、h_2 的具体数值。

当纵向钢筋采用两种直径时，须再注写截面各边中部筋的具体数值（对于采用对称配筋的矩形柱，可仅注写一侧中部筋，对称边省略不注）。

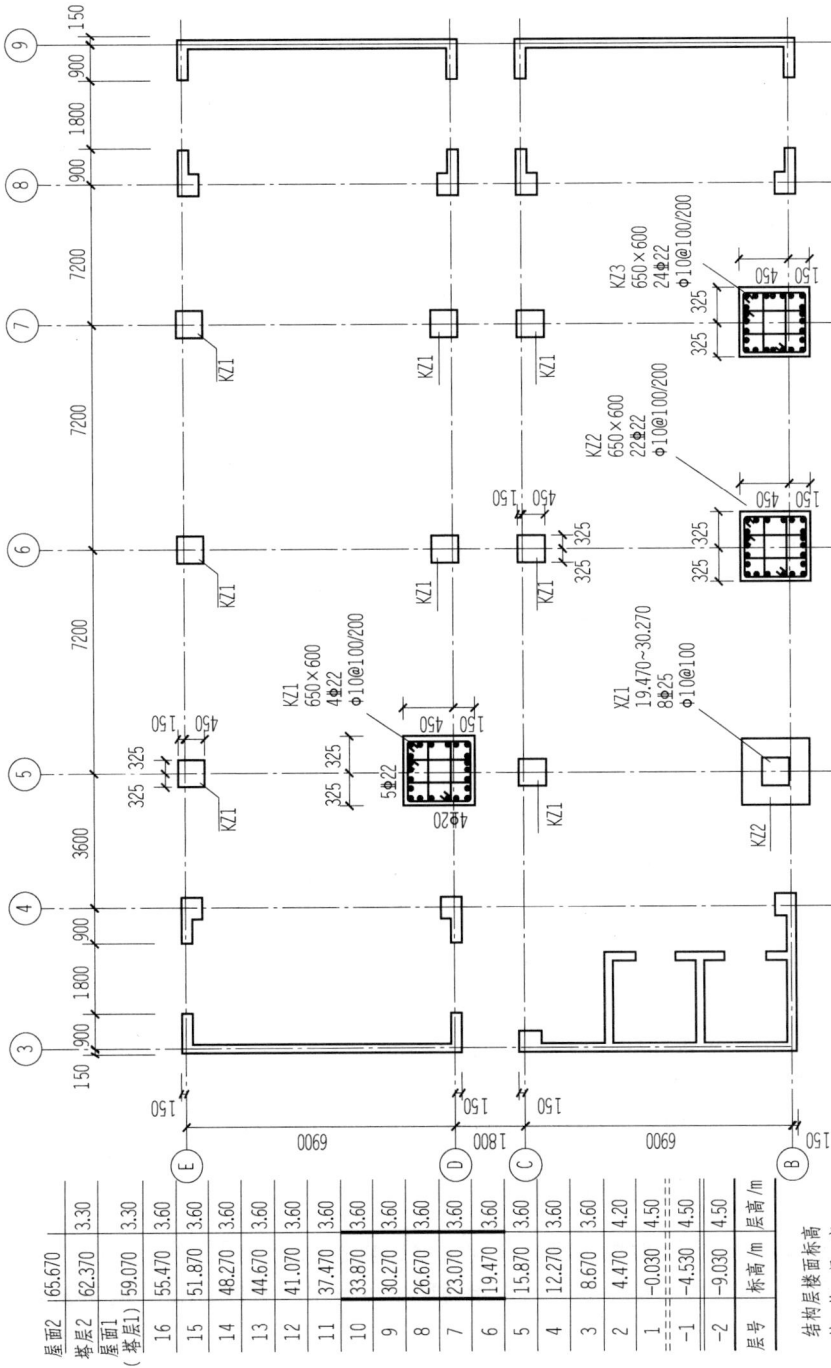

19.470~37.470柱平法施工图(局部)

图 4.2　柱平法施工图截面注写方式示例

在截面注写方式中，如柱的分段截面尺寸和配筋均相同，仅分段截面与轴线关系不同时，可将其编同一柱号，但此时应在未画配筋的柱截面上注写该柱截面尺寸及与轴线关系的具体数值。

▶ **阅读资料**

    当在某些框架柱的一定高度范围内，在其内部的中心位置设置芯柱时，在其编号之后注写芯柱的起止标高、全部纵筋及箍筋的具体数值。芯柱截面尺寸按构造确定，并按标准构造详图施工，设计不需要注明；当采用与标准构造详图不同的做法时，应另行注明。芯柱定位随框架柱，不需要注写其与轴线的几何关系。

小贴士

柱平法施工图的识读应掌握以下主要内容。

1）熟悉各层柱的平面布置，包括结构平面总尺寸、柱定位尺寸、截面尺寸、标高、结构配件、编号及其数量。

2）熟悉各柱的配筋方法和表达方式，包括柱纵向钢筋的布置与截断位置和纵向钢筋搭接长度、箍筋的形式与加密区的范围、柱上结构配件的索引位置及其配筋详图。

3）熟悉各柱在竖向的截面改变位置与细部尺寸和柱上结构配件的布置。

4）熟悉各柱中预埋件的布置、定位尺寸与细部尺寸。

5）熟悉图中的附加说明及其材料选用。

6）熟悉各柱与梁和墙体的连接构造要求。

任务 4.2　掌握常见柱的标准构造详图

设计者根据前述的柱平法制图规则画出柱平法施工图（设计者成果），识图人员要在熟悉柱平法制图规则的基础上读懂柱平法施工图；同时，识图人员应能根据柱平法施工图上柱编号中的类型代号查找柱对应的构造详图（在 22G101—1 构造详图部分查找）。图集中的柱标准构造详图是识图人员必须与柱平法施工图配套使用的正式设计文件。下面以框架柱为例，结合其标准构造详图介绍框架柱标准构造做法。

4.2.1　框架柱（KZ）纵向钢筋连接构造

22G101—1 图集给出了框架柱（KZ）纵向钢筋连接的构造详图并做了相应的文字说明，如图 4.3 所示。结合详图及图集中的文字说明，可得出框架柱（KZ）纵向钢筋连接的构造如下所述。

1. 绑扎搭接

框架柱（KZ）纵向钢筋如采用绑扎搭接连接方式，其构造详图如图 4.3（a）所示。

（1）接头面积百分率要求

柱相邻纵向钢筋连接接头相互错开，在同一截面内钢筋接头面积百分率不宜大于50%。为满足接头面积百分率的要求，相邻纵向钢筋接头之间的垂直净距不小于 $0.3l_{lE}$，如图 4.3（a）所示。

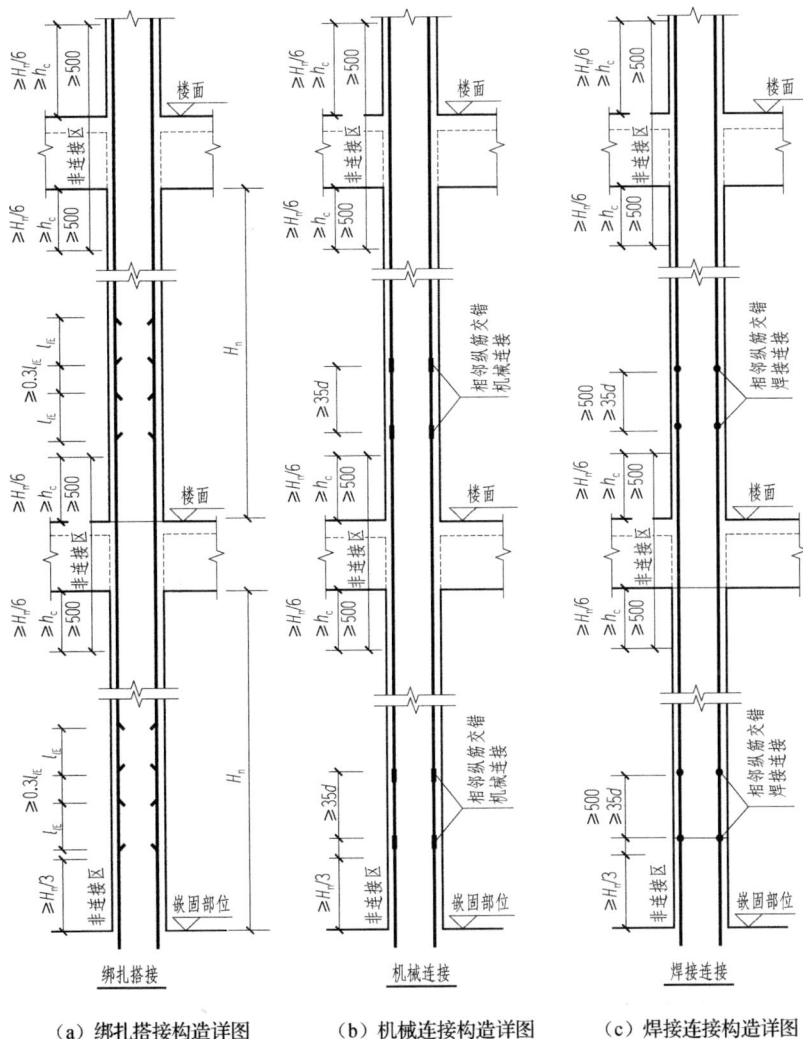

（a）绑扎搭接构造详图　　（b）机械连接构造详图　　（c）焊接连接构造详图

图 4.3　框架柱（KZ）纵向钢筋连接构造详图

注：采用绑扎搭接，当某层连接区的高度小于纵筋分两批搭接所需要的高度时，应改用机械连接或焊接连接。

（2）非连接区

不能设置接头的区段即非连接区。通过对地震震害的分析可知，对框架柱（KZ）来说，柱根部、每层柱的上下端及与梁相交的节点容易受到地震影响，容易发生破坏，而纵向钢筋的接头又是受力比较薄弱的地方。因此，框架柱（KZ）纵向钢筋的非连接区包括柱嵌固部位、每层柱的上下端及梁柱节点。

柱根部嵌固部位非连接区长度不小于 $H_n/3$；梁柱节点非连接区长度即框架梁高；每层柱上下两端非连接区长度不小于 $H_n/6$、h_c 和 500mm 三者之中的最大值。如图 4.3（a）所示，图中的 h_c 为柱截面长边尺寸（圆柱为截面直径），H_n 为所在楼层的柱净高。

（3）搭接长度

框架柱（KZ）纵向钢筋绑扎搭接长度不应小于 l_{lE}，l_{lE} 的计算在模块 1 中已介绍。

小贴士

当某层连接区的高度小于纵筋分两批搭接所需要的高度时，应采用机械连接或焊接连接。

2. 机械连接

框架柱（KZ）纵向钢筋如采用机械连接方式，其构造详图如图 4.3（b）所示。

（1）接头面积百分率要求

柱相邻纵向钢筋连接接头相互错开，在同一截面内钢筋接头面积百分率不宜大于 50%。为满足接头面积百分率的要求，相邻纵向钢筋接头中心之间的垂直距离不小于 $35d$，如图 4.3（b）所示。

（2）非连接区

机械连接非连接区范围及长度取值同绑扎搭接连接。

3. 焊接连接

框架柱（KZ）纵向钢筋如采用焊接连接方式，其构造详图如图 4.3（c）所示。

（1）接头面积百分率要求

柱相邻纵向钢筋连接接头相互错开，在同一截面内钢筋接头面积百分率不宜大于 50%。为满足接头面积百分率的要求，相邻纵向钢筋接头中心之间的垂直距离不小于 $35d$，且不小于 500mm，如图 4.3（c）所示。

（2）非连接区

焊接连接非连接区范围及长度取值同绑扎搭接连接。

阅读资料

（1）框架柱（KZ）上下柱纵筋数量、直径不同时的纵筋构造

1）上柱比下柱多出的纵筋锚固在下层柱内，其锚固长度从框架梁顶算起不小于 $1.2l_{aE}$，如图 4.4（a）所示。

2）上柱纵筋直径比下柱纵筋直径大时，上柱纵筋下端伸过非连接区与下柱纵筋上端在下柱内连接，如图 4.4（b）所示。

3）下柱比上柱多出的纵筋锚固在上层柱内，其锚固长度从框架梁底算起不小于 $1.2l_{aE}$，如图 4.4（c）所示。

4）下柱纵筋直径比上柱纵筋直径大时，下柱纵筋上端伸过非连接区与上柱纵

筋下端在上层柱内连接，如图 4.4（d）所示。

5）图中为绑扎搭接连接，也可采用机械连接和焊接。

（2）框架柱（KZ）变截面位置纵筋构造

1）当上下层柱截面一侧或多侧有变化，且变化值 $\varDelta$ 与所在楼层框架梁高 h_b 的比值 $\varDelta/h_b>1/6$ 时。截面变化一侧的上下层柱纵筋分别锚固，上柱纵筋直锚，其锚固长度从框架梁顶算起不小于 $1.2l_{aE}$，下柱纵筋弯锚，伸至框架梁顶向柱内弯折 $12d$，且锚入框架梁内的竖直段长度 $\geqslant 0.5l_{abE}$，如图 4.5（a）、（c）所示。

2）当上下层柱截面一侧或多侧有变化，且变化值 $\varDelta$ 与所在楼层框架梁高 h_b 的比值 $\varDelta/h_b\leqslant 1/6$ 时。截面变化一侧的下柱纵筋从梁底开始至距梁顶 50mm 区域向柱内弯折贯通穿过非连接区与上柱纵筋连接，截面无变化一侧的柱纵筋构造如前所述，如图 4.5（b）、（d）所示。

3）当上下层柱截面有变化，且截面变化一侧无梁时，截面变化一侧的上柱纵筋直锚，其锚固长度从框架梁顶算起不小于 $1.2l_{aE}$，下柱纵筋弯锚，伸至框架梁顶向柱内弯折，其截断点至上柱边缘的距离为 l_{aE}，如图 4.5（e）所示。

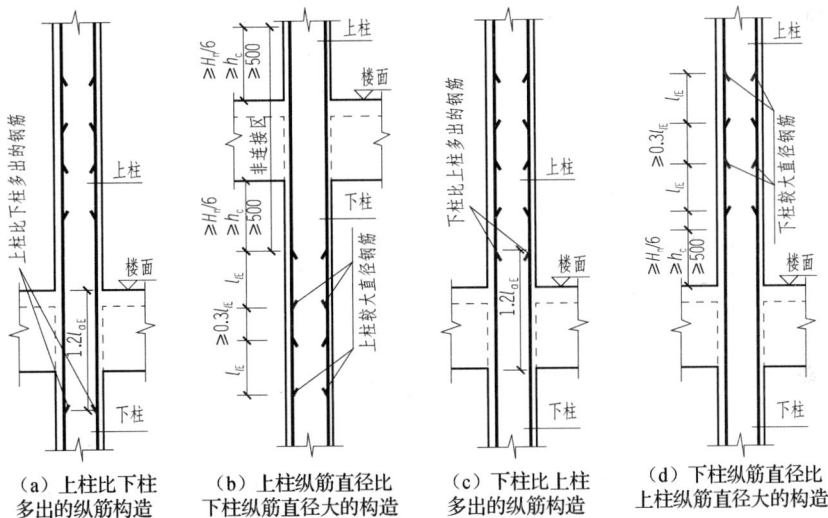

（a）上柱比下柱　　（b）上柱纵筋直径比　　（c）下柱比上柱　　（d）下柱纵筋直径比
多出的纵筋构造　　下柱纵筋直径大的构造　　多出的纵筋构造　　上柱纵筋直径大的构造

图 4.4　KZ 上下柱纵筋数量、直径不同时的构造

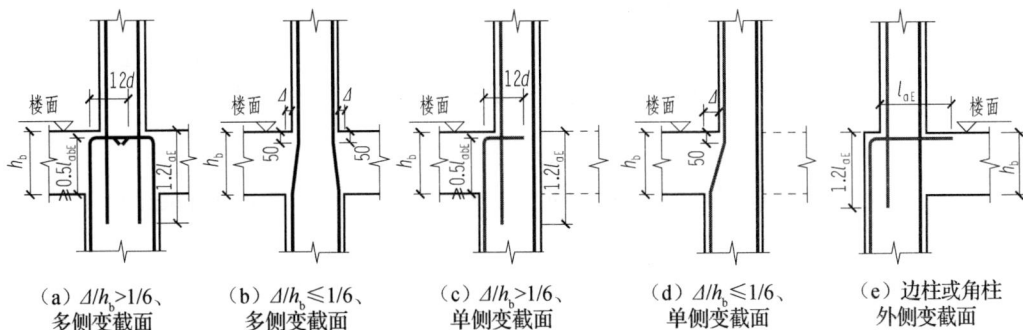

（a）$\varDelta/h_b>1/6$、　（b）$\varDelta/h_b\leqslant 1/6$、　（c）$\varDelta/h_b>1/6$、　（d）$\varDelta/h_b\leqslant 1/6$、　（e）边柱或角柱
多侧变截面　　　　多侧变截面　　　　单侧变截面　　　　单侧变截面　　　　外侧变截面

图 4.5　KZ 变截面位置纵筋构造

4.2.2 地下室框架柱（KZ）纵向钢筋连接构造

实际工程中，地下室的存在使得柱嵌固部位常位于基础顶面以上，此时，嵌固部位以下地下室框架柱（KZ）纵向钢筋连接构造详图如图 4.6 所示。对照图 4.3 和图 4.6 可知，地下室框架柱（KZ）从基础顶面到嵌固部位纵向钢筋连接的方式及其构造与框架柱嵌固部位以上纵向钢筋连接的方式及其构造相同，在此不再赘述。

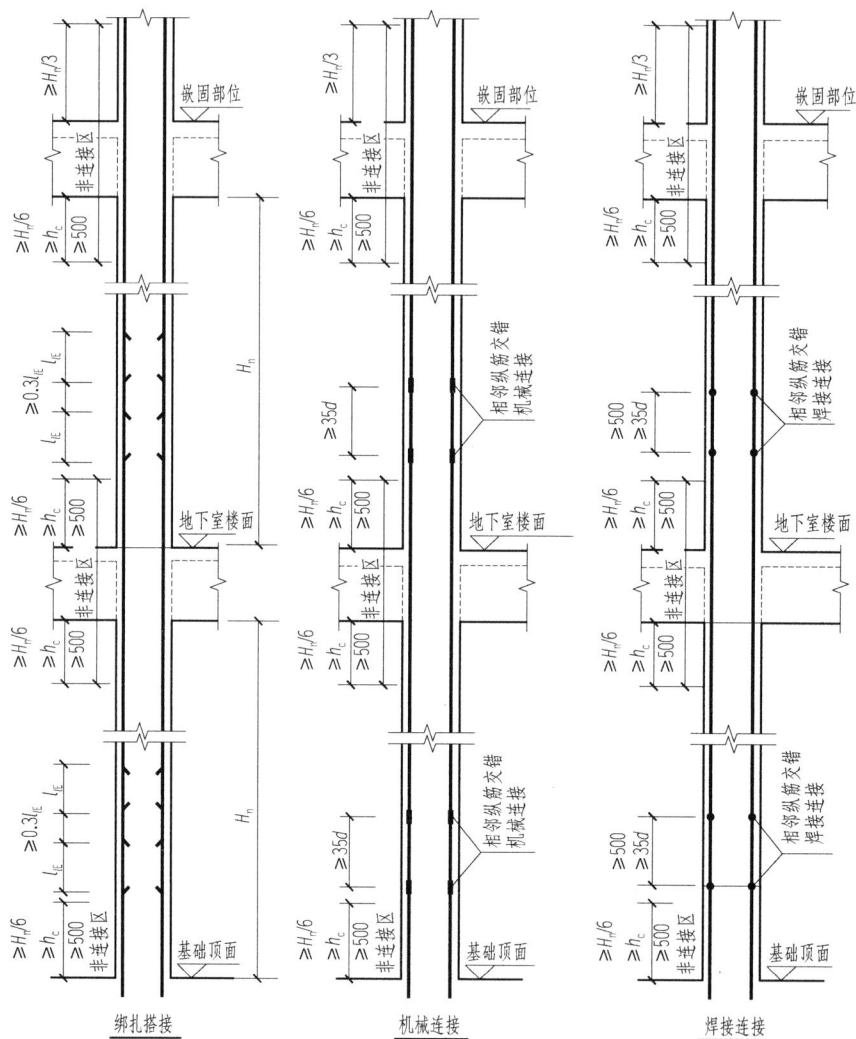

（a）绑扎搭接构造详图　　（b）机械连接构造详图　　（c）焊接连接构造详图

图 4.6　地下室框架柱（KZ）纵向钢筋连接构造详图

注：采用绑扎搭接，当某层连接区的高度小于纵向钢筋分两批搭接所需要的高度时，应改用机械连接或焊接连接。

阅读资料

图 4.7 所示地下一层增加钢筋在嵌固部位的锚固构造仅用于按《抗震规范》第 6.1.14 条在地下一层增加的钢筋。由设计指定,未指定时表示地下一层比上层柱多出的钢筋。地下一层增加的钢筋须伸至梁顶,当梁的高度 h_b-保护层厚度 $\geq l_{aE}$ 时,满足直锚要求,则钢筋直锚,如图 4.7(a)所示。当梁的高度 h_b-保护层厚度 $< l_{aE}$ 时,梁的高度不满足直锚要求,则钢筋弯锚,纵筋须伸到梁顶再弯折 $12d$,且垂直段锚固长度 $\geq 0.5 l_{abE}$,如图 4.7(b)所示。

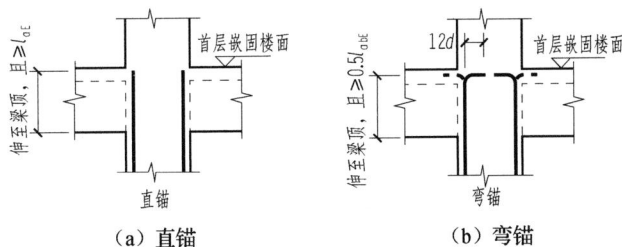

图 4.7　地下一层增加钢筋在嵌固部位的锚固构造

4.2.3　框架柱（KZ）柱顶纵向钢筋构造

1. 框架柱（KZ）中柱柱顶纵向钢筋构造

框架柱（KZ）中柱柱顶纵向钢筋应锚固在顶层节点,其顶层节点有①、②、③、④四种不同的构造做法,如图 4.8 所示。若设计者指定了构造做法,则按设计者指定的构造做法施工;若设计者未指定构造做法,则为设计者自动授权施工人员选择一种构造做法,施工人员可根据具体情况选择某种构造做法。

（1）①节点

当梁高减去保护层厚度小于 l_{aE} 时,可选用此种节点构造。这种构造做法是把框架柱（KZ）中柱柱顶纵向钢筋伸至柱顶,再向内弯折 $12d$。

（2）②节点

当梁高减去保护层厚度小于 l_{aE},且柱顶有不小于 100mm 的现浇板时,可选用此种节点构造。这种构造做法是把框架柱（KZ）中柱柱顶纵向钢筋伸至柱顶,再向外弯折 $12d$。

（3）③节点

当梁高减去保护层厚度小于 l_{aE} 时,可选用此种节点构造。这种构造做法是把框架柱（KZ）中柱柱顶纵向钢筋伸至柱顶,再在其端部加锚头或锚板。

（4）④节点

当梁高减去保护层厚度不小于 l_{aE} 时,可选用此种节点构造。这种构造做法是把框架柱（KZ）中柱柱顶梁宽范围内的纵向钢筋伸至柱顶截断，梁宽范围外的纵向钢筋的构造做法同节点①②。

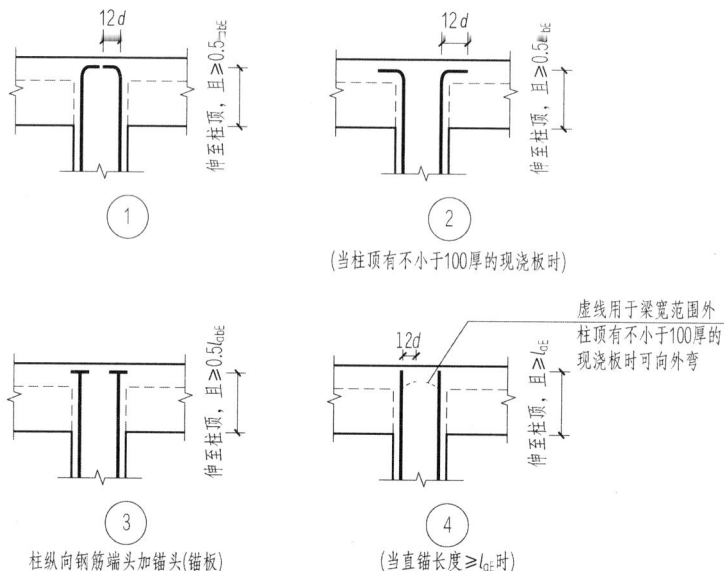

图 4.8　框架柱（KZ）中柱柱顶纵向钢筋构造详图

2. 框架柱（KZ）边柱和角柱柱顶纵向钢筋构造

22G101—1 图集给出了框架柱（KZ）边柱和角柱柱顶纵向钢筋构造详图，如图 4.9～图 4.11 所示。若设计者指定了构造做法，则按设计者指定的构造做法施工；若设计者未指定构造做法，则为设计者自动授权施工人员选择一种构造做法，施工人员可根据具体情况选择某种构造做法。

由图可知，不管采用何种构造做法，框架柱（KZ）边柱和角柱内侧纵向钢筋构造同中柱柱顶纵向钢筋构造，在此不再赘述。下面只介绍边柱和角柱外侧纵向钢筋的构造做法。

（1）框架边柱和角柱外侧纵筋和梁上部纵筋在节点外侧弯折搭接

框架边柱和角柱外侧纵筋和梁上部纵筋在节点外侧弯折搭接构造如图 4.9 所示。

1）梁宽范围内钢筋构造。

框架边柱和角柱梁宽范围内的外侧纵筋伸入梁内与梁上部纵筋搭接连接，搭接长度不应小于 $1.5l_{abE}$。梁上部纵筋应伸至柱外边并向下弯折到梁底标高，柱外侧纵筋从梁底算起 $1.5l_{abE}$ 超过柱内侧边缘时直接截断。当柱外侧纵筋配筋率大于 1.2% 时，伸入梁内的柱纵筋应满足以上规定，且宜分两批截断，其截断点之间的距离不宜小于 $20d$，如图 4.9（a）所示。当柱外侧纵筋从梁底算起 $1.5l_{abE}$ 未超过柱内侧边缘时，柱外侧纵筋除满足上述构造要求外，还要求其伸入柱顶后，水平伸出的距离不小于 $15d$，如图 4.9（b）所示。

（a）梁宽范围内钢筋

[伸入梁内柱纵向钢筋做法（从梁底算起 $1.5l_{abE}$ 超过柱内侧边缘）]

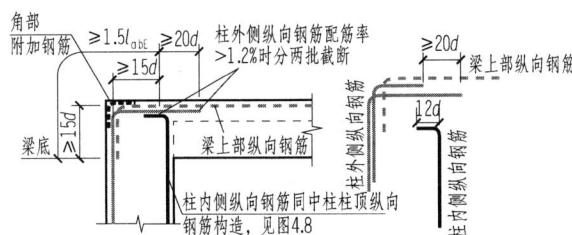

（b）梁宽范围内钢筋

[伸入梁内柱纵向钢筋做法（从梁底算起 $1.5l_{abE}$ 未超过柱内侧边缘）]

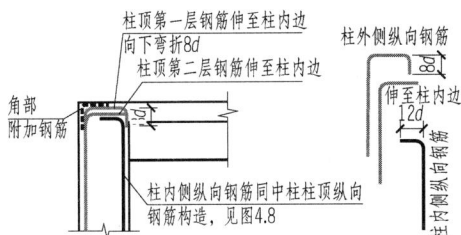

（c）梁宽范围外钢筋在节点内锚固

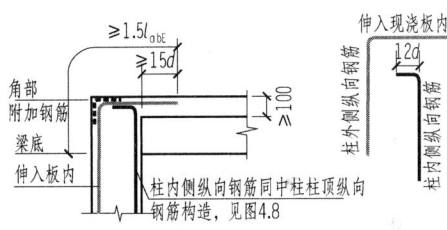

（d）梁宽范围外钢筋伸入现浇板内锚固

（现浇板厚度不小于100mm时）

图 4.9 柱外侧纵向钢筋和梁上部纵向钢筋在节点外侧弯折搭接构造

2）梁宽范围外钢筋构造。

梁宽范围外钢筋伸入节点内锚固，其沿柱顶伸至柱内边。当该柱筋位于顶部第一层时，伸至柱内边后，宜向下弯折不小于 $8d$ 后截断；当该柱筋位于顶部第二层时，可伸至柱内边后截断，如图 4.9（c）所示。当柱顶有不小于 100mm 的现浇板时，梁宽范围外钢筋可伸入现浇板内锚固，其伸入板内长度不宜小于 $15d$，且自梁底算起，其伸入节点的总长度不小于 $1.5l_{abE}$，如图 4.9（d）所示。

小贴士

框架边柱和角柱梁宽范围外节点外侧柱纵筋构造与梁宽范围内节点外侧和梁端顶部弯折搭接构造配合使用。梁宽范围内框架边柱和角柱柱顶纵筋伸入梁内的柱外侧纵筋不宜少于柱外侧全部纵筋面积的 65%。

（2）框架边柱和角柱外侧纵筋和梁上部纵筋在柱顶外侧直线搭接

框架边柱和角柱外侧纵筋和梁上部纵筋在柱顶外侧直线搭接构造如图 4.10 所示。

（a）梁宽范围内钢筋   （b）梁宽范围外钢筋

图 4.10 柱外侧纵向钢筋和梁上部钢筋在柱顶外侧直线搭接构造

1）梁宽范围内钢筋构造。

框架边柱和角柱梁宽范围内的外侧纵筋和梁上部纵筋在柱顶外侧直线搭接，搭接长度不应小于 $1.7l_{abE}$，如图 4.10（a）所示。柱外侧纵筋应伸至柱顶截断。梁上部纵筋应伸至柱外边并向下弯折 $1.7l_{abE}$。当梁上部纵筋配筋率大于 1.2% 时，弯入柱外侧的梁上部纵筋应分两批截断，其截断点之间的距离不宜小于 $20d$。当梁上部纵筋为两排时，先截断第二排。

2）梁宽范围外钢筋构造。

梁宽范围外钢筋伸至柱顶并向内弯折 $12d$，如图 4.10（b）所示。

（3）框架边柱和角柱梁宽范围内的外侧纵筋弯入梁内兼作梁上部纵筋

当柱外侧纵筋直径不小于梁端部支座上部钢筋时，框架边柱和角柱梁宽范围内的外侧纵筋弯入梁内兼作梁上部纵筋，如图 4.11 所示。

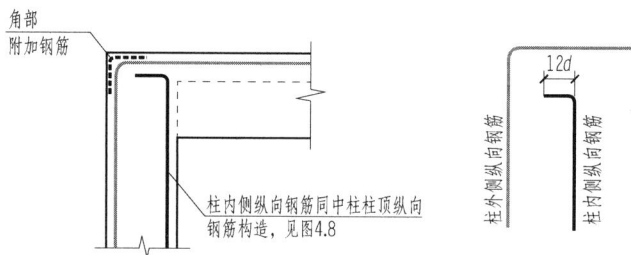

图 4.11 梁宽范围内柱外侧纵向钢筋弯入梁内作梁筋构造

小贴士

这种做法与柱外侧纵筋和梁上部纵筋在节点外侧弯折搭接构造（梁宽范围内钢筋）组合使用。

小贴士

当柱纵筋直径不小于 25mm 时，在柱宽范围内的柱箍筋内侧设置间距不大于 150mm，且不少于 3 根直径不小于 10mm 的角部附加钢筋，转角处设置一根直径为 10mm 的钢筋，如图 4.12 所示。

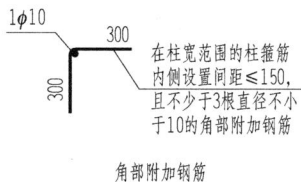

图 4.12　框架边柱和角柱角部附加钢筋

3. 框架柱（KZ）边柱和角柱柱顶等截面伸出时纵向钢筋构造

22G101—1 图集给出了框架柱（KZ）边柱和角柱柱顶等截面伸出时纵向钢筋构造详图，其包括①和②两个节点构造详图，如图 4.13 所示。

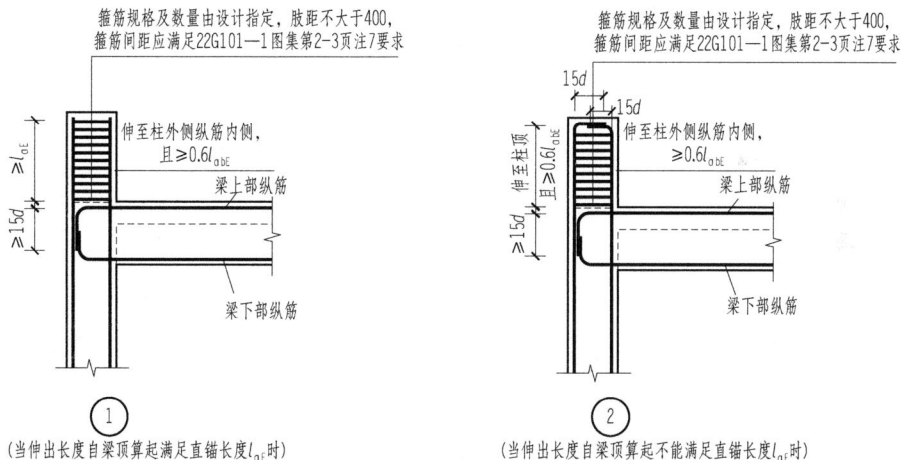

图 4.13　框架柱（KZ）边柱和角柱柱顶等截面伸出时纵向钢筋构造详图

（1）①节点

当边柱和角柱柱顶等截面伸出长度自梁顶算起满足直锚长度 l_{aE} 时，可选用此节点构造。这种构造做法是把框架柱（KZ）边柱和角柱柱顶纵向钢筋伸至柱顶截断；同时，伸出梁顶部分的柱箍筋加密，满足箍筋加密的构造要求，即伸出梁顶部分的柱箍筋直径不小于 $d/4$（d 为锚固钢筋最大直径），间距不大于 100mm 及 $5d$（d 为锚固钢筋最小直径）。梁上部纵向钢筋在端节点的锚固构造与模块 3 介绍的楼层框架梁端节点的锚固构造相同，梁下部纵向钢筋在端节点的锚固构造与模块 3 介绍的屋（楼）面框架梁端节点的锚固构造相同，在此不再赘述。

（2）②节点

当边柱和角柱柱顶等截面伸出长度自梁顶算起不能满足直锚长度 l_{aE} 时，可选用此节点构造。这种构造做法是把框架柱（KZ）边柱和角柱柱顶外侧和内侧纵向钢筋都伸至柱顶，再向内弯折 15d；同时，伸出梁顶部分的柱箍筋加密，满足箍筋加密的构造要求，即伸出梁顶部分的柱箍筋直径不小于 d/4（d 为锚固钢筋最大直径），间距不大于100mm 及 5d（d 为锚固钢筋最小直径）。梁上部纵向钢筋在端节点的锚固构造与模块 3介绍的楼层框架梁端节点的锚固构造相同，梁下部纵向钢筋在端节点的锚固构造与模块3介绍的屋（楼）面框架梁端节点的锚固构造相同，在此不再赘述。

> **小贴士**
>
> 当柱顶伸出屋面的截面发生变化时应另行设计。

4.2.4 地下室框架柱（KZ）和框架柱（KZ）箍筋加密区范围

如前所述，通过对地震震害的分析可知，对框架柱来说，柱根部、每层柱的上下端及梁柱相交的节点是容易受到地震影响而发生破坏的地方。因此，这些部位既是纵向钢筋的非连接区，也是箍筋加密区。

除具体工程设计标注有箍筋全高加密的框架柱外，框架柱箍筋加密区范围应按22G101—1 图集给出的构造详图取值，如图 4.14 所示。

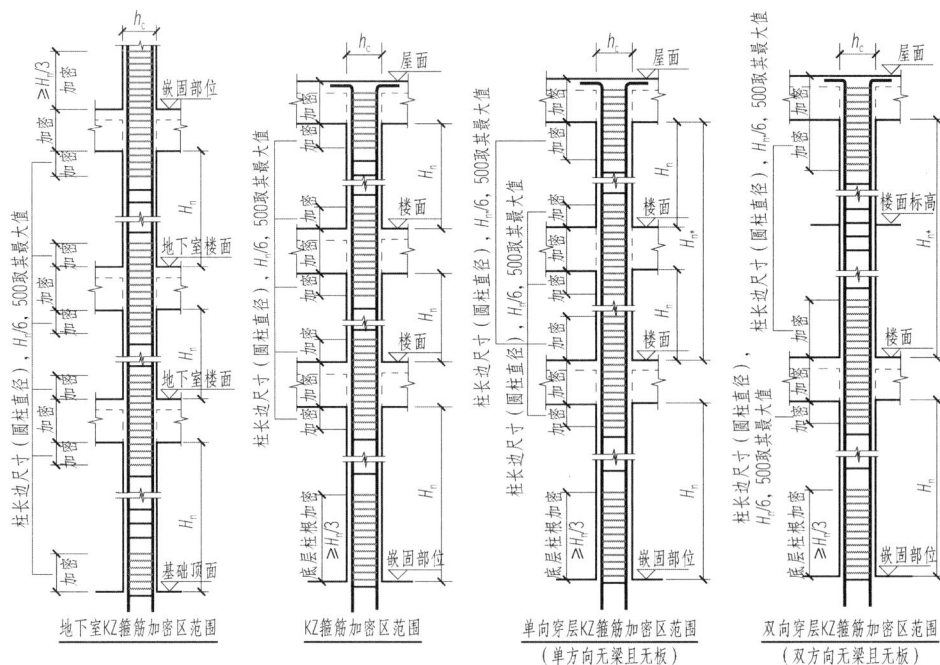

图 4.14　地下室框架柱（KZ）和框架柱（KZ）箍筋加密区范围

从图中可以看出地下室框架柱（KZ）和框架柱（KZ）箍筋加密区范围包括：

1）嵌固部位以上不小于 $H_n(H_{n*})/3$。

2）每层柱上下两端不小于 $H_n(H_{n*})/6$、h_c 和 500mm 三者之中的最大值。

3）梁柱节点即框架梁高范围。

h_c 为柱截面长边尺寸（圆柱为截面直径），H_n 为所在楼层的柱净高，H_{n*} 为穿层时柱净高。当柱在某楼层双方向均无梁且无板连接时，计算穿层段上下端箍筋加密范围时，柱净高采用 H_{n*}；当柱在某楼层单方向无梁且无板连接时，计算穿层段上下端箍筋加密范围时，柱净高也应采用 H_{n*}；其余情况均采用 H_n。

除上述部位箍筋需要加密外，在底层刚性地面上下各 500mm 范围也需要加密箍筋，如图 4.15 所示。

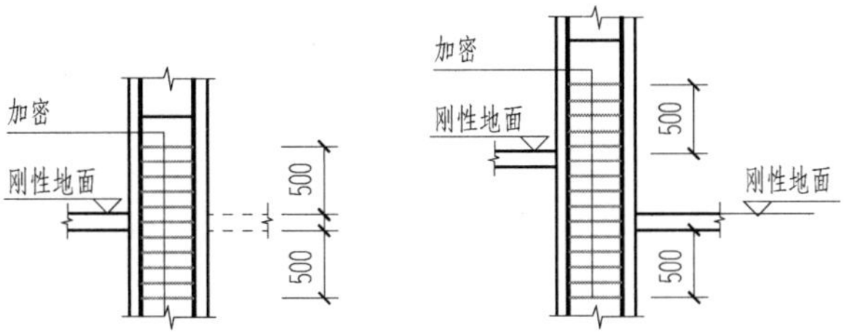

图 4.15　刚性地面处箍筋加密区范围

小贴士

当纵筋采用搭接连接时，搭接长度范围内箍筋也需要加密。如果具体工程设计标注有箍筋全高加密，则箍筋全高加密。

为便于确定柱箍筋加密区高度，22G101—1 图集还给出了框架柱箍筋加密区高度选用表，如表 4.3 所示。所以也可直接查框架柱箍筋加密区高度选用表来确定框架柱箍筋加密区高度，但应注意表内数值未包括框架嵌固部位柱根部箍筋加密区范围。

表 4.3　框架柱和小墙肢箍筋加密区高度选用表　　　　　单位：mm

柱净高 H_n	柱截面长边尺寸 h_c 或圆柱直径 D																		
	400	450	500	550	600	650	700	750	800	850	900	950	1000	1050	1100	1150	1200	1250	1300
1500																			
1800	500																		
2100	500	500	500																
2400	500	500	500	550															
2700	500	500	500	550	600	650					箍筋全高加密								
3000	500	500	500	550	600	650	700												
3300	550	550	550	550	600	650	700	750	800										
3600	600	600	600	600	600	650	700	750	800	850									

续表

柱净高 H_n	柱截面长边尺寸 h_c 或圆柱直径 D																		
	400	450	500	550	600	650	700	750	800	850	900	950	1000	1050	1100	1150	1200	1250	1300
3900	650	650	650	650	650	650	700	750	800	850	900	950	箍筋全高加密	箍筋全高加密	箍筋全高加密	箍筋全高加密	箍筋全高加密	箍筋全高加密	箍筋全高加密
4200	700	700	700	700	700	700	700	750	800	850	900	950	1000	箍筋全高加密	箍筋全高加密	箍筋全高加密	箍筋全高加密	箍筋全高加密	箍筋全高加密
4500	750	750	750	750	750	750	750	750	800	850	900	950	1000	1050	1100	箍筋全高加密	箍筋全高加密	箍筋全高加密	箍筋全高加密
4800	800	800	800	800	800	800	800	800	850	900	950	1000	1050	1100	1150	箍筋全高加密	箍筋全高加密	箍筋全高加密	箍筋全高加密
5100	850	850	850	850	850	850	850	850	850	850	900	950	1000	1050	1100	1150	1200	1250	箍筋全高加密
5400	900	900	900	900	900	900	900	900	900	900	950	1000	1050	1100	1150	1200	1250	1300	1300
5700	950	950	950	950	950	950	950	950	950	950	950	1000	1050	1100	1150	1200	1250	1300	1300
6000	1000	1000	1000	1000	1000	1000	1000	1000	1000	1000	1000	1000	1000	1050	1100	1150	1200	1250	1300
6300	1050	1050	1050	1050	1050	1050	1050	1050	1050	1050	1050	1050	1050	1050	1100	1150	1200	1250	1300
6600	1100	1100	1100	1100	1100	1100	1100	1100	1100	1100	1100	1100	1100	1100	1100	1150	1200	1250	1300
6900	1150	1150	1150	1150	1150	1150	1150	1150	1150	1150	1150	1150	1150	1150	1150	1150	1200	1250	1300
7200	1200	1200	1200	1200	1200	1200	1200	1200	1200	1200	1200	1200	1200	1200	1200	1200	1200	1250	1300

注：1. 表内数值未包括框架嵌固部位柱根部箍筋加密区范围。

2. 柱净高（包括因嵌砌填充墙等形成的柱净高）与柱截面长边尺寸或圆柱直径均在此范围时，因已形成 $H_n/h_c \leqslant 4$ 的短柱，其箍筋沿柱全高加密。

3. 小墙肢即墙肢长度不大于墙厚 4 倍的剪力墙。矩形小墙肢的厚度不大于 300mm 时，箍筋全高加密。

4.2.5 梁上立梯柱（TZ）钢筋构造

1. 梁上立梯柱配筋构造

22G101—2 图集给出了梁上立梯柱（TZ）配筋构造详图，如图 4.16 所示，结合详图及图集中的文字说明，可得出梁上立梯柱纵筋和箍筋构造。

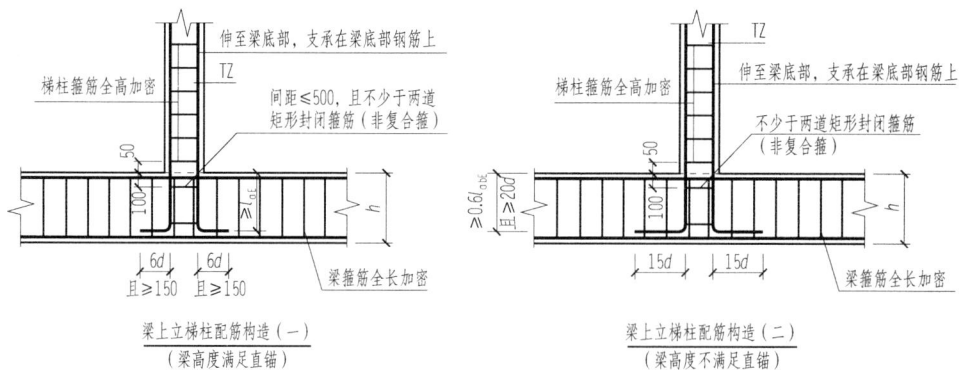

图 4.16　梁上立梯柱（TZ）配筋构造

（1）梁上立梯柱纵筋构造

1）梁上立梯柱纵筋下端伸入梁内锚固，要求其伸至梁底再水平弯折。

2）当梁高度 h-保护层厚度 $c \geqslant l_{aE}$ 时，梁高度满足直锚要求，水平弯折的长度取 max（$6d$，150）。

3）当梁高度 h-保护层厚度 $c < l_{aE}$ 时，梁高度不满足直锚要求，水平弯折的长度取 $15d$。梁上立梯柱纵筋在梁内的垂直锚固长度不小于 $20d$ 和 $0.6l_{abE}$。

> **小贴士**
>
> 梁上立梯柱纵筋在梁内的垂直锚固长度不小于 $20d$ 和 $0.6l_{abE}$ 是设计者设计时应该考虑的，设计好后其长度已经确定，识图时可不考虑这个构造要求，因为设计者在设计时已经考虑并保证满足了这个构造要求。

（2）梁上立梯柱箍筋构造

1）梁顶面以上第一道箍筋距离梁顶面的距离为 50mm，通常为复合箍筋，详见梯柱平法施工图。

2）梁顶面以下第一道箍筋距离梁顶面的距离为 100mm，为非复合箍筋，其形状大小和种类与梯柱外箍完全相同。

3）梁上立梯柱在梁内设置间距不大于 500mm 且至少两道矩形封闭箍筋。

4）梯柱箍筋全高加密。

2. 梁上立梯柱（TZ）与梯梁（TL）纵筋连接构造

22G101—2 图集给出了梁上立梯柱与梯梁纵筋连接构造详图，如图 4.17 所示，结合详图及图集中的文字说明，可得出梁上立梯柱与梯梁纵筋连接构造。

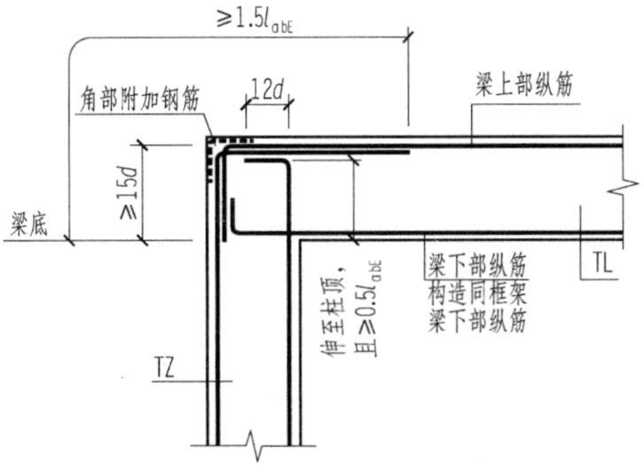

图 4.17 梯柱与梯梁纵筋连接构造

梁上立梯柱外侧纵筋伸入梯梁内与梯梁上部纵筋搭接连接，搭接长度从梁底算起不应小于 $1.5l_{abE}$。

> **小贴士**
>
> 梁上立梯柱的平法制图规则与框架柱相同，除上述构造外，其余构造与框架柱也相同。

4.2.6 梁上起框架柱（KZ）纵筋构造

22G101—1 图集给出了梁上起框架柱纵筋构造详图，如图 4.18 所示。

1）当梁高度 $h-$保护层厚度 $c<l_{aE}$ 时，采用图示构造做法。梁上起框架柱纵筋下端伸至梁底再水平弯折 $15d$。梁上起框架柱纵筋在梁内的垂直锚固长度不小于 $20d$ 和 $0.6l_{abE}$。

2）梁上起框架柱纵筋在梁内直锚的构造与梁上立梯柱的纵筋在梁内直锚的构造相同，在此不再赘述。

3）梁上起框架柱纵筋连接构造同框架柱，在此不再赘述。

4）梁上起框架柱柱顶纵筋伸至顶层节点锚固，其锚固构造同框架柱，在此不再赘述。

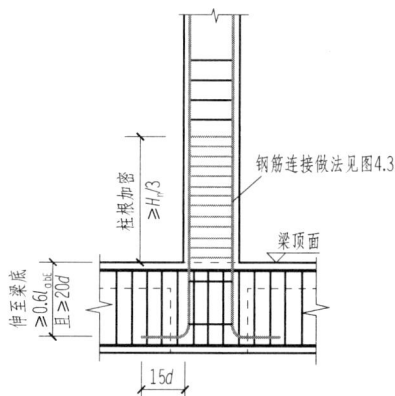

图 4.18　梁上起框架柱纵筋构造

小贴士

梁上起框架柱时，在梁内设置间距不大于 500mm，且至少两道柱箍筋。梁上起框架柱纵筋在梁内的垂直锚固长度不小于 $20d$ 和 $0.6l_{abE}$ 是设计者设计时应该考虑的，设计好后其长度已经确定，识图时可不考虑这个构造要求。梁上起框架柱支承在梁的上面，其嵌固部位为梁顶标高处。梁上起框架柱箍筋的定位同梁上立梯柱，梁内箍筋的设置亦同梁上立梯柱。梁顶面以上箍筋构造同框架柱。其实，梁上起框架柱除了根部构造与框架柱不同，其余构造完全相同。

4.2.7 剪力墙上起框架柱（KZ）纵筋构造

22G101—1 图集给出了剪力墙上起框架柱纵筋构造详图，如图 4.19 所示，结合详图及图集中的文字说明，可得出剪力墙上起框架柱纵筋构造。

1. 柱与墙重叠一层

柱与墙重叠一层时柱根的构造做法如图 4.19（a）所示，柱纵筋一直伸至下一层剪力墙墙顶。

2. 柱纵筋锚固在墙顶部

柱纵筋锚固在墙顶部时柱根的构造做法如图 4.19（b）所示，柱纵筋伸至梁内 $1.2l_{aE}$ 再向内水平弯折 150mm。

> **小贴士**
>
> 剪力墙上起框架柱，在墙顶面标高以下锚固范围内的柱箍筋按上柱非加密区箍筋要求配置。22G101—1 图集提供了柱与墙重叠一层和柱纵筋锚固在墙顶部时柱根构造这两种构造做法，要求设计时应注明选用何种做法。识图时应注意设计者采用的是哪一种构造做法。。

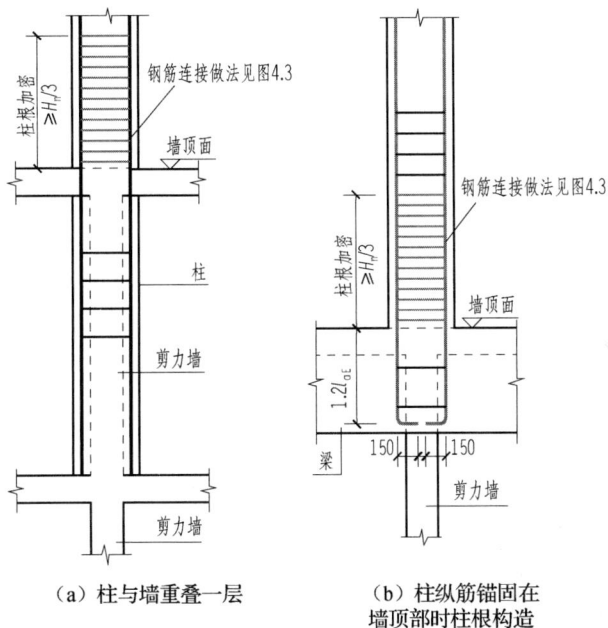

（a）柱与墙重叠一层　　　（b）柱纵筋锚固在墙顶部时柱根构造

图 4.19　剪力墙上起框架柱纵筋构造详图

小　　结

1. 本模块主要介绍了钢筋混凝土柱平法施工图制图规则及柱的标准构造做法。
2. 柱平法施工图是在柱平面布置图上采用列表注写方式或截面注写方式表达。
3. 列表注写方式是在柱平面布置图上分别在同一编号的柱中选择一个或几个截面标注几何参数代号；在柱表中注写柱编号、柱段起止标高、几何尺寸与配筋的具体数值，并配以各种柱截面形状及其箍筋类型图的方式来表达柱平法施工图。

4．截面注写方式是在分标准层绘制的柱平面布置图的柱截面上，分别在同一编号的柱中选择一个截面，以直接注写截面尺寸和配筋具体数值的方式来表达柱平法施工图。

5．本模块在任务 4.1 中对照柱的平法施工图详细介绍了钢筋混凝土柱平法施工图制图规则，并列举了很多识图实例，以帮助识图者尽快熟悉平法制图规则，看懂平法施工图。

6．本模块在任务 4.2 中对照常见柱的标准构造详图，用文字详细介绍了其标准的构造做法，以帮助识图者看懂标准构造详图，掌握其标准的构造做法。

7．识图人员应能根据柱平法施工图中柱编号的类型代号查找柱对应的构造详图，识图时应把平法施工图和构造详图结合起来看。

习　题

一、填空题

1．柱的注写方式分为_____注写方式和_____注写方式两种。

2．柱编号由_____和_____组成。

3．柱编号中的 KZ 代表_____；柱编号中的 XZ 代表_____；柱编号中的 TZ 代表_____。

4．柱箍筋加密区与非加密区的不同间距需要用_____分隔。

5．柱采用列表注写方式，当柱纵向钢筋直径相同，各边根数也相同时，将纵向钢筋注写在柱表中"_____"一栏中。

6．注写各段柱的起止标高时，应自柱_____往上以变截面位置或截面未变但配筋改变处为界分段注写。

7．_____注写方式是在分标准层绘制的柱平面布置图的柱截面上，分别在同一编号的柱中选择一个截面，以直接注写截面尺寸和配筋具体数值的方式来表达柱平法施工图。

8．柱相邻纵向钢筋连接接头相互错开，在同一截面内钢筋接头面积百分率不宜大于_____。

9．柱纵向钢筋有_____、_____和_____三种连接方式。

10．柱纵筋若采用机械连接方式，为满足接头面积百分率的要求，相邻纵筋接头中心之间的垂直距离不小于_____。

二、不定项选择题

1．下列关于柱的根部标高说法正确的是（　　）。

A．从基础起的柱，其根部标高系指基础顶面标高

B．芯柱的根部标高和框架柱根部标高相同

C．梁上起框架柱的根部标高系指梁顶面标高

D. 剪力墙上起框架柱的根部标高系指墙顶面标高

2．下列关于上部结构嵌固部位说法正确的是（　　）。

　A．嵌固部位在基础顶面时，无须注明

　B．图 4.1 所示上部结构嵌固部位的标高为-4.530m

　C．图 4.1 所示上部结构嵌固部位不在地下室顶板

　D．图 4.1 所示不需要考虑地下室顶板对上部结构实际存在的嵌固作用

3．下列关于框架柱纵筋连接说法不正确的是（　　）。

　A．框架柱纵筋的连接方式有绑扎搭接连接、机械连接和铆钉连接三种

　B．框架柱相邻纵筋连接接头应相互错开

　C．采用绑扎搭接连接方式时，框架柱纵筋绑扎搭接长度不应小于 l_{lE}

　D．框架柱纵筋的非连接区包括柱嵌固部位、梁柱节点及每层柱的上下端

4．下列关于框架柱纵筋非连接区说法正确的是（　　）。

　A．不能设置接头的区段即非连接区

　B．框架柱根部嵌固部位为非连接区，其长度为三分之一倍柱净高

　C．梁柱节点为非连接区，其长度为框架梁高

　D．每层柱上下两端为非连接区，其长度为六分之一倍柱净高、柱长边尺寸和 500mm 三者之中的最大值

5．下列关于框架柱接头面积百分率说法错误的是（　　）。

　A．在同一连接区段内钢筋接头面积百分率不宜小于 50%

　B．为满足接头面积百分率要求，采用机械连接方式时，相邻纵筋错开，其接头中心之间的垂直距离不小于 $35d$

　C．为满足接头面积百分率要求，采用绑扎搭接连接方式时，相邻纵筋错开，其接头之间的垂直净距不小于 $0.3l_{lE}$

　D．为满足接头面积百分率要求，采用焊接连接方式时，相邻纵筋错开，其接头中心之间的垂直距离不小于 $35d$，且不小于 500mm

6．下列关于框架中柱柱顶纵筋构造做法不正确的是（　　）。

　A．屋面梁高减保护层厚度小于 l_{aE}，框架中柱柱顶纵筋伸至柱顶，再向内弯折 $12d$

　B．屋面梁高减保护层厚度小于 l_{aE}，且柱顶有不小于 100mm 的现浇板，框架中柱柱顶纵筋伸至柱顶，再向外弯折 $12d$

　C．屋面梁高减保护层厚度小于 l_{aE}，框架中柱柱顶纵筋伸至柱顶，再在其端部加锚头或锚板

　D．屋面梁高减保护层厚度不小于 l_{aE}，框架中柱柱顶纵筋伸至柱顶截断

7．下列关于框架边柱和角柱柱顶纵筋说法不正确的是（　　）。

　A．框架边柱和角柱内侧纵筋构造与中柱柱顶纵筋构造相同

　B．框架边柱和角柱外侧纵筋和梁上部纵筋可在节点外侧弯折搭接

　C．框架边柱和角柱外侧纵筋和梁上部纵筋可在柱顶外侧直线搭接

D．框架边柱和角柱的外侧纵筋可弯入梁内兼作梁上部纵筋

8．框架边柱和角柱梁宽范围内的外侧纵筋伸入梁内与梁上部纵筋搭接连接，搭接长度不应小于（   ）。

  A．$1.7l_{aE}$ B．$1.7l_{abE}$ C．$1.5l_{aE}$ D．$1.5l_{abE}$

9．若框架边柱和角柱外侧纵筋和梁上部纵筋在节点外侧弯折搭接，其梁宽范围内的外侧纵筋构造做法正确的是（   ）。

  A．柱外侧纵筋从梁底算起 $1.5l_{abE}$ 超过柱内侧边缘时直接截断

  B．柱外侧纵筋配筋率大于 1.2%时，伸入梁内的柱外侧纵筋宜分两批截断

  C．柱外侧纵筋配筋率大于 1.2%时，伸入梁内的柱外侧纵筋宜分两批截断，其截断点之间的距离不宜小于 20d

  D．柱外侧纵筋从梁底算起 $1.5l_{abE}$ 未超过柱内侧边缘，柱外侧纵筋伸入柱顶后，水平伸出的距离不小于 15d

10．若框架边柱和角柱外侧纵筋和梁上部纵筋在节点外侧弯折搭接，其梁宽范围外的外侧纵筋构造做法错误的是（   ）。

  A．梁宽范围外的外侧纵筋伸入柱顶截断

  B．梁宽范围外的外侧纵筋伸入柱顶，再向内伸至柱内边截断

  C．梁宽范围外的外侧纵筋伸入柱顶，再向内伸至柱内边；若其位于柱顶第一层则直接截断

  D．梁宽范围外的外侧纵筋伸入柱顶，再向内伸至柱内边；若其位于柱顶第二层则直接截断

11．框架边柱和角柱梁宽范围内的外侧纵筋和梁上部纵筋在柱顶外侧直线搭接连接，搭接长度不应小于（   ）。

  A．$1.7l_{aE}$ B．$1.7l_{abE}$ C．$1.5l_{aE}$ D．$1.5l_{abE}$

12．若框架边柱和角柱外侧纵筋和梁上部纵筋在柱顶外侧直线搭接连接，其外侧纵筋构造做法错误的是（   ）。

  A．梁宽范围内的外侧纵筋伸入柱顶截断

  B．梁宽范围内的外侧纵筋伸入柱顶，再向内弯折 12d 截断

  C．梁宽范围外的外侧纵筋伸入柱顶，再向内弯折 12d 截断

  D．梁宽范围外的外侧纵筋伸入柱顶截断

13．框架边柱和角柱梁宽范围内的外侧纵筋如伸入梁内与梁上部纵筋搭接连接，构造上要求伸入梁内的柱外侧纵筋截面面积不宜少于柱外侧全部纵筋截面面积的（   ）。

  A．100%   B．85%   C．75%   D．65%

14．当柱纵筋直径不小于（   ）时，在柱宽范围的柱箍筋内侧设置间距不大于150mm，但不少于 3 ϕ10 的角部附加钢筋。

  A．20mm   B．22mm   C．25mm   D．28mm

15．框架边柱和角柱柱顶等截面伸出时纵筋构造做法正确的是（   ）。

  A．若伸出长度自梁顶算起满足直锚长度 l_{aE}，边柱和角柱柱顶纵筋伸至柱顶截断

B. 若伸出长度自梁顶算起不能满足直锚长度 l_{aE}，边柱和角柱柱顶内侧纵筋伸至柱顶再向内弯折 $12d$ 截断

C. 若伸出长度自梁顶算起不能满足直锚长度 l_{aE}，边柱和角柱柱顶外侧纵筋伸至柱顶再向内弯折 $15d$ 截断

D. 若伸出长度自梁顶算起不能满足直锚长度 l_{aE}，边柱和角柱柱顶内侧和外侧纵筋都伸至柱顶再向内弯折 $15d$ 截断

16. 地下室框架柱和框架柱嵌固部位以上加密区长度为（　　）。

A. $H_n(H_{n*})/6$　　B. $H_n(H_{n*})/5$　　C. $H_n(H_{n*})/4$　　D. $H_n(H_{n*})/3$

17. 除柱根部外，地下室框架柱和框架柱每层柱上下两端加密区长度为（　　）、h_c 和 500mm 三者之中的最大值。

A. $H_n(H_{n*})/6$　　B. $H_n(H_{n*})/5$　　C. $H_n(H_{n*})/4$　　D. $H_n(H_{n*})/3$

18. 地下室框架柱和框架柱箍筋加密区范围说法不正确的是（　　）。

A. 柱根部嵌固部位以上不小于 $H_n(H_{n*})/3$ 范围箍筋加密

B. 底层刚性地面上下各 500mm 范围箍筋加密

C. 梁柱节点即框架梁高范围箍筋加密

D. 每层柱上下两端不小于 $H_n(H_{n*})/6$ 范围箍筋加密

19. 梁上立梯柱纵筋构造做法正确的是（　　）。

A. 当梁高度 h-保护层厚度 $c \geq l_{aE}$ 时，梁上立梯柱纵筋下端伸至梁底再水平弯折 $6d$

B. 当梁高度 h-保护层厚度 $c \geq l_{aE}$ 时，梁上立梯柱纵筋下端伸至梁底再水平弯折 150mm

C. 当梁高度 h-保护层厚度 $c < l_{aE}$ 时，梁上立梯柱纵筋下端伸至梁底再水平弯折 $12d$

D. 当梁高度 h-保护层厚度 $c < l_{aE}$ 时，梁上立梯柱纵筋下端伸至梁底再水平弯折 $15d$

20. 梁上立梯柱箍筋构造做法正确的是（　　）。

A. 梁顶面以上第一道箍筋距离梁顶面的距离为 50mm，通常为复合箍筋

B. 梁顶面以下第一道箍筋距离梁顶面的距离为 100mm，为非复合箍筋，其形状大小和种类与梯柱外箍筋完全相同

C. 梁上立梯柱在梁内设置间距不大于 500mm 且至少两道矩形封闭箍筋

D. 梯柱箍筋加密构造和框架柱箍筋加密构造相同

21. 梁上起框架柱钢筋构造做法不正确的是（　　）。

A. 当梁高度 h-保护层厚度 $c < l_{aE}$ 时，梁上起框架柱纵筋下端伸至梁底再水平弯折 $12d$

B. 当梁高度 h-保护层厚度 $c < l_{aE}$ 时，梁上起框架柱纵筋下端伸至梁底再水平弯折 $15d$

C. 梁上起框架柱在梁内设置间距不大于 500mm 且至少两道矩形封闭箍筋

D. 梁上起框架柱箍筋加密构造和梯柱箍筋加密构造相同

22. 剪力墙上起框架柱钢筋构造做法正确的是（　　　）。

A. 剪力墙上起框架柱与墙重叠一层时，柱纵筋一直伸至下一层剪力墙墙顶锚固

D. 剪力墙上起框架柱纵筋锚固在墙顶部时，柱纵筋伸至梁内 $1.2l_{aE}$ 而向内水平弯折 150mm

C. 剪力墙上起框架柱在墙顶面标高以下锚固范围内的柱箍筋按上柱加密区箍筋要求配置

D. 剪力墙上起框架柱在墙顶面标高以下锚固范围内的柱箍筋按上柱非加密区箍筋要求配置

三、简答题

1. 试述柱箍筋标注为 φ10@100/150 表示的含义。

2. 试述柱箍筋标注为 φ12@100/200（φ14@100）所表示的含义。

3. 试述柱平法施工图采用列表注写方式表达时柱表所表达的内容。

四、识图题

1. 某框架柱平法施工图如图 4.20 所示，柱下基础顶面标高为-0.700m，基础、柱和梁混凝土强度等级均为 C30，所处环境为一类环境，抗震等级为三级，纵筋采用焊接连接，与框架柱相连的框架梁高均为 700mm，试阅读柱平法施工图并回答下列问题。

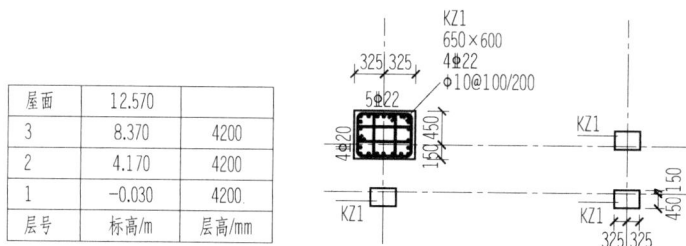

屋面	12.570	
3	8.370	4200
2	4.170	4200
1	-0.030	4200
层号	标高/m	层高/mm

图 4.20　KZ1 平法施工图

（1）图中的 KZ1 表示_____，其截面宽度为_____mm，截面高度为_____mm；纵筋种类为_____，角筋根数为_____，直径为_____mm；b 边一侧中部筋根数为_____，直径为_____mm；h 边一侧中部筋根数为_____，直径为_____mm；箍筋种类为_____，直径为_____mm，加密区间距为_____mm，非加密区间距为_____mm。

（2）图中 1 层柱高度为_____mm；2 层柱高度为_____mm；3 层柱高度为_____mm。图中 1 层、2 层和 3 层的柱净高分别为_____mm、_____mm 和_____mm。

（3）图中 KZ1 的根部标高为_____。

（4）图中 KZ1 的纵筋接头应避开非连接区。柱根部非连接区段长度为_____mm，1 层柱上端非连接区段长度为_____mm。2 层柱上下端非连接区段长度均为_____mm。3 层柱上下端非连接区段长度分别为_____mm 和_____mm。除了上述部位，还有

_____部位是非连接区。相邻纵筋接头错开距离不小于_____mm。

（5）KZ1 在顶层节点内的垂直锚固长度为_____mm，其_____能或不能满足直锚要求。如果不满足，应该水平弯折_____mm。如果满足直锚的条件，其垂直锚固的长度跟弯锚垂直锚固的长度_____（相同或不相同）。

（6）KZ1 的箍筋类型为_____。它是由_____个矩形箍筋组合而成的，其沿 Y 方向的肢数为_____，沿 X 方向的肢数为_____。

（7）KZ1 箍筋加密区范围与柱纵筋的_____区范围一致。柱根部加密区长度为_____mm，1 层柱上端加密区长度为_____mm。2 层柱上下端加密区长度均为_____mm。3 层柱上下端加密区长度均为_____mm。除了上述部位，还有_____部位是加密区。

（8）如果 KZ1 为边柱或角柱，其内侧纵筋与中柱柱顶纵筋构造_____（相同或不相同），其外侧纵筋与中柱柱顶纵筋构造_____（相同或不相同）。边柱和角柱外侧纵筋如果伸入屋面梁内与梁上部纵筋搭接连接，搭接长度不应小于_____mm。边柱和角柱外侧纵筋和屋面梁上部纵筋的搭接连接如果沿节点外直线布置，搭接长度不应小于_____mm。

（9）如果 KZ1 为边柱，外侧纵筋伸入梁内与屋面梁上部纵筋搭接连接，b 边纵筋为外侧纵筋，构造上要求伸入梁内搭接的柱外侧纵筋不宜少于_____根。h 边纵筋为外侧纵筋，构造上要求伸入梁内搭接的柱外侧纵筋不宜少于_____根。如果 KZ1 为角柱，外侧纵筋伸入梁内与屋面梁上部纵筋搭接连接，构造上要求伸入梁内搭接的柱外侧纵筋不宜少于_____根。

2. 某柱出屋面平法施工图（局部）如图 4.21 所示。柱和梁混凝土强度等级均为 C30。所处环境为一类环境，抗震等级为四级，KZ3 为中柱，与 KZ3 顶部相连的框架梁截面尺寸为 200mm×700mm，支承 KZ3 的框架梁截面尺寸为 400mm×800mm，KZ4 为角柱，与 KZ4 顶部相连的框架梁截面尺寸为 200mm×600mm，支承 KZ4 的框架梁截面尺寸为 300mm×800mm，试阅读柱平法施工图并回答下列问题。（24.300m 处无楼板）

（1）图中的 KZ3 表示_____，有_____个，其截面宽度为_____mm，截面高度为_____mm。图中的 KZ4 表示_____，有_____个，其截面宽度为_____mm，截面高度为_____mm。

（2）图中 KZ3 和 KZ4 的高度分别为_____mm 和_____mm。图中 KZ3 和 KZ4 的净高分别为_____mm 和_____mm。

（3）图中 KZ3 嵌固部位的标高为_____；KZ4 嵌固部位的标高为_____。

（4）图中 KZ3 的纵筋应伸至梁底并水平弯折_____mm，在梁内需要设置_____道箍筋；图中 KZ4 的纵筋应伸至梁底并水平弯折_____mm，在梁内需要设置_____道箍筋。

（5）图中 KZ3 纵筋上部的锚固方式为_____；图中 KZ4 内侧纵筋上部的锚固方式为_____。

（6）图中 KZ3 和 KZ4 箍筋类型为_____，是由_____个矩形箍筋和_____个单肢箍筋组合而成，其沿 *Y* 方向的肢数为_____，沿 *X* 方向的肢数为_____。

（7）图中 KZ3 下端和上端加密区长度分别为_____mm 和_____mm。图中 KZ4 下端和上端加密区长度分别为_____mm 和_____mm。

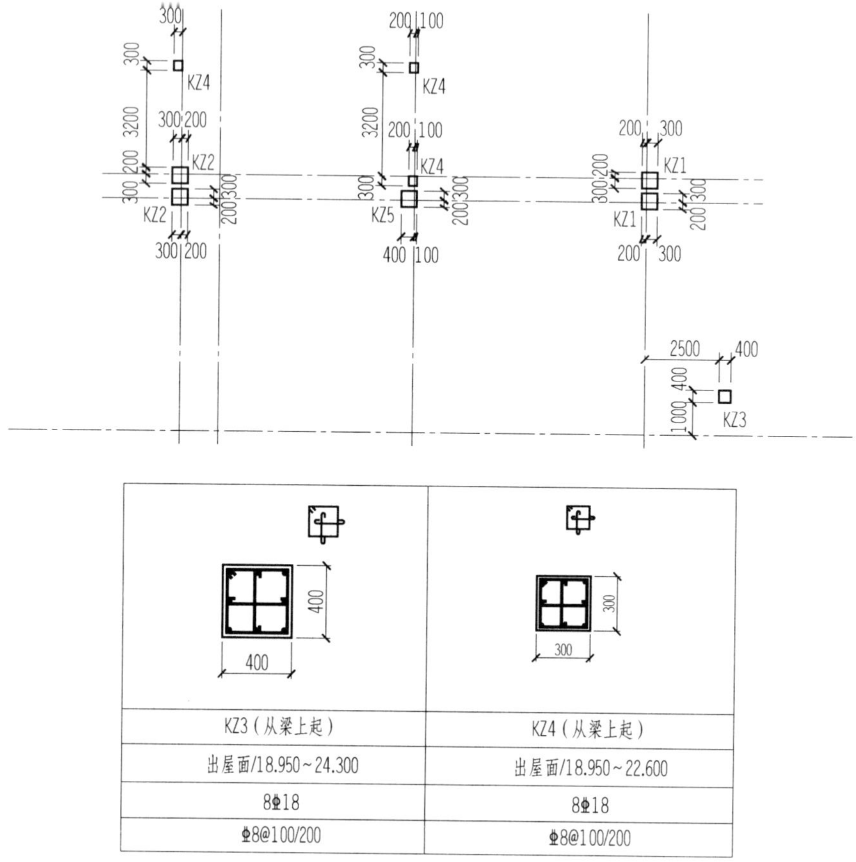

图 4.21　出屋面柱平法施工图（局部）

五、绘图题

请根据柱截面配筋表（表 4.4）绘制 KZ1 柱截面配筋图。

表 4.4　KZ1 柱截面配筋表

柱号	标高/m	*b*×*h*	全部纵筋	角筋	*b* 边一侧中部筋	*h* 边一侧中部筋	箍筋类型号	箍筋
KZ1	−0.030～19.470	750mm×700mm	24Φ25				1(4×4)	Φ10@100/200
	19.470～37.470	650mm×600mm		4Φ22	5Φ22	4Φ20	1(4×4)	Φ10@100/200

模块 5

现浇钢筋混凝土板平法施工图及标准构造详图识读

思政引导 ☞

　　板是建筑结构的基本构件，直接承受各种各样的荷载。板承受荷载的能力足够，才不会发生破坏，从而满足安全性要求。各行业从业人员也需要具备相应的职业能力才能胜任相应的工作。作为未来的专业技术人员，我们在学校要勇于承受学业的压力，不断汲取专业知识，提高专业技能，为以后走入社会尽可能多地储备能量。

知识要求 ☞

　　通过本模块内容的学习，掌握现浇钢筋混凝土板平法施工图制图规则；掌握现浇钢筋混凝土板平法施工图注写方式、板块集中标注及板支座原位标注的具体内容和要求；掌握板的标准构造做法。

技能要求 ☞

　　通过本模块内容的学习，初步掌握现浇钢筋混凝土板平法施工图的识图方法；能读懂现浇钢筋混凝土板平法施工图，并能根据现浇钢筋混凝土板平法施工图中构件代号及结构设计说明准确找到其对应的构造图；能读懂现浇钢筋混凝土板的构造详图。

关键术语 ☞

　　现浇钢筋混凝土板平法施工图、有梁楼盖板、有梁楼盖板平法施工图制图规则、板块集中标注、板支座原位标注、标准构造详图。

　　现浇钢筋混凝土楼（屋）盖板是目前建筑工程中楼（屋）盖板的常用结构类型。按组成形式来分，可将其分为肋形楼盖板（梁板式楼盖）、无梁楼盖板、井式楼盖板和密肋楼盖板等。本模块主要介绍建筑工程中最常见的有梁楼盖板的平法表示。

任务 5.1　掌握有梁楼盖板平法施工图制图规则

有梁楼盖板平法施工图制图规则适用于以梁为支座的楼面板与屋面板平法施工图设计。

5.1.1　有梁楼盖板平法施工图的表示方法

有梁楼盖板平法施工图，是在楼面板和屋面板布置图上，采用平面注写的表达方式表达板的施工图。板平面注写主要包括板块集中标注和板支座原位标注。

> **小贴士**
>
> 为方便设计表达和施工识图，规定结构平面的坐标方向为：
> 1）当两向轴网正交布置时，图面从左至右为 X 向，从下至上为 Y 向；
> 2）当轴网转折时，局部坐标方向顺轴网转折角度做相应转折；
> 3）当轴网向心布置时，切向为 X 向，径向为 Y 向。
> 此外，对于平面布置比较复杂的区域，如轴网转折交界区域、向心布置的核心区域等，其平面坐标方向应由设计者另行规定并在图上明确表示。

5.1.2　板块集中标注

板块集中标注的内容为：板块编号、板厚、上部贯通纵筋、下部纵筋，以及当板面标高不同时的标高高差。

1.　板块编号

对于普通楼面，两向均以一跨为一板块；对于密肋楼盖，两向主梁（框架梁）均以一跨为一板块（非主梁密肋不计）。所有板块应逐一编号，相同编号的板块可择其一做集中标注，其他仅注写置于圆圈内的板编号，以及当板面标高不同时的标高高差。

板块编号由板的类型代号和序号组成，如表 5.1 所示。

表 5.1　板块编号

板类型	代号	序号
楼面板	LB	××
屋面板	WB	××
悬挑板	XB	××

2. 板厚注写

板厚注写为 $h=×××$（为垂直于板面的厚度）；当悬挑板的端部改变截面厚度时，用斜线分隔根部与端部的高度值，注写为 $h=×××/×××$；当设计已在图注中统一注明板厚时，此项可不注。

3. 纵筋注写

纵筋按板块的下部纵筋和上部贯通纵筋分别注写（当板块上部不设贯通纵筋时则不注），并以 B 代表下部纵筋，以 T 代表上部贯通纵筋，B ＆ T 代表下部与上部；X 向纵筋以 X 打头，Y 向纵筋以 Y 打头，两向纵筋配置相同时则以 X ＆ Y 打头。

当为单向板时，分布钢筋可不必注写，而在图中统一注明。

当在某些板内（如在悬挑板 XB 的下部）配置有构造钢筋时，则 X 向以 Xc，Y 向以 Yc 打头注写。

当 Y 向采用放射配筋时（切向为 X 向，径向为 Y 向），设计者应注明配筋间距的定位尺寸。

当纵筋采用两种规格钢筋"隔一布一"方式时，表达为 xx/yy@×××，表示 xx 钢筋和 yy 钢筋二者之间间距为×××，xx 钢筋间距为×××的两倍，yy 钢筋间距为×××的两倍。

4. 板面标高高差注写

板面标高高差，系指相对于结构层楼面标高的高差，应将其注写在括号内，且有高差则注，无高差不注。

【例 5.1】　若图中有一楼面板块注写为

LB3　$h=100$

B：Xϕ12@100；Yϕ10@100

试叙述其表达的含义。

【解】　表示 3 号楼面板，板厚 100mm，板下部配置的纵筋 X 向为 ϕ12@100；Y 向为 ϕ10@100；板上部未配置贯通纵筋。

【例 5.2】　若图中有一楼面板块注写为

LB2　$h=120$

B：Xϕ8/10@100；Yϕ10@100

（-0.05）

试叙述其表达的含义。

【解】　表示 2 号楼面板，板厚 120mm，板下部配置的纵筋 X 向为 ϕ8、ϕ10 隔一布一，ϕ8 与 ϕ10 之间间距为 100mm；Y 向为 ϕ10@100；板上部未配置贯通纵筋。2 号楼面板低于结构层楼面标高 0.05m。

【例5.3】 若图中有一楼面板块注写为

LB2　　*h*=110

B：X & Y⏚8@100

T：X & Y⏚10@100

试叙述其表达的含义。

【解】 表示2号楼面板，板厚110mm，板下部配置的纵筋*X*向和*Y*向均为⏚8@100；板上部配置的贯通纵筋*X*向和*Y*向均为⏚10@100。

【例5.4】 若图中有一楼面板块注写为

XB5　　*h*=150/100

B：Xc & Ycφ8@200

试叙述其表达的含义。

【解】 表示5号悬挑板，板根部厚150mm，端部厚100mm，板下部配置构造钢筋双向均为 φ8@200（上部受力钢筋见板支座原位标注）。

> **小贴士**
>
> 　　同一编号板块的类型、板厚和贯通纵筋均应相同，但板面标高、跨度、平面形状以及板支座上部非贯通纵筋可以不同，如同一编号板块的平面形状可为矩形、多边形及其他形状等。施工预算时，应根据其实际平面形状，分别计算各板块的混凝土与钢材用量。
>
> 　　设计与施工应注意：单向或双向连续板的中间支座上部同向贯通纵筋，不应在支座位置连接或分别锚固。当相邻两跨的板上部贯通纵筋配置相同，且跨中部位有足够空间连接时，可在两跨任意一跨的跨中连接部位连接；当相邻两跨的上部贯通纵筋配置不同时，应将配置较大者越过其标注的跨数终点或起点伸至相邻跨的跨中连接区域连接。
>
> 　　设计时应注意板中间支座两侧上部贯通纵筋的协调配置，施工及预算应按具体设计和相应标准构造要求实施。等跨与不等跨板上部纵筋的连接有特殊要求时，其连接部位及方式应由设计者注明。对于梁板式转换层楼板，板下部纵筋在支座的锚固长度不小于 l_{aE}。
>
> 　　当悬挑板需要考虑竖向地震作用时，下部纵筋伸入支座内长度不应小于 l_{aE}。

5.1.3　板支座原位标注

1. 板支座原位标注的内容

板支座原位标注的内容为：板支座上部非贯通纵筋和悬挑板上部受力钢筋。

（1）标注位置

板支座原位标注的钢筋，应在配置相同跨的第一跨表达（当在梁悬挑部位单独配置时则在原位表达）。

（2）标注方法

1）一般情况下板支座上部非贯通纵筋的标注。

① 画中粗实线。在配置相同跨的第一跨（或梁悬挑部位），垂直于板支座（梁或墙）绘制一段适宜长度的中粗实线（当该筋通长设置在悬挑板或短跨板上部时，实线段应画至对边或贯通短跨），以该线段代表支座上部非贯通纵筋。

② 注写钢筋编号，配筋值及布置范围。在线段上方注写钢筋编号（如①、②等）、配筋值、横向连续布置的跨数（注写在括号内，当为一跨时可不注）以及是否横向布置到梁的悬挑端。

跨数注写方式为（××）、（××A）和（××B）三种形式。（××）表示横向布置的跨数为××，（××A）表示横向布置的跨数为××及一端的悬挑梁部位，（××B）为横向布置的跨数为××及两端的悬挑梁部位。

【例5.5】 若图中的支座上部非贯通纵筋标注为

①⊕10@120（2）

试叙述其表达的含义。

【解】 表示①号钢筋为HRB400级，直径为10mm，相邻钢筋中心距为120mm，横向连续布置2跨。

【例5.6】 若图中的支座上部非贯通纵筋标注为

②⊕8@100（3A）

试叙述其表达的含义。

【解】 表示②号钢筋为HRB400级，直径为8mm，相邻钢筋中心距为100mm，横向连续布置3跨及在一端的悬挑梁部位布置。

【例5.7】 若图中的支座上部非贯通纵筋标注为

③⊕12@100（2B）

试叙述其表达的含义。

【解】 表示③号钢筋为HRB400级，直径为12mm，相邻钢筋中心距为100mm，横向连续布置2跨及在两端的悬挑梁部位布置。

③ 注写非贯通纵筋自支座边线向跨内的伸出长度。板支座上部非贯通纵筋自支座边线向跨内的伸出长度，注写在线段的下方位置。

当中间支座上部非贯通纵筋向支座两侧对称伸出时，可仅在支座一侧线段下方标注伸出长度，另一侧不注，如图5.1所示。图中表示②号钢筋为HRB400级，直径为12mm，相邻钢筋中心距为125mm，两边自支座边线向跨内各伸出1800mm。

当中间支座上部非贯通纵筋向支座两侧非对称伸出时，应分别在支座两侧线段下方注写伸出长度，如图5.2所示。图中表示③号钢筋为HRB400级，直径为12mm，相邻钢筋中心距为125mm，左右两边自支座边线向跨内分别伸出1800mm和1400mm。

对于线段画至对边贯通全跨或贯通全悬挑长度的上部通长纵筋，贯通全跨或伸出至全悬挑一侧的长度值不注，只注明非贯通纵筋另一侧的伸出长度值，如图5.3所示。图中表示③号钢筋为 HRB400 级，直径为 10mm，相邻钢筋中心距为 100mm，南边延伸1950mm，北边伸出到全跨；⑤号钢筋为 HRB400 级，直径为 10mm，相邻钢筋中心距为 100mm，南边伸出 2000mm，北边伸出到悬挑端。

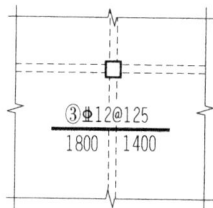

图 5.1 板支座上部非贯通纵筋对称伸出　　图 5.2 板支座上部非贯通纵筋非对称伸出

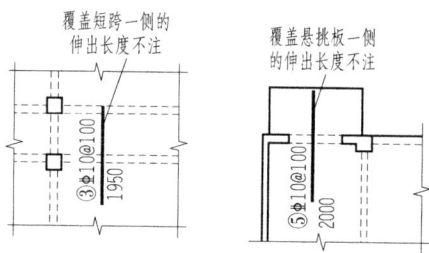

图 5.3 板支座上部非贯通纵筋贯通全跨或伸出至悬挑端

2）板支座为弧形时支座上部非贯通纵筋的标注。当板支座为弧形，支座上部非贯通纵筋呈放射状分布时，设计者应注明配筋间距的度量位置并加注"放射分布"四字，必要时应补绘平面配筋图，如图 5.4 所示。图中表示⑦号钢筋为 HRB400 级，直径为12mm，相邻钢筋中心距为 150mm，两边自支座边线向跨内各伸出 2150mm，且沿径向放射布置。

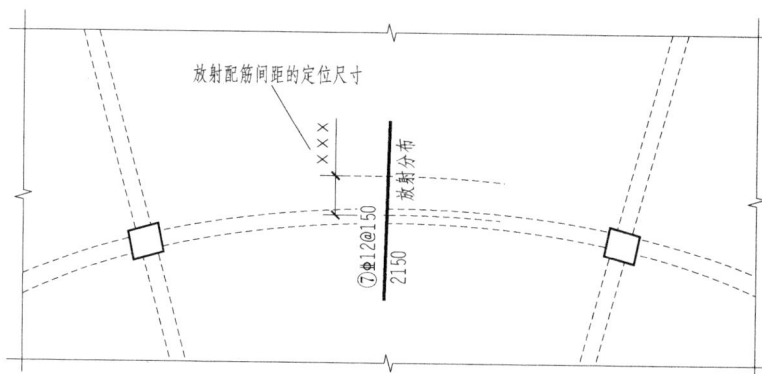

图 5.4 弧形支座处放射配筋

3）悬挑板上部受力钢筋的标注。关于悬挑板的注写方式如图 5.5 所示。

悬挑板上部受力钢筋可伸出支座，兼作相邻跨板支座上部非贯通纵筋，如图 5.5（a）

所示。图中表示 1 号悬挑板，其厚度为 120mm，板下部配置的构造钢筋 X 向为 Φ8@150，Y 向 Φ8@200；板上部配置的贯通纵筋 X 向为 Φ8@150，板上部 Y 向受力钢筋伸出支座，兼作相邻跨板支座上部非贯通纵筋，③为其编号。③号钢筋为 HRB400 级，直径为 12mm，相邻钢筋中心距为 100mm，横向连续布置 2 跨，北边自支座边线向跨内伸出 2100mm，南边伸出到悬挑板端。

　　悬挑板上部受力钢筋可直接锚固在支座内，如图 5.5（b）所示。图中表示 2 号悬挑板，其根部厚度为 120mm，端部厚度为 80mm，板下部配置的构造钢筋 X 向为 Φ8@150，Y 向为 Φ8@200；板上部配置的贯通纵筋 X 向为 Φ8@150，板上部 Y 向受力钢筋锚固在支座内，⑤为其编号。⑤号钢筋为 HRB400 级，直径为 12mm，相邻钢筋中心距为 100mm，横向连续布置 2 跨，南边伸出到悬挑板端。

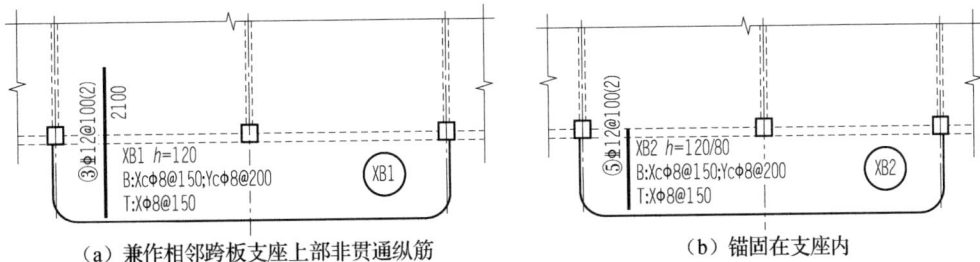

（a）兼作相邻跨板支座上部非贯通纵筋　　　　　（b）锚固在支座内

图 5.5　悬挑板支座非贯通纵筋

小贴士

　　当悬挑板端部厚度不小于 150mm 时，22G101—1 提供了"无支承板端部封边构造"，施工应按标准构造详图执行。当设计采用与图集标准构造详图不同的做法时，应另行注明。

　　此外，悬挑板的悬挑阳角、阴角上部放射钢筋的表示方法，详见楼板相关构造制图规则。

　　4）不同部位的板支座上部非贯通纵筋及悬挑板上部受力钢筋相同时的注写。在板平面布置图中，不同部位的板支座上部非贯通纵筋及悬挑板上部受力钢筋相同时，可仅在一个部位注写，对其他相同者则仅需要在代表钢筋的线段上注写编号及横向连续布置的跨数（当为一跨时可不注）即可。

　　【例 5.8】在板平面布置图某部位，横跨支承梁绘制的钢筋实线段上注有⑦Φ12@100（5A）和 1500，试叙述其表达的含义。在同一板平面布置图的另一部位横跨梁支座绘制的钢筋实线段上注有⑦（2），试叙述其表达的含义。

　　【解】⑦Φ12@100（5A）表示支座上部⑦号非贯通纵筋为 Φ12@100，从该跨起沿支承梁连续布置 5 跨加梁一端的悬挑端，1500 表示该钢筋自支座边线向两侧跨内的伸出长度均为 1500mm。在同一板平面布置图的另一部位横跨梁支座绘制的钢筋实线段上注有⑦（2），是表示该筋同⑦号纵筋，沿支承梁连续布置 2 跨，且无梁悬挑端布置。

<blockquote>
小贴士

与板支座上部非贯通纵筋垂直且绑扎在一起的构造钢筋或分布钢筋，应由设计者在图中注明。
</blockquote>

2. 板支座上部贯通纵筋和非贯通纵筋结合时钢筋的布置

当板的上部已配置有贯通纵筋，但需要增配板支座上部非贯通纵筋时，应结合已配置的同向贯通纵筋的直径与间距采取"隔一布一"方式配置。

"隔一布一"方式，为非贯通纵筋的标注间距与贯通纵筋相同，两者组合后的实际间距为各自标注间距的 1/2。

【例 5.9】 板上部已配置贯通纵筋 Φ12@250，该跨同向配置的上部支座非贯通纵筋为⑤Φ12@250，试述该支座上部纵筋实际设置情况。

【解】 在该支座上部设置的纵筋实际为 Φ12@125，其中 1/2 为贯通纵筋，1/2 为⑤号非贯通纵筋（伸出长度值略）。

【例 5.10】 板上部已配置贯通纵筋 Φ10@250，该跨配置的上部同向支座非贯通纵筋为③Φ12@250，试述该支座上部纵筋实际设置情况。

【解】 在该支座上部设置的纵筋实际为 Φ10 和 Φ12 间隔布置，两者之间间距为 125mm（伸出长度值略）。

<blockquote>
小贴士

设计、施工时应注意，当支座一侧设置了上部贯通纵筋（在板集中标注中以 T 打头），而在支座另一侧仅设置了上部非贯通纵筋时，支座两侧设置的纵筋直径、间距宜相同，施工时应将两者连通，避免各自在支座上部分别锚固。
</blockquote>

采用平面注写方式表达的有梁楼盖板平法施工图平面注写方式示例如图 5.6 所示。

<blockquote>
小贴士

设计者可在图 5.6 "结构层楼面标高 结构层高"表中增加混凝土强度等级栏目，识图人员应注意识读混凝土强度等级信息。左边表格中的横向粗线表示该张板平法施工图中的楼面标高为 5～8 层楼面标高，其标高分别为 15.870m、19.470m、23.070m、26.670m。
</blockquote>

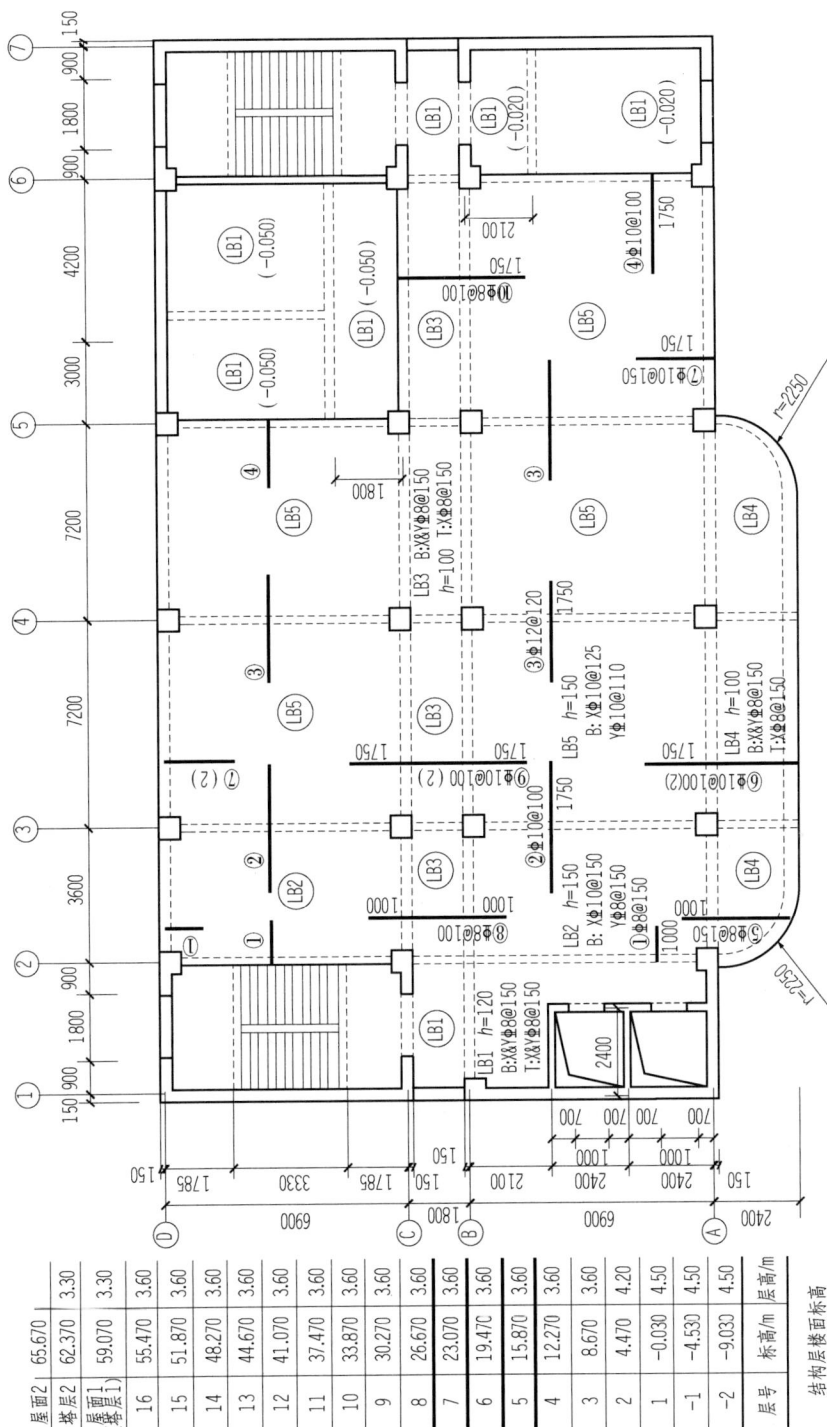

图 5.6 有梁楼盖板平法施工图平面注写方式示例

任务 5.2 熟悉楼板相关构造制图规则

5.2.1 楼板相关构造表示方法

楼板相关构造的平法施工图设计，是在板平法施工图上采用直接引注方式表达。

5.2.2 常用楼板相关构造类型及编号

常用楼板相关构造类型及编号由其类型代号和序号组成，相关规定见表 5.2。

表 5.2 常用楼板相关构造类型及编号

构造类型	代号	序号	说明
纵筋加强带	JQD	××	以单向加强纵筋取代原位置配筋
后浇带	HJD	××	有不同的留筋方式
板开洞	BD	××	最大边长或直径<1m，加强筋长度有全跨贯通和自洞边锚固两种
板翻边	FB	××	翻边高度≤300mm
角部加强筋	Crs	××	以上部双向非贯通加强钢筋取代原位置的非贯通配筋
悬挑板阳角放射筋	Ces	××	板悬挑阳角上部放射筋
悬挑板阴角附加筋	Cis	××	板悬挑阴角上部斜向附加筋

5.2.3 楼板相关构造的直接引注

1. 纵筋加强带（JQD）的引注

纵筋加强带的平面形状及定位由平面布置图表达，加强带内配置的加强贯通纵筋等由引注内容表达。

纵筋加强带设单向加强贯通纵筋，取代其所在位置板中原配置的同向贯通纵筋。根据受力需要，加强贯通纵筋可在板下部设置，也可在板下部和上部均设置。纵筋加强带的引注如图 5.7 所示。

当板下部和上部均设置加强贯通纵筋，而板带上部横向无配筋时，加强带上部横向配筋应由设计者注明。

当将纵筋加强带设置为暗梁形式时应注写箍筋，其引注如图 5.8 所示。

2. 后浇带（HJD）的引注

后浇带的平面形状及定位由平面布置图表达，后浇带留筋方式等由引注内容表达，如图 5.9 所示。

（1）后浇带编号及留筋方式

22G101—1 图集提供了两种留筋方式，分别为贯通留筋（代号 GT）和 100%搭接留筋（代号 100%）。

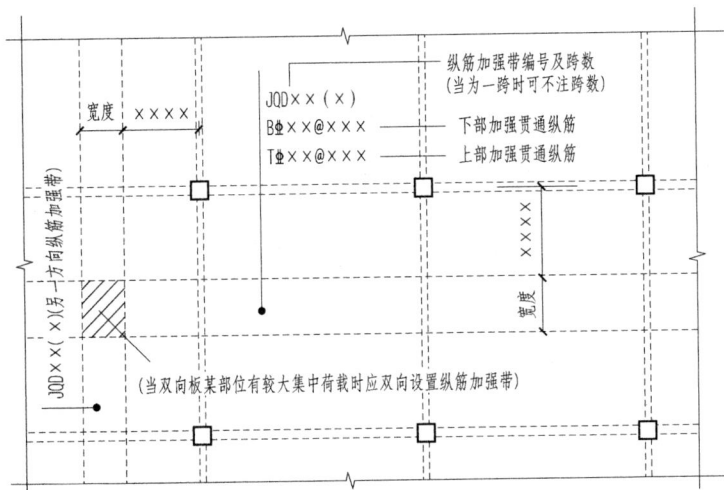

图 5.7　纵筋加强带（JQD）引注图示

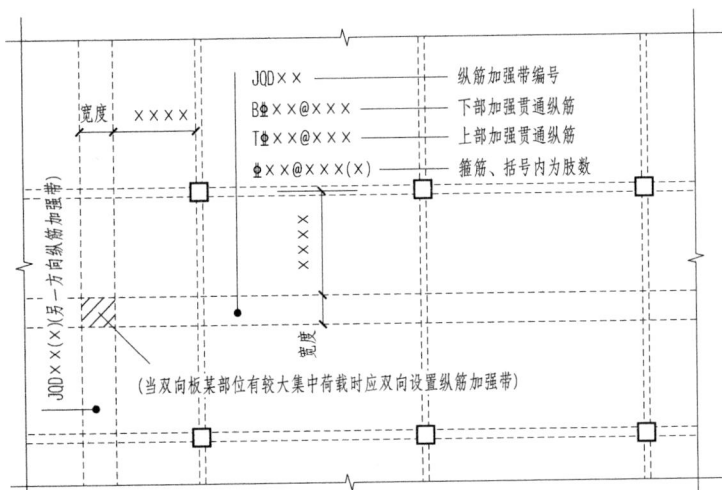

图 5.8　纵筋加强带（JQD）引注图示（暗梁形式）

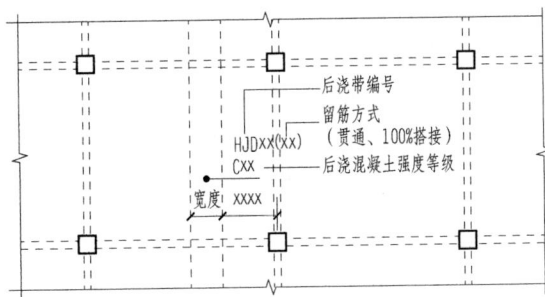

图 5.9　后浇带（HJD）引注图示

（2）后浇混凝土的强度等级 C××

后浇混凝土的强度等级宜采用补偿收缩混凝土，设计应注明相关施工要求。

小贴士

当后浇带区域留筋方式或后浇混凝土强度等级不一致时，设计者会在设计图中注明与图示不一致的部位及做法。

贯通钢筋的后浇带宽度通常取大于或等于 800mm；100%搭接钢筋的后浇带宽度通常取 800mm 与（l_l+60mm 或 l_{lE}+60mm）的较大值（l_l 和 l_{lE} 分别为受拉钢筋搭接长度和受拉钢筋抗震搭接长度），识图时注意读取后浇带宽度信息。

3. 板开洞（BD）的引注

板开洞（BD）的引注如图 5.10 所示。板开洞的平面形状及定位由平面布置图表达，洞的几何尺寸等由引注内容表达。

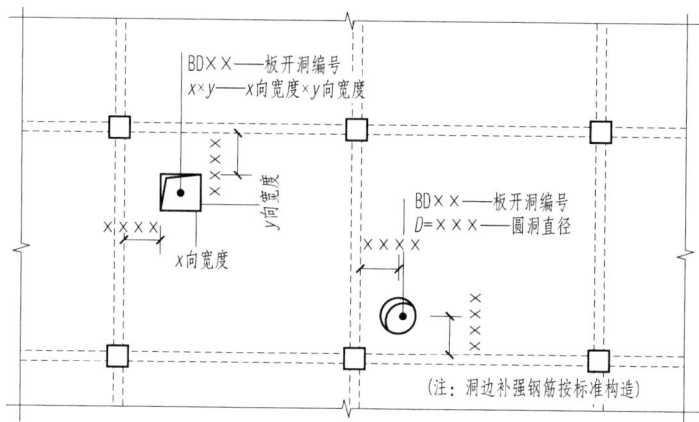

图 5.10　板开洞（BD）的引注图示

当矩形洞口边长或圆形洞口直径小于或等于 1000mm，且当洞边无集中荷载作用时，洞边补强钢筋可按标准构造的规定设置，设计不用注明；当洞口周边加强钢筋不伸至支座时，应在图中画出所有加强钢筋，并标注不伸至支座的钢筋长度。当具体工程所需要的补强钢筋与标准构造不同时，设计应加以注明。

当矩形洞口边长或圆形洞口直径大于 1000mm，或虽小于等于 1000mm，但洞边有集中荷载作用时，设计应根据具体情况采取相应的处理措施。

4. 板翻边（FB）的引注

板翻边（FB）的引注如图 5.11 所示。板翻边可为上翻也可为下翻，翻边尺寸等在引注内容中表达，翻边高度在标准构造详图中为小于或等于 300mm。当翻边高度大于

300mm 时，由设计者自行处理。

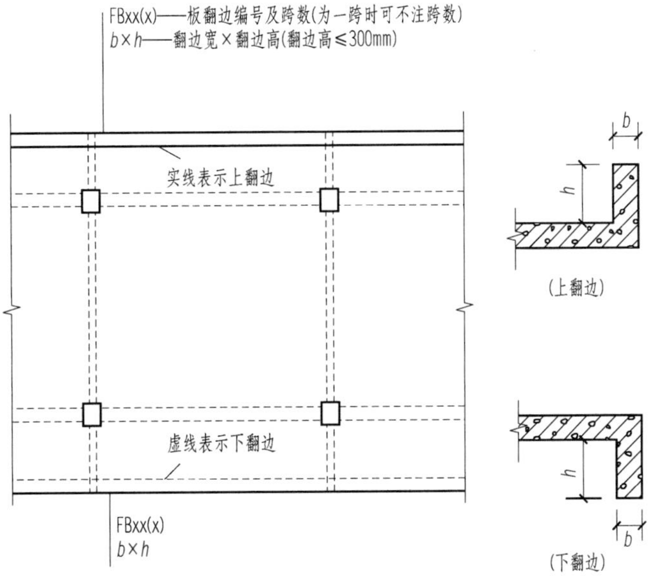

图 5.11 板翻边（FB）的引注图示

5. 角部加强筋（Crs）的引注

角部加强筋（Crs）的引注如图 5.12 所示。角部加强筋通常用于板块角区的上部，根据规范规定和受力要求选择配置。角部加强筋将在其分布范围内取代原配置的板支座上部非贯通纵筋，且当其分布范围内配有板上部贯通纵筋时则间隔布置。

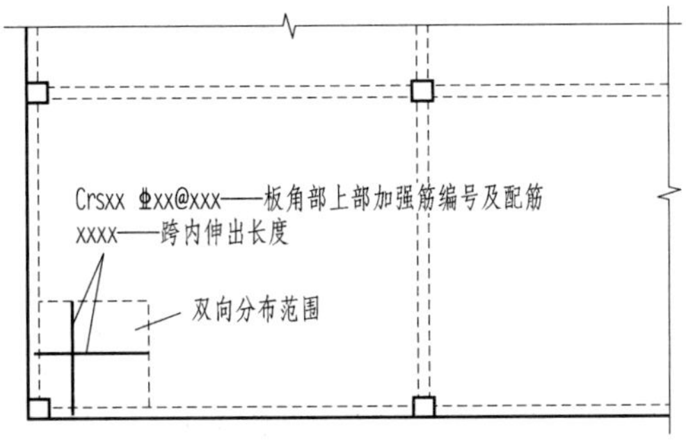

图 5.12 角部加强筋（Crs）的引注图示

【例 5.11】 悬挑板角部加强筋注写为 Crs1Φ8@200 1500，试叙述其表达的含义。

【解】 Crs1Φ8@200 1500 表示板块配置 1 号角部加强筋，配筋为 Φ8@200，加强筋从支座边向跨内伸出长度为 1500mm。

6. 悬挑板阴角附加筋（Cis）的引注

悬挑板阴角附加筋是指在悬挑板的阴角部位斜放的附加钢筋。该附加钢筋设置在板上部悬挑受力钢筋的下面，自阴角位置向内分布。悬挑板阴角附加筋（Cis）的引注如图 5.13 所示。

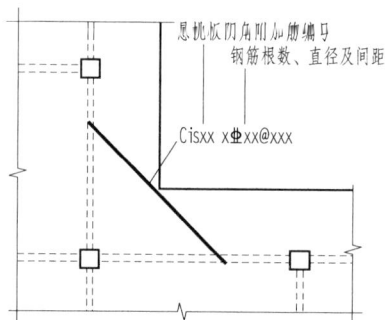

图 5.13　悬挑板阴角附加筋（Cis）的引注图示

7. 悬挑板阳角放射筋（Ces）的引注

悬挑板阳角放射筋（Ces）是指在悬挑板的阳角部位呈放射状布置的钢筋。悬挑板阳角放射筋（Ces）的引注如图 5.14～图 5.16 所示。

构造筋 Ces 的根数按图 5.16 的原则确定，其中 $a \leqslant 200$mm。

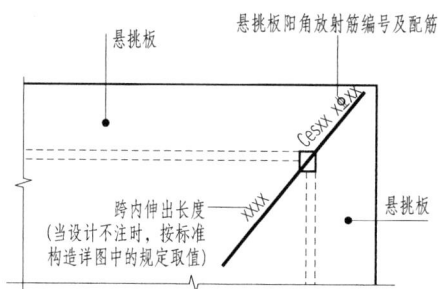

图 5.14　悬挑板阳角放射筋（Ces）的引注图示（一）

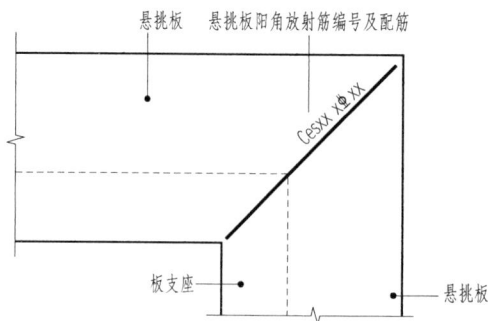

图 5.15　悬挑板阳角放射筋（Ces）的引注图示（二）

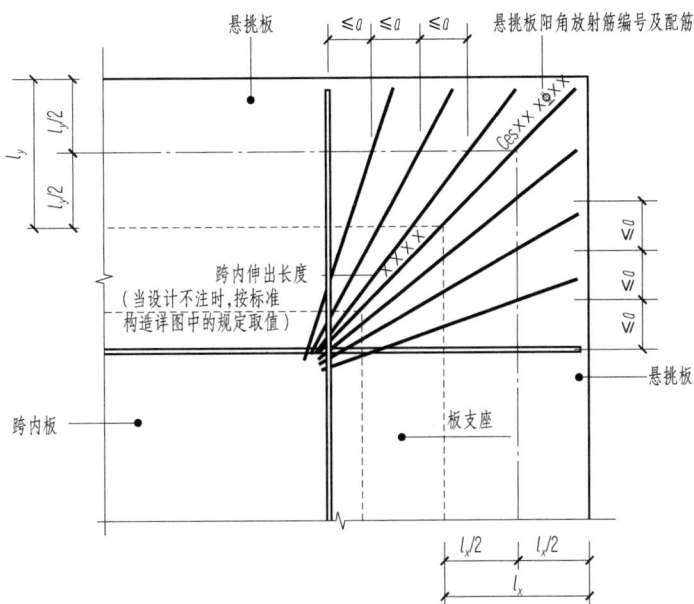

图 5.16　悬挑板阳角放射筋（Ces）的引注图示（三）

【例 5.12】　悬挑板阳角放射筋注写为

Ces1 7⌀8

试叙述其表达的含义。

【解】　Ces1 7⌀8 表示悬挑板 1 号阳角放射筋为 7 根 HRB400 级钢筋，直径为 8mm。

任务 5.3　掌握钢筋混凝土楼（屋）面板的标准构造做法

5.3.1　板在端部支座的锚固构造

1. 端部支座为梁时普通楼（屋）面板的锚固构造

板的端部支座为梁时，普通楼（屋）面板的锚固构造详图如图 5.17（a）所示。

（1）板上部钢筋的锚固

板的端部支座为梁时，普通楼（屋）面板上部钢筋应伸入外侧梁角筋内侧后向下弯折 15d，设计按铰接时，应保证伸入端支座内水平锚固长度不小于 0.35l_{ab}；充分利用钢筋的抗拉强度时，应保证伸入端支座内水平锚固长度不小于 0.6l_{ab}。当伸入端支座内水平长度不小于 l_a 时可不弯折。

（2）板下部钢筋的锚固

板的端部支座为梁时，普通楼（屋）面板下部钢筋应伸入端支座内锚固，其锚固长度不小于 5d 且至少伸到梁中心线位置。

2. 端部支座为梁时转换层的楼面板的锚固构造

板的端部支座为梁时转换层的楼面板的锚固构造详图如图 5.17（b）所示。

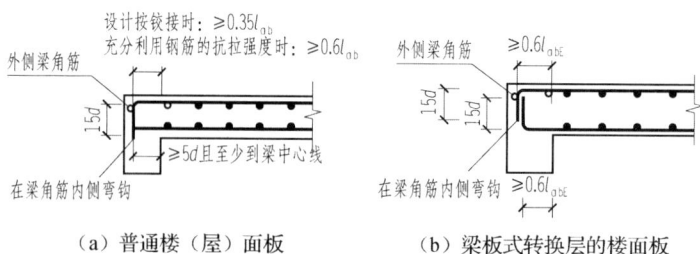

图 5.17 板的端部支座为梁时的锚固构造详图

（1）板上部钢筋的锚固

板的端部支座为梁时，转换层的楼面板上部钢筋应伸入外侧梁角筋内侧后向下弯折 $15d$，设计时应保证伸入端支座内水平锚固长度不小于 $0.6l_{abE}$。当伸入端支座内水平长度不小于 l_{aE} 时可不弯折。

（2）板下部钢筋的锚固

板的端部支座为梁时，转换层的楼面板下部钢筋应伸入上部纵筋内侧后向上弯折 $15d$，当伸入端支座内水平长度不小于 l_{aE} 时可不弯折。

> **小贴士**
>
> 图中 "设计按铰接时" "充分利用钢筋的抗拉强度时" 由设计指定。图中的 $0.35l_{ab}$、$0.6l_{ab}$ 和 $0.6l_{abE}$ 是设计者设计时应该考虑并加以保证的，识图时可不必纠结于此。梁板式转换层的板中 l_{aE} 和 l_{abE} 按抗震等级四级取值，设计也可根据实际工程情况另行指定。

3. 端部支座为剪力墙中间层时的锚固构造

板的端部支座为剪力墙中间层时的锚固构造详图如图 5.18 所示。

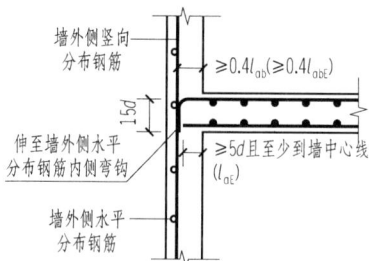

图 5.18 板的端部支座为剪力墙中间层时的锚固构造详图

（1）板上部钢筋的锚固

板的端部支座为剪力墙中间层时，板上部钢筋应伸入剪力墙外侧水平分布钢筋内侧后向下弯折 15d，设计时应保证伸入端支座内水平锚固长度不小于 0.4l_{ab}（0.4l_{abE}）。当伸入端支座内水平长度不小于 l_a（l_{aE}）时可不弯折。

（2）板下部钢筋的锚固

板的端部支座为剪力墙中间层时，板下部钢筋应伸入端支座内锚固，其锚固长度不小于 5d 且至少伸到剪力墙中心线位置。

> **小贴士**
>
> 图中的 0.4l_{ab}（0.4l_{abE}）是设计者设计时应该考虑并加以保证的，识图时可不必纠结于此。图中括号内的 0.4l_{abE} 和 l_{aE} 用于梁板式转换层的板，l_{abE}、l_{aE} 按抗震等级四级取值，设计也可根据实际情况另行指定。

4. 端部支座为剪力墙墙顶时的锚固构造

板的端部支座为剪力墙墙顶时的锚固构造详图如图 5.19 所示。

（1）板上部钢筋的锚固

板的端部支座为剪力墙墙顶时，如板端按铰接设计，板上部钢筋应伸入剪力墙外侧水平分布钢筋内侧后向下弯折 15d，设计时应保证伸入端支座内水平锚固长度不小于 0.35l_{ab}，如图 5.19（a）所示。当伸入端支座内水平长度不小于 l_a 时，可不弯折。如板端上部纵筋按充分利用钢筋的抗拉强度时，板上部钢筋应伸入剪力墙外侧水平分布钢筋内侧后向下弯折 15d，设计时应保证伸入端支座内水平锚固长度不小于 0.6l_{ab}，如图 5.19（b）所示。

（2）板上部钢筋与剪力墙外侧竖向分布钢筋搭接连接

板的端部支座为剪力墙墙顶时，板上部钢筋可与剪力墙外侧竖向分布钢筋采用搭接连接。板上部钢筋应伸入剪力墙外侧水平分布筋内侧后向下弯折 15d，且伸至板底。板上部钢筋与剪力墙外侧竖向分布钢筋的搭接长度不小于 l_l，如图 5.19（c）所示。

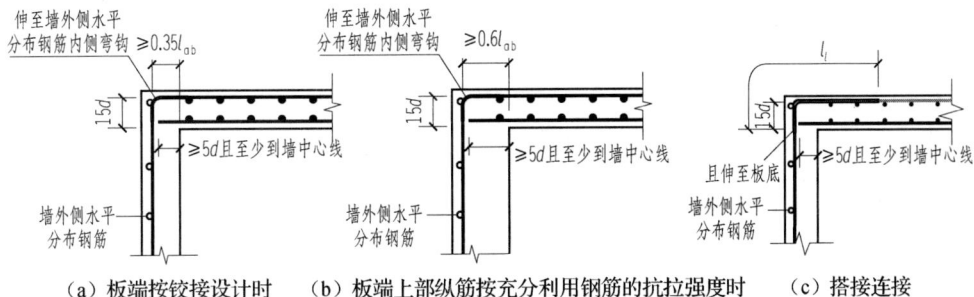

（a）板端按铰接设计时　　　（b）板端上部纵筋按充分利用钢筋的抗拉强度时　　　（c）搭接连接

图 5.19　板的端部支座为剪力墙墙顶时的锚固构造详图

（3）板下部钢筋的锚固

板的端部支座为剪力墙墙顶时，板下部钢筋应伸入端部支座内锚固，其锚固长度不小于 5d，且至少伸到剪力墙中心线位置。

小贴士

图中"按铰接设计时""按充分利用钢筋的抗拉强度时"由设计指定。图中的 $0.35l_{ab}$、$0.6l_{ab}$ 是设计者设计时应该考虑并加以保证的，识图时可不必纠结于此。板的端部支座为剪力墙墙顶时，图 5.19（a）～（c）做法由设计指定。

5.3.2　有梁楼盖楼面板（LB）和屋面板（WB）配筋构造

有梁楼盖楼面板（LB）和屋面板（WB）配筋构造详图如图 5.20 所示。

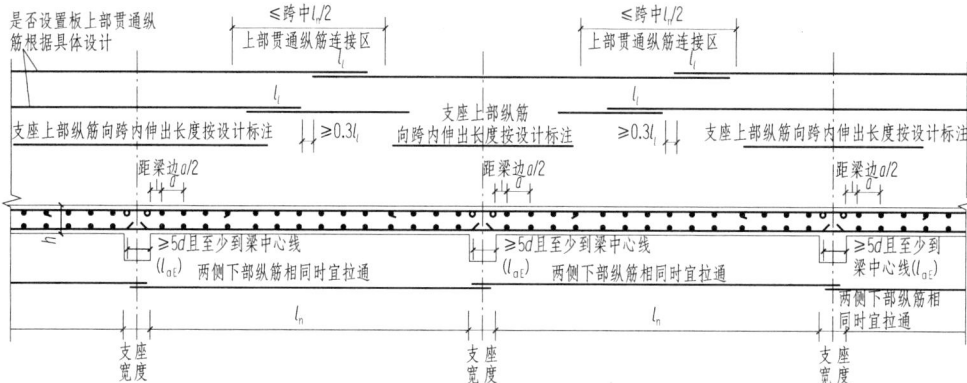

图 5.20　有梁楼盖楼面板（LB）和屋面板（WB）配筋构造详图

1. 板下部钢筋在中间支座的锚固构造

板下部钢筋应伸入中间支座锚固，其锚固长度不小于 5d，且至少伸至支座中心线位置，如图 5.20 所示。

2. 板钢筋布置范围

板相邻支座之间的净距为各板块钢筋布置的范围。各板块边缘的钢筋距离支座边缘的距离为板筋间距的一半，如图 5.20 所示。

3. 板贯通纵筋连接构造

（1）连接方式

板贯通纵筋连接除可采用图 5.20 所示搭接连接外，还可采用机械连接或焊接连接。

（2）接头位置及构造要求

板下部贯通纵筋的接头位置宜在距支座四分之一净跨内；上部贯通纵筋的接头位置

宜在跨中二分之一净跨内，如图 5.20 所示。

板贯通纵筋的连接要求见模块 1 任务 1.4 的相关内容，且同一连接区段内钢筋接头百分率不宜大于 50%。当相邻等跨或不等跨的上部贯通纵筋配置不同时，应将配置较大者越过其标注的跨数终点或起点伸出至相邻跨的跨中连接区域连接。

有梁楼盖等跨板上部贯通纵筋连接（绑扎搭接连接）构造详图如图 5.20 所示。

小贴士

图中板的中间支座均按梁绘制，当支座为混凝土剪力墙时，其构造相同。板支座上部的非贯通纵筋自支座边线向跨内伸出长度达到设计标注值后直接截断。

有梁楼盖不等跨板上部贯通纵筋连接构造详图如图 5.21 所示。

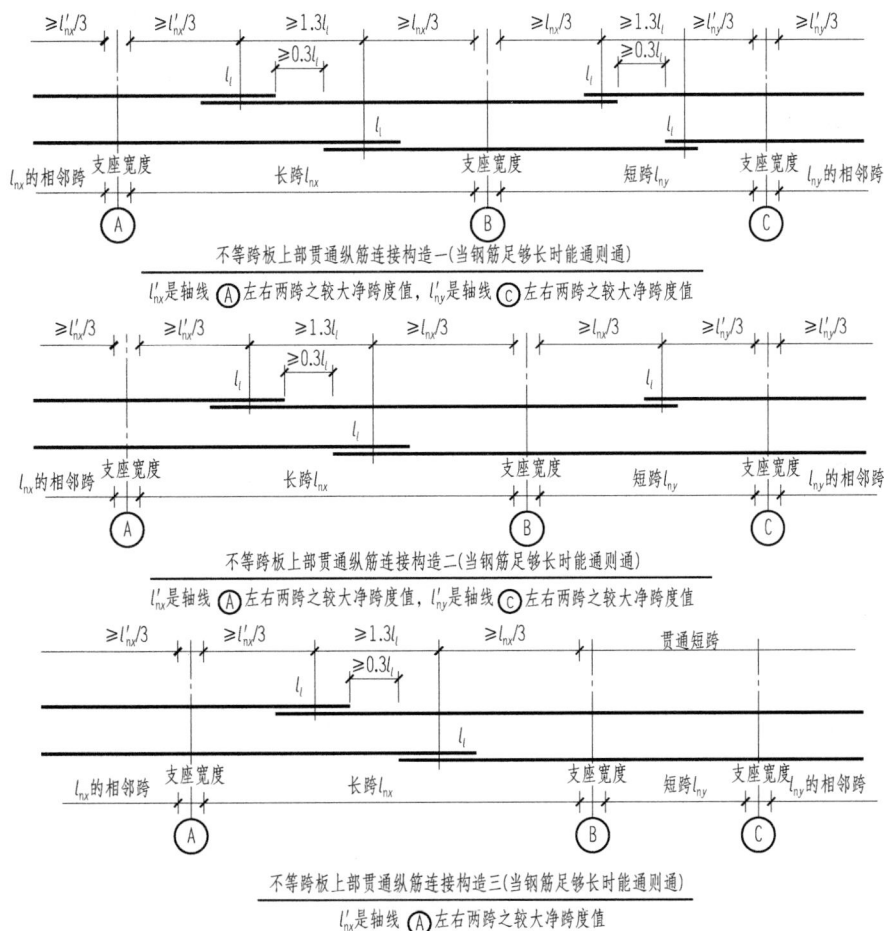

图 5.21　有梁楼盖不等跨板上部贯通纵筋连接构造详图

当板纵向钢筋采用非接触方式（使混凝土能够与搭接范围内所有钢筋的全表面充分

黏结，可以提高搭接钢筋之间通过混凝土传力的可靠度）的绑扎搭接连接时，其构造详图如图 5.22 所示。图中的 a 要求不宜小于 30mm+d，且应小于 0.2l_l 及 150mm 的较小值。

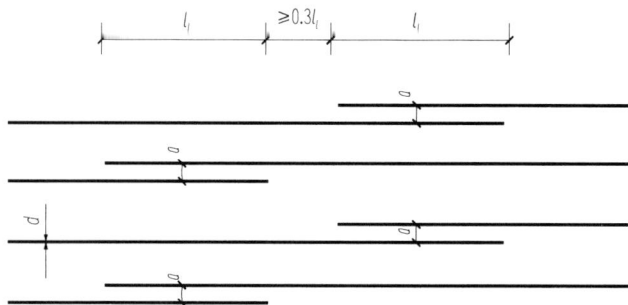

图 5.22　纵向钢筋非接触搭接构造详图

小贴士

在搭接范围内，相互搭接的纵筋与横向钢筋的每个交叉点均应进行绑扎。

5.3.3　板分布钢筋及抗裂、抗温度钢筋构造

当板的上部钢筋采用分离式配筋时，如图 5.23 所示，若需要设置板抗裂、抗温度钢筋，抗裂、抗温度钢筋自身及其与受力主筋搭接长度为 l_l；分布钢筋自身及与受力主筋、构造钢筋的搭接长度为 150mm；当分布钢筋兼作抗温度钢筋时，其自身及与受力主筋、构造钢筋的搭接长度为 l_l，分布钢筋的起始位置距支座边为板筋间距的一半。

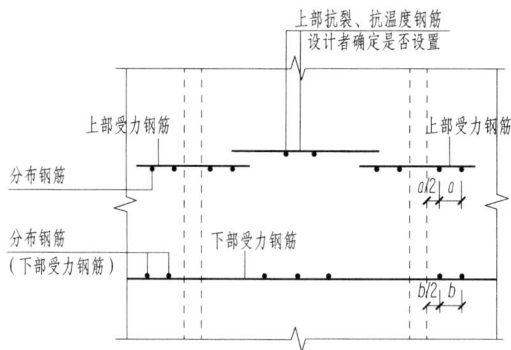

图 5.23　板分离式配筋示意图

小贴士

板上下贯通筋可兼作抗裂构造筋和抗温度钢筋。当下部贯通筋兼作抗温度钢筋时，其在支座的锚固由设计者确定。

5.3.4　悬挑板（XB）钢筋构造

悬挑板（XB）钢筋构造详图如图 5.24 所示。

1. 跨内板外伸

（1）板顶齐平

悬挑板为跨内板外伸且板顶齐平时，其构造详图如图 5.24（a）所示。构造做法为：把跨内板上部的受力钢筋伸至悬挑板端部，再向下垂直弯折到板底截断。若下部有构造钢筋，则应将其伸入梁内锚固，其锚固长度不小于 12d 且至少伸至梁中心线位置；若需要考虑竖向地震作用，其直锚时的锚固长度为 l_{aE}。

（2）板顶不齐平

悬挑板为跨内板外伸且板顶不齐平时，其构造详图如图 5.24（b）所示。构造做法为：把板上部钢筋伸入梁内直锚，锚固长度不小于 l_a；若需要考虑竖向地震作用，其直锚锚固长度为 l_{aE}。若下部有构造钢筋，其构造做法和板顶齐平时的构造做法相同。

2. 纯悬挑板

悬挑板为纯悬挑板时，其构造详图如图 5.24（c）所示。构造做法为：把板上部钢筋伸至梁外侧角筋内侧后向下弯折 15d，设计应保证伸入梁内水平锚固长度不小于 $0.6l_{ab}$（l_{abE}）。若下部有构造钢筋，则应将其伸入梁中锚固，其锚固长度不小于 12d 且至少伸至梁中心线位置。若需要考虑竖向地震作用，其直锚时的锚固长度为 l_{aE}。若不满足直锚条件，悬挑板下部钢筋应伸入上部纵筋内侧后向上弯折 15d。

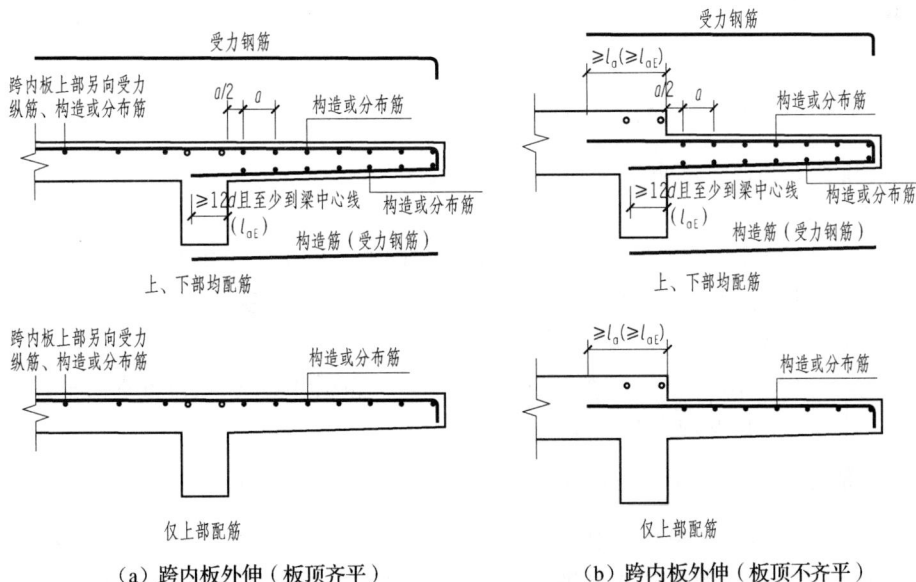

（a）跨内板外伸（板顶齐平）　　　　　（b）跨内板外伸（板顶不齐平）

图 5.24　悬挑板（XB）钢筋构造详图

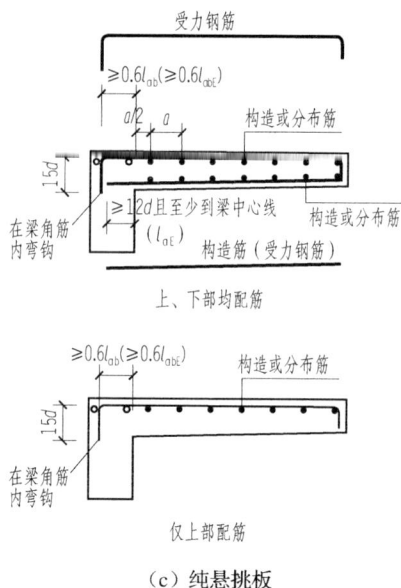

图 5.24（续）

小贴士

悬挑板钢筋距离支座边缘的距离为板筋间距的一半。图中的 $0.6l_{ab}$、$0.6l_{abE}$ 是设计者设计时应该考虑并加以保证的，识图时可不必纠结于此。图中括弧中的 $0.6l_{abE}$ 和 l_{aE} 用于需要考虑竖向地震作用时，而是否考虑竖向地震作用，也是由设计者来确定的，识图人员应注意图中相关的文字说明。

5.3.5　无支承板端部封边构造

当悬挑板端部厚度不小于 150mm 时，22G101—1 提供了无支承板端部封边构造，如图 5.25 所示。

图 5.25（a）只适用于板上、下钢筋间距相同时，板上、下钢筋伸至板端截断，另采用 U 形钢筋封边，U 形钢筋与板上、下钢筋的搭接长度不小于 15d 且不小于 200mm，直径 d 取与之搭接的板上、下钢筋的较小值。

图 5.25（b）采用上、下钢筋搭接封边，上、下钢筋伸至板端再分别向下和向上垂直弯折，其弯折的长度为板厚减 2 倍保护层厚度。

小贴士

板端部封边构造采用图 5.25（a）还是图 5.25（b）由设计者指定，设计者若采用与图集标准构造不同的做法需要另行注明。若图中另行注明了封边构造，则按图施工；若设计未另行注明，则施工应按标准构造详图 5.25（a）或（b）执行。

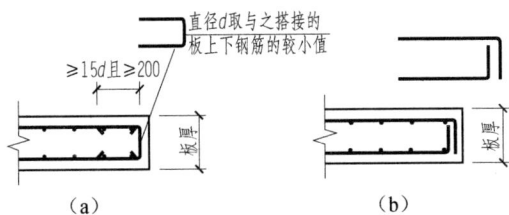

图 5.25　无支承板端部封边构造详图

5.3.6　折板配筋构造

折板外折角处的钢筋无须断开，但内折角处的钢筋应断开，分别加以锚固，其各自的锚固长度均不小于 l_a。折板配筋构造详图如图 5.26 所示。

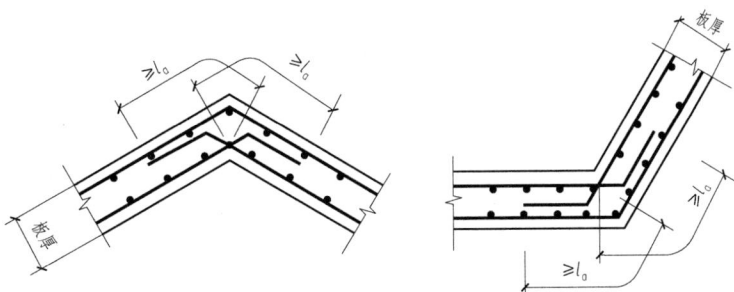

图 5.26　折板配筋构造详图

5.3.7　板翻边（FB）构造

板翻边（FB）构造详图如图 5.27 所示。该板翻边（FB）构造适用于翻边尺寸不大于 300mm 的板，板翻边尺寸大于 300mm 时应由设计另行确定。

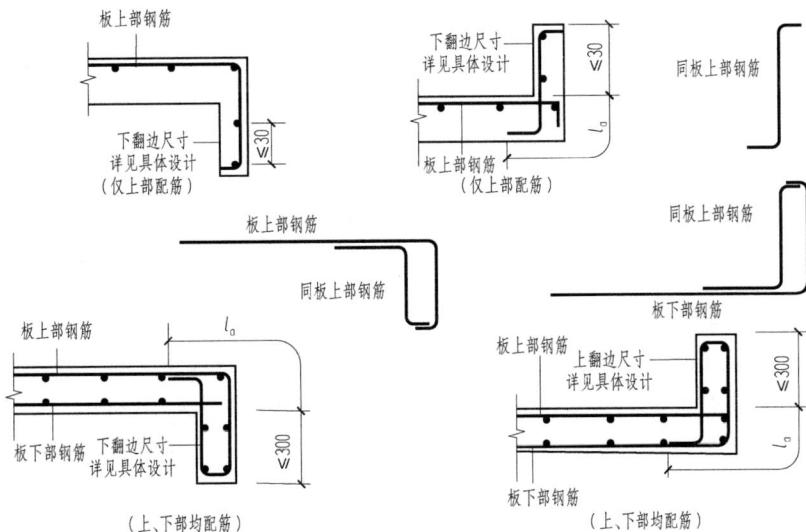

图 5.27　板翻边（FB）构造详图

5.3.8 板开洞（BD）与洞边加强钢筋构造

1. 矩形洞边长和圆形洞直径不大于 300mm 时加强钢筋构造

当矩形洞边长和圆形洞直径不大于 300mm，且洞边无集中荷载作用时，板中受力钢筋可绕过洞口，不另设补强钢筋，如图 5.28 所示。遇洞口被切断的上部和下部钢筋伸至板端再分别向下和向上垂直弯折，其弯折的长度为板厚减 2 倍保护层厚度；若洞口位置未设置上部钢筋，遇洞口被切断的下部钢筋伸至板端垂直弯折后再水平弯折 5d，在钢筋上部转角位置补加一根分布筋，分布筋伸出洞边长度为 150mm。

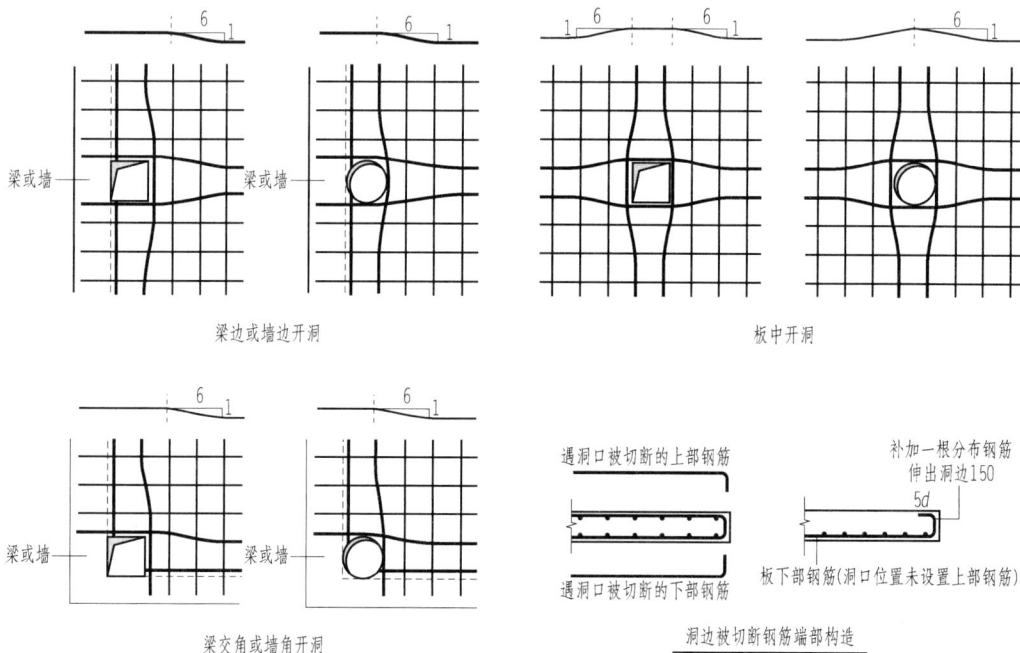

图 5.28 板开洞（BD）与洞边加强钢筋构造详图（一）

2. 矩形洞边长和圆形洞直径大于 300mm 但不大于 1000mm 时加强钢筋构造

矩形洞边长和圆形洞直径大于 300mm 但不大于 1000mm，且当洞边无集中荷载作用时，其洞边加强钢筋标准构造详图如图 5.29 所示。图中 X 向、Y 向补强纵筋是指分别按每边配置两根直径不小于 12mm 且不小于同向被切断纵筋总面积的 50%补强，补强钢筋与被切断钢筋布置在同一层面，两根补强钢筋之间的净距为 30mm；图中环向补强钢筋是指上、下各配置一根直径不小于 10mm 的钢筋补强。图中补强钢筋的强度等级与被切断钢筋相同。X 向、Y 向补强纵筋伸入支座锚固，其锚固方式同板中钢筋。当洞口周边加强钢筋不伸至支座时，设计者会在图中画出所有加强钢筋，并标注不伸入支座的钢筋长度。当具体工程所需要的补强钢筋与标准构造不同时，设计者会在图中加以注明。

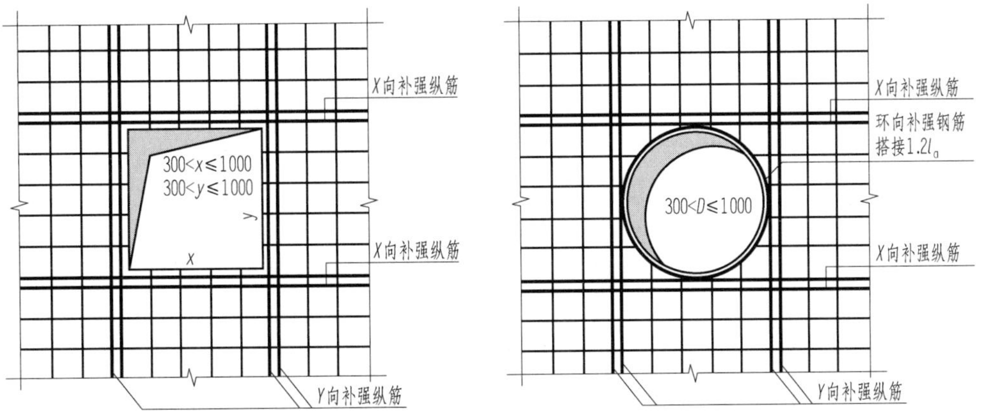

（a）板中开洞

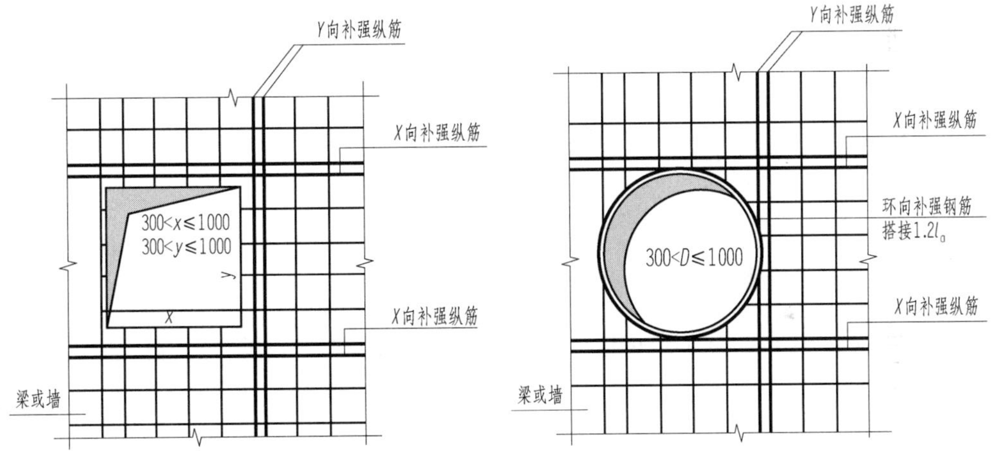

（b）梁边或墙边开洞

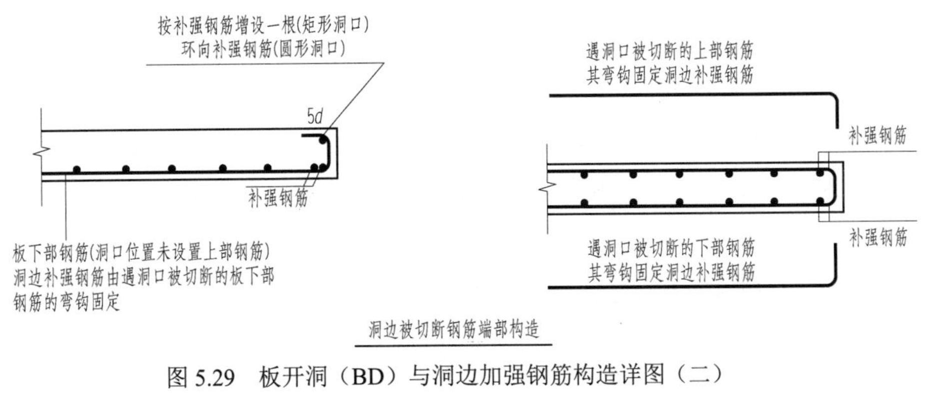

洞边被切断钢筋端部构造

图 5.29　板开洞（BD）与洞边加强钢筋构造详图（二）

遇洞口被切断的上部和下部钢筋伸至板端再分别向下和向上垂直弯折，其弯折的长度为板厚减 2 倍保护层厚度，洞边上、下部补强钢筋分别由遇洞口被切断的上、下部钢筋的弯钩固定；若洞口位置未设置上部钢筋，遇洞口被切断的下部钢筋伸至板端垂直弯折后再水平弯折 5d，若为矩形洞口，在钢筋上部转角位置按补强钢筋增设一根；若为圆形洞口，在钢筋上部转角位置设置一根环向补强钢筋，洞边下部补强钢筋由遇洞口被切断的下部钢筋的弯钩固定。

> **小贴士**
>
> 当设计注写补强钢筋时，应按注写的规格、数量与长度值补强。当设计未注写补强钢筋时，矩形洞边长和圆形洞直径不大于 1000mm，且洞边无集中荷载作用时参照标准构造详图补强。
>
> 当矩形洞口边长和圆形洞口直径大于 1000mm，或虽不大于 1000mm 但洞边有集中荷载作用时，设计者会根据具体情况采取相应的处理措施。识图时注意其采取了何种处理措施。

5.3.9 悬挑板阳角放射筋（Ces）构造

悬挑板阳角放射筋（Ces）构造详图如图 5.30 所示。

1. 跨内板外伸悬挑板阳角放射筋构造

图 5.30（a）中的①筋为跨内板外伸悬挑板阳角放射筋，设置在悬挑板的阳角部位且设置在板的上部；②筋和③筋分别为板沿 X 向和 Y 向设置的板上部钢筋。①～③筋应位于同一层面。①筋伸入跨内直锚，在支座和跨内位于②与③筋下侧；其伸入跨内的长度自支座外边缘起取 l_x 与 l_y 之较大者，且不小于 l_a。需要考虑竖向地震作用时，另行设计。

> **小贴士**
>
> 由跨内板外伸的悬挑板，其阳角放射筋伸入跨内的长度由设计标注，当设计未注明时，其长度按图 5.30（a）取值，即取 l_x 与 l_y 之较大者，且不小于 l_a。

2. 纯悬挑板阳角放射筋构造

图 5.30（b）中的④筋为纯悬挑板阳角放射筋，其伸至支座对边再垂直往下弯折 15d，设计应保证伸入梁内水平锚固长度不小于 $0.6l_{ab}$。

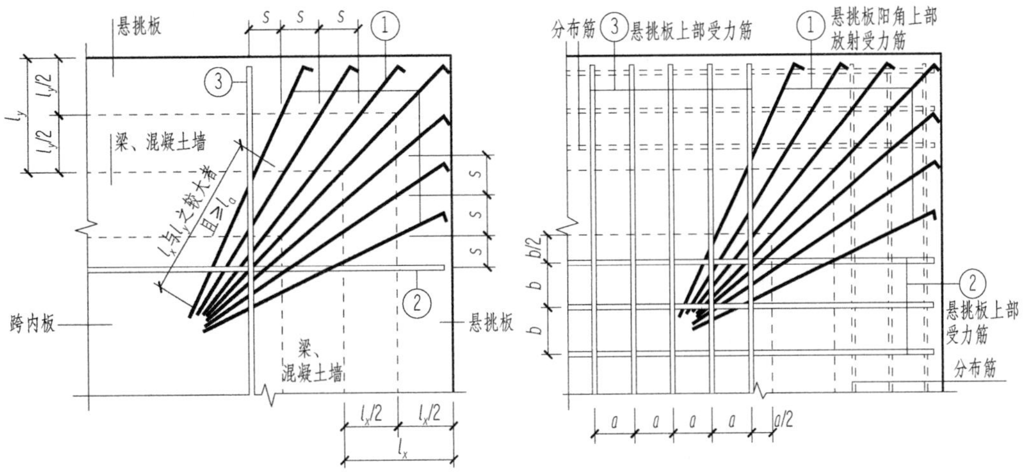

（a）跨内板外伸悬挑板阳角放射筋构造详图

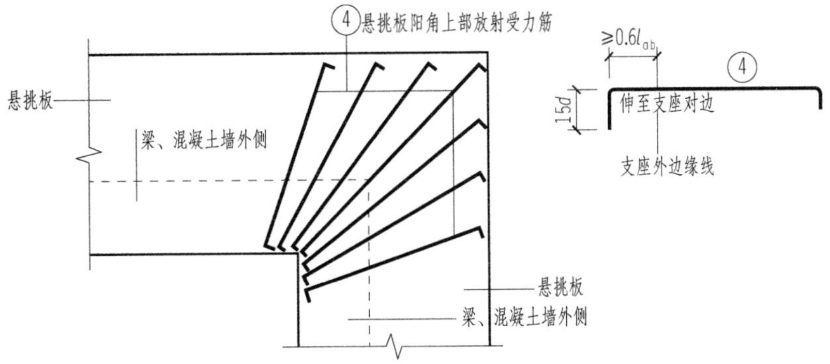

（b）纯悬挑板阳角放射筋构造详图

图 5.30　悬挑板阳角放射筋（Ces）构造详图

5.3.10　悬挑板阴角（Cis）构造

悬挑板阴角（Cis）构造详图如图 5.31 所示。图中构造（一）是把悬挑板上部受力钢筋在阴角部位伸过悬挑板端部 l_a 再截断；图中构造（二）是在悬挑板的阴角部位设置斜放的附加钢筋即悬挑板阴角附加筋，悬挑板阴角附加筋设置在悬挑板 X 向和 Y 向上部受力钢筋的下面，间距不大于 100mm，其两端距转角处距离不小于 l_a 再截断。

> **小贴士**
>
> 悬挑板阴角附加筋的直径和间距由设计者确定并在图中标注，当设计未标注悬挑板阴角附加筋时，施工应按悬挑板阴角构造（一）执行。

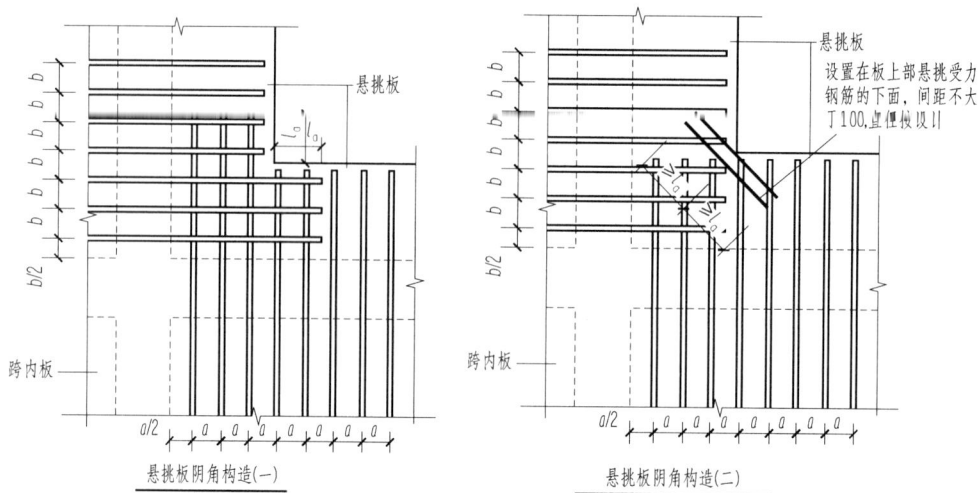

图 5.31　悬挑板阴角（Cis）构造详图

5.3.11　板内纵筋加强带（JQD）构造

板内纵筋加强带（JQD）构造详图如图 5.32 所示。图 5.32（a）和（b）分别为无暗梁和有暗梁时板内纵筋加强带构造。在纵筋加强带宽度内设置的上、下部加强贯通纵筋分别取代上、下部原配置的同向贯通纵筋。

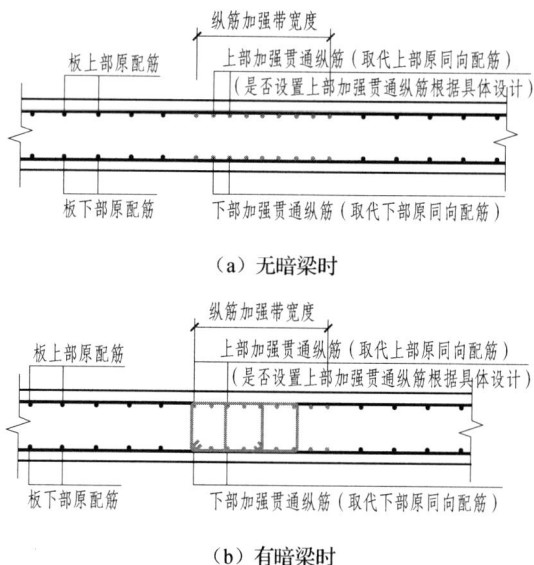

（a）无暗梁时

（b）有暗梁时

图 5.32　板内纵筋加强带（JQD）构造详图

小贴士

根据受力需要，加强贯通纵筋可在板下部设置，也可在板下部和上部均设置。是否设置上部加强贯通纵筋根据具体设计而定，识图人员注意查看设计者标注。

5.3.12　板、墙、梁后浇带（HJD）钢筋构造

板、墙、梁后浇带（HJD）钢筋构造详图如图 5.33 所示。板、墙、梁后浇带钢筋贯通时，后浇带宽度要求不小于 800mm，板、墙、梁后浇带钢筋 100%搭接时，后浇带宽度要求不小于 l_l+60mm，且不小于 800mm。板、墙、梁后浇带钢筋搭接长度要求不小于 l_l。

小贴士

条件许可时，钢筋搭接接头面积百分率宜为 50%，后浇带宽度由设计者指定且不小于 800mm。当构件抗震等级为一级～四级时，图中 l_l 应改为 l_{lE}，识图时注意查看后浇带宽度信息。

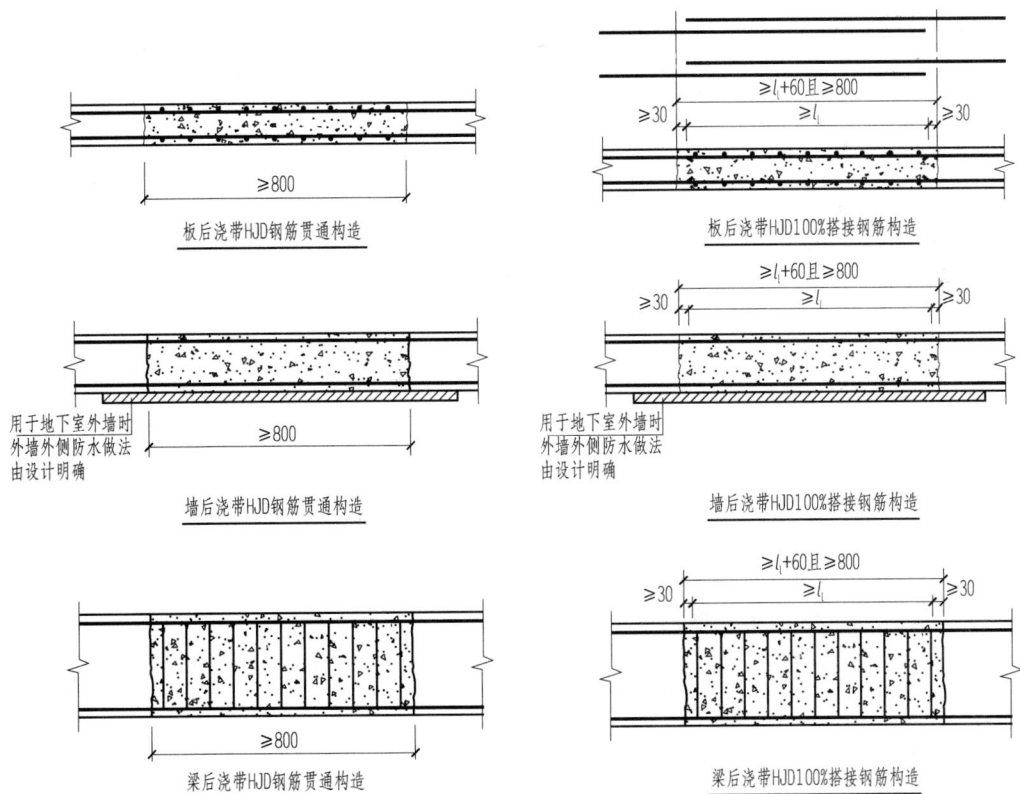

板后浇带HJD钢筋贯通构造

板后浇带HJD100%搭接钢筋构造

用于地下室外墙时
外墙外侧防水做法
由设计明确

墙后浇带HJD钢筋贯通构造

用于地下室外墙时
外墙外侧防水做法
由设计明确

墙后浇带HJD100%搭接钢筋构造

梁后浇带HJD钢筋贯通构造

梁后浇带HJD100%搭接钢筋构造

图 5.33　板、墙、梁后浇带（HJD）钢筋构造详图

小　　结

1. 本模块主要介绍有梁楼盖板及常用楼板相关构造的平法施工图制图规则及板的标准构造做法。

2. 有梁楼盖板是指以梁为支座的楼面板与屋面板。

3. 有梁楼盖板平法施工图，是在楼面板和屋面板布置图上，采用平面注写的表达方式表达板的施工图。板平面注写主要包括板块集中标注和板支座原位标注。

4. 板块集中标注的内容为：板块编号、板厚、贯通纵筋，以及当板面标高不同时的标高高差。

5. 板相关构造的平法施工图设计，是在板平法施工图上采用直接引注方式表达。

6. 识图人员应能根据板平法施工图中板编号及楼板相关构造类型编号中的类型代号查找对应的构造详图，本模块任务 5.3 结合板的标准构造详图，介绍了其标准的构造做法。

习　　题

一、填空题

1. 板块集中标注的内容包括_____、_____、_____，以及当板面标高不同时的_____。

2. 对于普通楼面，两向均以_____跨为一板块。

3. 当悬挑板的端部改变截面厚度时，用_____分隔根部与端部的高度值。

4. 贯通纵筋按板块的下部和上部分别注写（当板块上部不设贯通纵筋时则不注），并以 B 代表_____部，以 T 代表_____部，B&T 代表_____；_____向贯通纵筋以 X 打头，_____向贯通纵筋以 Y 打头，两向贯通纵筋配置相同时则以_____打头。

5. 板支座原位标注的内容包括板_____非贯通纵筋和悬挑板_____部受力钢筋。

6. 板支座原位标注的钢筋，应在配置相同跨的第_____跨表达。

7. 板支座上部非贯通筋自_____向跨内的延伸长度，注写在线段的下方位置。

8. JQD、HJD、BD 和 FB 分别为_____、_____、_____和_____的代号。

9. Crs 和 Ces 分别为_____和_____的代号。

10. 后浇带留筋方式有_____和_____两种。

11. 板伸入支座的长度称为板的_____长度。

12. 当矩形洞边长和圆形洞直径不大于_____mm，且洞边无集中荷载作用时，板中受力钢筋可绕过洞口，不另设补强钢筋。

二、单选题

1. 板块编号中 XB 表示（　　　）。

　A. 现浇板　　　　　B. 悬挑板　　　　　C. 延伸悬挑板　　　　D. 屋面现浇板

2. 板贯通筋表达为 $\Phi 8/10@120$，其表达的含义是（　　　）。

　　A．直径为 8mm 的钢筋和直径为 10mm 的钢筋两者之间间距为 120mm

　　B．直径为 8mm 的钢筋和直径为 8mm 的钢筋两者之间间距为 120mm

　　C．直径为 10mm 的钢筋和直径为 10mm 的钢筋两者之间间距为 120mm

　　D．直径为 8mm 的钢筋和直径为 10mm 的钢筋两者之间间距为 240mm

3. 普通楼（屋）面板的端部支座为梁时，板下部钢筋应伸入端支座内锚固，其锚固长度（　　　）。

　　A．不小于 $10d$　　　　　B．不小于 $10d$ 且至少伸到梁中心线位置

　　C．不小于 $5d$　　　　　D．不小于 $5d$ 且至少伸到梁中心线位置

4. 普通楼（屋）面板的端部支座为梁时，板上部钢筋应伸入端支座（梁）外侧纵筋内侧后弯折（　　　）。

　　A．$10d$　　　　　　B．$12d$　　　　　　C．$15d$　　　　　　D．$18d$

5. 普通楼（屋）面板下部钢筋应伸入中间支座锚固，其锚固长度（　　　）。

　　A．不小于 $5d$　　　　　B．不小于 $5d$ 且至少伸到支座中心线位置

　　C．不小于 $10d$　　　　D．不小于 $10d$ 且至少伸到支座中心线位置

6. 各板块边缘的钢筋距离支座边缘的距离为（　　　）。

　　A．板筋间距的一半　　　　　　　　B．150mm

　　C．100mm　　　　　　　　　　　　D．50mm

7. 板下部贯通纵筋的接头位置宜在（　　　）。

　　A．距支座三分之一净跨内　　　　　B．距支座四分之一净跨内

　　C．跨中三分之一净跨内　　　　　　D．跨中二分之一净跨内

8. 板上部贯通纵筋的接头位置宜在（　　　）。

　　A．距支座三分之一净跨内　　　　　B．距支座四分之一净跨内

　　C．跨中三分之一净跨内　　　　　　D．跨中二分之一净跨内

三、简答题

1. 若图中有一楼面板块注写为

XB1　h=100/80

B：Xc&Yc $\Phi 10@200$

试叙述其表达的含义。

2. 若图中有一楼面板块注写为

LB2　h=100

B：X&Y $\Phi 12@120$

T：X&Y $\Phi 10@100$

试叙述其表达的含义。

3. 若图中有一楼面板块注写为

LB3　h=80

B：X⇞8/10@100；Y⇞10@100
（−0.05）

试叙述其表达的含义。

4. 若图中的支座上部非贯通纵筋标注为

①⇞8@120（4A）

试叙述其表达的含义。

四、识图题

识读图 5.6，回答下列问题。

1. 板所在结构层层号为_____，楼面标高分别为_____。

2. LB5 板厚是_____mm，X 向的跨度为_____mm，Y 向的跨度为_____mm，其板面标高为_____；其板底 X 向纵筋为_____；Y 向纵筋为_____mm，如图中梁宽为 250mm，板底 X 向纵筋和 Y 向纵筋在支座内的锚固长度分别为_____mm 和_____mm，靠近梁边第一根板底 X 向纵筋和 Y 向纵筋距梁边的距离分别为_____mm 和_____mm。

3. 图中未注明的分布筋为_____，LB5 板面_____（是否）设置了贯通纵筋，其板底_____（注明或未注明）分布筋，其板面_____（注明或未注明）分布筋。

4. ①号筋为垂直支座的非贯通纵筋，其配筋为_____，其一端自梁边缘向跨内伸出_____mm，另一端伸入梁内锚固，若其不满足直锚要求，则其伸入梁外侧角筋内侧后垂直向_____弯折_____mm，靠近梁边的第一根①号筋距梁边的距离为_____mm。

5. LB5 在④～⑤轴之间 D 支座处_____（有或没有）垂直支座的非贯通纵筋。若有，该纵筋编号为_____，其配筋为_____，其一端自梁边缘向跨内伸出_____mm，另一端伸入梁内锚固，若其不满足直锚要求，则其伸入梁外侧角筋内侧后垂直向_____弯折_____mm。

6. LB5 在④～⑤轴之间 B、C 支座处_____（有或没有）垂直支座的非贯通纵筋。若有，该纵筋编号为_____，其配筋为_____，其两端自梁边缘向跨内伸出_____mm。

7. LB1 的板底 X 向配筋为_____，Y 向配筋为_____，板顶 X 向配筋为_____，Y 向配筋为_____，其板底_____（注明或未注明）分布筋，其板面_____（注明或未注明）分布筋。

钢筋混凝土剪力墙平法施工图及标准构造详图识读

思政引导 ☞

框架结构抗水平荷载能力差，很容易发生侧移，因此，框架结构房屋建筑高度受到限制，特别是在抗震设防地区。如果在梁柱间增加钢筋混凝土墙，形成剪力墙结构，则墙柱、墙身、墙梁形成一个整体，共同受力，承受水平荷载能力、抗侧移能力都得到很大提高，这正体现了凝聚多方力量的重要性。谚语"三个臭皮匠，顶个诸葛亮"，足以诠释团队的智慧；"人心齐泰山移"，足以见证团队的力量，可见团队合作力量不可比拟。团队的核心是协同合作，团队力量是全体成员的向心力、凝聚力的集中体现，只有团队成员齐心协力，相互信任，团结一致，团队才能无所不能。个人因团队而更加强大，就像一滴水只有放进大海才会永不干涸，一个人即使再完美，就像大海中的一滴水，唯有融入一个优秀的团队中去，才能获得源源不断的力量。在工作中，我们都是团队中的一员，要有大局意识、协作精神，只有心往一处想、智往一处谋、劲往一处使、汗往一处流，目标同向、行动同步，个人与团队才能共赢，共创辉煌，成就梦想。

知识要求 ☞

通过本模块内容的学习，掌握钢筋混凝土剪力墙平法施工图制图规则；掌握钢筋混凝土剪力墙平法施工图注写方式及其标注的具体内容和要求；掌握钢筋混凝土剪力墙标准构造做法。

技能要求 ☞

通过本模块内容的学习，初步掌握钢筋混凝土剪力墙平法施工图的识图方法；能读懂钢筋混凝土剪力墙平法施工图，并能根据钢筋混凝土剪力墙平法施工图中构件代号及结构设计说明准确找到其对应的构造详图；能读懂钢筋混凝土剪力墙的构造详图。

关键术语 ☞

剪力墙柱、剪力墙身、剪力墙梁、约束边缘构件、构造边缘构件、暗柱、端柱、翼墙、转角墙、连梁、暗梁、边框梁、钢筋混凝土剪力墙平法施工图、钢筋混凝土剪力墙标准构造详图。

任务 6.1 掌握剪力墙平法施工图制图规则

6.1.1 剪力墙基本知识

剪力墙是固结于基础的钢筋混凝土墙，其承受水平荷载的能力较强，具有较强的抗侧移能力。在水平荷载作用下，剪力墙的工作状态如同一根底部嵌固于基础顶面的直立悬臂深梁，墙体的长度相当于深梁的截面高度，墙体的厚度相当于深梁的截面宽度，剪力墙可承受轴向力、弯矩、剪力。在抗震设防区，还要承受水平地震作用，因此剪力墙有时也称为抗震墙。

在剪力墙两端和洞口两侧边缘应力较大的部位，应设置边缘构件，主要是为了提高墙肢端部混凝土极限压应变、改善剪力墙延性。边缘构件又分为约束边缘构件和构造边缘构件两类。当边缘的压应力较大时采用约束边缘构件，其约束范围大、箍筋较多、对混凝土的约束较强；当边缘的压应力较小时采用构造边缘构件，其箍筋数量和约束范围都小于约束边缘构件，对混凝土的约束程度相对较弱。在墙肢中，其底部嵌固部位承受弯矩和剪力最大；而且在抗震设防区，水平地震作用力较大，故在底部嵌固部位应采取抗震加强措施。

《高层建筑混凝土结构技术规程》（JGJ 3—2010）规定：剪力墙两端和洞口两侧应设置边缘构件；一、二、三级抗震剪力墙底层墙肢底截面的轴压比大于规定值时，以及部分框支剪力墙结构的剪力墙，应在底部加强部位及相邻的上一层设置约束边缘构件；除此部位外，剪力墙应设置构造边缘构件。规程对约束边缘构件配箍率、箍筋及拉筋间距、纵向钢筋配筋率、数量及直径等都有严格规定。

约束边缘构件有阴影区和非阴影区之分，阴影区内有纵向受力钢筋和箍筋，且配箍率较非阴影区大；非阴影区可理解为介于阴影区与墙身之间的过渡区域，相对于墙身而言，非阴影区的特点是加密拉筋或同时加密竖向分布钢筋。

一片剪力墙除了端部的边缘构件外，中间部分称为剪力墙身，墙身内部配有水平分布钢筋、竖向分布钢筋和拉筋，水平分布钢筋主要承担剪力，竖向分布钢筋与边缘构件的纵向受力钢筋一起共同抵抗压弯作用。

由于剪力墙开洞、剪力墙过长等原因，在剪力墙上还会有墙梁构件。

6.1.2　剪力墙平法施工图的表示方法

剪力墙平法施工图是在剪力墙平面布置图上采用列表注写方式或截面注写方式表达。

剪力墙平面布置图可采用适当比例单独绘制，也可与柱或梁平面布置图合并绘制。当剪力墙较复杂或采用截面注写方式时，应按标准层分别绘制剪力墙平面布置图。

在剪力墙平法施工图中，应当采用表格或其他方式注明各结构层的楼面标高、结构层高及相应的结构层号，还应注明上部结构嵌固部位位置。

对于轴线未居中的剪力墙（包括端柱），应标注其偏心定位尺寸。

1. 列表注写方式

为表达清楚、简便，剪力墙可视为由剪力墙柱、剪力墙身和剪力墙梁三类构件构成。

列表注写方式，是分别在剪力墙柱表、剪力墙身表和剪力墙梁表中，对应于剪力墙平面布置图上的编号，用绘制截面配筋图并注写几何尺寸与配筋具体数值的方式，来表达剪力墙平法施工图，如图 6.1、图 6.2 所示。

剪力墙梁表

编号	所在楼层号	梁顶相对标高高差/m	梁截面 b×h	上部纵筋	下部纵筋	侧面纵筋 （侧面纵筋或拉筋）	箍筋
LL1	2~9	0.800	300×2000	4Φ25	4Φ25	同墙体水平 分布筋	Φ10@100(2)
	10~16	0.800	250×2000	4Φ22	4Φ22		Φ10@100(2)
	屋面1		250×1200	4Φ20	4Φ20	22Φ12	Φ10@100(2)
LL2	3	-1.200	300×2520	4Φ25	4Φ25	18Φ12	Φ10@150(2)
	4	-0.900	300×2070	4Φ25	4Φ25	16Φ12	Φ10@150(2)
	5~9	-0.900	300×1770	4Φ25	4Φ25	16Φ12	Φ10@150(2)
	10~屋面1	-0.900	250×1770	4Φ22	4Φ22	16Φ12	Φ10@100(2)
LL3	2		300×2070	4Φ25	4Φ25	18Φ12	Φ10@100(2)
	3		300×1770	4Φ25	4Φ25	16Φ12	Φ10@100(2)
	4~9		300×1170	4Φ20	4Φ20	10Φ12	Φ10@120(2)
	10~屋面1		250×1170	4Φ20	4Φ20	18Φ12	Φ10@120(2)
LL4	2		250×2070	4Φ20	4Φ20	16Φ12	Φ10@120(2)
	3		250×1770	4Φ20	4Φ20	10Φ12	Φ10@120(2)
	4~屋面1		500×750	4Φ20	4Φ20	4Φ16	Φ10@150(2)
AL1			300×600	3Φ20	3Φ20	同墙体水平 分布筋	Φ8@150(2)
BKL1			500×750	4Φ22	4Φ22	4Φ16	Φ10@150(2)

注：当剪力墙梁厚度发生变化时，该梁以"梁截面"列数字单位为 mm。

剪力墙身表

编号	标高/m	墙厚/mm	水平分布筋	垂直分布筋	拉筋（矩形）
Q1	-0.030~30.270	300	Φ12@200	Φ12@200	Φ6@600@600
	30.270~59.070	250	Φ10@200	Φ10@200	Φ6@600@600
Q2	-0.030~30.270	250	Φ10@200	Φ10@200	Φ6@600@600
	30.270~59.070	200	Φ10@200	Φ10@200	Φ6@600@600

层号	标高/m	层高/m
屋面2	65.670	
塔层2（塔层1）	62.370	3.30
16	59.070	3.30
15	55.470	3.60
14	51.870	3.60
13	48.270	3.60
12	44.670	3.60
11	41.070	3.60
10	37.470	3.60
9	33.870	3.60
8	30.270	3.60
7	26.670	3.60
6	23.070	3.60
5	19.470	3.60
4	15.870	3.60
3	12.270	3.60
2	8.670	4.20
1	4.470	4.50
-1	-0.030	4.50
-2	-4.530	4.50
	-9.030	
层号	标高/m	层高/m

结构层楼面标高
结构层高

上部结构嵌固部位：-0.030m

-0.030~12.270 剪力墙平法施工图（局部）

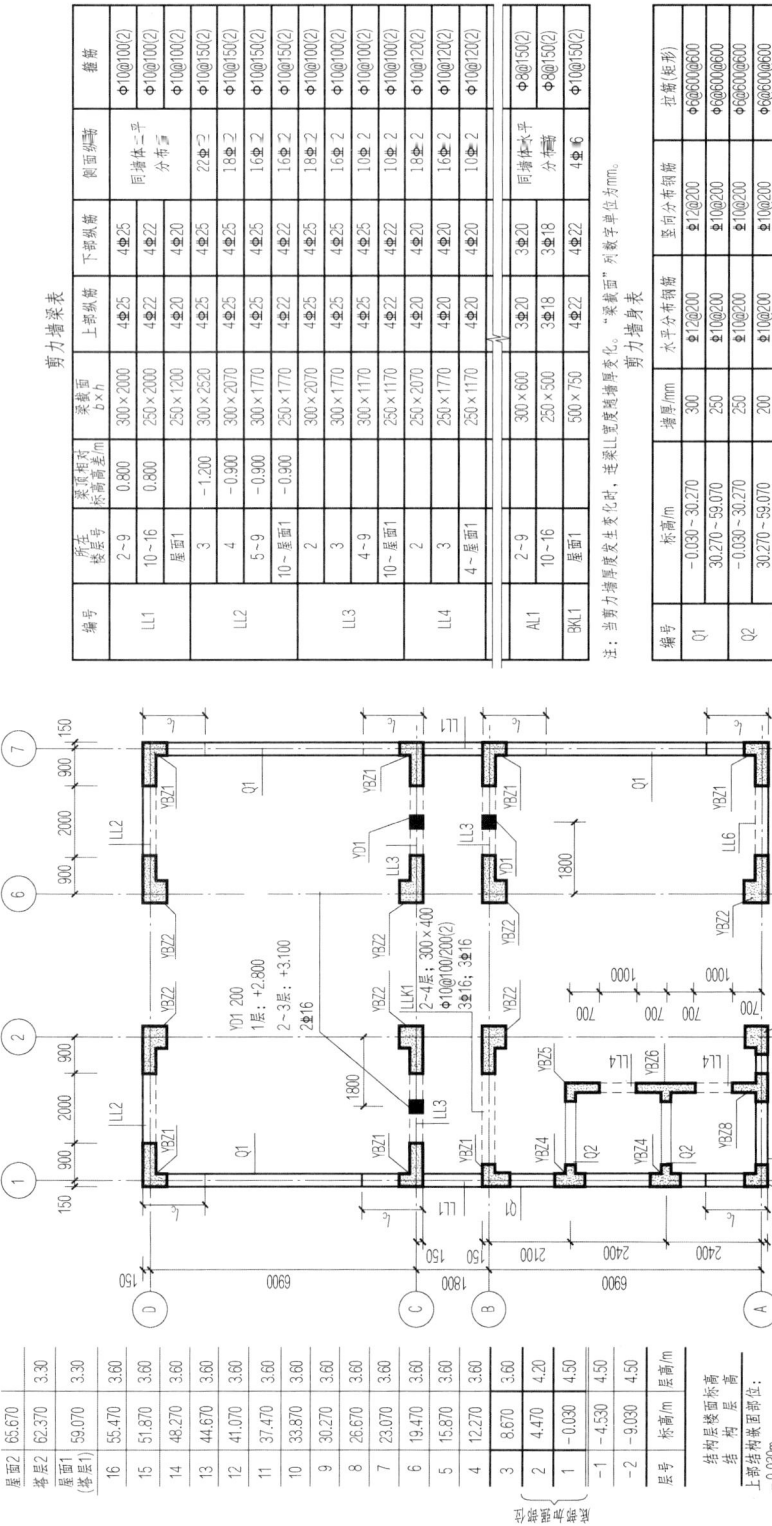

图 6.1 剪力墙列表注写方式示例（一）

注：1. 可在"结构层楼面标高 结构层高"表中增加混凝土强度等级等栏目。
2. 本示例中 l_c 为约束边缘构件沿墙肢的长度（实际工程中应注明具体值）。

剪力墙柱表

截面	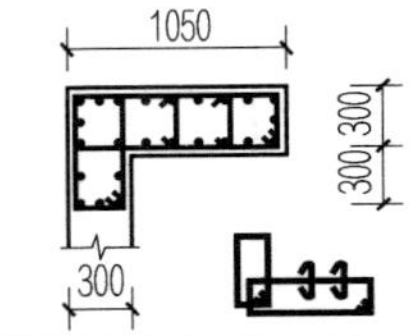	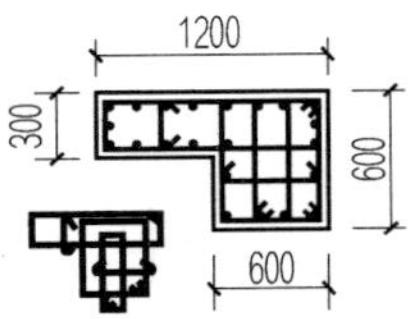	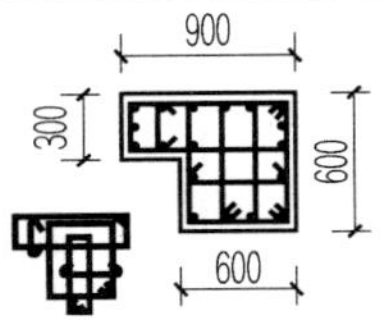	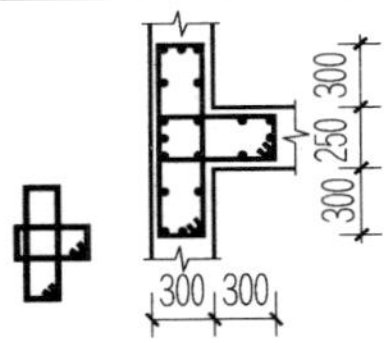
编号	YBZ1	YBZ2	YBZ3	YBZ4
标高	-0.030~12.270	-0.030~12.270	-0.030~12.270	-0.030~12.270
纵筋	24Φ20	22Φ20	18Φ22	20Φ20
箍筋	Φ10@100	Φ10@100	Φ10@100	Φ10@100

截面	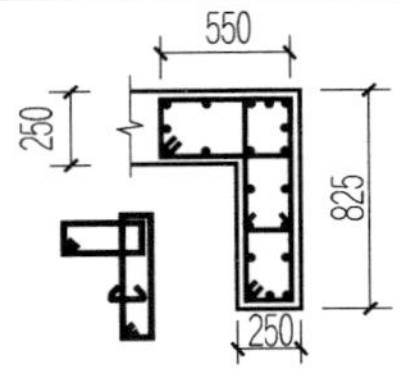	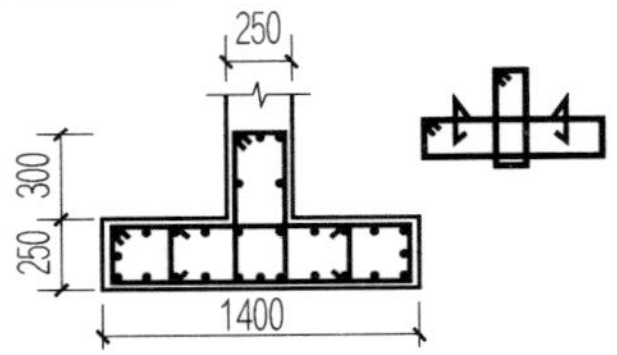	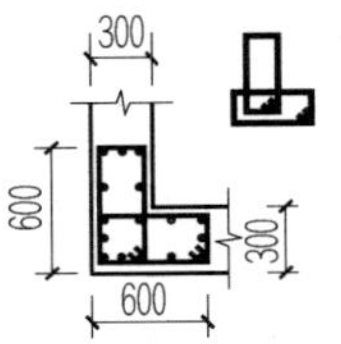
编号	YBZ5	YBZ6	YBZ7
标高	-0.030~12.270	-0.030~12.270	-0.030~12.270
纵筋	20Φ20	28Φ20	16Φ20
箍筋	Φ10@100	Φ10@100	Φ10@100

-0.030~12.270剪力墙平法施工图(部分剪力墙柱表)

图6.2　剪力墙列表注写方式示例（二）

层号	标高/m	层高/m
层面2	65.670	
塔层2	62.370	3.30
层面1(塔层1)	59.070	3.30
16	55.470	3.60
15	51.870	3.60
14	48.270	3.60
13	44.670	3.60
12	41.070	3.60
11	37.470	3.60
10	33.870	3.60
9	30.270	3.60
8	26.670	3.60
7	23.070	3.60
6	19.470	3.60
5	15.870	3.60
4	12.270	3.60
3	8.670	4.20
2	4.470	4.50
1	-0.030	4.50
-1	-4.530	4.50
-2	-9.030	4.50
层号	标高/m	层高/m

结构层楼面标高
结构层高
上部结构嵌固部位:
-0.030m

（1）编号规定

在剪力墙平法施工图中，需要将剪力墙柱、剪力墙身、剪力墙梁（简称为墙柱、墙身、墙梁）三类构件分别编号。

1）墙柱编号。墙柱编号由墙柱类型代号和序号组成，其表达形式如表6.1所示。表中的约束边缘构件包括约束边缘暗柱、约束边缘端柱、约束边缘翼墙和约束边缘转角墙四种，如图6.3所示。构造边缘构件包括构造边缘暗柱、构造边缘端柱、构造边缘翼墙和构造边缘转角墙四种，如图6.4所示。在编号中，如若干墙柱的截面尺寸与配筋均相同，仅截面与轴线的关系不同时，可将其编为同一墙柱号，但应在图中注明与轴线的几何关系。

表6.1　墙柱编号

墙柱类型	代号	序号
约束边缘构件	YBZ	××
构造边缘构件	GBZ	××
非边缘暗柱	AZ	××
扶壁柱	FBZ	××

小贴士

暗柱指布置于剪力墙中柱宽等于剪力墙厚的柱，一般由外观看不出。端柱的宽度比墙的厚度要大，约束边缘端柱的截面宽度与截面高度的尺寸要大于等于2倍墙厚。剪力墙结构中端柱布置位置一般在剪力墙的两端或者转角处。

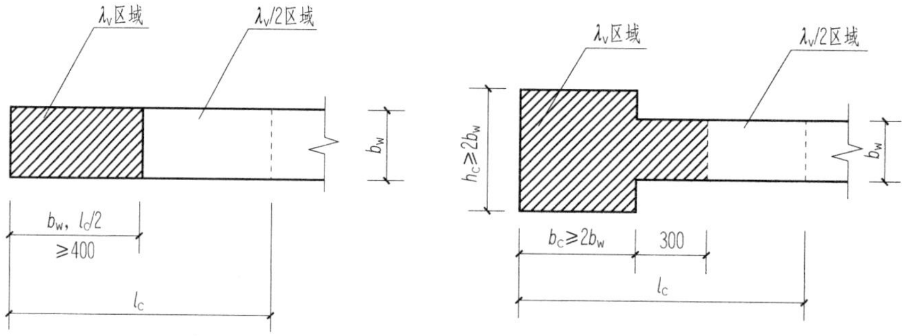

（a）约束边缘暗柱　　　　　　　　（b）约束边缘端柱

图6.3　约束边缘构件

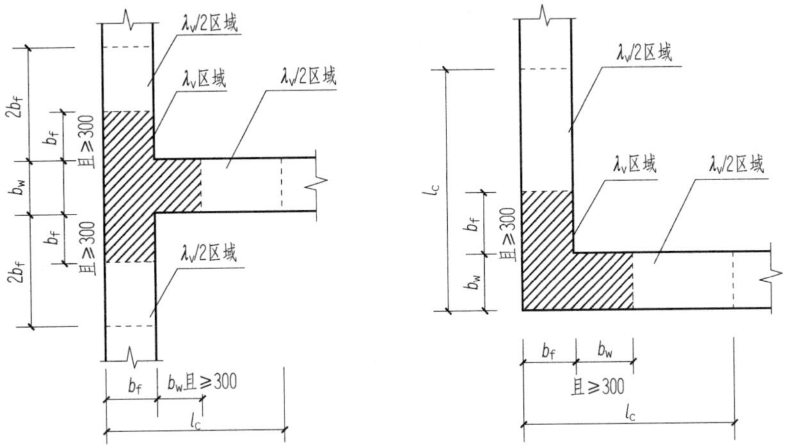

（c）约束边缘翼墙　　　　　　　　（d）约束边缘转角墙

图 6.3（续）

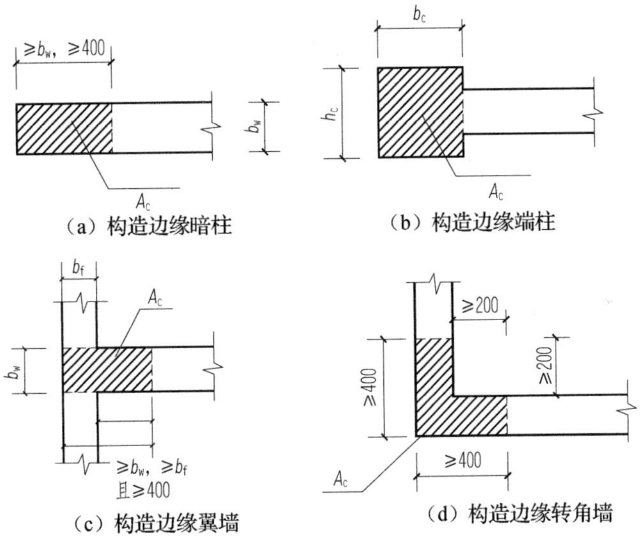

（a）构造边缘暗柱　　　　　　　　（b）构造边缘端柱

（c）构造边缘翼墙　　　　　　　　（d）构造边缘转角墙

图 6.4　构造边缘构件

2）墙身编号。墙身编号由墙身代号、序号以及墙身所配置的水平与竖向分布钢筋的排数组成，其中，排数注写在括号内。墙身编号表达形式为：Q××（×排）。

墙身编号应注意以下几点。

① 在编号中，如若干墙身的厚度尺寸和配筋均相同，仅墙厚与轴线的关系不同或墙身长度不同时，也可将其编为同一墙身号，但应在图中注明与轴线的几何关系。

② 当墙身所设置的水平与竖向分布钢筋的排数为 2 时可不注。

③ 对于分布钢筋网的排数规定为：当剪力墙厚度不大于 400mm 时，应配置双排；当剪力墙厚度大于 400mm，但不大于 700mm 时，宜配置三排；当剪力墙厚度大于 700mm

时，宜配置四排，如图 6.5 所示。各排水平分布钢筋和竖向分布钢筋的直径与间距应保持一致。当剪力墙配置的分布钢筋多于两排时，剪力墙拉筋两端应同时钩住外排水平纵筋和竖向纵筋，还应与剪力墙内排水平纵筋和竖向纵筋绑扎在一起。

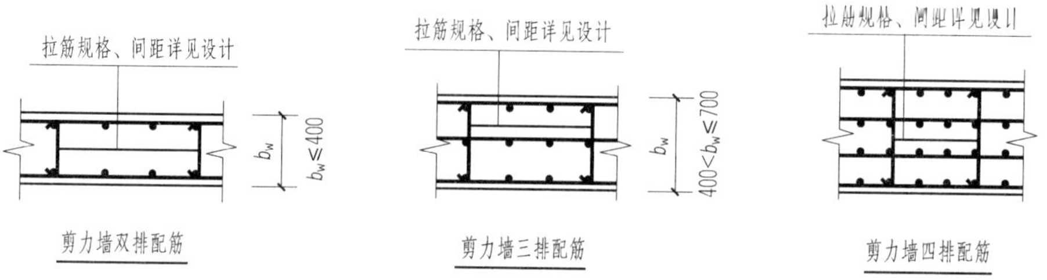

图 6.5　剪力墙分布钢筋排数

3）墙梁编号。墙梁编号由墙梁类型代号和序号组成，其表达形式如表 6.2 所示。

表 6.2　墙梁编号

墙梁类型	代号	序号
连梁	LL	××
连梁（对角暗撑配筋）	LL(JC)	××
连梁（交叉斜筋配筋）	LL(JX)	××
连梁（集中对角斜筋配筋）	LL(DX)	××
连梁（跨高比不小于 5）	LLk	××
暗梁	AL	××
边框梁	BKL	××

注：1. 在具体工程中，当某些墙身须设置暗梁或边框梁时，宜在剪力墙平法施工图中绘制暗梁或边框梁的平面布置图并编号，以明确其具体位置。

2. 跨高比不小于 5 的连梁按框架梁设计时，代号为 LLk。

小贴士

边框梁是指在剪力墙中部或顶部布置的、在剪力墙的厚度基础上加宽的梁；连梁是剪力墙中洞口上部与剪力墙相同厚度的梁；暗梁是剪力墙中无洞口处与剪力墙相同厚度的梁，是暗藏在剪力墙中的梁。

（2）剪力墙柱表中表达的内容

1）注写墙柱编号、绘制墙柱的截面配筋图及标注墙柱的几何尺寸。在剪力墙柱表中，需要注写墙柱编号，绘制该墙柱的截面配筋图，标注墙柱几何尺寸，如图 6.2 所示。

① 对于约束边缘构件，需要注明阴影部分尺寸，同时在剪力墙平面布置图中应注明约束边缘构件沿墙肢长度 l_c。

② 对于构造边缘构件，需要注明阴影部分尺寸。

③ 对于扶壁柱及非边缘暗柱，需要标注几何尺寸。

2）注写各段墙柱的起止标高。各段墙柱的起止标高应自墙柱根部往上以变截面位置或截面未变但配筋改变处为界分段注写。墙柱根部标高一般指基础顶面标高（部分框支剪力墙结构则为框支梁顶面标高）。

3）注写各段墙柱的纵向钢筋和箍筋。墙柱纵向钢筋和箍筋注写值应与在表中绘制的截面配筋图对应一致。纵向钢筋注明总配筋值；墙柱箍筋的注写方式与柱箍筋相同。

对于约束边缘构件，除注写阴影部位的箍筋外，尚需在剪力墙平面布置图中注写非阴影区内布置的拉筋（或箍筋）直径，与阴影区箍筋直径相同时，可不注明。

22G101—1 图集第 2-24 页指明，约束边缘构件非阴影区拉筋是沿剪力墙竖向分布钢筋逐根设置。施工时应注意：非阴影区外圈设置箍筋时，箍筋应包住阴影区内第二列竖向纵筋。当设计采用与本构造详图不同的做法时，应另行注明。

当非底部加强部位构造边缘构件采用墙身水平分布筋钢替代部分边缘构件箍筋时，设计者应注明。施工时，墙身水平分布钢筋应注意采用相应的构造做法。

（3）剪力墙身表中表达的内容

在剪力墙身表中表达的内容，规定如下。

1）注写墙身编号（含水平与竖向分布钢筋的排数）。在剪力墙身表中应注写墙身编号，如图 6.1 所示。

2）注写各段墙身起止标高。各段墙身起止标高应自墙身根部往上以变截面位置或截面未变但配筋改变处为界分段注写。墙身根部标高一般指基础顶面标高（部分框支剪力墙结构则为框支梁的顶面标高）。

3）注写水平分布钢筋、竖向分布钢筋和拉筋的具体数值。注写数值为一排水平分布钢筋和竖向分布钢筋的规格与间距，具体设置几排已经在墙身编号后面表达。

拉筋应注明布置方式"矩形"或"梅花"布置，如图 6.6 所示（图中 a 为竖向分布钢筋间距，b 为水平分布钢筋间距）。

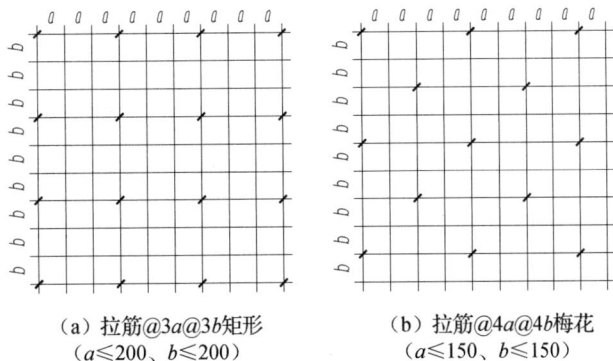

（a）拉筋@3a@3b矩形　　（b）拉筋@4a@4b梅花
　（$a\leqslant200$、$b\leqslant200$）　　　　（$a\leqslant150$、$b\leqslant150$）

图 6.6　拉筋设置示意

（4）剪力墙梁表中表达的内容

在剪力墙梁表中表达的内容，规定如下。

1）注写墙梁编号。在剪力墙梁表中应注写墙梁编号，如图 6.1 所示。

2）注写墙梁所在楼层号。在剪力墙梁表中应注写墙梁所在楼层号，如图 6.1 所示。

3）注写墙梁顶面标高高差。墙梁顶面标高高差是指相对于墙梁所在结构层楼面标高的高差值。高于者为正值，低于者为负值，当无高差时不注，如图 6.1 所示。

4）注写墙梁截面尺寸 b×h，上部纵筋、下部纵筋和箍筋的具体数值。

墙梁截面尺寸 b×h，上部纵筋、下部纵筋和箍筋的具体数值的注写如图 6.1 所示。

5）当连梁设有对角暗撑时［代号为 LL（JC）××］的注写。当连梁设有对角暗撑时，注写暗撑的截面尺寸（箍筋外皮尺寸）；注写一根暗撑的全部纵筋，并标注×2 表明有两根暗撑相互交叉；注写暗撑箍筋的具体数值。

6）当连梁设有交叉斜筋时［代号为 LL（JX）××］的注写。当连梁设有交叉斜筋时，注写连梁一侧对角斜筋的配筋值，并标注×2 表明对称设置；注写对角斜筋在连梁端部设置的拉筋根数、强度级别及直径，并标注×4 表示四个角都设置；注写连梁一侧折线筋配筋值，并标注×2 表明对称设置。

7）当连梁设有集中对角斜筋时［代号为 LL（DX）××］的注写。当连梁设有集中对角斜筋时，注写一条对角线上的对角斜筋，并标注×2 表明对称设置。

8）跨高比不小于 5 的连梁，按框架梁设计时［代号为 LLk××］的注写。跨高比不小于 5 的连梁，按框架梁设计时，采用平面注写方式，注写规则同框架梁，可采用适当比例单独绘制，也可与剪力墙平法施工图合并绘制。

墙梁侧面纵向钢筋的配置，当墙身水平分布钢筋满足连梁、暗梁侧面纵向构造钢筋的要求时，该筋配置同墙身水平分布钢筋，表中不注，施工按标准构造详图的要求即可；当墙身水平分布钢筋不满足连梁、暗梁侧面纵向构造钢筋的要求时，应在表中补充注明梁侧面纵向钢筋的具体数值，纵筋沿梁高方向均匀布置；当采用平面注写方式时，梁侧面纵向钢筋以大写字母"N"打头。梁侧面纵向钢筋在支座内的锚固要求同连梁中受力钢筋。

【例 6.1】 若图中墙梁注写为

$$N6\Phi12$$

试叙述其表述的含义。

【解】 表示连梁两个侧面共配置 6 根直径为 12mm 的纵向构造钢筋，采用 HRB400 钢筋，每侧各配置 3 根。

2. 截面注写方式

截面注写方式，是在分标准层绘制的剪力墙平面布置图上，以直接在墙柱、墙身、墙梁上注写截面尺寸和配筋具体数值的方式来表达剪力墙平法施工图，如图 6.7 所示。

选用适当比例原位放大绘制剪力墙平面布置图，其中对墙柱绘制配筋截面图；对所有墙柱、墙身、墙梁分别进行编号（其编号的方法同列表注写方式），并分别在相同编号的墙柱、一道墙身、一根墙梁进行注写，其注写方式按以下规定进行。

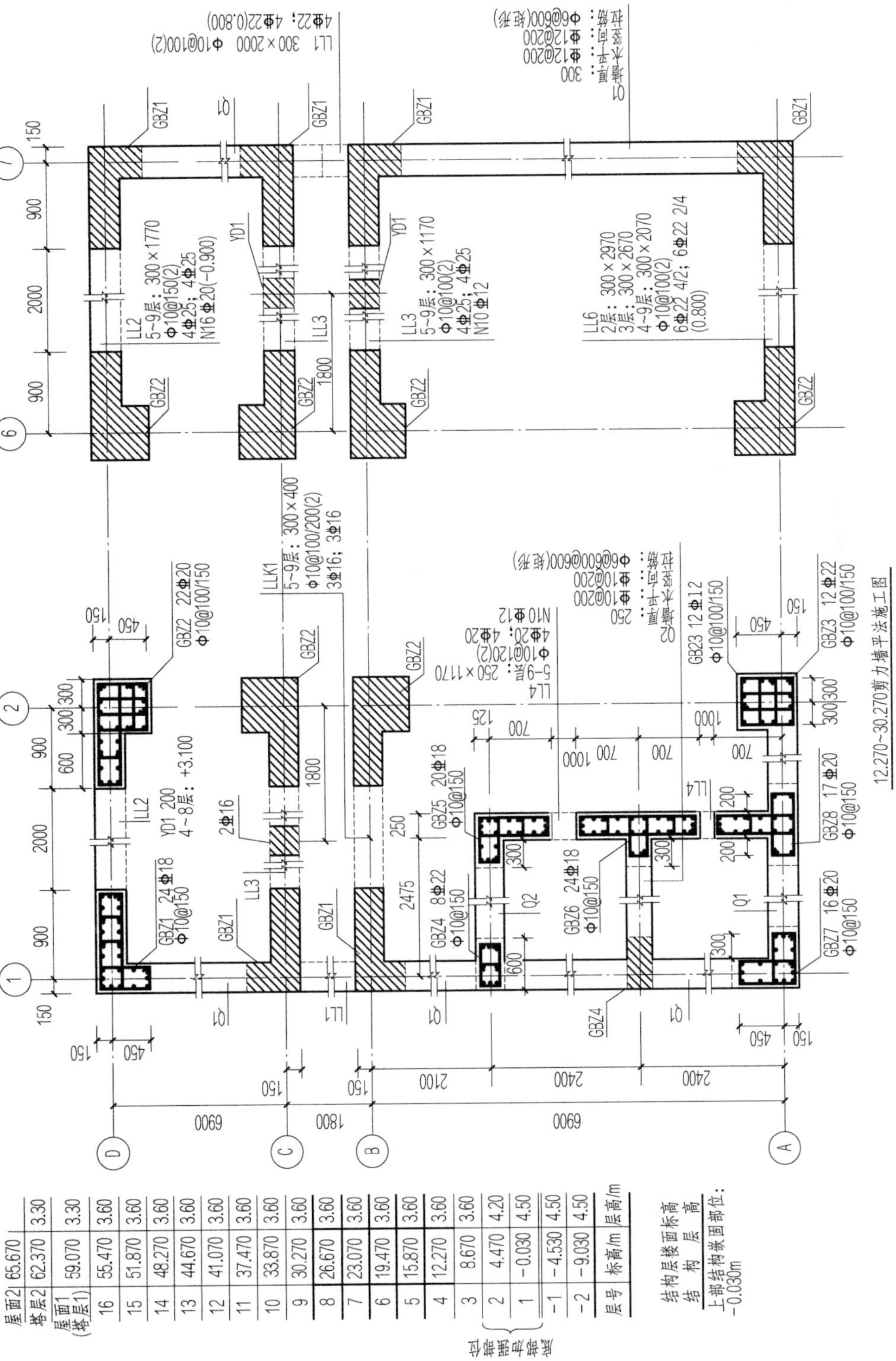

图 6.7　剪力墙截面注写方式示例

（1）墙柱注写

从相同编号的墙柱中选择一个截面，原位绘制墙柱截面配筋图，注明几何尺寸，标注全部纵向钢筋及箍筋的具体数值（其箍筋的表达方式同列表注写），如图 6.7 所示。

对于约束边缘构件，除须注明阴影部分尺寸外，尚需注明约束边缘构件沿墙肢长度 l_c。

（2）墙身注写

从相同编号的墙身中选择一道墙身，按顺序引注的内容为：墙身编号（应包括注写在括号内墙身所配置的水平与竖向分布钢筋的排数）、墙厚尺寸，水平分布钢筋、竖向分布钢筋和拉筋的具体数值，如图 6.7 所示。

（3）墙梁注写

从相同编号的墙梁中选择一根墙梁，按顺序引注的内容为：墙梁编号、墙梁截面尺寸 $b×h$、墙梁箍筋、上部纵筋、下部纵筋和墙梁顶面标高高差的具体数值，如图 6.7 所示。其中，墙梁顶面标高高差是指相对于墙梁所在结构层楼面标高的高差值。高于者为正值，低于者为负值，当无高差时不注。

当连梁设有对角暗撑时［代号为 LL（JC）××］，注写暗撑的截面尺寸（箍筋外皮尺寸）；注写一根暗撑的全部纵筋，并标注×2 表明有两根暗撑相互交叉；注写暗撑箍筋的具体数值。

当连梁设有交叉斜筋时［代号为 LL（JX）××］，注写连梁一侧对角斜筋的配筋值，并标注×2 表明对称设置；注写对角斜筋在连梁端部设置的拉筋根数、强度级别及直径，并标注×4 表示四个角都设置；注写连梁一侧折线筋配筋值，并标注×2 表明对称设置。

当连梁设有集中对角斜筋时［代号为 LL（DX）××］，注写一条对角线上的对角斜筋，并标注×2 表明对称设置。

跨高比不小于 5 时的连梁，按框架梁设计时［代号为 LLk××］，采用平面注写方式，注写规则同框架梁，可采用适当比例单独绘制，也可与剪力墙平法施工图合并绘制。

当墙身水平分布钢筋不能满足连梁、暗梁的梁侧面纵向钢筋的要求时，应补充注明梁侧面纵向钢筋的具体数；注写时，以大写字母 N 打头，接续注写梁侧面纵向钢筋的总根数与直径。其在支座内的锚固要求同连梁中受力钢筋。

3. 剪力墙洞口的表示方法

无论采用列表注写方式还是截面注写方式，剪力墙上的洞口均可在剪力墙平面图上原位表达，如图 6.1 和图 6.7 所示。

洞口的具体表示方法如下所述。

（1）标注洞口中心的平面定位尺寸

在剪力墙平面布置图上绘制洞口示意，并标注洞口中心的平面定位尺寸。

（2）引注洞口编号、洞口几何尺寸、洞口所在层及洞口中心相对标高、洞口每边的补强钢筋

在洞口中心位置引注：洞口编号、洞口几何尺寸、洞口所在层及洞口中心相对标高、洞口每边的补强钢筋。

1）洞口编号。矩形洞口的编号为 JD××（××为序号），圆形洞口的编号为 YD××（××为序号）。

2）洞口几何尺寸。矩形洞口几何尺寸标注为洞宽×洞高（$b×h$）；圆形洞口几何尺寸标注为洞口直径 D。

3）洞口所在层及洞口中心相对标高。洞口中心相对标高是指相对于结构层楼（地）面标高的洞口中心高度，应为正值。

4）洞口每边的补强钢筋。洞口每边的补强钢筋按以下规则表示：

① 当矩形洞口的洞宽、洞高均不大于 800mm 时，此项注写为洞口每边补强钢筋的具体数值。当洞宽和洞高方向补强钢筋不一致时，分别注写洞宽方向和洞高方向补强钢筋，以"/"分隔。

【例6.2】　矩形洞口原位注写为

JD2　400×300　2～5 层：　+1.000　3Φ14

试叙述其表达的含义。

【解】　表示 2～5 层设置 2 号矩形洞口；洞宽为 400mm，洞高为 300mm；洞口中心距本结构层楼面 1m；洞口四边每边补强钢筋为 3Φ14。

【例6.3】　矩形洞口原位注写为

JD3　800×300　6 层：　+2.500　3Φ18/3Φ14

试叙述其表达的含义。

【解】　表示 6 层设置 3 号矩形洞口；洞宽为 800mm，洞高为 300mm；洞口中心距本结构层楼面 2.5m；沿洞宽方向每边补强钢筋为 3Φ18，沿洞高方向每边补强钢筋为 3Φ14。

② 当矩形洞口的洞宽或圆形洞口的直径大于 800mm 时，在洞口的上、下需要设置补强暗梁，此项注写为洞口上、下每边暗梁的纵筋与箍筋的具体数值（在标准构造详图中，补强暗梁的梁高一律定为 400mm，施工时按标准构造详图取值，设计不注。当设计者采用与该标准构造详图不同的做法时，应另行注明），若为圆形洞口时，尚需注明环向加强钢筋的具体数值；当洞口上、下边为剪力墙连梁时，此项免注；洞口竖向两侧设置边缘构件时，也不在此项表达（当洞口两侧不设置边缘构件时，设计者应给出具体做法）。

【例6.4】　矩形洞口原位注写为

JD5　1000×900　3 层：　+1.400　6Φ20　Φ8@150(2)

试叙述其表达的含义。

【解】 表示 3 层设置 5 号矩形洞口，洞宽为 1000mm、洞高为 900mm，洞口中心距本结构层楼面 1.4m；洞口上下设补强暗梁；每边暗梁的纵筋为 6⊈20，上下排对称布置；箍筋为 Φ8@150，双肢箍。

【例6.5】 圆形洞口原位注写为

　　　　YD5　1000　2～6 层：+1.800　6⊈20　Φ8@150(2)　2⊈16

试叙述其表达的含义。

【解】 表示 2～6 层设置 5 号圆形洞口，直径为 1000mm，洞口中心距本结构层楼面 1.8m；洞口上下设补强暗梁；每边暗梁的纵筋为 6⊈20，上下排对称布置；箍筋为 Φ8@150，双肢箍；环向加强钢筋为 2⊈16。

③ 当圆形洞口设置在连梁中部 1/3 范围（且圆洞直径不大于 1/3 梁高）时，需要注写在圆洞上下水平设置的每边补强纵筋与箍筋。

④ 当圆形洞口设置在墙身位置，且洞口直径不大于 300mm 时，此项注写为洞口上下左右每边布置的补强纵筋的具体数值。

⑤ 当圆形洞口直径大于 300mm，但不大于 800mm 时，此项注写为洞口上下左右每边布置的补强纵筋的具体数值，以及环向加强钢筋的具体数值。

【例6.6】 圆形洞口原位注写为

　　　　YD6　600　5 层：+1.800　2⊈20　2⊈16

试叙述其表达的含义。

【解】表示 5 层设置 6 号圆形洞口，直径为 600mm，洞口中心距本结构层楼面 1.8m；洞口每边补强钢筋为 2⊈20；环向加强钢筋为 2⊈16。

4. 地下室外墙的表示方法

这里地下室外墙仅适用于起挡土作用的地下室外围护墙。地下室外墙中墙柱、连梁及洞口等的表示方法同地上剪力墙。

地下室外墙的表示方法采用平面注写方式，如图 6.8 所示，包括集中标注（墙体编号、厚度、贯通筋、拉筋等）和原位标注（附加非贯通筋等）两部分内容。当仅设置贯通筋，未设置附加非贯通筋时，则仅做集中标注。

（1）地下室外墙编号

地下室外墙编号，由墙身代号、序号组成。表达为 DWQ××（××为序号）。

（2）地下室外墙的集中标注

地下室外墙的集中标注，规定如下。

1）注写地下室外墙编号，包括代号、序号、墙身长度（注为××～××轴）。

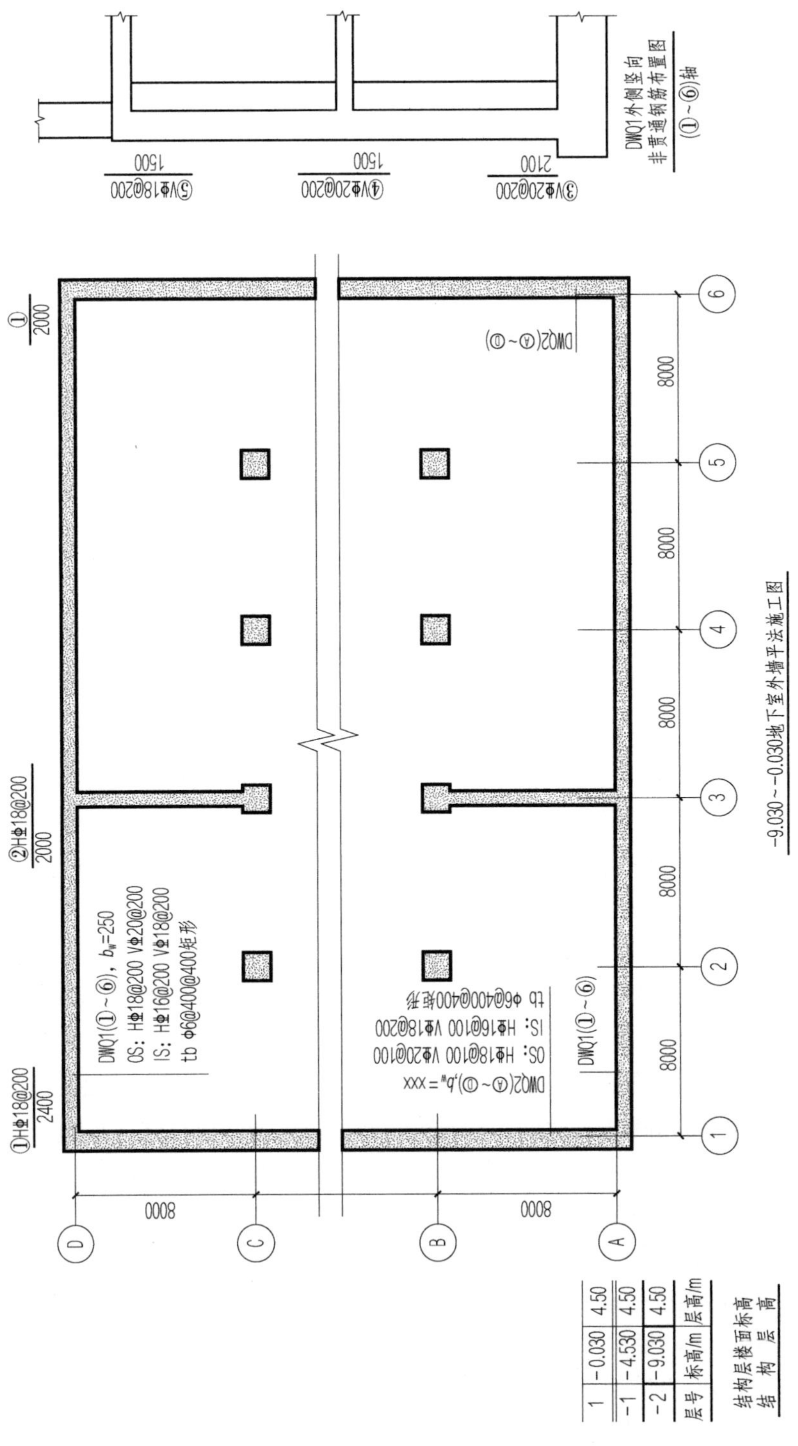

图 6.8　地下室外墙平法施工图平面注写示例

层号	标高/m	层高/m
1	−0.030	4.50
−1	−4.530	4.50
−2	−9.030	4.50
结构层楼面标高 结构层高		

2）注写地下室外墙厚度：b_w=×××。

3）注写地下室外墙的外侧、内侧贯通筋和拉筋。

① 以 OS 代表外墙外侧贯通筋。其中，外侧水平贯通筋以 H 打头注写，外侧竖向贯通筋以 V 打头注写。

② 以 IS 代表外墙内侧贯通筋。其中，内侧水平贯通筋以 H 打头注写，内侧竖向贯通筋以 V 打头注写。

③ 以 tb 打头注写拉筋直径、强度等级及间距，并注明"矩形"或"梅花"（见前述）。

【例6.7】 某地下室外墙平法施工图 DWQ2 集中标注内容为

DWQ2 ①～⑥，b_w=300

OS：H Φ18@200，V Φ20@200

IS：H Φ16@200，V Φ18@200

tb Φ6@400@400 矩形

试叙述其表达的含义。

【解】 表示 2 号地下室外墙，长度范围为①～⑥之间，墙厚 300mm；外侧水平贯通筋为 Φ18@200，竖向贯通筋为 Φ20@200；内侧水平贯通筋为 Φ16@200，竖向贯通筋为 Φ18@200；拉筋为 Φ6，矩形布置，水平间距 400，竖向间距 400。

（3）地下室外墙的原位标注

地下室外墙的原位标注，主要表示在外墙外侧配置的水平非贯通筋和竖向非贯通筋。

1）外墙外侧水平非贯通筋注写。当配置水平非贯通筋时，在地下室墙体平面图上原位标注。在地下室外墙外侧绘制粗实线段代表水平非贯通筋，在其上注写钢筋编号并以 H 打头注写钢筋强度等级、直径、分布间距，以及自支座中线向两边跨内的伸出长度值。当自支座中线向两侧对称伸出时，可仅在单侧标注跨内伸出长度，另一侧不注，此种情况下非贯通筋总长度为标注长度的 2 倍。边支座处非贯通筋的伸出长度值从支座外边缘算起。

地下室外墙外侧非贯通筋通常采用"隔一布一"方式与集中标注的贯通筋间隔布置，其标注间距应与贯通筋相同，两者组合后的实际分布间距为各自标注间距的 1/2。

2）外墙外侧竖向非贯通筋注写。当在地下室外墙外侧底部、顶部、中层楼板位置配置竖向非贯通筋时，应补充绘制地下室外墙竖向剖面图并在其上原位标注。表示方法为在地下室外墙竖向剖面图外侧绘制粗实线段代表竖向非贯通筋，在其上注写钢筋编号并以 V 打头注写钢筋强度等级、直径、分布间距，以及向上（下）层的伸出长度值，并在外墙竖向剖面图名下注明分布范围（××～××轴）。

竖向非贯通筋向层内的伸出长度值注写方式如下：

① 地下室外墙底部非贯通筋向层内的伸出长度值从基础底板顶面算起。

② 地下室外墙顶部非贯通筋向层内的伸出长度值从顶板底面算起。

③ 中层楼板处非贯通筋向层内的伸出长度值从板中间算起，当上下两侧伸出长度值相同时可仅注写一侧。

地下室外墙外侧水平、竖向非贯通筋配置相同者，可仅选择一处注写，其他可仅注写编号。

当在地下室外墙顶部设置水平通长加强钢筋时应注明。

任务 6.2　掌握剪力墙标准构造详图

6.2.1　剪力墙身钢筋构造

1. 剪力墙身水平分布钢筋构造

剪力墙分布钢筋配置若多于两排，中间排水平分布钢筋端部构造同内侧钢筋。水平分布钢筋宜均匀放置。

（1）剪力墙水平分布钢筋搭接构造

剪力墙水平分布钢筋宜交错搭接。相邻钢筋接头位置错开，同一截面连接的钢筋数量不宜超过总数量的 50%，错开净距不宜小于 500mm；分布钢筋的搭接长度，抗震设计时不应小于 $1.2l_{aE}$，如图 6.9 所示。

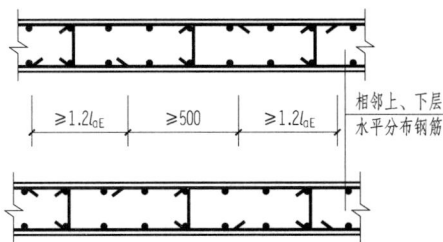

图 6.9　剪力墙水平分布钢筋搭接

（2）端部有矩形（L 形）暗柱时剪力墙水平分布钢筋端部构造

端部有矩形（L 形）暗柱时剪力墙水平分布钢筋应伸至暗柱对边紧贴角筋内侧弯折 $10d$，如图 6.10 所示。

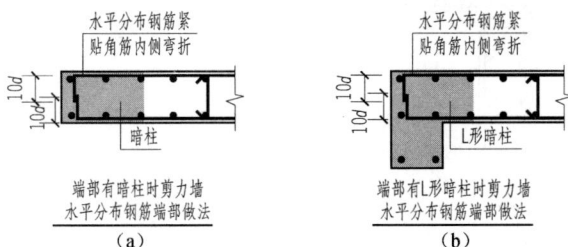

图 6.10　端部有矩形（L 形）暗柱时剪力墙水平分布钢筋端部构造

（3）有暗柱时转角墙及翼墙水平分布钢筋构造

有暗柱时转角墙内侧水平分布钢筋伸至暗柱对边紧贴纵筋内侧弯折 $15d$，如图 6.11 所示。转角墙外侧水平分布钢筋构造如下。

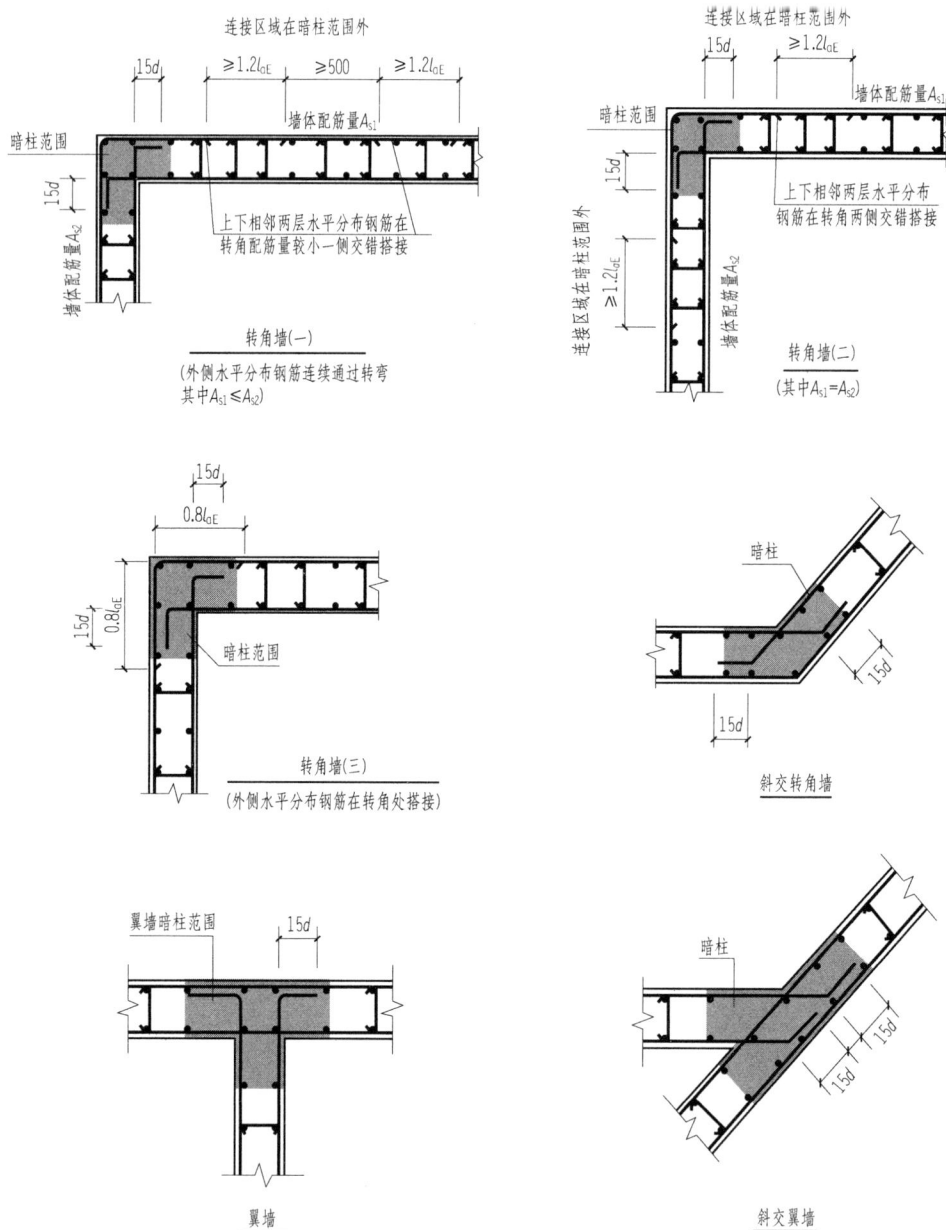

图 6.11　设暗柱时转角墙、翼墙水平分布钢筋构造

1）当转角两侧剪力墙配筋量不同时，将配筋量较大一侧的上下相邻两层外侧水平分布钢筋伸过暗柱，在暗柱范围外转角配筋量较小的一侧交错搭接，应满足水平分布钢

筋交错搭接要求，如图 6.11 转角墙（一）所示。

2）当转角两侧剪力墙配筋量相同时，上下相邻两层外侧水平分布钢筋在转角两侧交错搭接，应满足水平分布钢筋交错搭接要求，如图 6.11 转角墙（二）所示。

3）外侧水平分布钢筋在转角处搭接，搭接长度为 $1.6l_{aE}$，如图 6.11 转角墙（三）所示。

当剪力墙端部有翼墙时，短肢墙两侧的水平分布钢筋均伸至暗柱对边紧贴纵筋内侧弯折 $15d$，如图 6.11 翼墙、斜交翼墙所示。

> **小贴士**
>
> 剪力墙分布钢筋配置若多于两排，中间排水平分布钢筋端部构造同内侧钢筋。

（4）有端柱时剪力墙水平分布钢筋构造

端柱转角墙和端柱端部墙水平分布钢筋只能伸入端柱内锚固；端柱翼墙部分水平分布钢筋能贯通的则可贯通，也可分别在端柱内锚固，如图 6.12 所示。

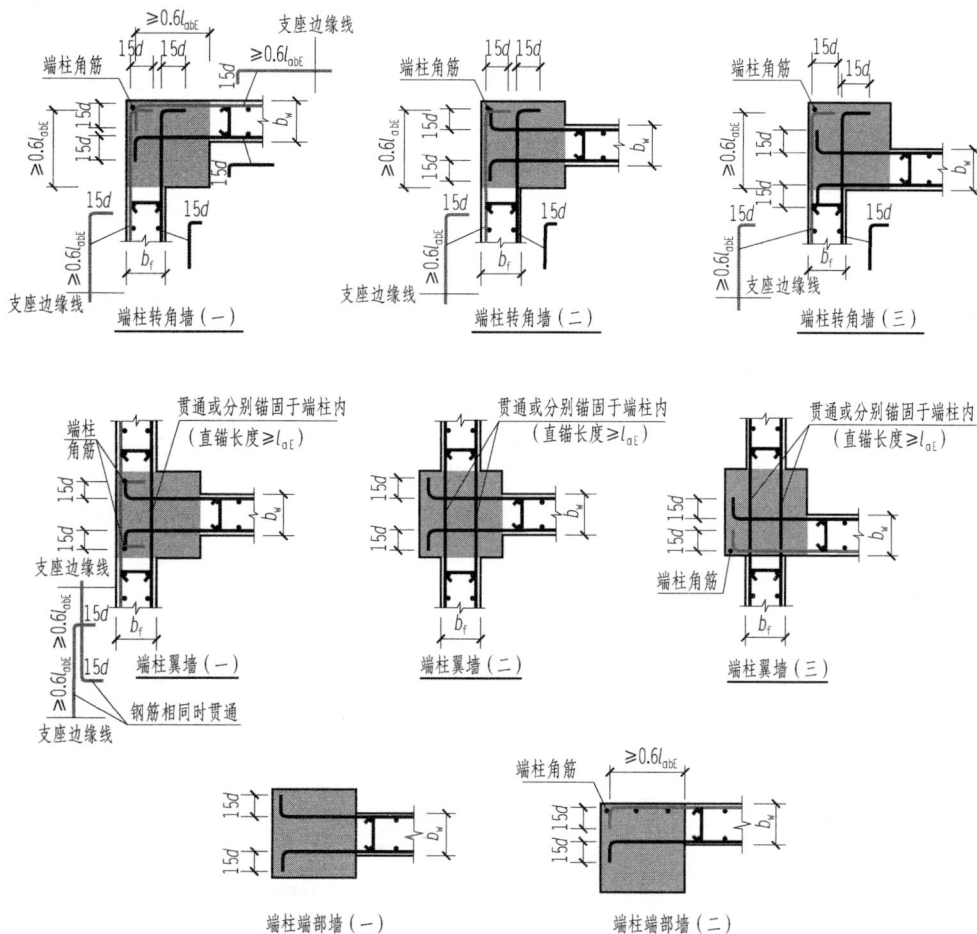

图 6.12　有端柱的剪力墙水平分布钢筋构造

位于端柱纵向钢筋外侧的墙身水平分布钢筋应伸至端柱对边紧贴角筋弯折 $15d$。位于端柱纵向钢筋内侧的墙身水平分布钢筋伸入端柱的长度 $\geq l_{aE}$ 时，可直锚；弯锚时应伸至端柱对边后弯折 $15d$。

【例 6.8】 某剪力墙施工图如图 6.13 所示，结构为四级抗震，混凝土强度等级为 C30，墙身保护层厚度 15mm，边缘构件箍筋均为 $\Phi8@200$，GBZ2 纵筋为 $6\Phi12$，GBZ3 纵筋为 $10\Phi12$，计算墙身 Q1 水平分布钢筋伸入 GBZ2 内的长度，绘制 Q1 水平分布钢筋在端部 GBZ2 处构造详图。

【解】 端部有矩形（L 形）暗柱时剪力墙水平分布钢筋应伸至暗柱对边紧贴角筋内侧弯折 $10d$。Q1 水平分布钢筋在端部 GBZ2 处构造详图如图 6.14 所示。

墙身 Q1 水平分布钢筋伸入 GBZ2 内的长度 $=400-15-8-12+10d=445$（mm）

请读者完成墙身 Q1 水平分布钢筋伸入 GBZ3 内的长度。

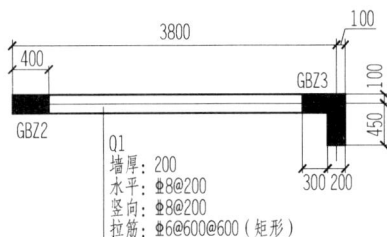

图 6.13　某剪力墙平法施工图

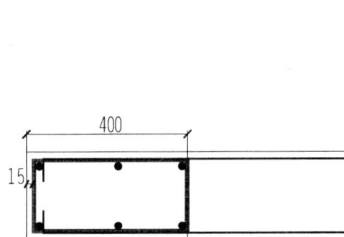

图 6.14　Q1 水平筋在端部 GBZ2 处构造详图

【例 6.9】 某剪力墙施工图如图 6.15 所示，结构为四级抗震，混凝土强度等级为 C30，墙身保护层厚度 15mm，端柱保护层 20mm，GBZ6 箍筋均为 $\Phi8@200$，纵筋为 $12\Phi18$，计算墙身 Q1 水平分布钢筋伸入 GBZ6 内的长度，绘制 Q1 水平分布钢筋在端部 GBZ6 处构造详图。

【解】 端部有端柱时，位于端柱纵向钢筋外侧的墙身水平分布钢筋应伸至端柱对边紧贴角筋弯折 $15d$，如图 6.16 中水平分布钢筋 1。

Q1 水平分布钢筋 1 伸入 GBZ6 内的长度 $=400-20-8-18+15d=474$（mm）

位于端柱纵向钢筋内侧的墙身水平分布钢筋伸入端柱的长度 $\geq l_{aE}$ 时，可直锚；弯锚时应伸至端柱对边后弯折 $15d$，如图 6.16 中水平分布钢筋 2。

$l_{aE}=35d=35\times8=280<400-20-8-18$，可以直锚。

Q1 水平分布钢筋 2 伸入 GBZ6 内的长度 $=l_{aE}=35d=35\times8=280$（mm）

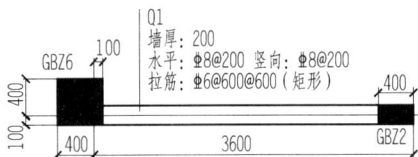

图 6.15　某剪力墙平法施工图

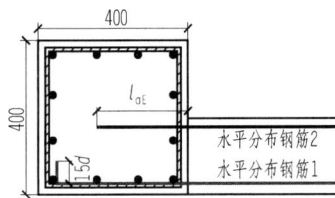

图 6.16　Q1 水平分布钢筋在端部 GBZ6 处构造详图

2. 剪力墙身竖向分布钢筋构造

（1）墙身竖向分布钢筋在基础中构造

剪力墙竖向分布钢筋保护层厚度>5d（d 为竖向分布钢筋直径）时，基础高度内，设置间距≤500mm，且不少于两道水平分布钢筋与拉筋，如图 6.17（a）所示；剪力墙竖向分布钢筋保护层厚度≤5d 时，应设置锚固区横向钢筋，其间距≤10d（d 为纵筋最小直径），且≤100mm，如图 6.17（b）所示。

剪力墙竖向分布钢筋在基础内的锚固要求：

1）当基础高度满足直锚，且保护层厚度>5d 时，竖向分布钢筋"隔二下一"伸至基础板底部，支承在底板钢筋网片上，也可支承在筏形基础的中间层钢筋网片上，再弯折 6d 且≥150mm，其他竖向钢筋伸入基础内不小于 l_{aE}，如图 6.17 中 1—1 所示。

2）当基础高度满足直锚，且保护层厚度≤5d 时，竖向分布钢筋伸至基础板底部，支承在底板钢筋网片上，再弯折 6d 且≥150mm，如图 6.17 中 2—2 所示。

3）当基础高度不满足直锚时，竖向分布钢筋伸至基础板底部，支承在底板钢筋网片上，再弯折 15d，如图 6.17 中 1a—1a、2a—2a 所示。

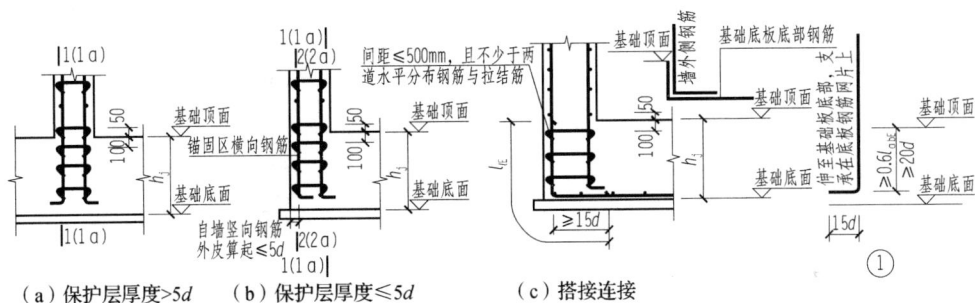

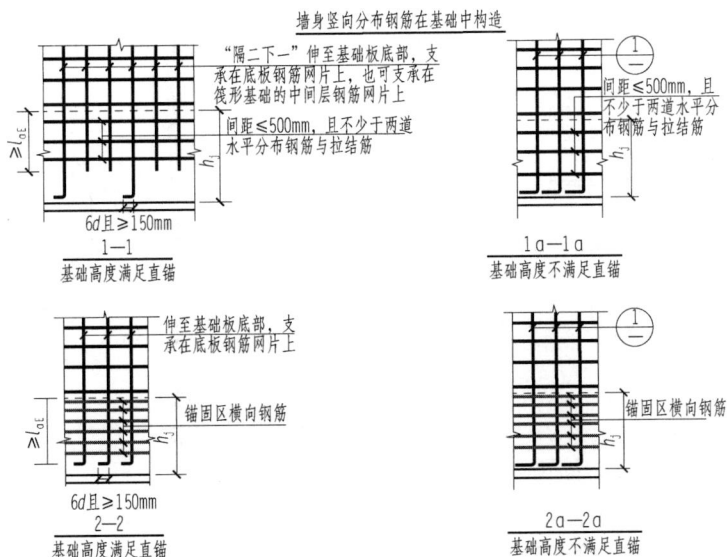

（a）保护层厚度>5d　　（b）保护层厚度≤5d　　（c）搭接连接

墙身竖向分布钢筋在基础中构造

1—1
基础高度满足直锚

1a—1a
基础高度不满足直锚

2—2
基础高度满足直锚

2a—2a
基础高度不满足直锚

图 6.17　墙身竖向分布钢筋在基础中构造

4）当墙外侧钢筋与基础底板底部钢筋搭接时，搭接长度不小于 l_{lE}，如图 6.17（c）所示，设计人员应在图纸中注明。

（2）剪力墙竖向分布钢筋连接构造

剪力墙竖向分布钢筋可采用搭接、焊接、机械连接三种方式，如图 6.18 所示。当采用搭接时，一、二级抗震剪力墙的底部加强部位，相邻钢筋接头位置错开，同一截面连接的钢筋数量不宜超过总数量的 50%，错开净距不宜小于 500mm，其他情况剪力墙的钢筋可在同一截面连接；分布钢筋的搭接长度，抗震设计时不应小于 $1.2l_{aE}$。当采用焊接、机械连接时，相邻钢筋接头位置错开，同一截面连接的钢筋数量不宜超过总数量的 50%，错开距离不小于连接区段长度，第一批连接位置距基础顶面（或楼板顶面）不小于 500mm。

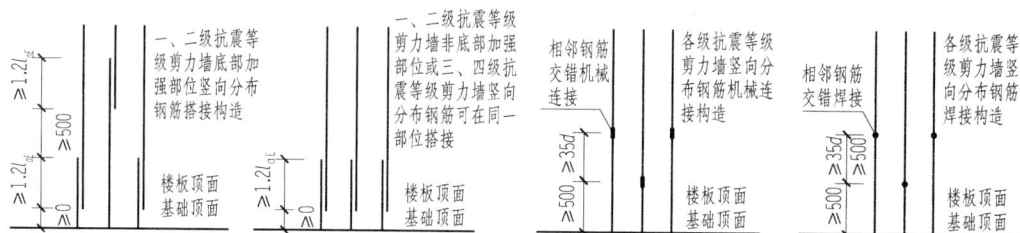

图 6.18　剪力墙竖向分布筋连接构造

（3）剪力墙竖向钢筋顶部构造

剪力墙竖向钢筋顶部构造如图 6.19 所示。墙身竖向分布钢筋伸至屋面板或楼板内紧贴最上水平分布钢筋外侧弯折 $12d$。当遇有边框梁，且梁高度满足直锚要求时，墙身竖向分布钢筋伸入边框梁内 l_{aE}；当边框梁高度不满足直锚要求时，墙身竖向分布钢筋需要伸至顶部弯折 $12d$；除端柱外的边缘构件竖向钢筋顶部构造同墙竖向分布钢筋。

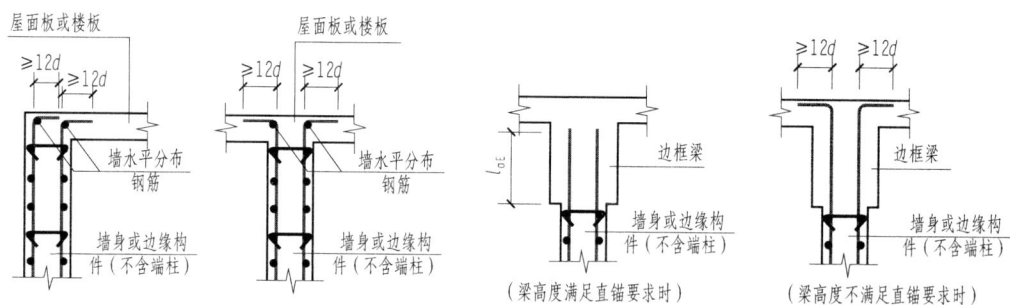

图 6.19　剪力墙竖向钢筋顶部构造

（4）剪力墙竖向分布钢筋锚入连梁构造

剪力墙竖向分布钢筋锚入连梁构造如图 6.20 所示。竖向分布钢筋伸入连梁内锚固，其锚固长度自楼板顶面算起向下 l_{aE}。

（5）施工缝处抗剪用钢筋连接构造

施工缝处抗剪用钢筋连接构造如图 6.21 所示。抗震等级为一级的剪力墙，水平施工缝处附加竖向插筋由设计者根据需要设置，其规格、排数、间距由设计者指定；附加竖向插筋应伸入本层和下层剪力墙内长度不小于 l_{aE}。

（6）剪力墙身拉筋布置

剪力墙层高范围最下一排拉筋位于底部板顶以上第二排水平分布钢筋位置处，最上一排拉筋位于层顶部板底（梁底）以下第一排水平分布钢筋位置处。

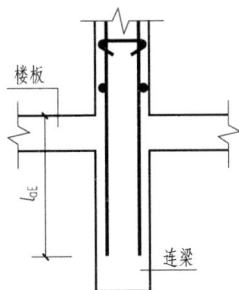

图 6.20　剪力墙竖向分布钢筋锚入连梁构造

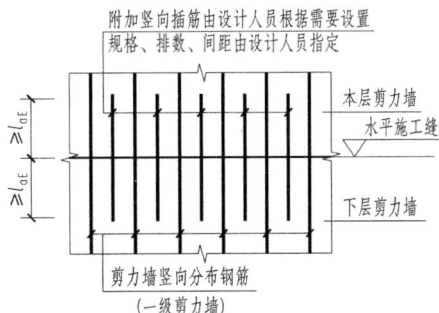

图 6.21　施工缝处抗剪用钢筋连接构造

【例 6.10】　某剪力墙施工图如图 6.22 所示，筏板基础厚 600mm，Q1 为内墙，混凝土强度等级均为 C30，结构为四级抗震，±0.000m 以下为二 a 环境，分析 Q1 竖向分布钢筋在基础中的构造。

图 6.22　剪力墙 Q1 施工图

【解】　查表 $l_{aE}=35d=35\times8=280$（mm），基础高 600-40>l_{aE}，满足直锚。

Q1 为内墙，竖向分布钢筋保护层厚度>5d，所以，墙身竖向分布钢筋"隔二下一"伸至基础底板钢筋网上，弯折 6d 且≥150mm；其他钢筋伸入基础内不小于 l_{aE}。

6.2.2　边缘构件钢筋构造

1. 边缘构件纵向钢筋构造 1

（1）边缘构件纵向钢筋在基础中构造

边缘构件纵向钢筋保护层厚度>5d（d 为纵向钢筋直径）时，基础高度内，设置间距≤500mm，且不少于两道矩形封闭箍筋，如图 6.23（a）、（c）所示；边缘构件（不包含端柱）纵向钢筋保护层厚度≤5d 时，应设置锚固区横向箍筋，其间距≤10d（d 为纵筋最小直径）且≤100mm，如图 6.23（b）、（d）所示；对于端柱锚固区横向钢筋要求应按框架柱设置，详见 22G101—3 第 2-10 页。基础顶面向上第一道箍筋距离基础顶面 50mm，向下第一道箍筋距离基础顶面 100mm。

边缘构件纵向钢筋在基础内的锚固要求：

① 当基础高度满足直锚，且保护层厚度>5d 时，边缘构件（不含端柱）角部纵筋（间距不应大于 500mm，不满足时应将边缘构件其他纵筋伸至钢筋网上）伸至基础板底部，支承在底板钢筋网片上，也可支承在筏形基础的中间层钢筋网片上，再弯折 6d 且≥150mm，其他纵向钢筋伸入基础内不小于 l_{aE}，如图 6.23（a）所示。

② 当基础高度满足直锚，且保护层厚度≤5d 时，边缘构件（包括端柱）所有纵向钢筋伸至基础板底部，支承在底板钢筋网片上，再弯折 6d 且≥150mm，如图 6.23（b）所示。其他情况端柱纵筋在基础中构造按 22G101—3 第 2-10 页。

③ 当基础高度不满足直锚时，纵向钢筋伸至基础板底部，支承在底板钢筋网片上，再弯折 15d，如图 6.23（c）、（d）所示。

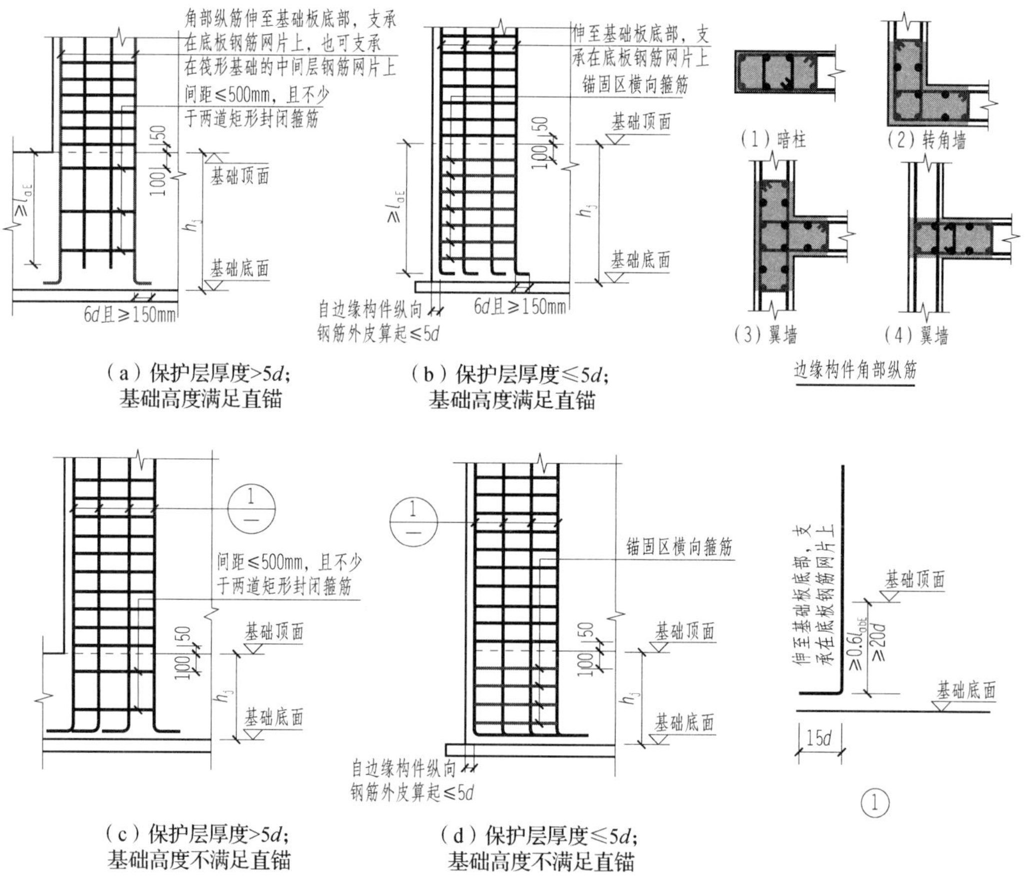

（a）保护层厚度>5d；基础高度满足直锚

（b）保护层厚度≤5d；基础高度满足直锚

（c）保护层厚度>5d；基础高度不满足直锚

（d）保护层厚度≤5d；基础高度不满足直锚

图 6.23　边缘构件纵向钢筋在基础中的构造

【例 6.11】　某剪力墙边缘构件施工图如图 6.24 所示，筏板基础厚 900mm，筏板钢筋为双层钢筋（直径为 22mm），混凝土强度等级均为 C30，结构为四级抗震，±0.000m 以下为二 a 环境，YBZ1、YBZ2 均不在外墙上（保护层厚度>$5d$），分析 YBZ1、YBZ2 纵筋在基础中的构造。

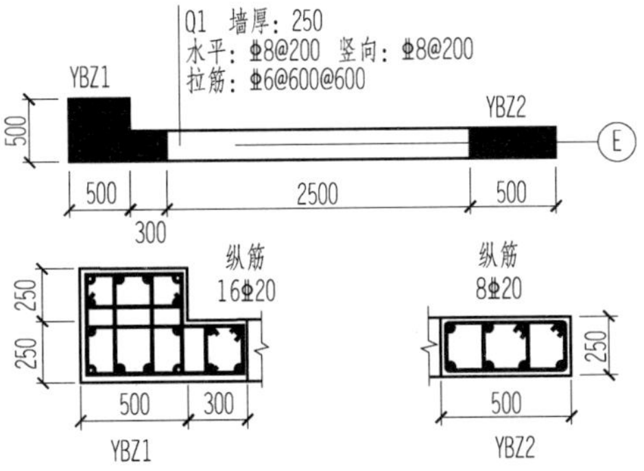

图 6.24　某剪力墙边缘构件施工图

【解】　查表 l_{aE}=35d =35×20=700（mm），基础高 900-40-2×22>l_{aE}，满足直锚。

由题目可知，纵筋保护层厚度>$5d$，所以，YBZ2 角部纵筋 4 根伸至基础底板钢筋网上，弯折 $6d$ 且≥150mm；其他 4 根纵筋伸入基础内不小于 l_{aE}。YBZ1 为端柱，所以，16 根纵筋均伸至基础板底部，支承在底板钢筋网上，并弯折 $6d$ 且≥150mm。

（2）边缘构件纵向钢筋连接构造

约束边缘构件阴影部分和构造边缘构件的纵向钢筋连接构造如图 6.25 所示。剪力墙边缘构件纵向钢筋可采用搭接、焊接、机械连接三种方式。相邻纵向钢筋接头位置应错开，同一截面连接的钢筋数量不宜超过总数量的 50%，错开距离不小于一个连接区段长度。当采用焊接和机械连接时，第一批连接位置距基础顶面（或楼板顶面）不小于 500mm。当采用搭接时，其搭接长度取 l_{lE}。

小贴士

端柱竖向钢筋和箍筋的构造与框架柱相同。矩形截面独立墙肢，当截面高度不大于截面厚度的 4 倍时，其竖向钢筋和箍筋的构造要求与框架柱相同或按设计要求设置。

约束边缘构件阴影部分、构造边缘构件、扶壁柱及非边缘暗柱的纵向钢筋搭接长度范围内，箍筋直径应不小于纵向搭接钢筋最大直径的 1/4，箍筋间距不大于 100mm。

（3）边缘构件（不含端柱）竖向钢筋顶部构造

边缘构件（不含端柱）竖向钢筋顶部构造同墙身竖向分布钢筋，见图 6.19。

（4）剪力墙上起边缘构件纵向钢筋构造

剪力墙上起边缘构件纵向钢筋应伸入其根部剪力墙内锚固，其锚固长度自楼板顶面

算起 $1.2l_{aE}$，锚固端箍筋间距不大于 100mm，如图 6.26 所示。

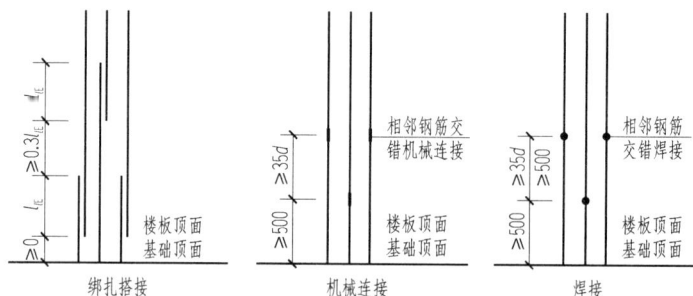

图 6.25　边缘构件纵向钢筋连接构造

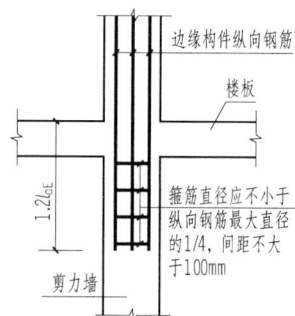

图 6.26　剪力墙上起边缘构件纵向钢筋构造

2. 约束边缘构件（YBZ）构造

剪力墙约束边缘构件（YBZ）构造详图如图 6.27 所示，仔细分析阴影区和非阴影区箍筋、拉筋布置形式及复合方式。

对于约束边缘构件，阴影区必须采用箍筋；非阴影区可以采用箍筋或拉筋。非阴影区外圈设置箍筋时，箍筋应包住阴影区内第二列竖向纵筋，即箍筋应伸入阴影区一个纵向钢筋间距，与阴影区箍筋重叠一部分；也可只设置拉筋（22G101—1图集是沿剪力墙竖向分布钢筋逐根设置的）；非阴影区箍筋、拉筋竖向间距同阴影区。

当约束边缘构件内箍筋、拉筋位置（标高）与墙体水平分布钢筋相同时可采用详图（一）或详图（二），不同时应采用详图（二）。

3. 构造边缘构件（GBZ）及扶壁柱（FBZ）、非边缘暗柱（AZ）构造

如图 6.28 所示，构造边缘暗柱（一）、构造边缘端柱、扶壁柱（FBZ）、非边缘暗柱（AZ）、构造边缘翼墙（一）、构造边缘转角墙（一）做法：在构件边界处设置外圈封闭箍筋，箍筋范围内的其他部位可用箍筋或拉筋。在设计未注明具体做法时采用此做法。

构造边缘暗柱（二）、构造边缘翼墙（二）做法：构造边缘构件不设置外圈封闭箍筋，而是将墙体水平分布钢筋在端部做成 U 形。墙体水平分布钢筋宜在构造边缘构件范围外错开搭接。此构造做法应由设计者指定后使用。

构造边缘暗柱（三）、构造边缘翼墙（三）、构造边缘转角墙（二）做法：构造边缘构件不设置外圈封闭箍筋，而是将墙体水平分布钢筋端部 90° 弯折后钩住对边竖向纵筋。此构造做法应由设计者指定后使用。

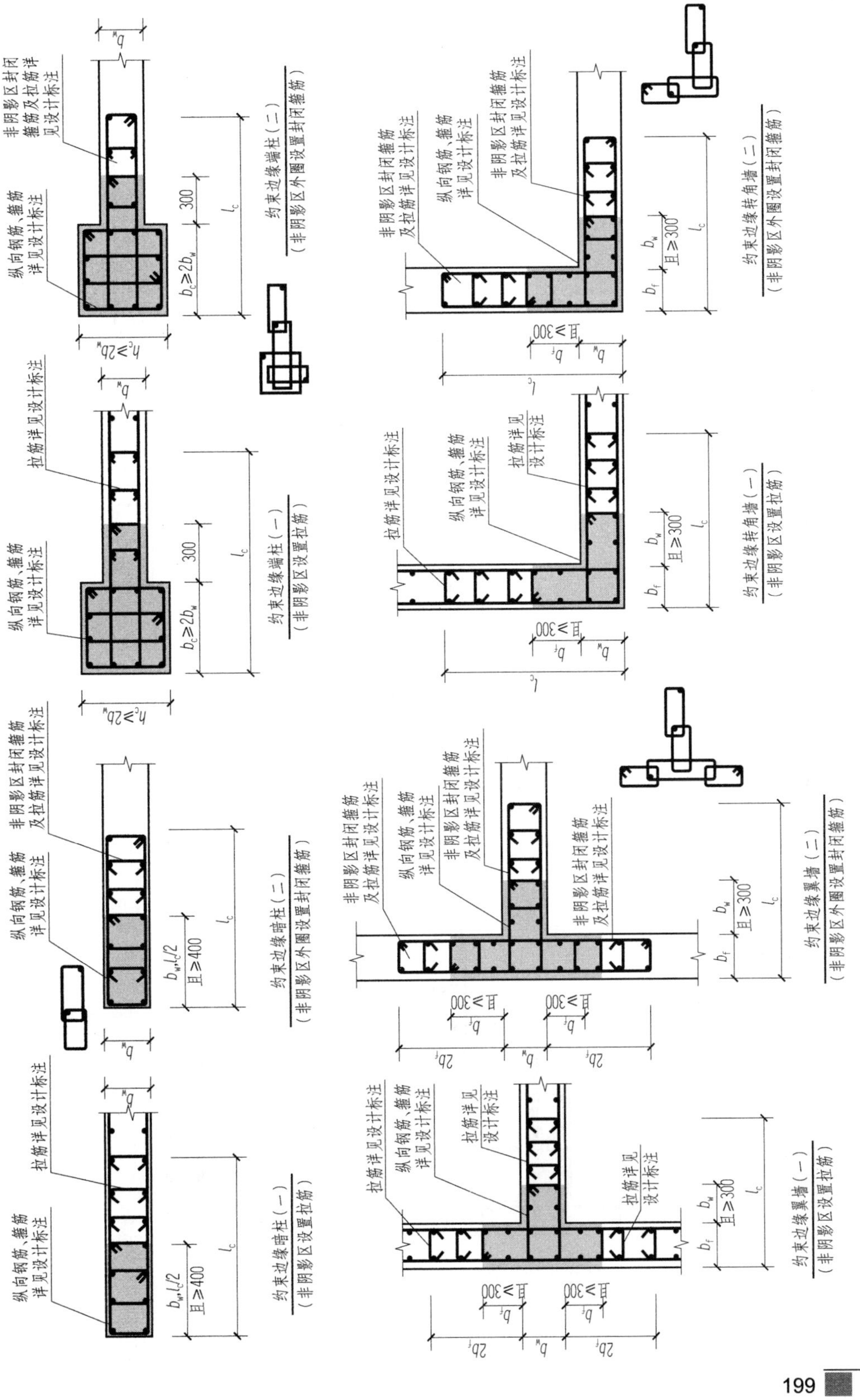

图 6.27　约束边缘构件（YBZ）构造图

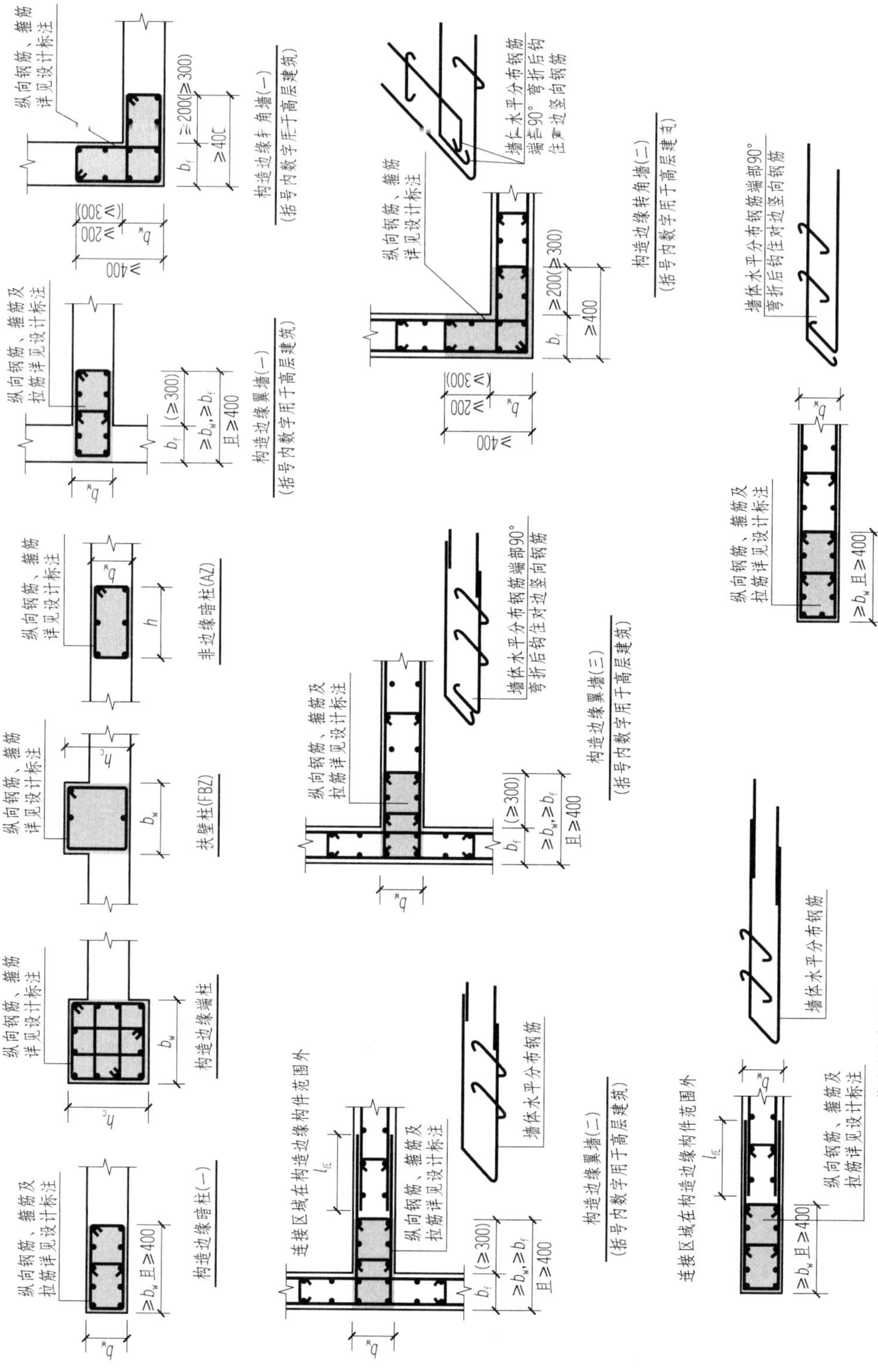

图 6.28 构造边缘构件（GBZ）及扶壁柱（FBZ）、非边缘暗柱（AZ）构造

小贴士

构造边缘构件（二）、（三）用于非底部加强部位；构造边缘暗柱（二）、构造边缘翼墙（二）中墙体水平分布钢筋宜在构造边缘构件范围外错开搭接，连接做法详见图 6.9。

6.2.3 剪力墙梁配筋构造

1. 连梁（LL）配筋构造

1）当端部洞口连梁的纵向钢筋在端支座的直锚长度 $\geq l_{aE}$ 且 ≥ 600mm 时，可直锚；否则，连梁的纵向钢筋伸至墙外侧纵向钢筋内侧后弯折 $15d$；在中间支座直锚长度 $\geq l_{aE}$ 且 ≥ 600mm，如图 6.29 所示。

2）洞口范围内的连梁箍筋直径、间距见具体工程设计；顶层连梁伸入墙体内的纵向钢筋范围内设置构造箍筋，构造箍筋直径同跨中，间距为 150mm，靠近洞口的一道箍筋距洞边 100mm；楼层连梁伸入墙体内的纵向钢筋范围内不设构造箍筋，如图 6.29 所示。

3）梁侧面纵向钢筋及拉筋构造如图 6.30 所示。

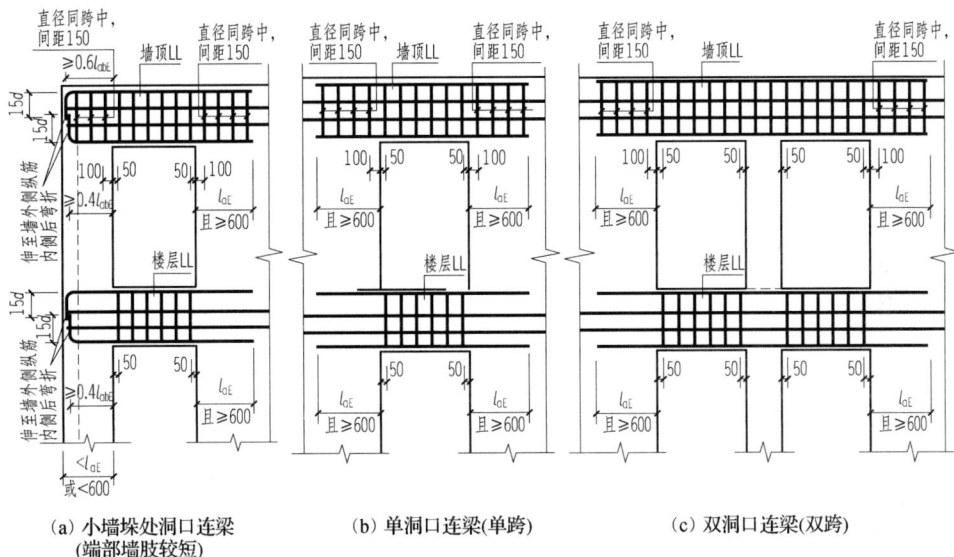

(a) 小墙垛处洞口连梁　　　　(b) 单洞口连梁（单跨）　　　　(c) 双洞口连梁（双跨）
(端部墙肢较短)

图 6.29　连梁（LL）配筋构造

2. 连梁（LL）、暗梁（AL）、边框梁（BKL）侧面纵向钢筋及拉筋构造

1）梁侧面纵向钢筋可利用墙身水平分布钢筋或单独设置，当设计未单独设置梁侧面纵向钢筋时，墙身水平分布钢筋作为梁侧面纵向钢筋在梁范围内拉通连续配置。当单独设置梁侧面纵向钢筋时，梁侧面纵向钢筋在支座内的锚固要求同连梁中受力钢筋。连梁、暗梁侧面纵向钢筋在箍筋外侧紧靠箍筋外皮设置，当边框梁与墙身侧面不平齐时，侧面纵向钢筋在边框梁箍筋内设置，如图 6.30 所示。

2）当梁宽 ≤ 350mm 时拉筋直径为 6mm，当梁宽 >350mm 时拉筋直径为 8mm。拉筋间距为 2 倍箍筋间距。当设有多排拉筋时，上下两排拉筋竖向错开设置。

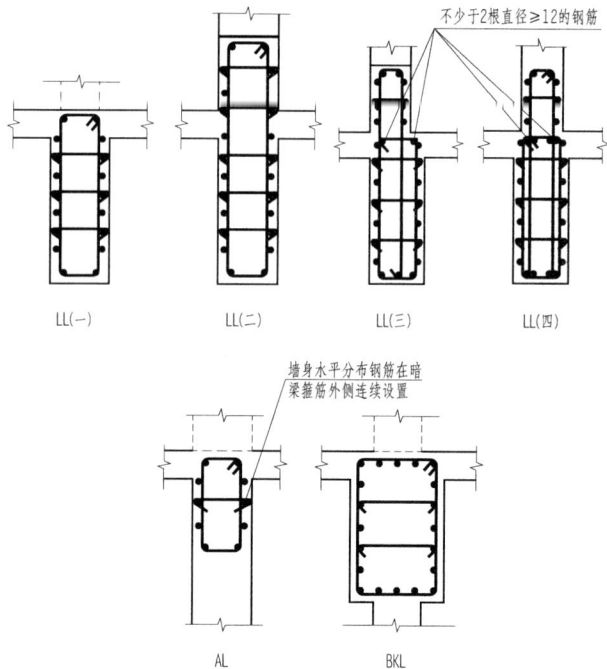

图 6.30　连梁、暗梁、边框梁侧面纵向钢筋及拉筋构造

3. 边框梁（BKL）或暗梁（AL）与连梁（LL）重叠时配筋构造

边框梁或暗梁与连梁重叠时配筋构造如图 6.31 所示。当连梁上部纵向钢筋计算面积大于边框梁或暗梁时，需要在连梁上部设置附加纵向钢筋；端节点、中间节点构造做法同框架结构。

4. 连梁（LLk）纵向钢筋及箍筋构造

跨高比不小于 5 的连梁宜按框架梁设计，其代号为 LLk，其纵向钢筋构造如图 6.32 所示，箍筋加密区范围如图 6.33 所示，构造要点如下。

1）上、下部纵向钢筋在支座内锚固。锚固要求同连梁（LL），直锚时锚固长度 $\geqslant l_{aE}$ 且 $\geqslant 600$mm。

2）支座上部纵向钢筋的截断点。截断点位置同框架梁（KL），第一排非通长筋及与跨中直径不同的通长筋从墙边起伸出至 $l_n/3$ 位置；第二排非通长筋伸出至 $l_n/4$ 位置。

3）LLk 架立筋构造。构造同框架梁（KL），当梁上有架立筋时，架立筋应与支座上部纵向钢筋中的非通长筋两端连接。如采用绑扎搭接，搭接长度取 150mm。

4）LLk 上部通长筋构造。构造同框架梁（KL），当梁中的通长筋长度不够时可接长。若通长筋在支座处与跨中位置直径不同，其连接位置与架立筋和支座上部纵向钢筋的连接位置相同。如通长筋直径相同，连接位置宜位于各跨中 $l_n/3$ 范围内。采用绑扎搭接时，搭接长度应取 l_{lE}。

5）LLk 梁侧纵向钢筋构造。梁侧纵向钢筋构造同连梁（LL），如图 6.30 所示。

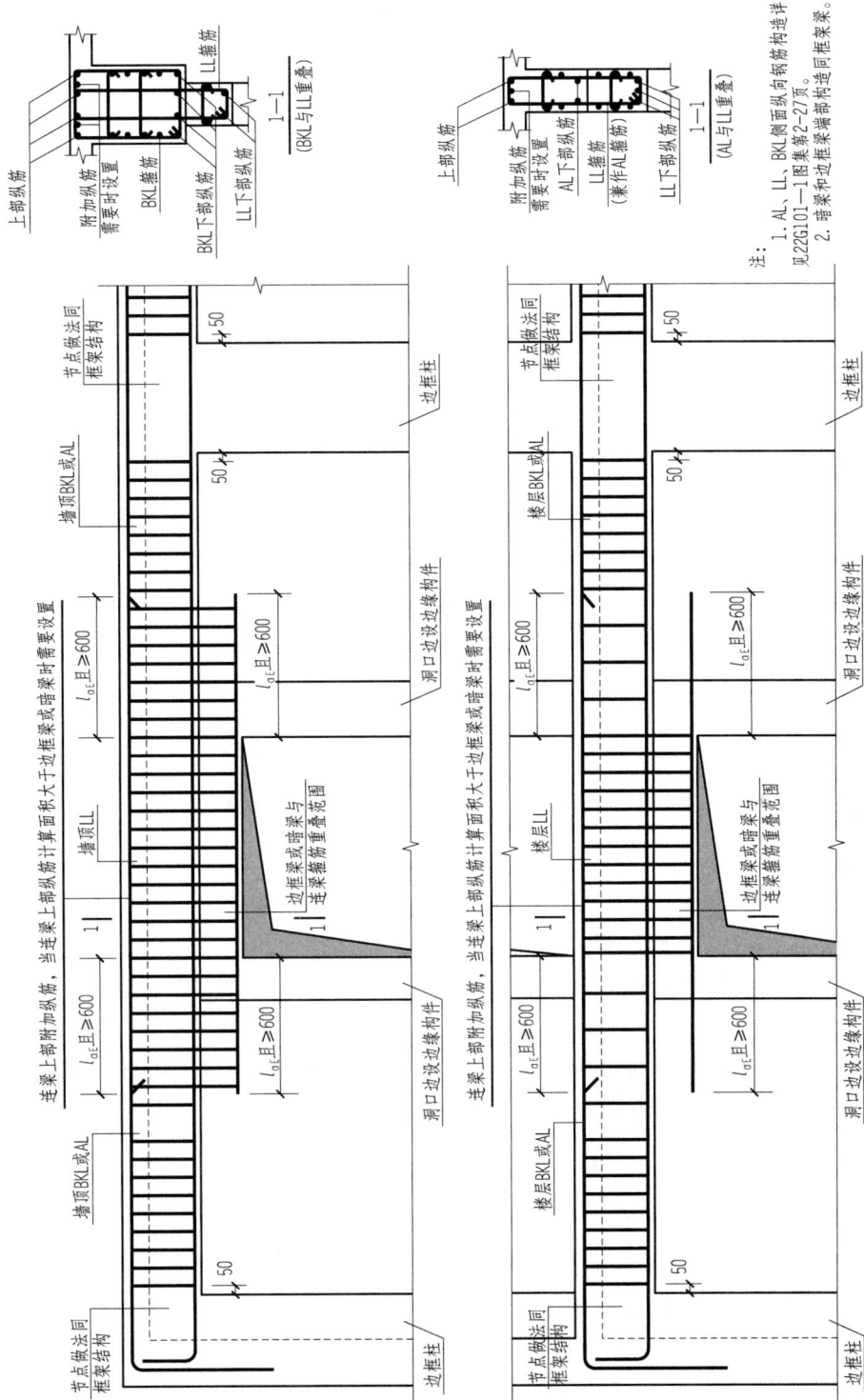

图 6.31　边框梁或暗梁与连梁重叠时配筋构造

注：
1. AL、LL、BKL侧面纵向钢筋构造详见22G101—1图集第2~27页。
2. 端梁和边框梁端部构造同框架梁。

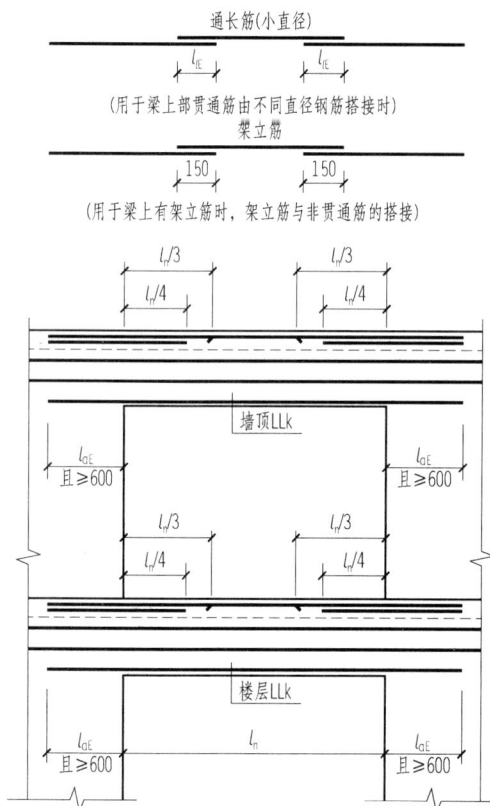

图 6.32　连梁（LLk）纵向钢筋构造

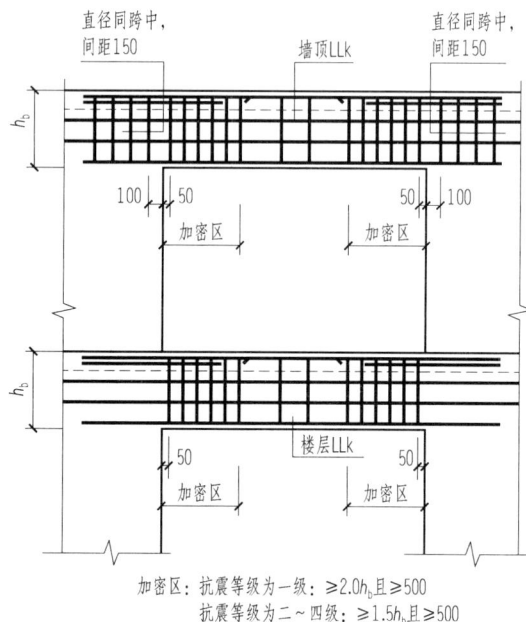

图 6.33　连梁（LLk）箍筋加密区范围

6）箍筋构造。

① 洞口范围内的 LLk 箍筋构造同框架梁（KL），当采用两种箍筋间距时，支座部位箍筋加密区范围取值同 KL，即一级抗震时，加密区范围≥2.0h_b 且≥500mm；二～四级抗震时，加密区范围≥1.5h_b 且≥500mm。

② 构造箍筋同 LL，顶层连梁（LLk）伸入墙体内的纵向钢筋范围内设置构造箍筋，构造箍筋直径同跨中，间距为 150mm，靠近洞口的一道箍筋距洞边 100mm；楼层连梁伸入墙体内的纵向钢筋范围内不设构造箍筋，如图 6.33 所示。

5. 连梁交叉斜筋 LL（JX）配筋、连梁集中对角斜筋 LL（DX）配筋、连梁对角暗撑 LL（JC）配筋构造

连梁交叉斜筋 LL（JX）配筋、连梁集中对角斜筋 LL（DX）配筋、连梁对角暗撑 LL（JC）配筋构造详图如图 6.34 所示。这三种连梁钢筋布置较复杂，请对照立面图和截面图仔细阅读各种钢筋的形状、根数及位置。

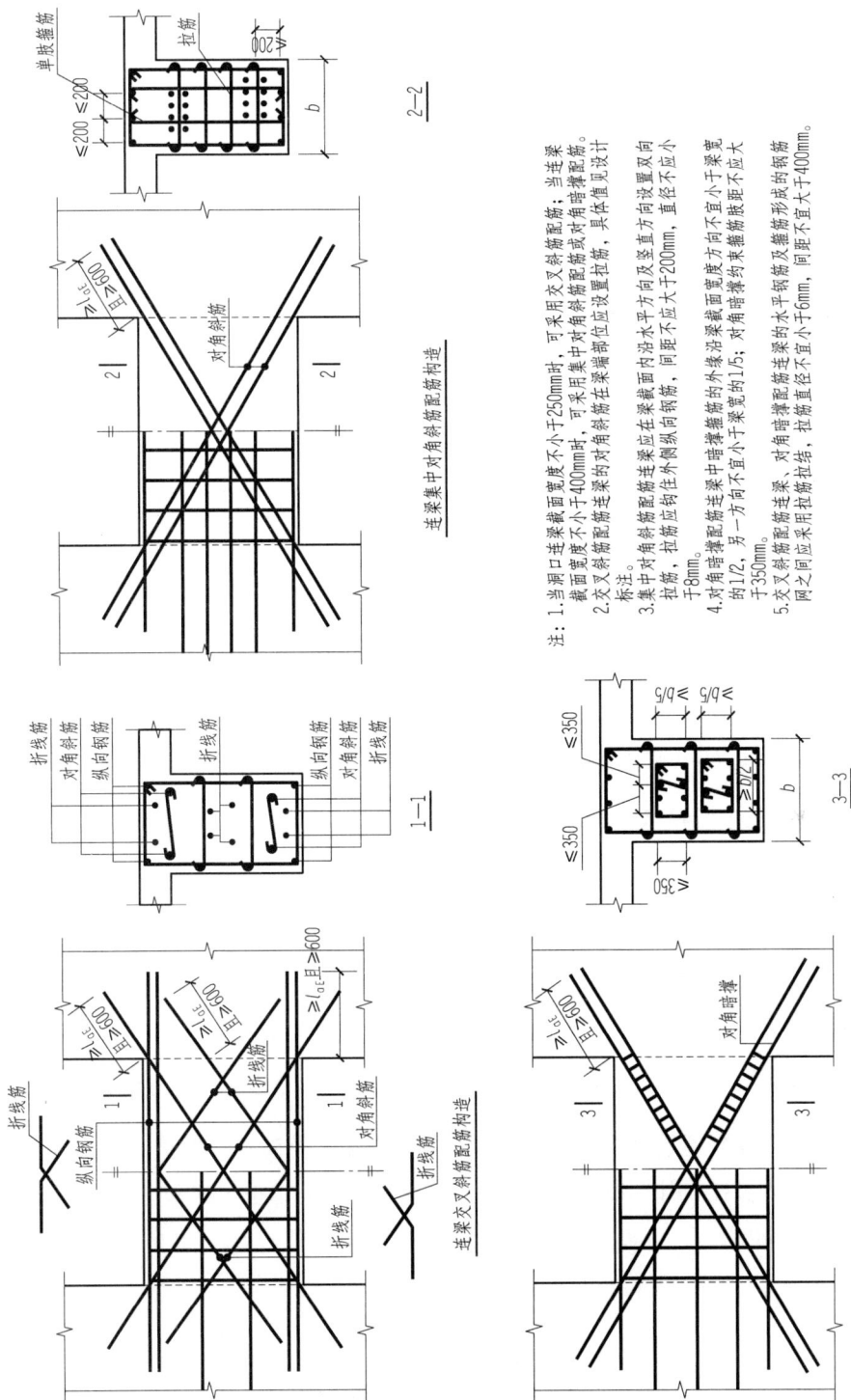

单肢箍筋

拉筋

2—2

对角斜筋

连梁集中对角斜筋配筋构造

折线筋
对角斜筋
纵向钢筋
折线筋
纵向钢筋
对角斜筋
折线筋

1—1

连梁对角暗撑配筋构造

3—3

折线筋
纵向钢筋
对角斜筋
折线筋

连梁交叉斜筋配筋构造

连梁对角暗撑配筋构造

吊于简中简结构时，l_{aE} 均取为 $1.15l_a$

对角暗撑

注：1.当洞口连梁截面宽度不小于250mm时，可采用交叉斜筋配筋；当连梁截面宽度不小于400mm时，可采用集中对角斜筋配筋或对角暗撑配筋，其具体值见设计。
2.交叉斜筋配筋连梁的对角斜筋在梁端部应设置拉筋，具体见设计。
3.集中对角斜筋配筋连梁应在梁截面内沿水平方向及竖直方向设置双向拉筋，拉筋沿纵向钢筋方向间距不大于200mm，直径不应小于8mm。
4.对角暗撑配筋连梁中暗撑箍筋的外缘沿连梁截面宽度方向不宜小于梁宽的1/2，另一方向不宜小于梁宽的1/5；对角暗撑约束箍筋肢距不应大于350mm。
5.交叉斜筋配筋连梁、对角暗撑配筋连梁、集中对角斜筋配筋连梁中箍筋及拉筋形成的钢筋网之间应采用拉筋拉结，拉筋直径不宜小于6mm，间距不宜大于400mm。

图 6.34　连梁交叉斜筋 LL（JX）配筋、连梁集中对角斜筋 LL（DX）配筋、连梁对角暗撑 LL（JC）配筋构造

6.2.4　地下室外墙（DWQ）钢筋构造

地下室外墙（DWQ）钢筋构造如图 6.35 所示，具体构造要点如下。

1. 水平贯通筋的连接构造

外侧水平贯通筋在平面外支承处的非连接区取 $l_{nx}/3$、$H_n/3$ 中较小值，水平跨中区域则为连接区；内侧水平贯通筋连接位置宜位于支承处 $l_{ni}/4$、$H_n/4$ 中较小值的范围内。地下室外墙水平钢筋构造如图 6.35 所示。

2. 水平贯通筋在端部构造

水平贯通筋在端部构造做法同剪力墙水平分布钢筋转角墙（三）构造，见图 6.35 中地下室外墙转角配筋构造。在外墙转角处，外侧水平贯通筋伸至对边竖向钢筋内侧弯折 $0.8l_{aE}$，与另一方向外墙的外侧水平贯通筋搭接（搭接长度 $1.6l_{aE}$）；当转角两边墙体外侧钢筋直径及间距相同时可连通设置。内侧水平贯通筋伸至对边弯折 $15d$。

3. 竖向贯通筋连接构造

外侧竖向贯通筋连接位置应位于本层墙体净高中间 $H_n/3$ 范围内，内侧竖向贯通筋连接位置宜位于支承处 $H_n/4$ 范围内，见图 6.35 中地下室外墙竖向钢筋构造。

4. 竖向钢筋在地下室顶板处构造

当顶板作为外墙的简支支承时（图 6.35 中节点①），墙体内、外侧竖向钢筋伸至顶板对边弯折 $12d$。当顶板与外墙连续传力时（图 6.35 中节点②），墙体内侧竖向钢筋伸至顶板对边弯折 $15d$，且外侧竖向钢筋与顶板上部钢筋搭接，搭接长度为 l_l（l_{lE}）。具体采用何种构造，由设计人员指定。

5. 外侧非贯通筋

外侧水平及竖向非贯通筋是否设置，由设计人员根据计算确定，非贯通筋的直径、间距及长度由设计人员在设计图纸中标注。

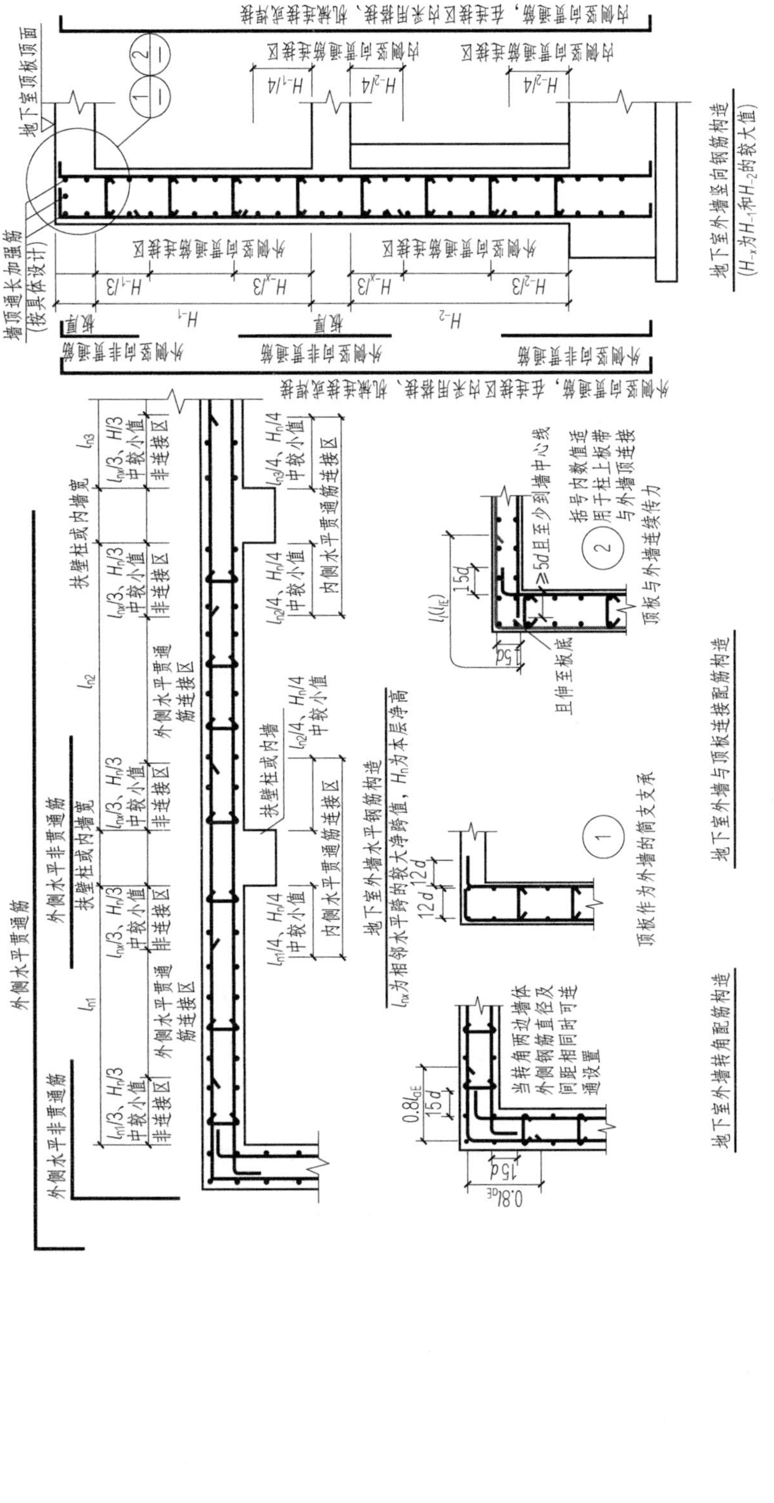

图 6.35 地下室外墙（DWQ）钢筋构造

6.2.5 剪力墙洞口补强构造

1. 矩形洞宽和洞高均不大于 800mm 时洞口补强钢筋构造

矩形洞宽和洞高均不大于 800mm 时，在洞口每边布置补强钢筋，其具体数值见设计标注，补强纵向钢筋伸过洞边锚固长度为 l_{aE}，如图 6.36 所示。

2. 矩形洞宽和洞高均大于 800mm 时洞口补强暗梁构造

当矩形洞口的洞宽大于 800mm 时，在洞口的上、下需要设置补强暗梁，洞口上、下每边暗梁的纵向钢筋与箍筋的具体数值见设计标注，补强纵向钢筋伸过洞边锚固长度为 l_{aE}，如图 6.37 所示。在标准构造详图中，补强暗梁的梁高一律定为 400mm，在未注明时，施工按标准构造详图取值。

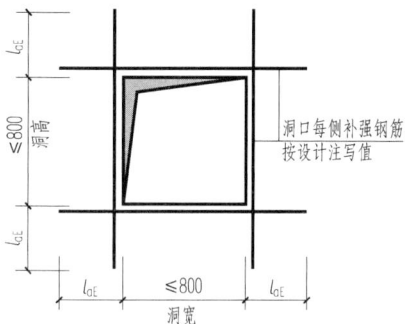

图 6.36　矩形洞宽和洞高均不大于 800mm 时洞口补强钢筋构造

图 6.37　矩形洞宽和洞高均大于 800mm 时洞口补强暗梁构造

3. 剪力墙圆形洞口直径不大于 300mm 时补强钢筋构造

剪力墙圆形洞口直径不大于 300m 时，在洞口上、下、左、右每边布置补强纵向钢筋，补强纵向钢筋的具体数值见设计标注，补强纵向钢筋伸过洞边锚固长度为 l_{aE}，如图 6.38 所示。

4. 剪力墙圆形洞口直径大于 300mm 但不大于 800mm 时补强钢筋构造

剪力墙圆形洞口直径大于 300mm 但不大于 800mm 时，在洞口上、下、左、右每边布置补强纵向钢筋及环向加强钢筋，其具体数值见设计标注，补强纵向钢筋伸过洞边锚固长度为 l_{aE}，如图 6.39 所示。

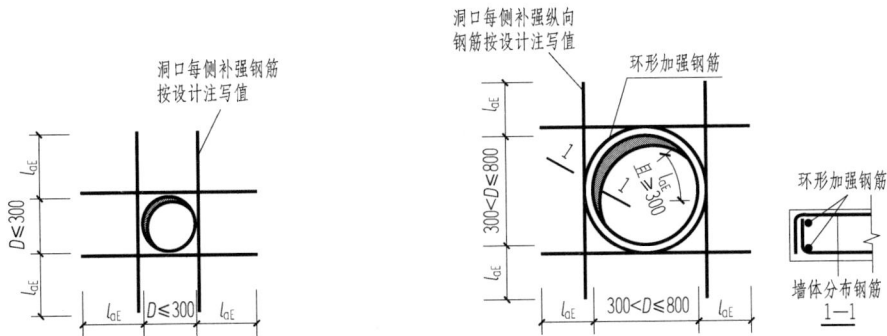

图 6.38　剪力墙圆形洞口直径不大于 300mm 时补　图 6.39　剪力墙圆形洞口直径大于 300mm 但不大
　　　　　强钢筋构造　　　　　　　　　　　　　　　　　　于 800mm 时补强钢筋构造

5. 剪力墙圆形洞口直径大于 800mm 时补强钢筋构造

当圆形洞口的直径大于 800mm 时，在洞口的上、下需要设置补强暗梁及环向加强钢筋，洞口上、下每边暗梁的纵向钢筋与箍筋、环向加强钢筋的具体数值见设计标注，在标准构造详图中，补强暗梁的梁高一律定为 400mm，如图 6.40 所示。

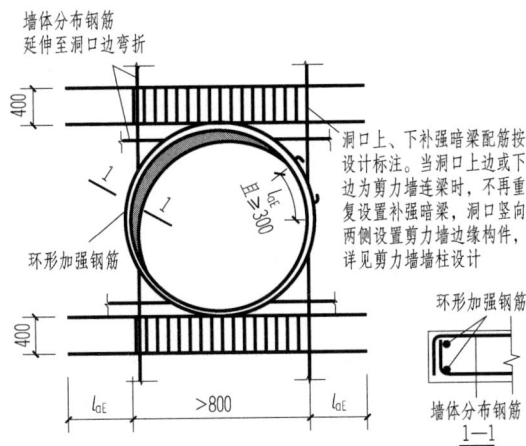

图 6.40　剪力墙圆形洞口直径大于 800mm 时补强钢筋构造

6. 连梁中部圆形洞口补强钢筋构造

当圆形洞口直径不大于 1/3 梁高，且不大于 300mm 时，需要在圆洞上、下设置水平补强的纵向钢筋和箍筋，纵向钢筋伸过洞边锚固长度为 l_{aE}，如图 6.41 所示。

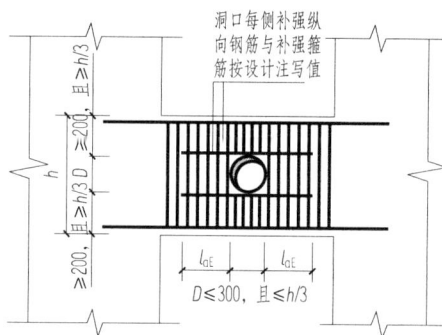

图 6.41　连梁中部圆形洞口补强钢筋构造（圆形洞口预埋钢套管）

小贴士

剪力墙平法施工图识读要点

剪力墙平法施工图的识图原则是：先校对平面，后校对构件；根据构件类型，分类逐一细看；先看各构件，再看节点与连接。

识读剪力墙平法施工图应注意以下几点。

1）看结构设计说明中的有关内容。明确底部加强区在剪力墙施工图中的部位及高度范围。

2）熟悉各层墙柱、墙身、墙梁的平面布置与定位尺寸。根据相应的建筑平面图墙柱及洞口布置，核查剪力墙各构件的平面布置与定位尺寸是否正确。特别应注意变截面处上、下截面轴线与梁轴线的关系。

3）从图中（截面注写方式）及表中（列表注写方式）弄清楚剪力墙身、剪力墙柱、剪力墙梁的编号、起止标高、截面尺寸、配筋、箍筋。当采用列表注写方式时，应将表和结构平面图对应起来一起看。

4）熟悉剪力墙柱的构造详图和剪力墙身水平、竖直分布钢筋构造详图，结合平面图中剪力墙柱的配筋，明确从基础到屋顶整根柱或整片墙的截面尺寸和配筋构造。

5）熟悉剪力墙梁的构造详图，结合平面图中剪力墙梁的配筋，全面理解梁的纵向钢筋、箍筋设置要求，梁侧纵向构造钢筋的设置要求等。

6）熟悉其余构件与剪力墙的连接、剪力墙与填充墙的拉接。

7）熟悉各墙柱、墙身、墙梁中预埋件的布置、定位尺寸与细部尺寸。

8）熟悉剪力墙洞口的布置、定位尺寸与洞口尺寸及洞口每边的补强钢筋。

9）熟悉图中的附加说明及其材料选用。

10）全面理解剪力墙的配筋图，可以自己动手画出整片剪力墙各构件的配筋立面图。

小　　结

1．本模块主要介绍了剪力墙平法施工图制图规则及剪力墙的标准构造做法。

2．剪力墙平法施工图是在剪力墙平面布置图上采用列表注写方式或截面注写方式表达。

3．剪力墙列表注写方式，是分别在剪力墙柱表、剪力墙身表和剪力墙梁表中，对应于剪力墙平面布置图上的编号，用绘制截面配筋图并注写几何尺寸与配筋具体数值的方式，来表达剪力墙平法施工图。

4．剪力墙截面注写方式，是在分标准层绘制的剪力墙平面布置图上，以直接在墙柱、墙身、墙梁上注写截面尺寸和配筋具体数值的方式来表达剪力墙平法施工图。

5．无论采用列表注写方式还是采用截面注写方式，剪力墙上的洞口均可在剪力墙平面图上原位表达。

6．识图人员应能根据剪力墙平法施工图中剪力墙身、剪力墙柱、剪力墙梁及剪力墙洞编号中的类型代号查找其对应的构造详图，本模块任务 6.2 结合剪力墙标准构造详图介绍了其标准的构造做法。

习　　题

一、填空题

1．剪力墙可视为由_____、_____和_____三类构件构成。

2．墙柱编号由_____和_____组成。

3．约束边缘构件包括_____、_____、_____和_____四种。

4．构造边缘构件包括_____、_____、_____和_____四种。

5．YBZ、GBZ、AZ 和 FBZ 分别为_____、_____、_____和_____的代号。

6．Q 为_____的代号。

7．LL、AL 和 BKL 分别为_____、_____和_____的代号。

8．剪力墙拉筋有_____和_____两种布置方式。

9．当连梁设有对角暗撑时，其代号为_____；当连梁设有交叉斜筋时，其代号为_____；当连梁设有集中对角斜筋时，其代号为_____。

10．JD 和 YD 分别为_____和_____的代号。

二、简答题

1．试述剪力墙柱表中所表达的内容。

2．试述剪力墙身表中所表达的内容。

3．试述剪力墙梁表中所表达的内容。

4. 试述剪力墙上洞口需要注写的内容。

5. 若剪力墙平法施工图中标注的内容：

JD2　1000×900　3层：　+1.40　6Φ20　Φ8@150(2)

试说明其表达的含义。

6. 简述图 6.42 中标注的 YD1 所表述内容。

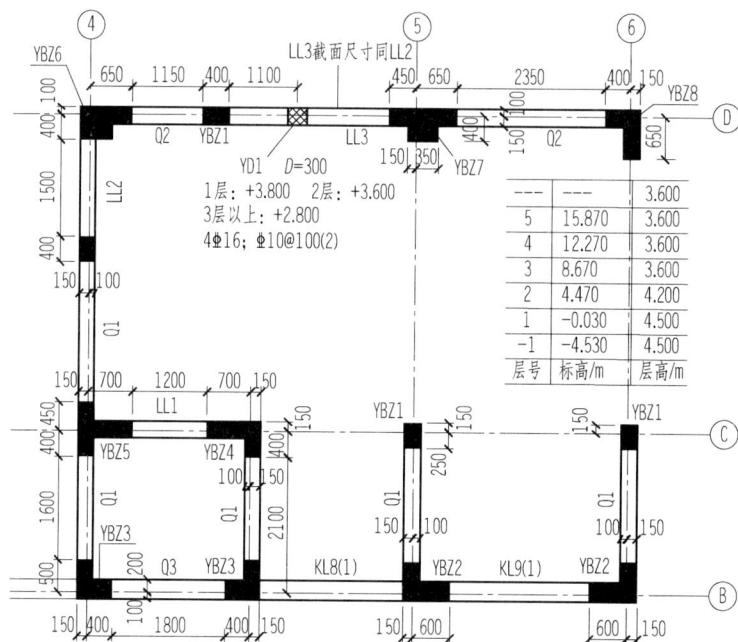

基础顶面～12.270剪力墙平法施工图

剪力墙连梁表						
连梁编号	截面尺寸	上部纵筋	下部纵筋	侧面纵筋	箍筋	楼层标高
LL1	250×2270	4Φ22	4Φ22	Φ10@150	Φ10@100(2)	-0.030/4.470
	250×1970	4Φ20	4Φ20	Φ10@150	Φ10@100(2)	8.670
	250×1370	4Φ18	4Φ18	Φ10@150	Φ10@100(2)	12.270
LL2	250×2370	4Φ22	4Φ22		Φ10@100(2)	-0.030/4.470
	250×2070	4Φ20	4Φ20		Φ10@100(2)	8.670
	250×1470	4Φ18	4Φ18		Φ10@100(2)	12.270

剪力墙身表					
编号	起止标高	墙厚	水平分布筋	竖向分布筋	拉筋
Q1	基顶～-0.030	250	Φ12@150	Φ12@150	Φ6@600@600矩形
	-0.030～12.270	250	Φ10@150	Φ10@150	Φ6@600@600矩形
Q2	基顶～-0.300	250	Φ10@150	Φ10@150	Φ6@600@600矩形
	-0.030～12.270	250	Φ10@150	Φ10@150	Φ6@600@600矩形

图 6.42　某剪力墙平法施工图（局部）

三、识图题

1. 某剪力墙（局部）施工图如图 6.43 所示，筏形基础顶标高为-5.500m，筏板厚800mm，筏板配筋为双层钢筋，基础垫层为100mm 厚 C15 混凝土，基础、剪力墙混凝土强度等级为 C30，结构为四级抗震，环境类别±0.000m 以下为二 a，±0.000m 以上为一类。Q2 为内墙，识读施工图，依据 22G101—1 图集完成下列单选题。

图 6.43　某剪力墙（局部）施工图

（1）墙身 Q2 的水平与竖向分布钢筋的排数为（　　）。

　　A. 1　　　　　　　B. 2　　　　　　　C. 3　　　　　　　D. 4

（2）③轴上 Q2 水平分布钢筋在 YBZ6 处构造正确的是（　　）。

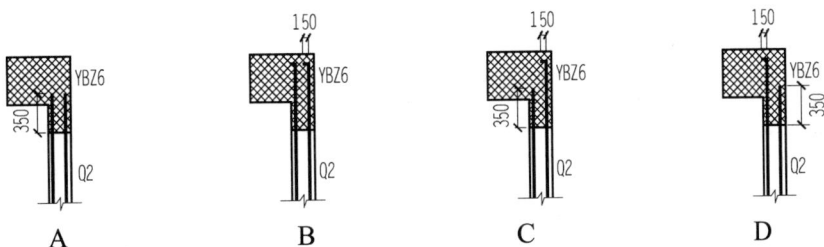

　　A　　　　　　　　B　　　　　　　　C　　　　　　　　D

（3）墙身 Q2 外侧水平分布筋在 YBZ7 处构造说法错误的是（　　）。

　　A. 上下相邻两层外侧水平分布钢筋在转角两侧交错搭接

　　B. 若外侧水平分布钢筋在转角处搭接，搭接长度 $1.6l_{aE}$

　　C. 上下相邻两层外侧水平分布钢筋连续伸过 YBZ7

　　D. 外侧水平筋均伸至墙柱 YBZ7 对边弯折 15d

（4）墙身 Q2 内侧水平分布筋在 YBZ7 处构造说法正确的是（　　）。

　　A. 上下相邻两层内侧水平分布钢筋在转角两侧交错搭接

　　B. 内侧水平分布钢筋在转角处搭接，搭接长度 $1.6l_{aE}$

　　C. 上下相邻两层内侧水平分布钢筋连续伸过 YBZ7

　　D. 墙身内侧水平筋均伸至墙柱 YBZ7 对边紧贴纵筋内侧弯折 15d

（5）ⓒ轴上 Q2 水平分布筋在 YBZ8 处构造最低要求说法正确的是（　　）。

A．墙身 Q2 水平分布筋应伸至暗柱 YBZ8 对边紧贴角筋内侧弯折≥10d

B．墙身 Q2 水平分布筋应伸至暗柱 YBZ8 对边紧贴角筋内侧弯折≥15d

C．墙身 Q2 水平分布筋应伸至暗柱 YBZ8 对边且伸入暗柱的长度≥10d

D．当 Q2 水平分布筋伸入暗柱 YBZ8 的长度≥l_{aE} 时，可不弯折

（6）关于 Q2 竖向分布筋在基础中的构造说法正确的是（　　）。

A．Q2 竖向筋均伸至基础板底部钢筋网上弯折 6d 且≥150

B．Q2 竖向筋均伸至基础板底部钢筋网上弯折 15d

C．Q2 竖向筋"隔二下一"伸至基础板底部钢筋网上弯折 6d 且≥150，其他竖向钢筋伸入基础内不小于 l_{aE}

D．Q2 竖向分布筋均伸入基础内不小于 l_{aE}

（7）若 Q2 竖向分布筋采用搭接连接，其搭接长度为（　　）。

A．l_{aE}　　　B．$1.2l_{aE}$　　　C．l_{lE}　　　D．$1.2l_{lE}$

（8）若 Q2 竖向分布筋采用焊接连接，相邻钢筋接头应相互错开，第一批焊接位置距基础顶面（或楼板顶面）应（　　）mm。

A．≥0　　　B．≥500　　　C．≥1000　　　D．≥35d

（9）关于 Q2 水平分布筋在基础中的构造说法正确的是（　　）。

A．基础高度内设置间距≤500mm，且不少于两道水平分布钢筋

B．基础高度内应设置锚固区横向钢筋，其间距≤10d 且≤100mm

C．基础高度内应设置锚固区横向钢筋，其间距≤5d 且≤100mm

D．基础高度内水平分布筋间距为 200mm

2．某剪力墙边缘构件施工图如图 6.44 所示，其下为筏形基础，基础顶标高为 −5.500m，筏板厚 800mm，筏板配筋为双层钢筋，基础垫层为 100mm 厚 C15 混凝土，基础、边缘构件混凝土强度等级均为 C35，结构为三级抗震，环境类别±0.000m 以下为二 a，±0.000m 以上为一类。识读施工图，依据 22G101—1 图集完成下列单选题。

柱号	YBZ2	GBZ2
纵筋	6Φ14	6Φ12
箍筋	Φ10@100	Φ8@200
标高	基顶~11.950	11.950~32.950

图 6.44　某剪力墙边缘构件施工图

（1）本题中柱号 YBZ2 的类型是（　　）。

A．约束边缘暗柱　　　B．约束边缘端柱

C．构造边缘暗柱　　　D．构造边缘端柱

（2）第二层边缘构件（标高 2.950～5.950m）纵筋为（　　），箍筋为（　　）。

　　A．6Φ14　　　　　B．6Φ12　　　　　C．Φ10@100　　　　D．Φ8@200

（3）若边缘构件纵筋采用搭接连接，其搭接长度为（　　）。

　　A．l_{aE}　　　　　B．1.2l_{aE}　　　　C．l_{lE}　　　　　D．1.2l_{lE}

（4）若边缘构件纵筋采用搭接连接，其搭接构造正确的是（　　）。

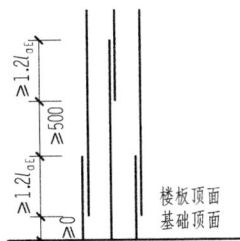

A

B

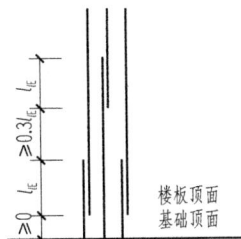

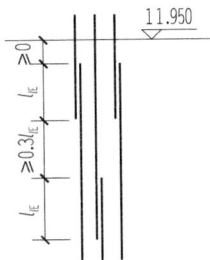

C

D

（5）关于 YBZ2（位于内墙上）纵筋在基础中的构造说法正确的是（　　　　）。

　　A．6 根纵筋均伸入基础内不小于 l_{aE} 即可

　　B．6 根纵筋均伸至基础板底部钢筋网上弯折 6d 且≥150

　　C．6 根纵筋均伸至基础板底部钢筋网上弯折 15d

　　D．角部 4 根纵筋伸至基础板底部钢筋网上弯折 6d 且≥150，另 2 根伸入基础内
　　　不小于 l_{aE}

　　3．某剪力墙平法施工图（局部）如图 6.42 所示，混凝土强度等级均为 C35，结构为三级抗震，环境类别±0.000m 以上为一类。识读施工图，依据 22G101—1 图集完成下列单选题。

（1）关于①轴上 Q2 水平分布筋在 YBZ8 处构造说法正确的是（　　）。

　　A．水平分布筋伸至 YBZ8 对边紧贴 YBZ8 角筋内侧弯折 10d

　　B．水平分布筋伸至 YBZ8 对边紧贴 YBZ8 角筋内侧弯折 15d

　　C．水平分布筋伸至 YBZ8 对边

　　D．水平分布筋伸入 YBZ8 内 l_{aE}

（2）关于⑪轴上 Q2 水平分布筋在 YBZ6 处构造最低要求是（　　　）。

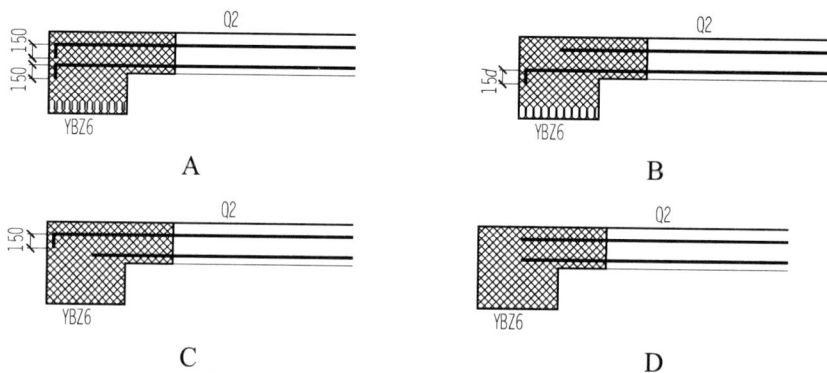

A

B

C

D

（3）若 Q2 竖向分布筋采用搭接连接，搭接长度至少为（　　　）。

　　A．150　　　　　　　B．34d　　　　　　C．41d　　　　　　D．48d

（4）关于墙身竖直方向拉结筋的起止位置正确的是（　　　）。

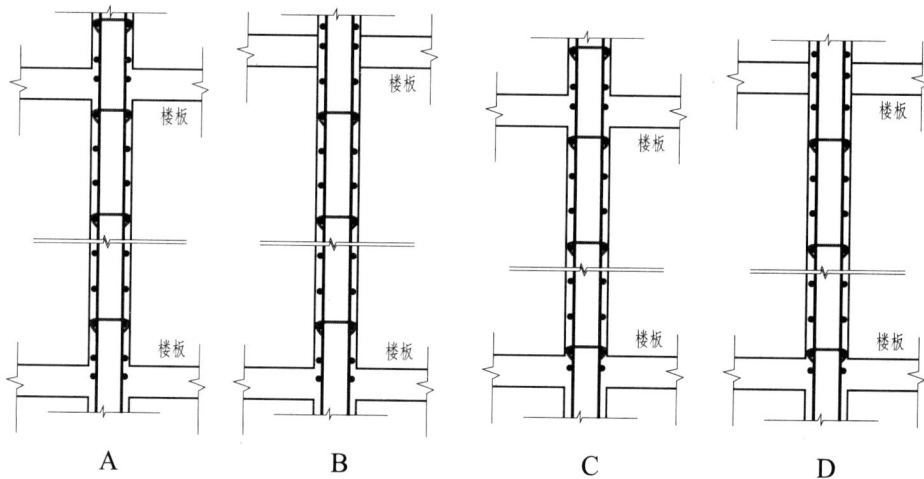

A　　　　　　　　　B　　　　　　　　　C　　　　　　　　　D

（5）LL1 下洞口高度为（　　　）。

　　A．2130　　　　　　　　　　　　　　　B．2230

　　C．2530　　　　　　　　　　　　　　　D．无法确定，需要查阅其他图纸

（6）三层 LL1（顶标高为 8.670m）上部纵筋在 YBZ4 处的构造最低要求是（　　　）。

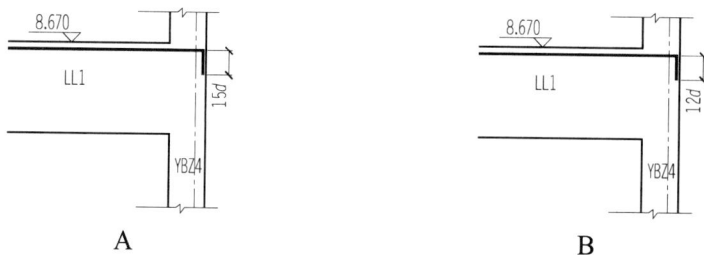

A　　　　　　　　　　　　　　　　B

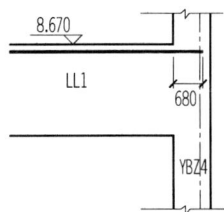

C

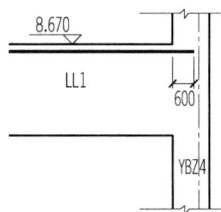

D

（7）LL1 侧面纵筋在 YBZ4 处的构造最低要求是（　　　）。

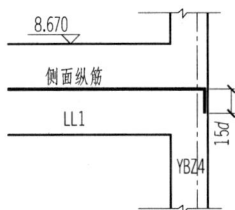

A

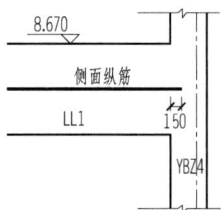

B

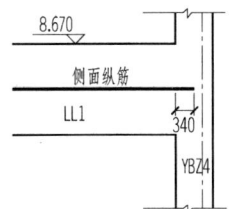

C

D

（8）三层 LL2（顶标高为 8.670）上部纵筋在 YBZ6 处的构造最低要求是（　　　）。

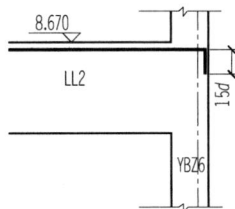

A

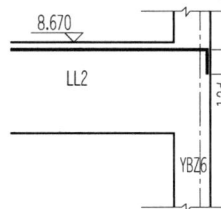

B

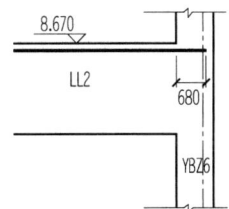

C

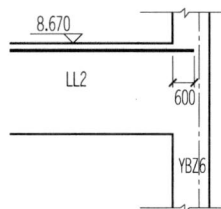

D

（9）中间层洞口内靠洞边的第一道箍筋距洞边距离为（　　　）mm。

　　A．50　　　　　　　　B．100　　　　　　　　C．150　　　　　　　　D．200

（10）关于连梁 LL1 内拉筋的说法正确的是（　　　）。

　　A．拉筋为 φ6，同排拉筋间距为 200mm，竖向沿侧面水平筋原则上隔一拉一

  B．拉筋为 φ6，同排拉筋间距为 200mm，竖向沿侧面水平筋每排布置拉筋

  C．拉筋为 φ8，同排拉筋间距为 200mm，竖向沿侧面水平筋原则上隔一拉一

  D．拉筋为 φ8，同排拉筋间距为 200mm，竖向沿侧面水平筋每排布置拉筋

（11）LL3 截面尺寸同 LL2，　　层 YD1 洞口中心距所在连梁 LL3 梁底的距离为（　　）mm。

  A．1470　　　　　B．1520　　　　　C．1670　　　　　D．1820

（12）关于 YD1 补强钢筋说法正确的（　　）。

  A．洞口上下左右每边布置 1 根直径 16 的补强纵筋，补强纵筋总共为 4Φ16

  B．洞口上下左右每边布置 4Φ16 的补强纵筋

  C．洞口上下水平设置补强纵筋，每边补强纵筋为 2Φ16，补强纵筋总共 4Φ16

  D．洞口上下水平设置补强纵筋，每边补强纵筋为 4Φ16

模块 7

现浇钢筋混凝土板式楼梯平法施工图及标准构造详图识读

思政引导 ☞

　　高大的中式建筑，通常坐落在厚重的台基之上，但是"台"常常被人忽略。木构易损，而夯土而成的台、铺石而就的阶，成为最恒久、最有生命力的部分。"拾阶而上"中，寄寓了古人对台阶的诗情画意。楼梯和台阶有着异曲同工之妙，也是由踏步段和平台所组成。中国古代大型建筑中，建筑底部除了有台阶之外，建筑内部和建筑物之间也有楼梯和坡道。例如，杜牧在《阿房宫赋》中写道"长桥卧波，未云何龙？复道行空，不霁何虹？"宫殿间有架空的阁道相连，更像是天上宫阙。回顾台阶与楼梯的缘起，《老子》中的"九层之台，起于累土"，更别有意味。短短八字，蕴含着一种做事、做人的踏实态度，也象征着追求完整人格和崇高理想的第一步。

知识要求 ☞

　　通过本模块内容的学习，掌握几种现浇钢筋混凝土板式楼梯平法施工图的制图规则；掌握现浇钢筋混凝土板式楼梯平法施工图的注写方式，以及楼梯平法施工图中集中标注和外围标注的具体内容及其含义；掌握几种现浇钢筋混凝土板式楼梯的标准构造做法。

技能要求 ☞

　　通过本模块内容的学习，初步掌握现浇钢筋混凝土板式楼梯平法施工图的识图方法；能读懂现浇钢筋混凝土板式楼梯平法施工图，并能根据现浇钢筋混凝土板式楼梯平法施工图中的梯板代号及结构设计说明准确找到对应的构造图；能读懂现浇钢筋混凝土板式楼梯的构造详图。

关键术语 ☞

现浇钢筋混凝土板式楼梯平法施工图、平面注写、剖面注写、列表注写、集中标注、外围标注、标准构造详图。

现浇钢筋混凝土楼梯按结构形式的不同主要有板式楼梯和梁式楼梯两种。梁式楼梯适用于跨度较大的楼梯，如民用建筑中的室外大跨度楼梯、工业建筑中的大跨度楼梯等；板式楼梯适用于跨度较小的楼梯，如住宅和办公楼等建筑中的楼梯。板式楼梯相对于梁式楼梯具有构造简单、施工方便等优点，所以其在一般工业与民用建筑中得到了广泛的应用。施工图常用表示方法有详图法、楼梯表法及现浇钢筋混凝土板式楼梯平面整体表示法。本模块主要介绍现浇钢筋混凝土板式楼梯平面整体表示法。

任务 7.1　了解现浇钢筋混凝土楼梯概述

楼梯是多层与高层房屋的竖向通道，是房屋的重要组成部分。为了满足承重和防火要求，钢筋混凝土楼梯被广泛应用。

钢筋混凝土楼梯按施工方式不同可分为现浇整体式楼梯和预制装配式楼梯；按楼梯段结构形式和传力特点的不同，分为板式楼梯和梁式楼梯两种。

7.1.1　板式楼梯的受力特点

当楼梯的跨度不大，使用荷载较小，或公共建筑中要符合卫生和美观的要求时，宜采用板式楼梯。

1. 板式楼梯的组成

板式楼梯由梯段斜板、平台板和平台梁组成，如图 7.1 所示。梯段斜板自带三角形踏步，作为一块整浇板，两端分别支承在上、下平台梁上，平台梁之间的距离即为梯板的跨度；平台板两端分别支承在平台梁或楼层梁上，而平台梁两端支承在楼梯间的侧墙或柱上。

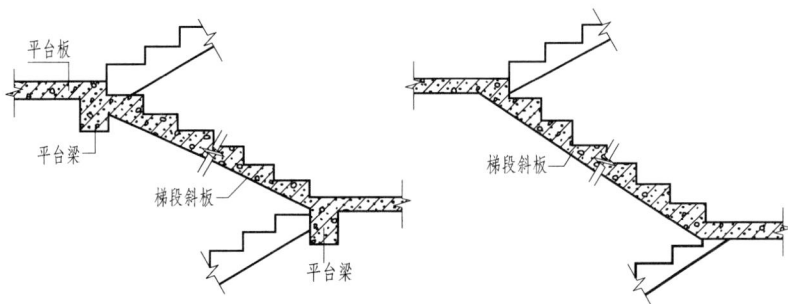

图 7.1　板式楼梯的组成

2. 板式楼梯的传力

板式楼梯的荷载传递途径如图7.2所示。

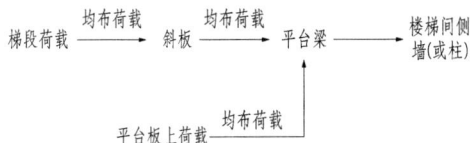

图 7.2　板式楼梯的荷载传递途径

梯段斜板、平台板和平台梁均可认为是两端简支承受均布荷载的受弯构件，梯段斜板和平台板的钢筋布置类似于楼板，平台梁配筋同单跨梁。

7.1.2　梁式楼梯的受力特点

当楼梯段跨度较大，且使用荷载较大时，采用梁式楼梯比较经济。

1. 梁式楼梯的组成

梁式楼梯由踏步板、斜梁、平台梁和平台板组成，如图7.3所示。踏步板两端支承在斜梁上，斜梁两端分别支承在上、下平台梁（有时一端支承在层间楼面梁）上，平台板支承在平台梁或楼层梁上，而平台梁则支承在楼梯间两侧的墙上。

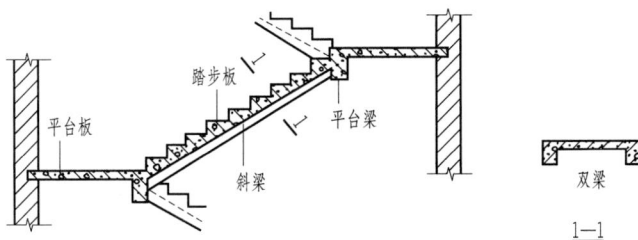

图 7.3　梁式楼梯的组成

2. 梁式楼梯的传力

梁式楼梯的荷载传递途径如图7.4所示。

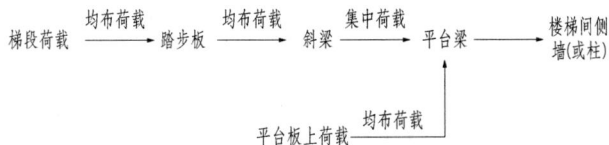

图 7.4　梁式楼梯的荷载传递途径

梁式楼梯中的各个构件均可简化为简支受弯构件进行计算。与板式楼梯的不同之处在于，梁式楼梯中的平台梁除承受平台板传来的均布荷载外，还承受斜梁传来的集中荷载。本模块主要介绍现浇钢筋混凝土板式楼梯。

任务 7.2　掌握现浇钢筋混凝土板式楼梯平法施工图制图规则

7.2.1　现浇钢筋混凝土板式楼梯平法施工图的表示方法

现浇钢筋混凝土板式楼梯平法施工图（以下简称楼梯平法施工图）是指在楼梯平面布置图上采用平面注写、剖面注写和列表注写方式表达的施工图。

楼梯平法施工图是一种新型楼梯施工图表示方法，其有平面注写、剖面注写和列表注写三种表达方式，设计者可根据工程具体情况任选一种。

楼梯平面布置图，应按照楼梯标准层采用适当比例集中绘制，需要时绘制其剖面图。

为方便施工，在集中绘制的楼梯平法施工图中，宜按规定注明各结构层的楼面标高、结构层高及相应的结构层号。

> **小贴士**
>
> 本任务介绍的制图规则主要表述梯板的表达方式，与楼梯相关的梯梁、梯柱和平台板的注写方式分别参见模块 3、模块 4 和模块 5 的内容。

7.2.2　板式楼梯的类型及特征

1. 板式楼梯的类型

《混凝土结构施工图　平面整体表示方法制图规则和构造详图（现浇混凝土板式楼梯）》（22G101—2）（以下简称 22G101—2 图集）中，板式楼梯包含 14 种类型，如表 7.1 所示。楼梯编号由梯板代号和序号组成，如 AT××、BT××、ATa×× 等。

表 7.1　楼梯类型

梯板代号	适用范围		是否参与结构整体抗震计算
	抗震构造措施	适用结构	
AT	无	剪力墙、砌体结构	不参与
BT			
CT	无	剪力墙、砌体结构	不参与
DT			
ET	无	剪力墙、砌体结构	不参与
FT			
GT	无	剪力墙、砌体结构	不参与
ATa	有	框架结构、框剪结构中框架部分	不参与
ATb			不参与
ATc			参与

梯板代号	适用范围		是否参与结构整体抗震计算
	抗震构造措施	适用结构	
BTb	有	框架结构、框剪结构中框架部分	不参与
CTa	有	框架结构、框剪结构 中框架部分	不参与
CTb			不参与
DTb	有	框架结构、框剪结构中框架部分	不参与

注：ATa、CTa 型梯板的低端设滑动支座支承在梯梁上；ATb、BTb、CTb、DTb 型梯板的低端设滑动支座支承在梯梁的挑板上。

2. 板式楼梯的特征

（1）AT～ET 型板式楼梯的特征

AT～ET 型板式楼梯具备以下特征。

1）AT～ET 型板式楼梯的代号代表一段带上下支座的梯板，如图 7.5～图 7.9 所示。梯板的主体为踏步段，除踏步段之外，梯板可包括低端平板、高端平板和中位平板。

2）AT～ET 型梯板的截面形状为：AT 型梯板全部由踏步段构成，如图 7.5 所示；BT 型梯板由低端平板和踏步段构成，如图 7.6 所示；CT 型梯板由踏步段和高端平板构成，如图 7.7 所示；DT 型梯板由低端平板、踏步段和高端平板构成，如图 7.8 所示；ET 型梯板由低端踏步段、中位平板和高端踏步段构成，如图 7.9 所示。

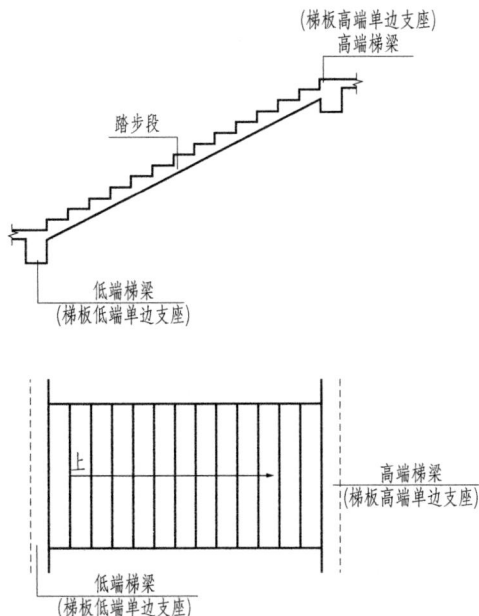

图 7.5　AT 型楼梯的截面形状与支座位置

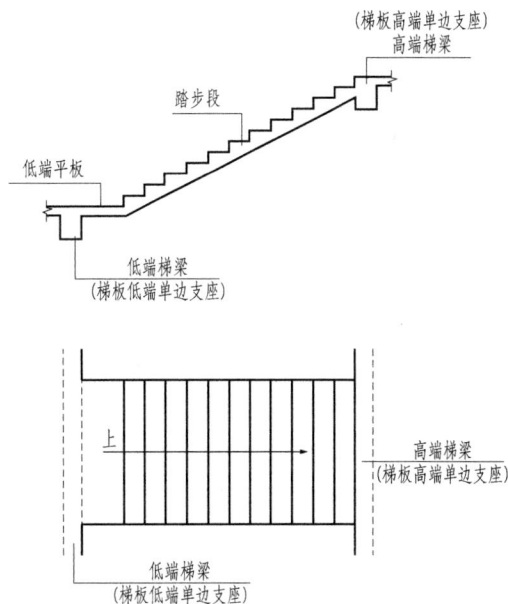

图 7.6　BT 型楼梯的截面形状与支座位置

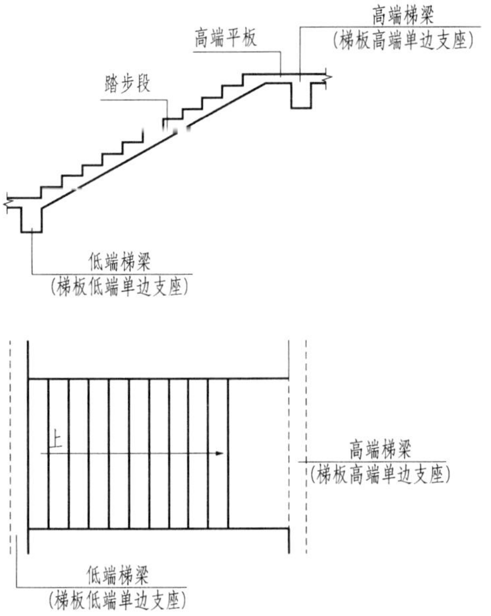

图 7.7　CT 型楼梯的截面形状与支座位置

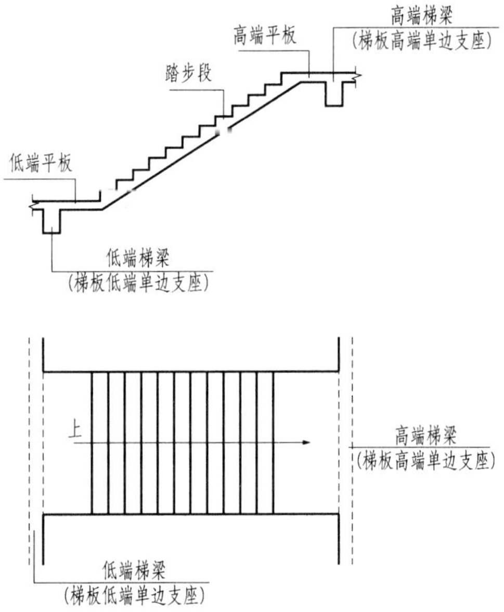

图 7.8　DT 型楼梯的截面形状与支座位置

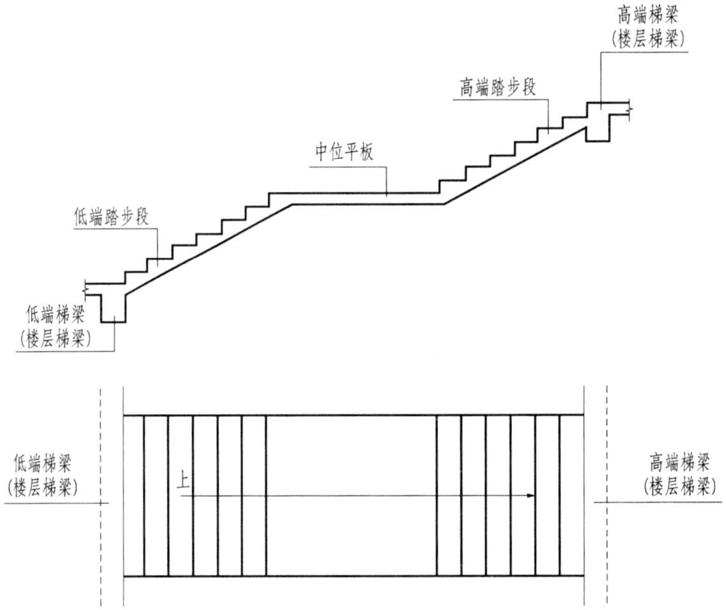

图 7.9　ET 型楼梯的截面形状与支座位置

　　3）AT～ET 型梯板的两端分别以（低端和高端）梯梁为支座，如图 7.5～图 7.9 所示。采用该组板式楼梯的楼梯间内部既要设置楼层梯梁，也要设置层间梯梁（其中 ET 型梯板两端均为楼层梯梁），以及与其相连的楼层平台板和层间平台板。梯梁的平法表示法见梁的平法表示法。

4）AT～ET 型梯板的型号、板厚、上下部纵向钢筋及分布钢筋等内容由设计者在平法施工图中注明。梯板上部纵向钢筋自支座边缘向跨内延伸的水平投影长度见相应的标准构造详图，设计时不标注，但设计者应予以校核；当标准构造详图规定的水平投影长度不满足具体工程要求时，应由设计者另行注明。

（2）FT、GT 型板式楼梯的特征

FT、GT 型板式楼梯具备以下特征。

1）FT、GT 每个代号代表两跑踏步段和连接它们的楼层平板及层间平板，如图 7.10 和图 7.11 所示。

2）FT、GT 型梯板的构成分为两类：第一类为 FT 型，由层间平板、踏步段和楼层平板构成；第二类为 GT 型，由层间平板和踏步段构成。

3）FT、GT 型梯板的支承方式如下。

① FT 型梯板的支承方式为：梯板一端的层间平板采用三边支承，另一端的楼层平板也采用三边支承，如图 7.10 所示。

② GT 型梯板的支承方式为：梯板一端的层间平板采用三边支承，另一端的梯板段采用单边支承（在梯梁上），如图 7.11 所示。

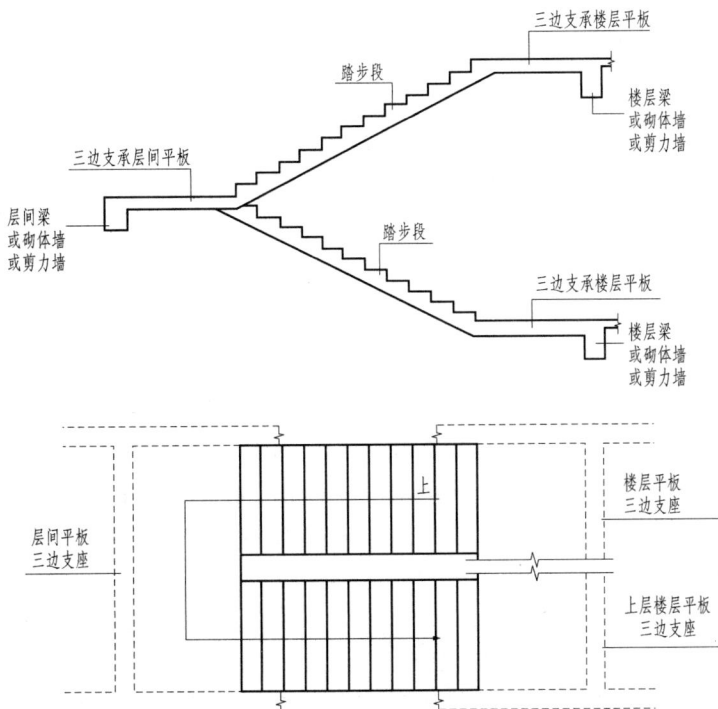

图 7.10　FT 型板式楼梯的截面形状与支座位置

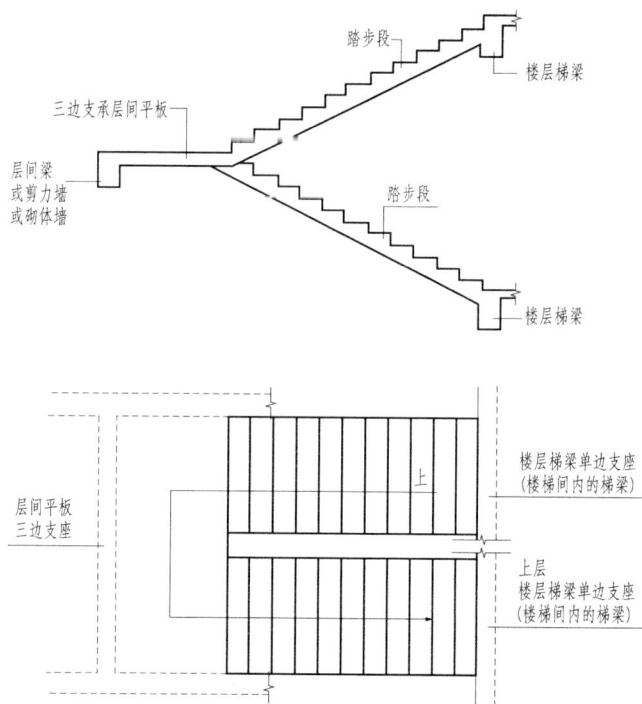

图 7.11　GT 型板式楼梯的截面形状与支座位置

FT、GT 型梯板的支承方式汇总如表 7.2 所示。

表 7.2　FT、GT 型梯板的支承方式

梯板类型	层间平板端	踏步段端（楼层处）	楼层平板端
FT	三边支承	—	三边支承
GT	三边支承	单边支承（梯梁上）	—

注：由于 FT、GT 型梯板本身带有层间平板或楼层平板，对平板段采用三边支承方式可以有效地减小梯板的计算跨度，能够收到减小板厚从而减轻梯板自重和减少配筋的效果。

4）FT、GT 型梯板的型号、板厚、上下部纵向钢筋及分布钢筋等内容由设计者在平法施工图中注明。FT、GT 型梯板的平台上部横向钢筋及其外伸长度，在平面图中原位标注。梯板上部纵向配筋向跨内伸出的水平投影长度见相应的标准构造详图，设计时不标注，但设计者应予以校核；当标准构造详图规定的水平投影长度不满足具体工程要求时，应由设计者另行注明。

（3）ATa、ATb 型板式楼梯的特征

ATa、ATb 型板式楼梯具备以下特征。

1）ATa、ATb 型为带滑动支座的板式楼梯，梯板全部由踏步段构成，其支承方式为梯板高端均支承在梯梁上，ATa 型梯板的低端带滑动支座支承在梯梁上，如图 7.12 所示。ATb 型梯板的低端带滑动支座支承在梯梁的挑板上，如图 7.13 所示。

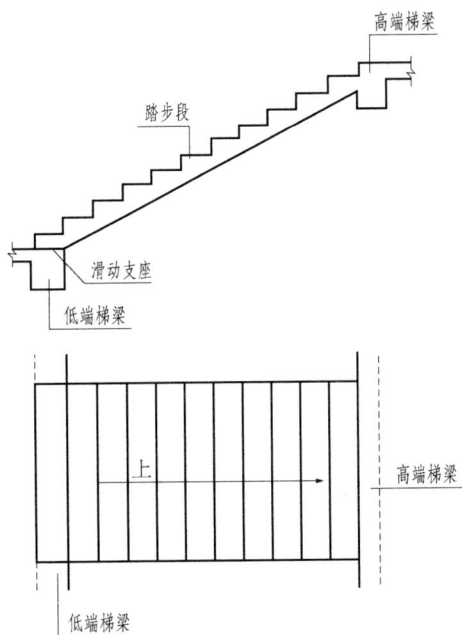

图 7.12 ATa 型楼梯的截面形状与支座位置　　　图 7.13 ATb 型楼梯的截面形状与支座位置

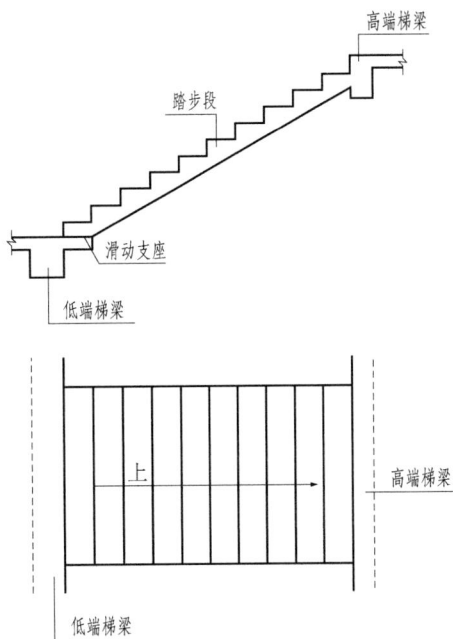

2）滑动支座有预埋钢板、设置聚四氟乙烯垫板、设塑料片三种做法，采用何种做法应由设计者指定。滑动支座垫板可选用聚四氟乙烯板（四氟板）、钢板和厚度大于或等于 0.5 的塑料片，也可选用其他能起到有效滑动的材料，其连接方式由设计者另行处理。

3）ATa、ATb 型梯板采用双层双向配筋。梯梁支承在梯柱上时，其构造做法按 22G101—1 图集中框架梁（KL）执行，箍筋宜全长加密；支承在梁上时，其构造做法按 22G101—1 图集中非框架梁（L）执行。

（4）ATc 型板式楼梯的特征

ATc 型板式楼梯具备以下特征。

1）ATc 型梯板全部由踏步段构成，其支承方式为梯板两端均支承在梯梁上，如图 7.14 所示。

2）ATc 型楼梯的休息平台与主体结构既可整体连接，也可脱开连接。

3）ATc 型楼梯的梯板厚度应按计算确定，且不宜小于 140mm；梯板采用双层配筋。

4）ATc 型梯板两侧设置边缘构件（暗梁），边缘构件的宽度取 1.5 倍板厚；边缘构件的纵向钢筋数量，当抗震等级为一级、二级时不少于 6 根，当抗震等级为三级、四级时不少于 4 根；纵向钢筋直径为 φ12 且不小于梯板纵向受力钢筋的直径；箍筋直径不小于 φ6，间距不大于 200mm。

5）平台板按双层双向配筋。梯梁支承在梯柱上时，其构造做法按 22G101—1 图集中框架梁（KL）执行，箍筋宜全长加密；支承在梁上时，其构造做法按 22G101—1 图集中非框架梁（L）执行。

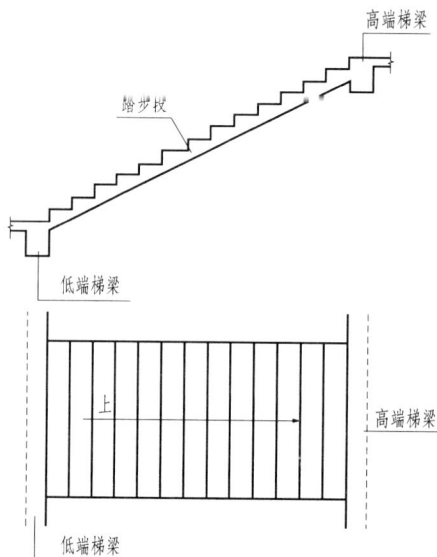

图 7.14　ATc 型楼梯的截面形状与支座位置

6）ATc 型楼梯作为斜撑构件，钢筋均采用符合抗震性能要求的热轧钢筋，钢筋的抗拉强度实测值与屈服强度实测值的比值不应小于 1.25；钢筋的屈服强度实测值与屈服强度标准值的比值不应大于 1.3，且钢筋在最大拉应力下的总伸长率实测值不应小于 9%。

小贴士

根据 ATc 楼梯第 6）条的要求，能够同时满足以上 3 项的钢筋就是带"E"钢筋，即 HRB400E 和 HRB500E 两种类型的钢筋。

（5）BTb 型板式楼梯的特征

BTb 型板式楼梯具备以下特征。

1）BTb 型为带滑动支座的板式楼梯。楼梯由踏步段和低端平板构成，其支承方式为梯板高端平板支承在梯梁上，梯板低端平板支承在挑板上，如图 7.15 所示。

2）BTb 型梯板采用双层双向配筋。梯梁支承在梯柱上时，其构造做法按 22G101—1 中框架梁（KL）执行，箍筋宜全长加密；支承在梁上时，其构造做法按 22G101—1 中非框架梁（L）执行。

3）滑动支座有预埋钢板、设置聚四氟乙烯垫板、设塑料片三种做法，采用何种做法应由设计者指定。滑动支座垫板可选用聚四氟乙烯板（四氟板）、钢板和厚度大于等于 0.5 的塑料片，也可选用其他能起到有效滑动的材料，其连接方式由设计者另行处理。

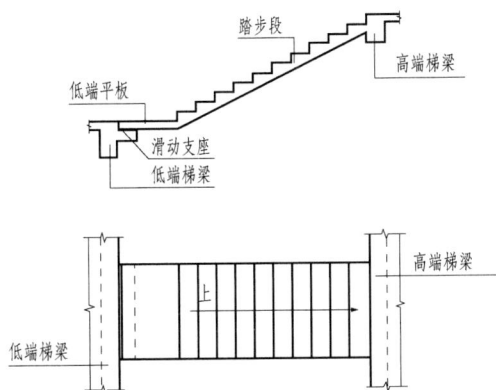

图 7.15　BTb 型楼梯的截面形状与支座位置

（6）CTa、CTb 型板式楼梯的特征

CTa、CTb 型板式楼梯具备以下特征。

1）CTa、CTb 型为带滑动支座的板式楼梯，梯板由踏步段和高端平板构成，其支承方式为梯板高端均支承在梯梁上，CTa 型梯板的低端带滑动支座支承在梯梁上，如图 7.16 所示。CTb 型梯板的低端带滑动支座支承在梯梁的挑板上，如图 7.17 所示。

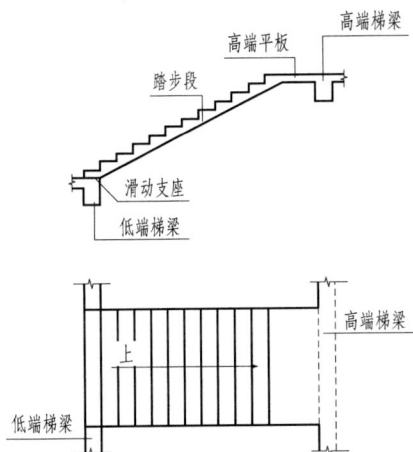

图 7.16　CTa 型楼梯的截面形状与支座位置

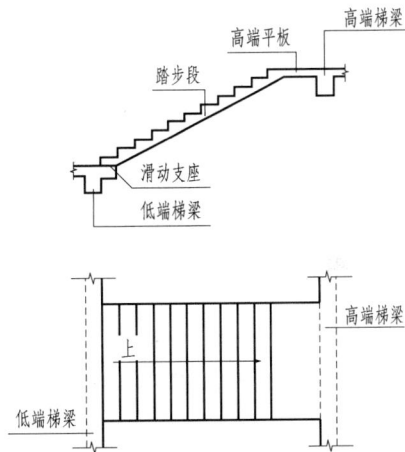

图 7.17　CTb 型楼梯的截面形状与支座位置

2）滑动支座有预埋钢板、设置聚四氟乙烯垫板、设塑料片三种做法，采用何种做法应由设计者指定。滑动支座垫板可选用聚四氟乙烯板（四氟板）、钢板和厚度大于或等于 0.5 的塑料片，也可选用其他能起到有效滑动的材料，其连接方式由设计者另行处理。

3）CTa、CTb 型梯板采用双层双向配筋。梯梁支承在梯柱上时，其构造做法按 22G101—1 图集中框架梁（KL）执行，箍筋宜全长加密；支承在梁上时，其构造做法按 22G101—1 图集中非框架梁（L）执行。

（7）DTb 型板式楼梯的特征

DTb 型板式楼梯具备以下特征。

1）DTb 型为带滑动支座的板式楼梯。梯板由低端平板、踏步段和高端平板构成，其支承方式为梯板高端平台支承在梯梁上，梯板低端带滑动支座支承在挑板上，如图7.18所示。

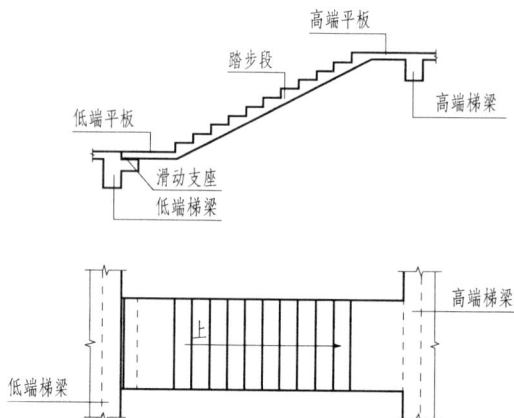

图 7.18　DTb 型楼梯的截面形状与支座位置

2）DTb 型梯板采用双层双向配筋。梯梁支承在梯柱上时，其构造做法按 22G101—1 中框架梁（KL）执行，箍筋宜全长加密；支承在梁上时，其构造做法按 22G101—1 中非框架梁（L）执行。

3）滑动支座有预埋钢板、设置聚四氟乙烯垫板、设塑料片三种做法，采用何种做法应由设计者指定。滑动支座垫板可选用聚四氟乙烯板（四氟板）、钢板和厚度大于等于 0.5 的塑料片，也可选用其他能起到有效滑动的材料，其连接方式由设计者另行处理。

7.2.3　平面注写方式

平面注写方式是在楼梯平面布置图上注写截面尺寸和配筋具体数值的方式来表达楼梯施工图。平面注写方式包括集中标注和外围标注。

1.　集中标注

楼梯集中标注的内容有 5 项，具体规定如下。

（1）梯板的类型代号及序号

在楼梯平面布置图上应注写梯板的类型代号及序号，如 AT××。

（2）梯板的厚度

在楼梯平面布置图上应注写梯板的厚度，其注写为 $h=×××$。当梯板为带平板的梯板且踏步段板厚度和平板厚度不同时，可在梯板厚度后面括号内以字母 P 打头注写平板厚度。

【例 7.1】　梯板厚度标注为 $h = 120$（P140）。

【解】　表示梯板踏步段板厚度为 120mm，梯板平板段的厚度为 140mm。

（3）踏步段总高度和踏步级数

在楼梯平面布置图上应注写踏步段总高度和踏步级数，两者之间以"/"分隔。

（4）梯板支座上部纵筋和下部纵筋

在楼梯平面布置图上应注写梯板支座上部纵筋和下部纵筋，两者之间以"；"分隔。

（5）梯板分布钢筋

在楼梯平面布置图上应注写梯板分布钢筋，其注写以 F 打头，再注写分布钢筋具体值，该项也可在图中统一说明。

【例 7.2】　平面图中梯板类型及配筋的完整标注示例如下（AT 型）：

AT1，$h = 120$

1800/12

$\underline{\Phi}$10@200；$\underline{\Phi}$12@150

Fϕ8@250

【解】　对应说明为：

梯板类型及编号，梯板板厚

踏步段总高度/踏步级数

上部纵筋；下部纵筋

梯板分布钢筋（可统一说明）

对于 ATc 型楼梯还应注明梯板两侧边缘构件的纵筋及箍筋。

2. 外围标注

楼梯外围标注的内容，包括楼梯间的平面尺寸、楼层结构标高、层间结构标高、楼梯的上下方向、梯板的平面几何尺寸、平台板配筋、梯梁及梯柱配筋等。

3. 各类型梯板的平面注写要求

各类型梯板的平面注写要求见 22G101—2 图集中的"AT～GT、ATa、ATb、ATc、BTb、CTa、CTb、DTb 型楼梯平面注写方式与适用条件"内容。

7.2.4　剖面注写方式

剖面注写方式需要在楼梯平法施工图中绘制楼梯平面布置图和楼梯剖面图，注写方式分为平面注写、剖面注写两部分。

1. 楼梯平面布置图注写内容

楼梯平面布置图注写内容，包括楼梯间的平面尺寸、楼层结构标高、层间结构标高、楼梯的上下方向、梯板的平面几何尺寸、梯板类型及编号、平台板配筋、梯梁及梯柱配筋等。

2．楼梯剖面图注写内容

楼梯剖面图注写内容，包括梯板集中标注、梯梁及梯柱编号、梯板水平及竖向尺寸、楼层结构标高、层间结构标高等。

3．梯板集中标注的内容

梯板集中标注的内容有 4 项，具体规定如下。

（1）梯板的类型代号及序号

在楼梯剖面图上应注写梯板的类型代号及序号，如 AT××。

（2）梯板的厚度

在楼梯剖面图上应注写梯板的厚度，其注写为 $h=×××$。当为带平板的梯板且踏步段板厚度和平板厚度不同时，可在梯板厚度后面括号内以字母 P 打头注写平板厚度。

（3）梯板配筋

在楼梯剖面图上应注写梯板上部纵筋和梯板下部纵筋，两者之间用"；"分隔开来。

（4）梯板分布钢筋

在楼梯剖面布置图上应注写梯板分布钢筋，其注写以 F 打头，再注写分布钢筋具体值，该项也可在图中统一说明。

【例 7.3】 剖面图中梯板类型及配筋的完整标注示例如下（AT 型）：

$$AT1，h=120$$
$$Φ12@200；Φ14@150$$
$$FΦ8@250$$

【解】 对应说明为：

梯板类型及编号，梯板板厚

上部纵筋；下部纵筋

梯板分布钢筋（可统一说明）

对于 ATc 型楼梯还应注明梯板两侧边缘构件的纵筋及箍筋。

7.2.5 列表注写方式

列表注写方式，是用列表的方式注写梯板截面尺寸和配筋具体数值，以此来表达楼梯施工图。列表注写方式的具体要求同剖面注写方式，仅将剖面注写方式中的梯板配筋注写项改为列表注写项即可。梯板列表格式示例如表 7.3 所示。

表 7.3　梯板列表格式示例

梯板编号	踏步段总高度/踏步级数	板厚 h	上部纵筋	下部纵筋	分布钢筋

注：对于 ATc 型楼梯还应注明梯板两侧边缘构件的纵筋及箍筋。

任务 7.3　掌握现浇混凝土板式楼梯标准构造详图

7.3.1　楼梯板的钢筋构造详图

因现浇混凝土板式楼梯标准构造详图较多，而其识图的方法相同，所以本任务仅介绍 AT 型、DT 型、FT 型、ATa 型、ATb 型、ATc 型、BTb 型、CTa 型、CTb 型、DTb 型楼梯板的钢筋构造图。其余型号的楼梯板的钢筋构造图请参阅 22G101—2 图集。

1. AT 型楼梯平面注写及梯板的钢筋构造详图

（1）AT 型楼梯平面注写方式与适用条件

AT 型楼梯的适用条件为：两梯梁之间的矩形梯板全部由踏步段构成，即踏步段两端均以梯梁为支座。凡是满足该条件的楼梯均可为 AT 型，如交叉楼梯、双分平行楼梯和剪刀楼梯等，如图 7.19 所示。

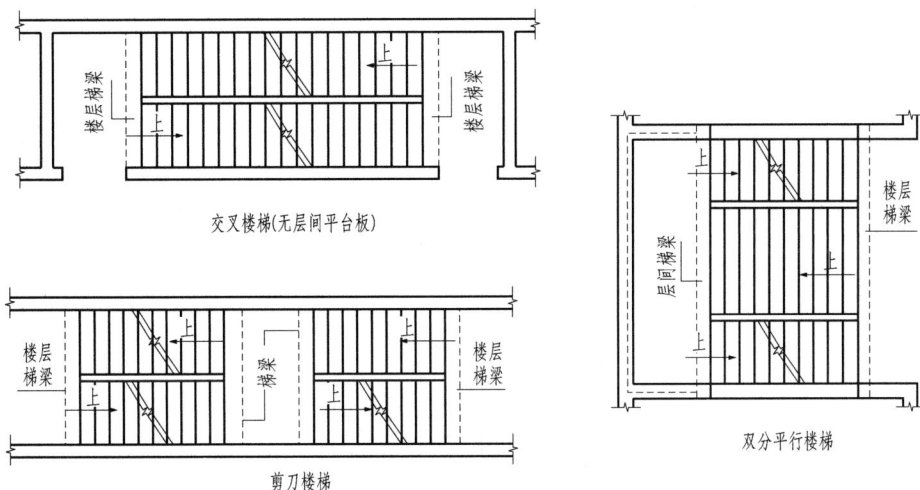

图 7.19　AT 型楼梯示例

AT 型楼梯平面注写方式如图 7.20 所示。集中注写的内容有 5 项：第 1 项为梯板类型代号与序号 AT××；第 2 项为梯板厚度 h；第 3 项为踏步段总高度 H_s/踏步级数（$m+1$）；第 4 项为上部纵筋及下部纵筋；第 5 项为梯板分布钢筋（梯板的分布钢筋可直接标注，也可统一说明）。

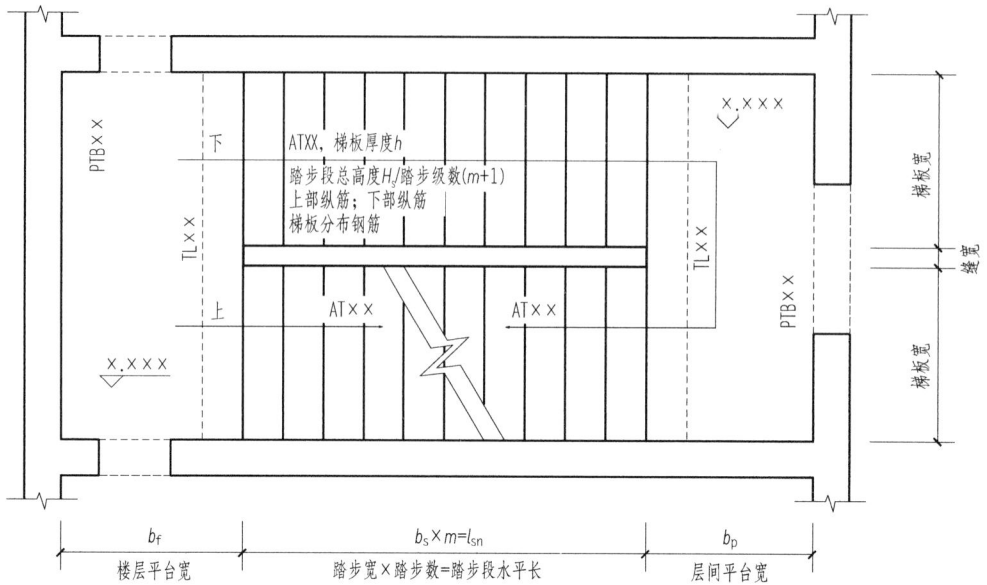

图 7.20 AT 型楼梯平面注写方式（标高×.×××～标高×.×××楼梯平面图）

【例 7.4】 AT 型楼梯平面注写设计示例如图 7.21 所示，从图中能读出哪些内容？

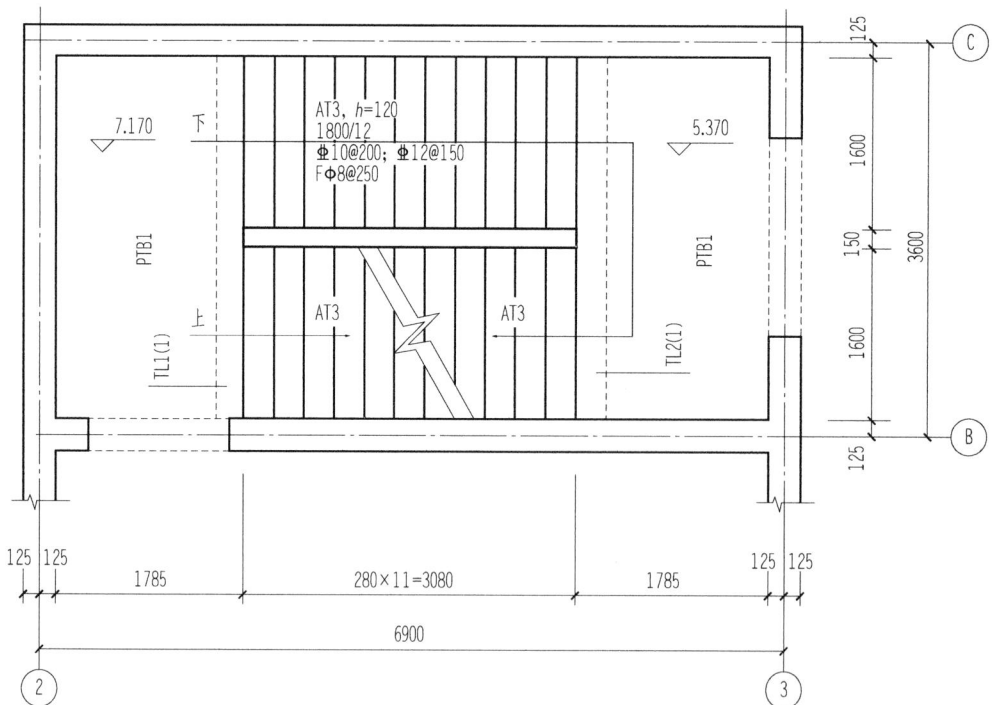

图 7.21 AT 型楼梯平面注写设计示例（标高 5.370m～标高 7.170m 楼梯平面图）

【解】　平面注写方式包括集中标注和外围标注。

图中外围标注的内容：该楼梯是平行双跑楼梯，由 2 个 AT3 梯段、2 个 PTB1、TL1 及 TL2 组成。楼梯间的平面尺寸是 3600mm×6900mm；梯段的水平净跨是 3080mm，梯段净宽 1600mm，楼梯井宽度 150mm；楼层平台及层间平台宽均为 1785mm，结构标高分别为 7.170m 及 5.370m。

集中标注有 5 项内容：第 1 项为梯板类型代号与序号 AT3；第 2 项为梯板厚度 h=120mm；第 3 项踏步段总高度 H_s=1800mm，踏步级数为 12 级；第 4 项上部纵筋为 Φ10@200，下部纵筋为 Φ12@150；第 5 项梯板分布钢筋为 Φ8@250。

楼层及层间平台板（PTB）、梯梁（TL）、梯柱（TZ）的配筋可参照 22G101—1 图集标注。

（2）AT 型楼梯板的钢筋构造详图

AT 型楼梯板的钢筋构造详图如图 7.22 所示。梯段板下部纵筋伸至支座内锚固，锚固长度不小于 $5d$，且至少伸过支座中心线。上部纵筋需要伸至支座对边再向下弯折 $15d$，有条件时可直接伸入平台板内锚固，从支座内边算起总锚固长度不小于 l_a，如图中虚线所示；上部纵筋向梯段板跨内延伸的水平距离为梯板水平净跨的 1/4，其端部做 90° 弯折。当采用 HPB300 光圆钢筋时，除梯板上部纵筋的跨内端头做 90° 直角弯钩外，所有末端应做 180° 的弯钩。

> **小贴士**
>
> 梯板是斜放着的板，钢筋布置同楼板，其上部纵筋及下部纵筋的锚固构造与楼板类似。

2. DT 型楼梯平面注写及梯板的钢筋构造详图

（1）DT 型楼梯平面注写方式与适用条件

DT 型楼梯的适用条件为：两梯梁之间的矩形梯板由低端平板、踏步段和高端平板构成，高、低端平板的一端各自以梯梁为支座。凡是满足该条件的楼梯均可为 DT 型，如双跑楼梯、双分平行楼梯、交叉楼梯和剪刀楼梯等。

DT 型楼梯平面注写方式如图 7.23 所示。集中注写的内容有 5 项：第 1 项为梯板类型代号与序号 DT××；第 2 项为梯板厚度 h；第 3 项为踏步段总高度 H_s/踏步级数（$m+1$）；第 4 项为上部纵筋及下部纵筋；第 5 项为梯板分布钢筋（梯板的分布钢筋可直接标注，也可统一说明）。

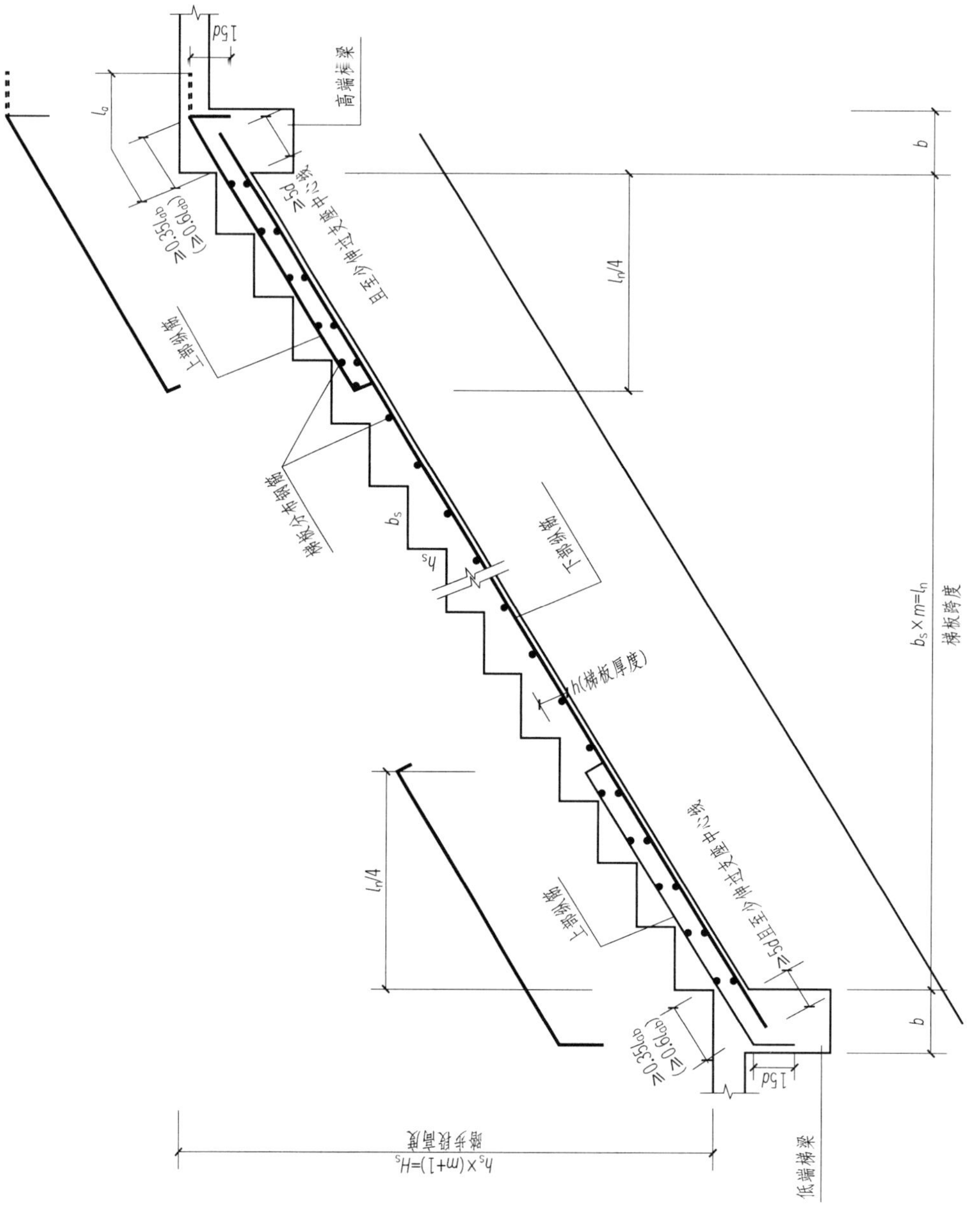

图 7.22 AT 型楼梯梯板配筋构造详图

图 7.23 DT 型楼梯平面注写方式（标高×.×××～标高×.××× 楼梯平面图）

【例 7.5】 DT 型楼梯平面注写设计示例如图 7.24 所示，从图中能读出哪些内容？

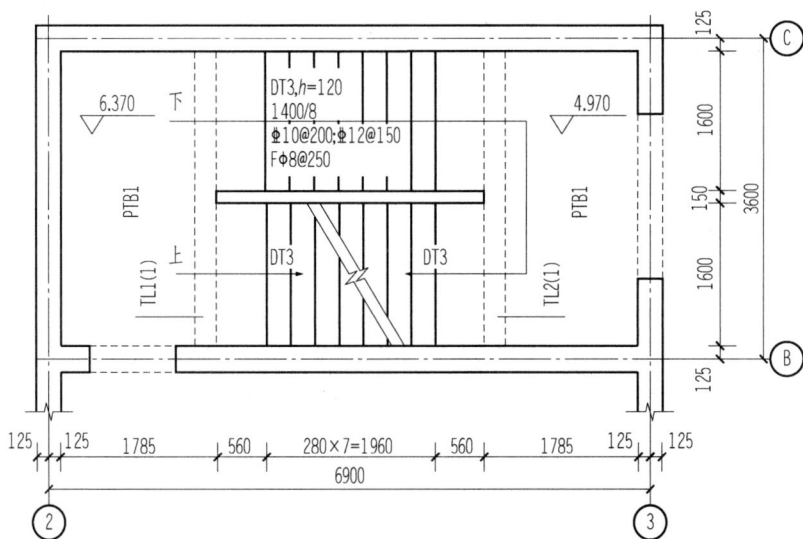

图 7.24 DT 型楼梯平面注写设计示例（标高 4.970m～标高 6.370m 楼梯平面图）

【解】 平面注写方式包括集中标注和外围标注。

识读外围标注的内容：该楼梯是平行双跑楼梯，由 2 个 DT3 梯段、2 个 PTB1、TL1 及 TL2 组成。楼梯间的平面尺寸 3600mm×6900mm；梯板的水平净跨是 3080mm （560mm+1960mm+560mm），梯板宽 1600mm，楼梯井宽度 150mm；楼层平台及层间平台宽均为 1785mm，结构标高分别为 6.370m 及 4.970m。

识读集中标注的 5 项内容：第 1 项为梯板类型代号与序号 DT3；第 2 项为梯板厚

度，高、低端平板及踏步段厚度均为 120mm；第 3 项踏步段总高度 H_s=1400mm，踏步级数 8 级；第 4 项上部纵筋为 ⍶10@200，下部纵筋为 ⍶12@150；第 5 项梯板分布钢筋为 Φ8@250。

楼层及层间平台板 PTB、梯梁 TL、梯柱 TZ 的配筋可参照 22G101—1 图集标注。

（2）DT 型楼梯板的钢筋构造图

1）梯板下部纵筋锚固：梯板下部纵筋由两段构成，两端伸至支座（梯梁）内锚固，锚固长度不小于 5d，且至少伸过支座中心线；两段的另一端头在梯板高端转折处分别锚固，要求分别伸至对边弯折，总锚固长度不小于 l_a，钢筋不能出现内折角，如图 7.25 所示。

2）梯板上部纵筋锚固：高、低端上部纵筋须伸至支座（梯梁）对边再向下弯折 15d，有条件时可直接伸入平台板内锚固，从支座内边算起总锚固长度不小于 l_a，如图 7.25 中虚线所示；上部纵筋在梯板低端转折处分别锚固，要求分别伸至对边弯折，总锚固长度不小于 l_a，钢筋不能出现内折角。

3）梯板上部纵筋截断点：上部纵筋伸入梯板跨内的水平投影长度不小于梯板跨度的 1/4，且高端上部纵筋弯入踏步段的水平投影长度为踏步段水平长度的 1/5，低端上部纵筋弯入踏步段的水平投影长度为踏步段水平长度的 1/5，其跨内端部做 90°弯折，如图 7.25 所示。

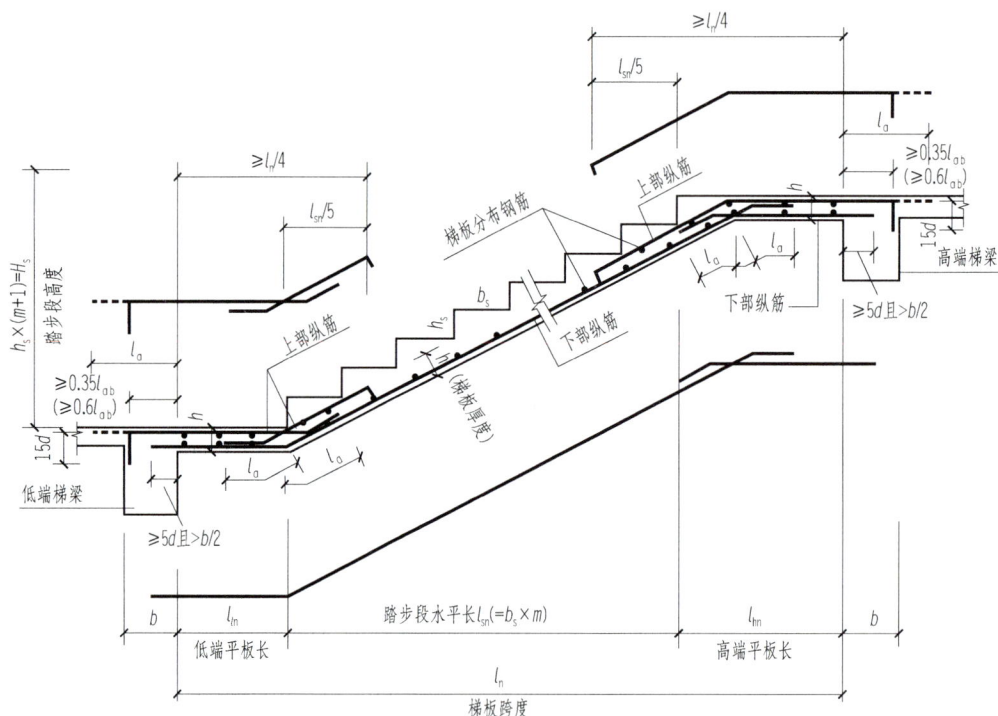

图 7.25　DT 型楼梯板配筋构造

4) 当采用 HPB300 光圆钢筋时,除梯板上部纵筋的跨内端头做 90°直角弯钩外,所有末端应做 180°弯钩。

3. FT 型楼梯平面注写及梯板的钢筋构造详图

（1）FT 型楼梯平面注写方式与适用条件

FT 型楼梯的适用条件为:①矩形梯板由楼层平板、两跑踏步段与层间平板三部分构成,楼梯间内不设置梯梁;②楼层平板及层间平板均采用三边支承,另一边与踏步段相连;③同一楼层内各踏步段的水平长相等,高度相等（即等分楼层高度）。凡是满足以上条件的可为 FT 型,如双跑楼梯。

FT 型楼梯平面注写方式如图 7.26 所示。其中,集中注写的内容有 5 项:第 1 项梯板类型代号与序号 FT××;第 2 项梯板厚度 h,当平板厚度与梯板厚度不同时,板厚标注方式见相关制图规则;第 3 项踏步段总高度 H_s/踏步级数（$m+1$）;第 4 项梯板上部纵筋及下部纵筋;第 5 项梯板分布钢筋（梯板的分布钢筋可直接标注,也可统一说明）。原位注写的内容为楼层与层间平板上、下部横向钢筋。

【例 7.6】　FT 型楼梯平面注写设计示例如图 7.27 所示,从图中能读出哪些内容?

【解】　识读外围标注的内容:该楼梯是平行双跑（等分）楼梯,由 2 个 FT3 踏步段、楼层平板、层间平板组成。楼梯间的平面尺寸是 3600mm×6900mm;楼层及层间平板长 1785mm,踏步段水平长 3080mm,梯板净跨度是 6650mm（1785mm+3080mm+1785mm）,梯板宽1600mm,楼梯井宽度150mm;楼层平板板面结构标高分别为 18.000m 和 21.800m,层间平板板面结构标高为 19.900m。

识读集中标注的 5 项内容:第 1 项为梯板类型代号与序号 FT3;第 2 项为梯板厚度,楼层平板、层间平板及踏步段厚度均为120mm;第 3 项为每个踏步段总高度 H_s=1900mm,踏步级数 12 级;第 4 项为梯板上部纵筋为 Φ12@200,下部纵筋为 Φ16@150;第 5 项为梯板分布钢筋为 Φ8@200。

识读平板原位标注的内容:楼层平板及层间平板上部横向钢筋均为 Φ12@150,且通长布置;下部横向钢筋均为 Φ16@150。

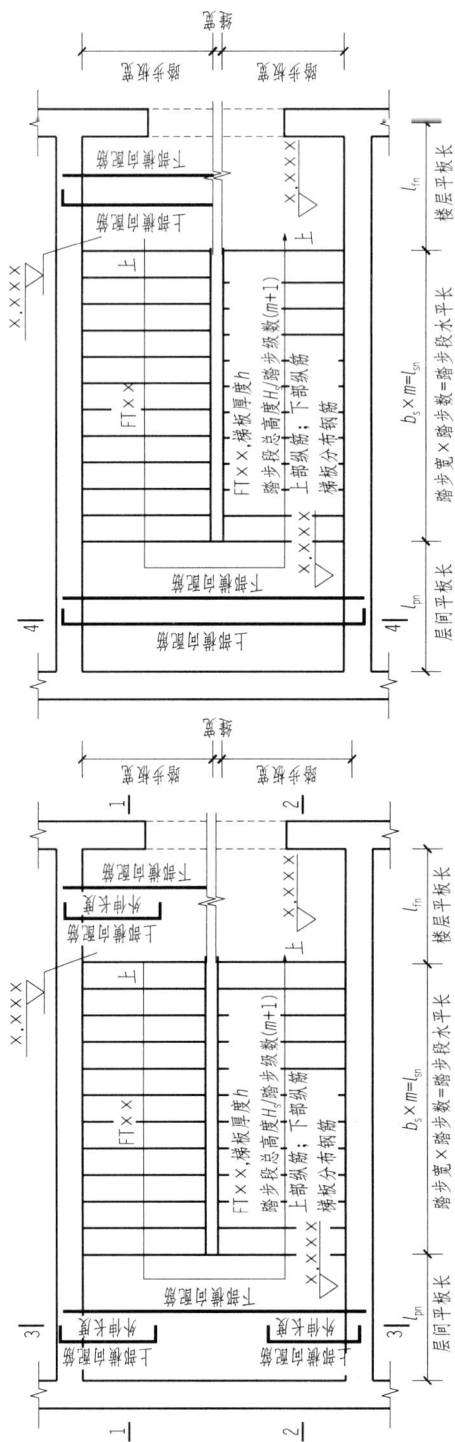

图 7.26 FT 型楼梯平面注写方式（标高 ×.×××× ～标高 ×.××× 楼梯平面图）

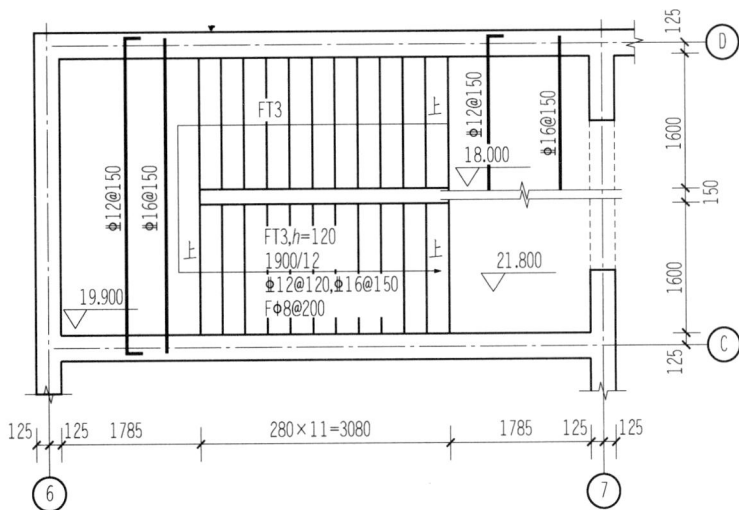

图 7.27　FT 型楼梯平面注写设计示例（标高 18.000m～标高 21.800m 楼梯平面图）

（2）FT 型楼梯板的钢筋构造详图

1）梯板下部纵筋锚固：梯板下部纵筋由两段构成，两端伸至支座（剪力墙、砌体墙或梁）内锚固，锚固长度不小于 5d，且至少伸过支座中心线；两段的另一端头在梯板高端转折处分别锚固，要求分别伸至对边弯折，总锚固长度不小于 l_a，钢筋不能出现内折角，如图 7.28 和图 7.29 所示。

2）梯板上部纵筋锚固：高、低端上部纵筋须伸至支座（剪力墙、砌体墙或梁）对边再向下弯折 15d，有条件时可直接伸入平台板内锚固，从支座内边算起总锚固长度不小于 l_a，如图 7.28 和图 7.29 中虚线所示；上部纵筋在梯板低端转折处分别锚固，要求分别伸至对边弯折，总锚固长度不小于 l_a，钢筋不能出现内折角，如图 7.28 和图 7.29 所示。

3）梯板上部纵筋截断点：上部纵筋伸入梯板跨内的水平投影长度不小于梯板跨度的 1/4，且上部纵筋弯入踏步段的水平投影长度为踏步段水平长度的 1/5，其跨内端部做 90° 弯折；当梯板厚度不小于 150mm 时，上部纵筋贯通布置，如图 7.28 和图 7.29 所示。

4）楼梯平板横向钢筋构造：平板下部横向钢筋在支座（剪力墙、砌体墙或梁）内的锚固同梯板下部纵筋，即锚固长度不小于 5d，且至少伸过支座中心线；上部横向钢筋在支座（剪力墙、砌体墙或梁）内的锚固同梯板上部纵筋，即伸至支座对边再向下弯折 15d。上部横向钢筋可分离式布置，如图 7.30 所示，其外伸长度由设计计算确定，跨内端头做 90° 弯折，上部横向钢筋与分布钢筋的搭接长度取 150mm；上部横向钢筋也可通长布置，如图 7.31 所示。具体情况见设计图纸。

5）当采用 HPB300 光圆钢筋时，除梯板上部纵筋的跨内端头做 90° 直角弯钩外，所有末端应做 180° 的弯钩。

6）注意分析分布钢筋的布置范围。

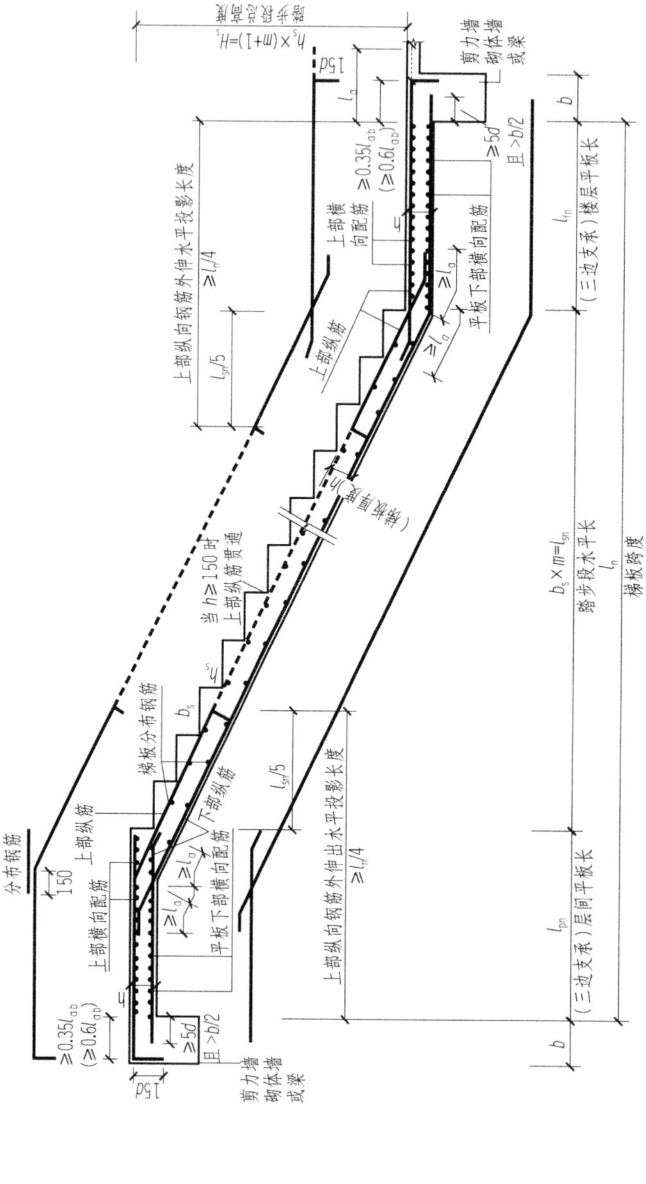

图 7.28 FT 型楼梯板配筋构造（图 7.26 中 1—1 剖面）

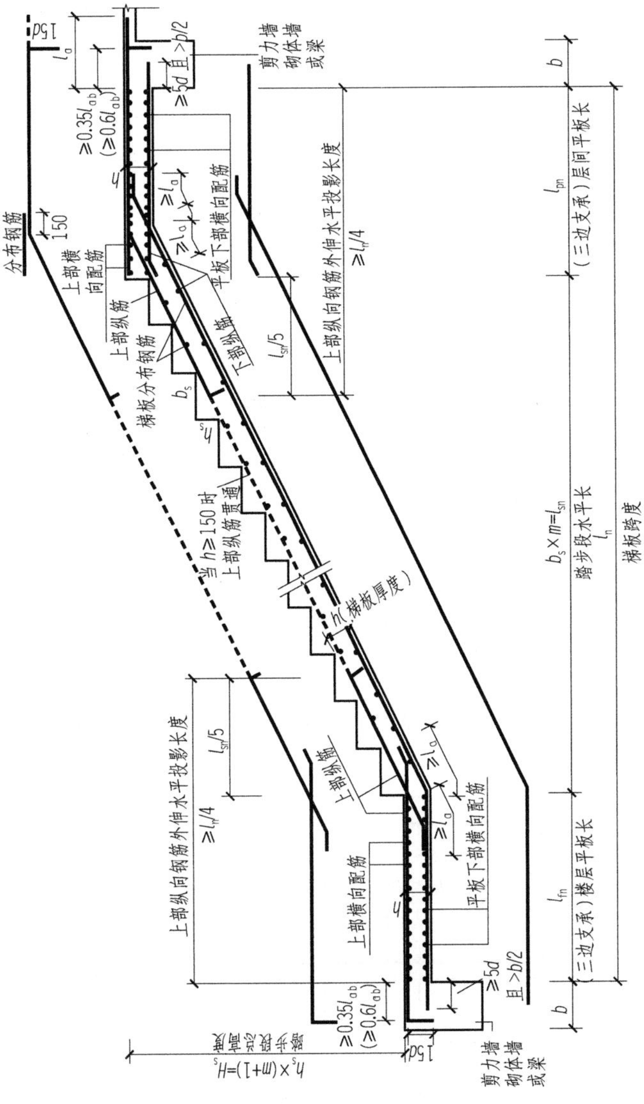

图 7.29　FT 型楼梯板配筋构造（图 7.26 中 2—2 剖面）

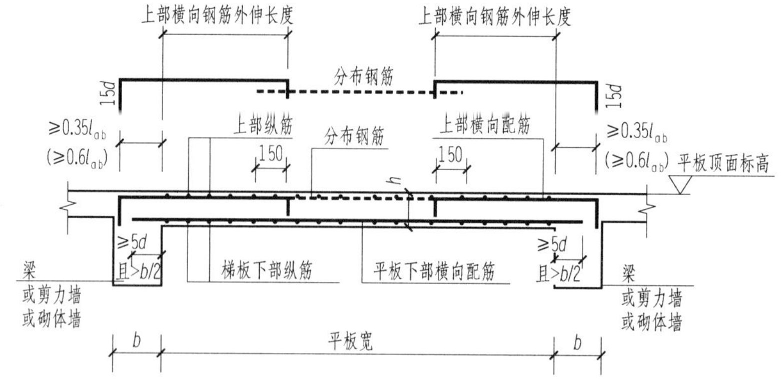

图 7.30　FT、GT 型楼梯平板配筋构造（图 7.26 中 3—3 剖面）

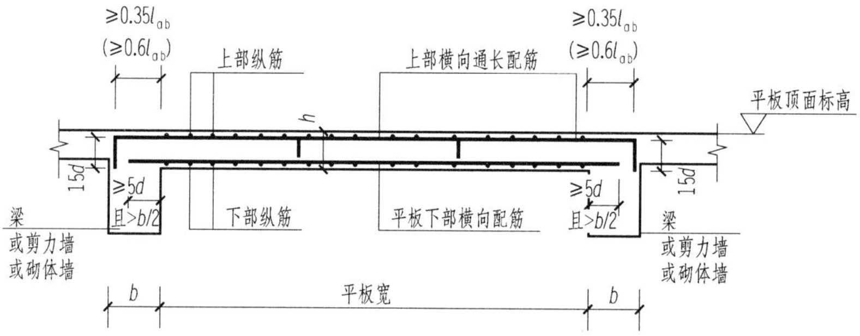

图 7.31　FT、GT 型楼梯平板配筋构造（图 7.26 中 4—4 剖面）

BT 型、CT 型、ET 型、GT 型楼梯平面注写及梯板的钢筋构造详图见图 7.32～图 7.44 所示，钢筋构造同 DT 型或 FT 型基本类似，这里不再赘述。

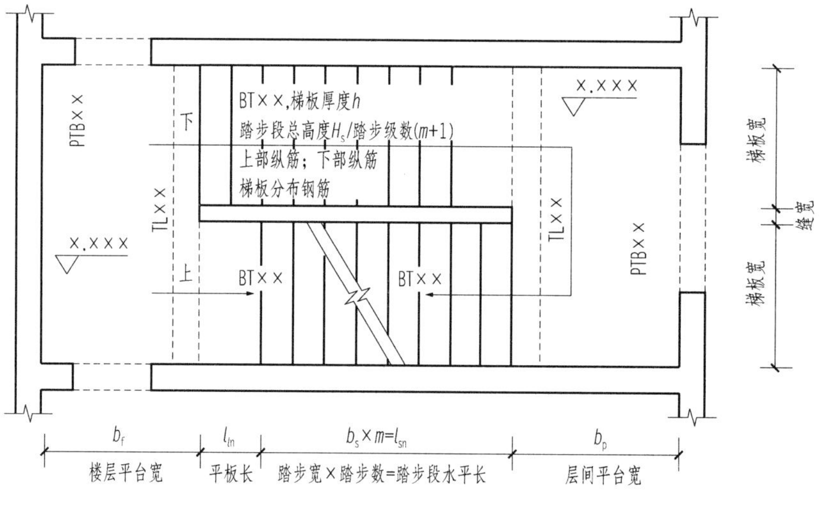

图 7.32　BT 型楼梯平面注写方式（标高×.×××～标高×.×××楼梯平面图）

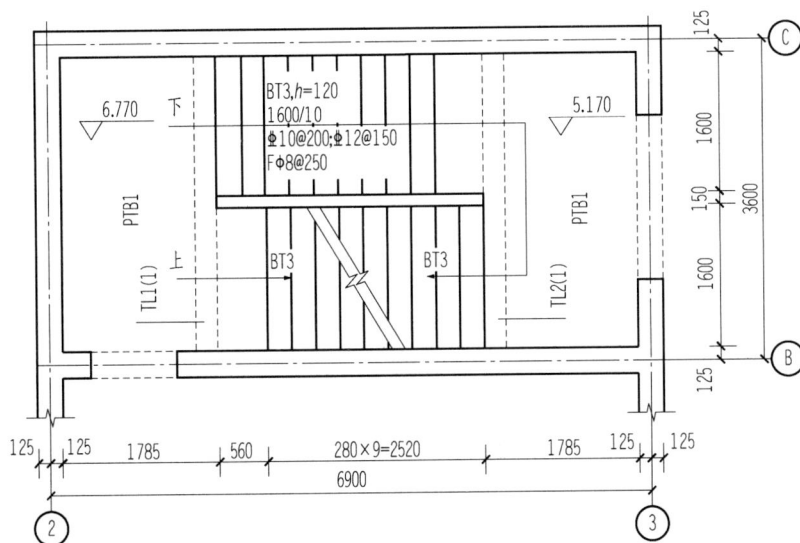

图 7.33　BT 型楼梯平面注写设计示例（标高 5.170m～标高 6.770m 楼梯平面图）

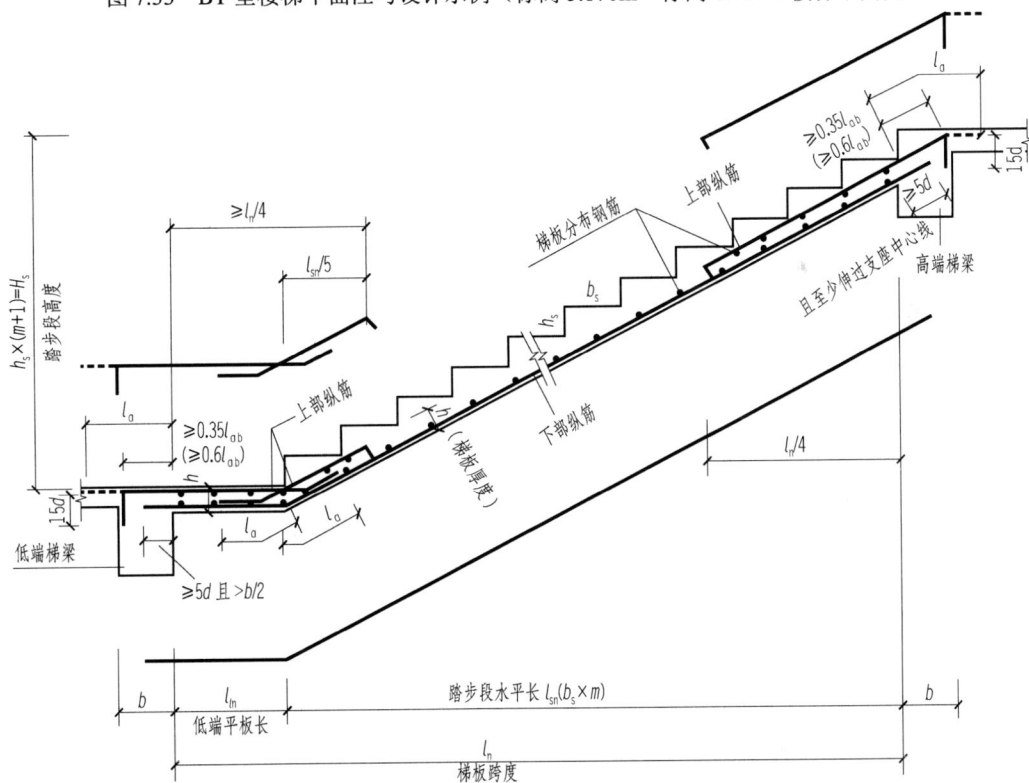

图 7.34　BT 型楼梯板配筋构造

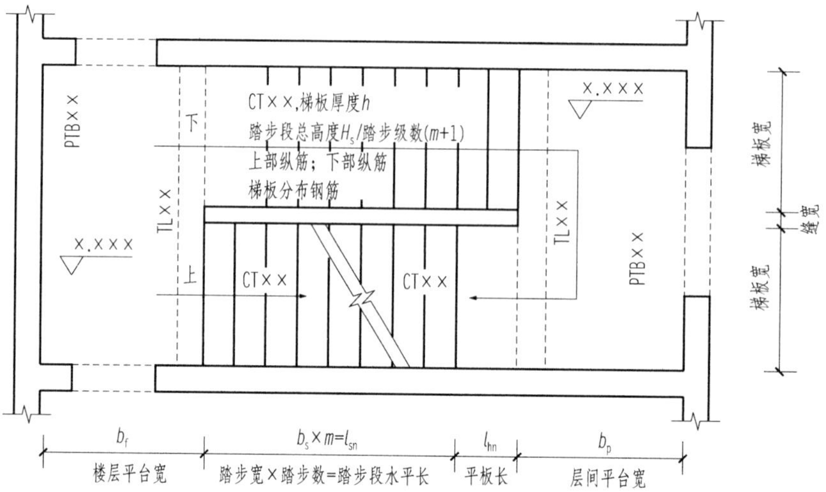

图 7.35　CT 型楼梯平面注写方式（标高×.×××～标高×.×××楼梯平面图）

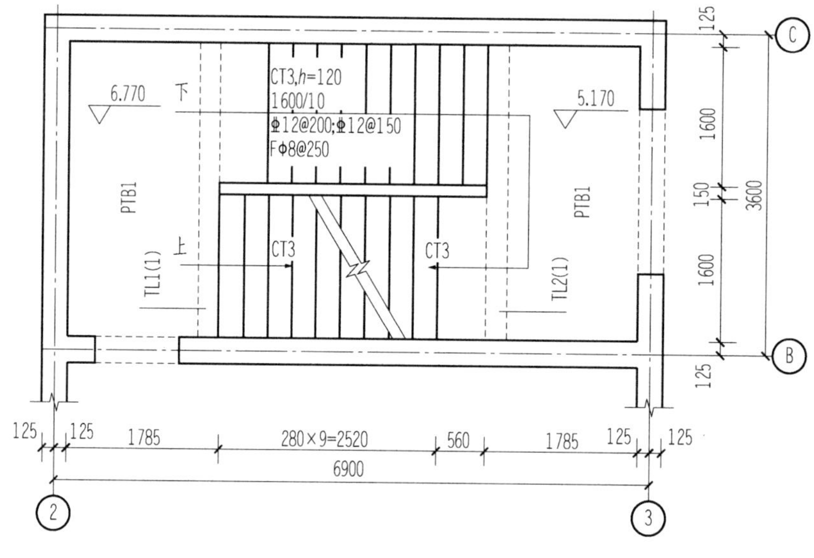

图 7.36　CT 型楼梯平面注写设计示例（标高 5.170m～标高 6.770m 楼梯平面图）

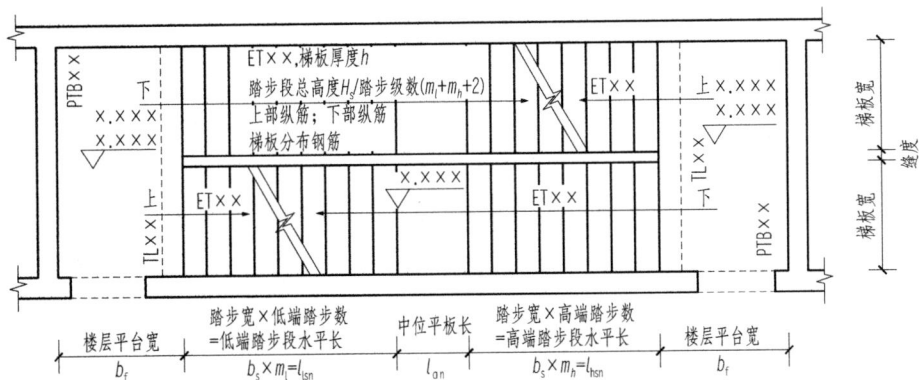

图 7.37　CT 型楼梯板配筋构造

图 7.38　ET 型楼梯平面注写方式（标高×.×××～标高×.×××楼梯平面图）

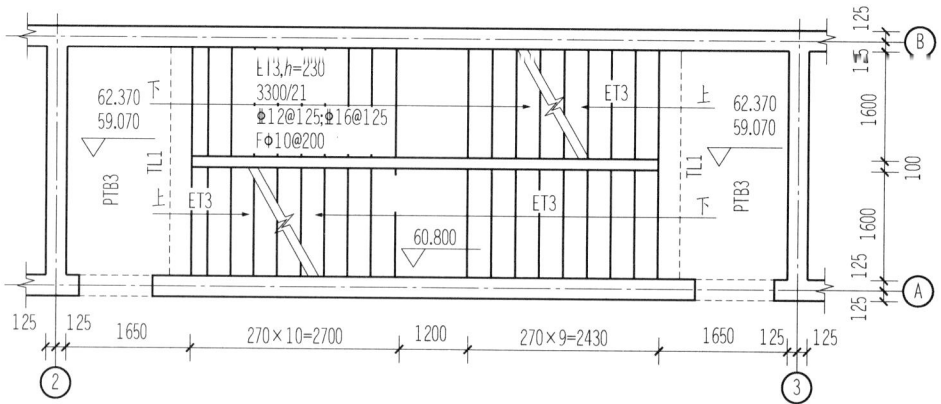

图 7.39　ET 型楼梯平面注写设计示例（标高 59.070m～标高 62.370m 楼梯平面图）

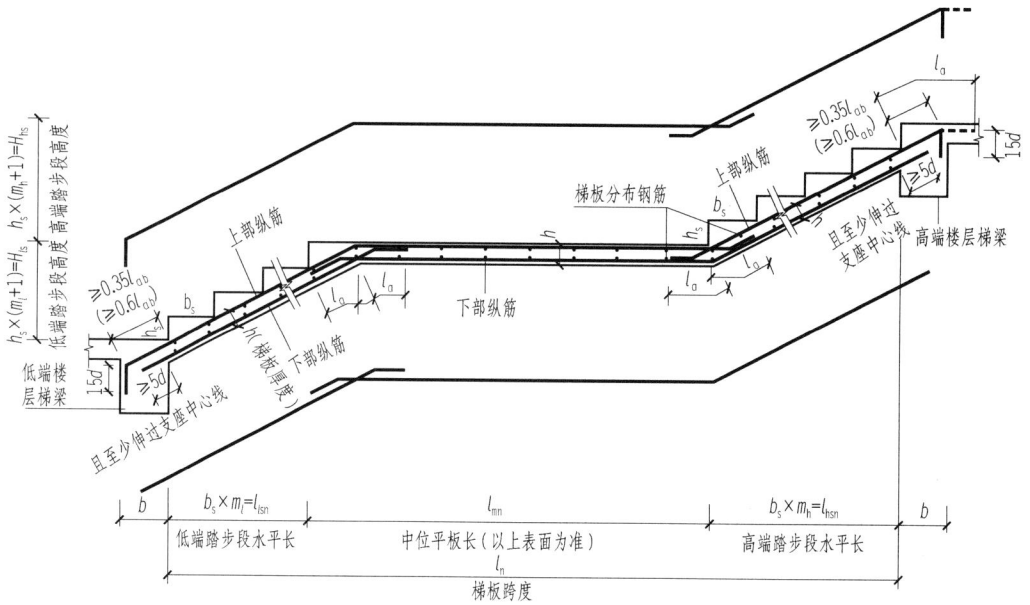

图 7.40　ET 型楼梯板配筋构造

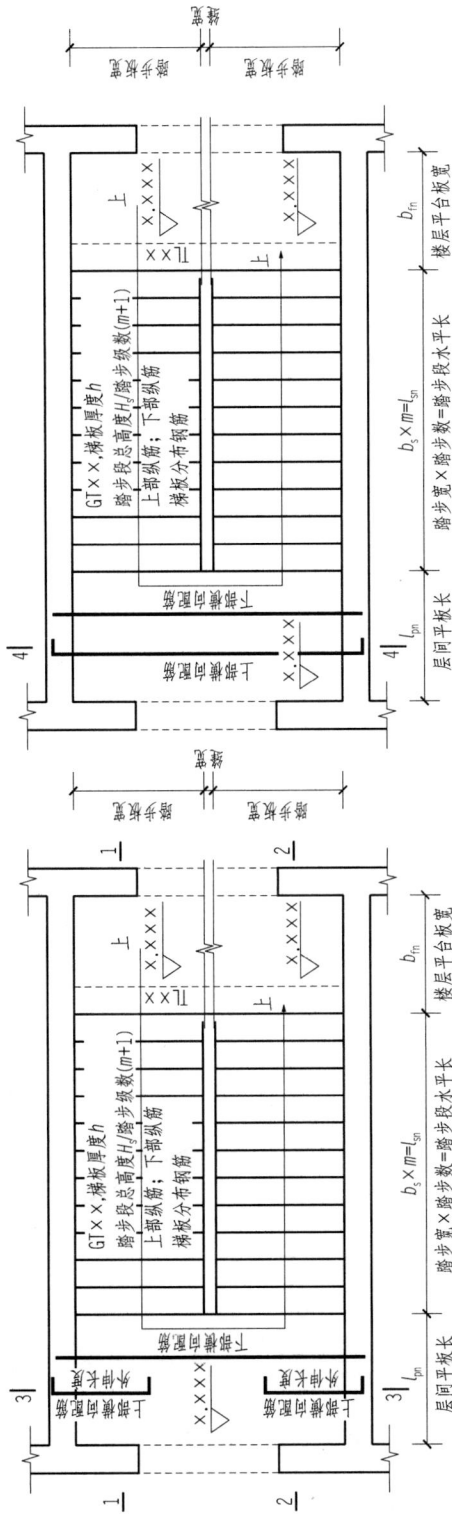

图 7.41　GT 型楼梯平面注写方式（标高×.×××～标高×.×××楼梯平面图）

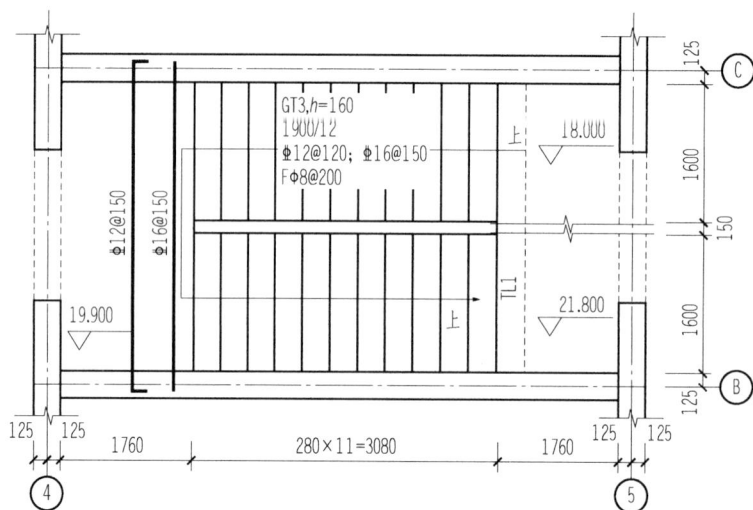

图 7.42　GT 型楼梯平面注写设计示例（标高 18.000m～标高 21.800m 楼梯平面图）

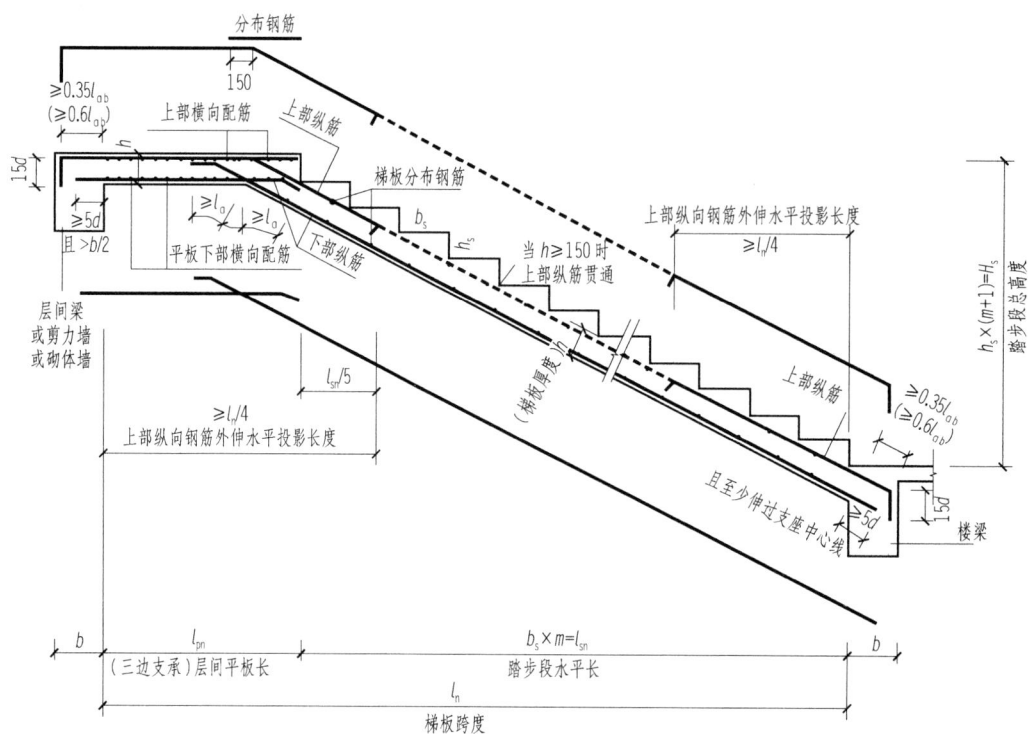

图 7.43　GT 型楼梯板配筋构造（图 7.41 中 1—1 剖面）

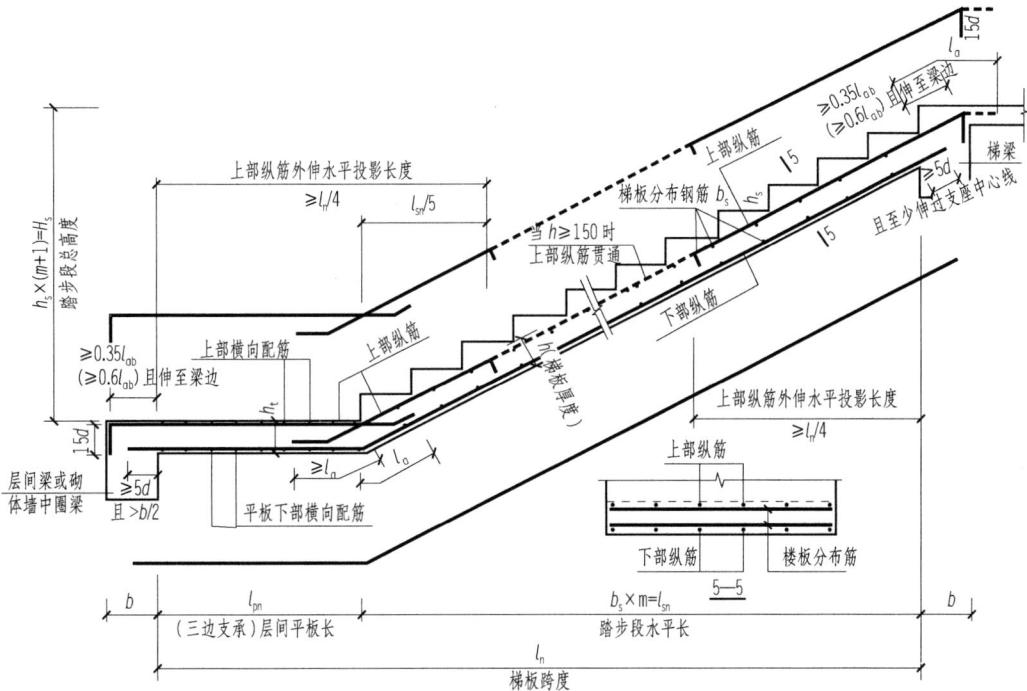

图 7.44　GT 型楼梯板配筋构造（图 7.41 中 2—2 剖面）

4. ATa、ATb 型楼梯平面注写及梯板的钢筋构造详图

（1）ATa、ATb 型楼梯平面注写方式与适用条件

ATa、ATb 型楼梯设有滑动支座，不参与结构整体抗震计算，其适用条件为：两梯梁之间的矩形梯板全部由踏步段构成，即踏步段两端均以梯梁为支座，且梯板低端支承处做成滑动支座，ATa 型楼梯的滑动支座直接落在梯梁上，ATb 型楼梯的滑动支座落在挑板上。框架结构中，楼梯中间平台通常设梯柱、梯梁，中间平台可与框架柱连接。楼梯平面注写方式与 AT 型类似，这里不再赘述。

观察与思考：AT 型与 ATa 型的低端第一级踏步位置有何不同？

（2）ATa、ATb 型楼梯滑动支座的构造

ATa、ATb 型楼梯滑动支座的构造做法分别如图 7.45、图 7.46 所示，在低端支座（或挑板）表面可加设聚四氟乙烯垫板、塑料片、预埋钢板等。

（3）ATa、ATb 型楼梯板的钢筋构造详图

梯板采用双层双向配筋，分布钢筋布置在外侧，纵向钢筋布置在内侧。上部及下部分布钢筋伸至梯板两侧，再弯折 $h-2c$ 长度。上部及下部纵筋在低端伸至第一级踏步的底部锚固，在高端伸进平台板顶部锚固 l_{aE} 长度。梯板两侧设附加纵筋 2Φ16，且不小于梯板纵向受力钢筋直径，分别如图 7.47、图 7.48 所示。

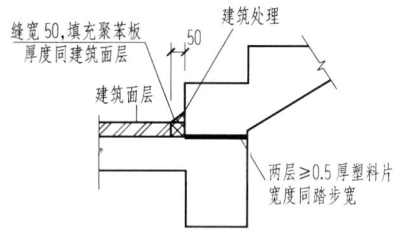

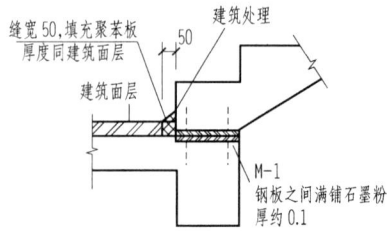

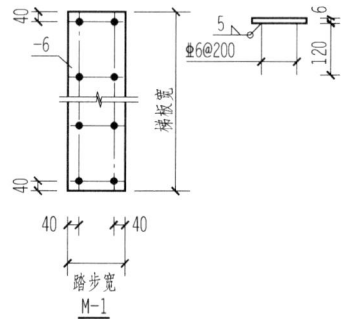

图 7.45　ATa 型楼梯滑动支座构造详图

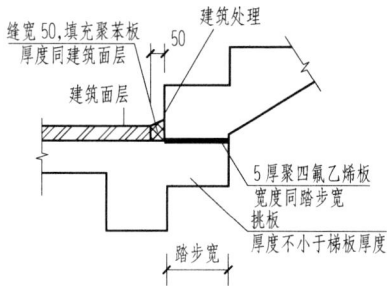

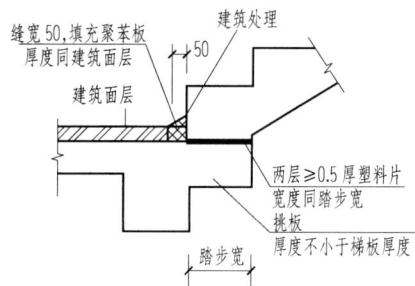

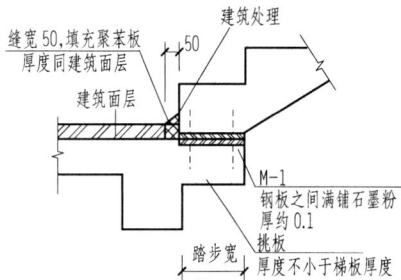

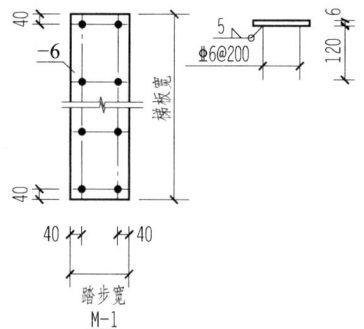

图 7.46　ATb 型楼梯滑动支座构造详图

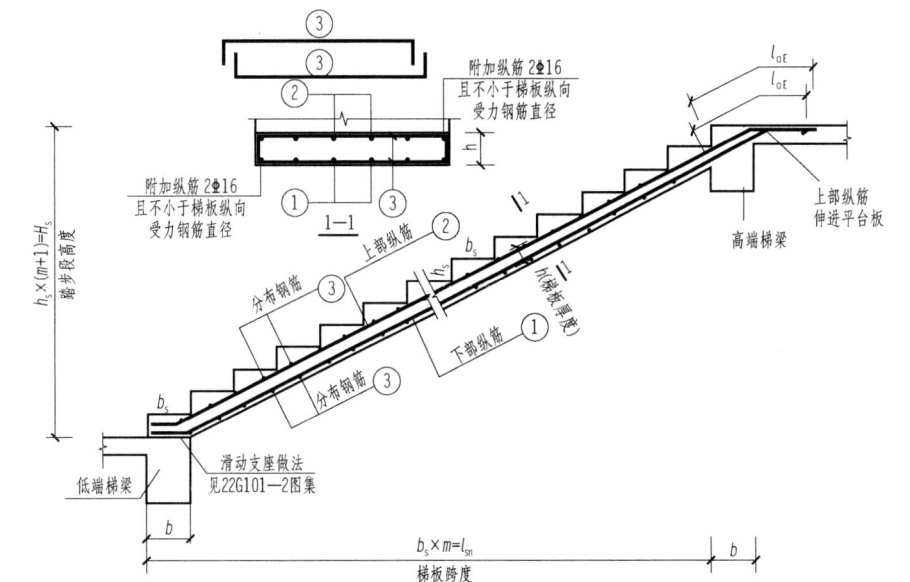

图 7.47　ATa 型楼梯板配筋构造

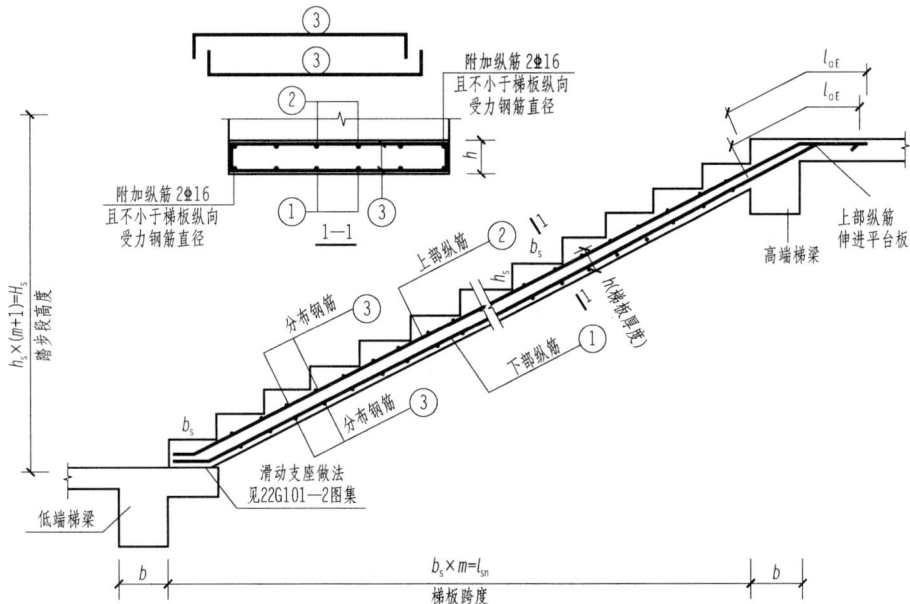

图 7.48　ATb 型楼梯板配筋构造

5. ATc 型楼梯平面注写及梯板的钢筋构造详图

（1）ATc 型楼梯平面注写方式与适用条件

ATc 型楼梯一般参与结构整体抗震计算，其适用条件为：两梯梁之间的矩形梯板全部由踏步段构成，即踏步段两端均以梯梁为支座。框架结构中，楼梯中间平台通常设梯柱、梯梁，中间平台可与框架柱连接（2 个梯柱形成）或脱开（4 个梯柱形成），如图 7.49 所示。

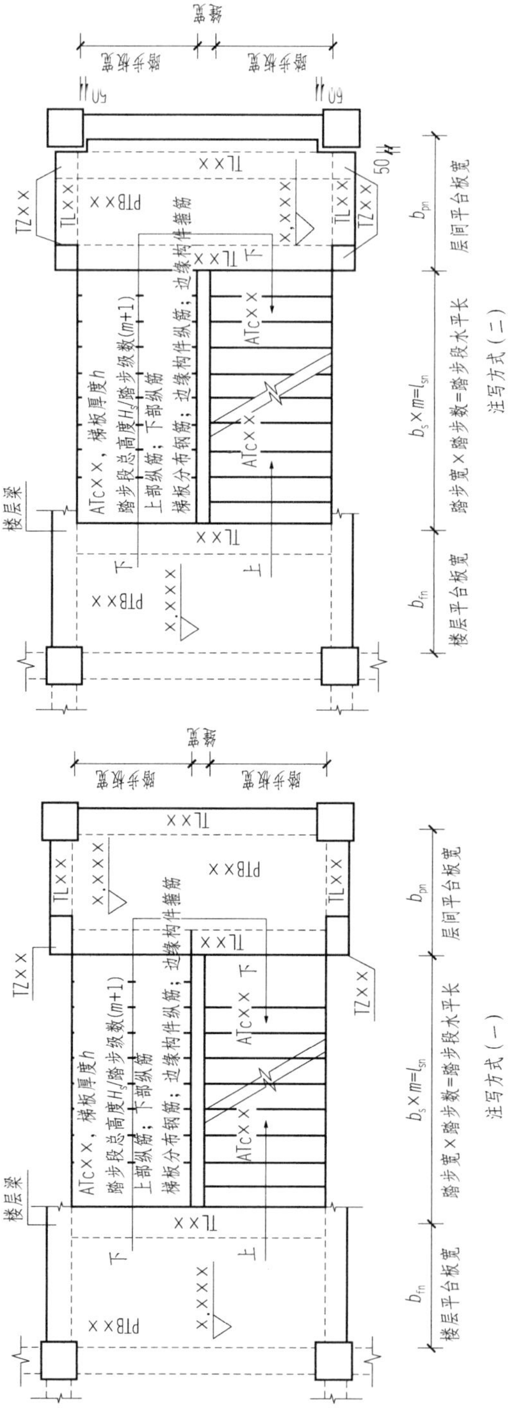

图 7.49　ATc 型楼梯平面注写方式

ATc 型楼梯平面注写方式如图 7.49 所示。集中注写的内容有 6 项（前 5 项同 ATa 型）：第 1 项为梯板类型代号与序号 ATc××；第 2 项为梯板厚度 h；第 3 项为踏步段总高度 H_s/踏步级数（$m+1$）；第 4 项为上部纵筋及下部纵筋；第 5 项为梯板分布钢筋；第 6 项为边缘构件纵筋及箍筋。

（2）ATc 型楼梯板的钢筋构造详图

梯板采用双层双向配筋，分布钢筋布置在外侧，纵筋布置在内侧。上部及下部分布钢筋伸至梯板两侧，再弯折 $h-2c$ 长度。上部及下部纵筋在低端伸至支座对边，再向下弯折 $15d$；在高端伸进平台板顶部锚固 l_{aE} 长度。梯板两侧设边缘构件（暗梁），边缘钢筋的宽度取 1.5 倍板厚；边缘构件的纵筋数量，当抗震等级为一级、二级时不少于 6 根，当抗震等级为三级、四级时不少于 4 根，纵筋直径为 φ12 且不小于梯板纵向受力钢筋直径；箍筋为 φ6@200。梯板拉筋为 φ6，拉筋间距为 600mm，如图 7.50 所示。

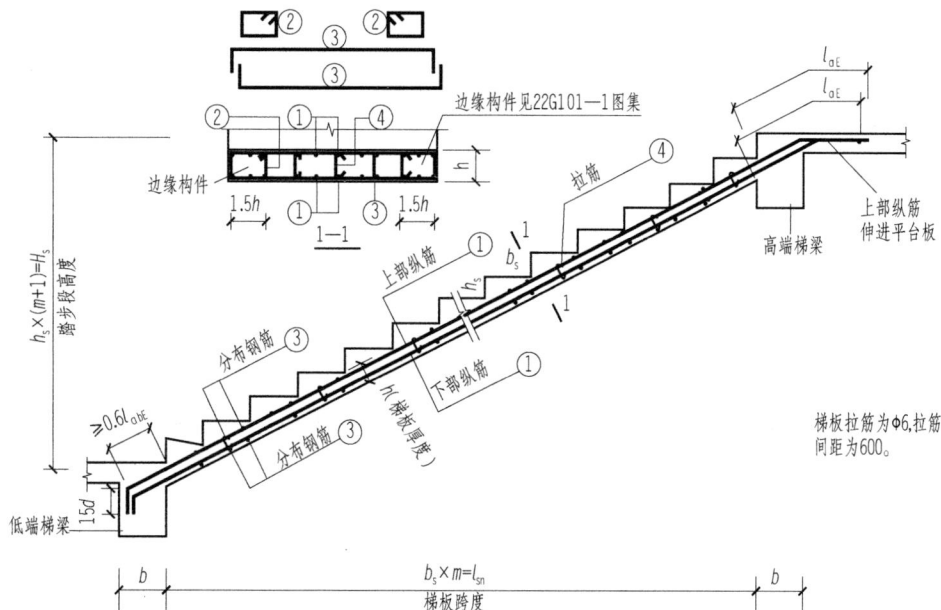

图 7.50　ATc 型楼梯板配筋构造

6. BTb 型楼梯平面注写及梯板的钢筋构造详图

（1）BTb 型楼梯平面注写方式与适用条件

BTb 型楼梯为带滑动支座的板式楼梯，不参与结构整体抗震计算；其适用条件为梯板由踏步段和低端平板构成；其支承方式为梯板高端支承在梯梁上，梯板低端带滑动支座支承在挑板上。框架结构中，楼梯中间平台通常设置梯柱、梯梁，层间平台可与框架柱连接。

（2）楼梯平面注写方式

楼梯平面注写方式如图 7.51 所示，基本同前面所述。

梯板的分布筋可直接标注，也可统一说明。平台板 PTB、梯梁 TL、梯柱 TZ 配筋可参照 22G101—1 图集标注。带悬挑板的梯梁应采用截面注写方式。BTb 型楼梯的滑动支座做法如图 7.52 所示，采用与图集不同做法时，由设计另行给出。

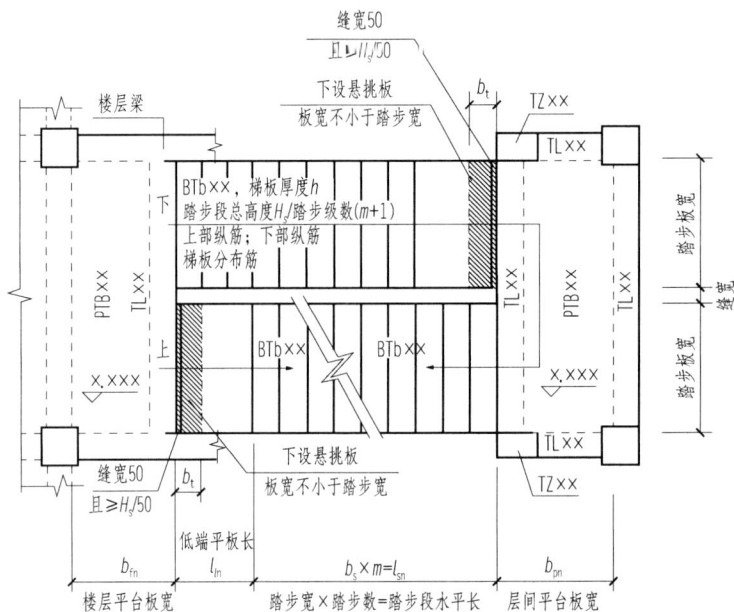

图 7.51 BTb 型楼梯平面注写方式

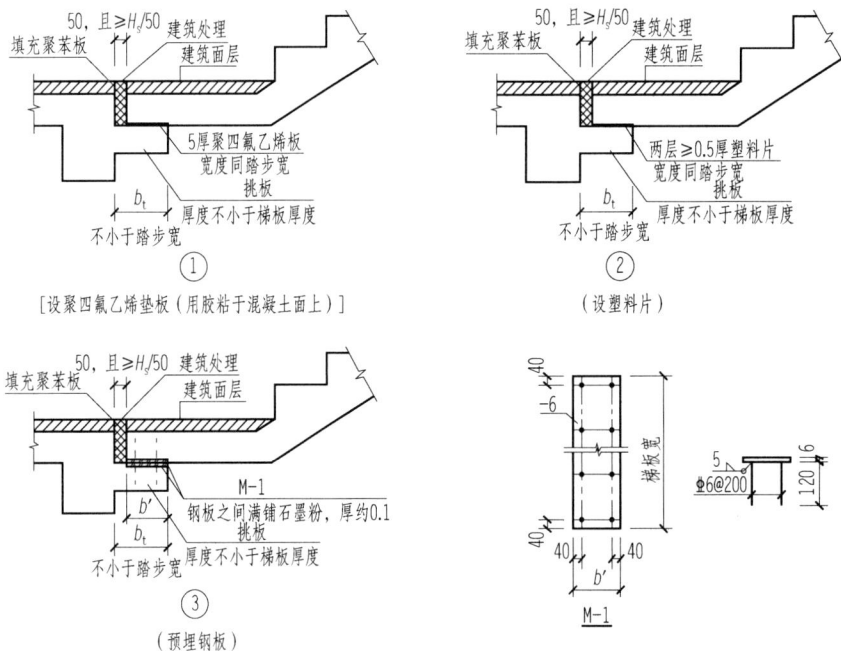

图 7.52 BTb、DTb 型楼梯滑动支座构造详图

（3）BTb 型楼梯板的钢筋构造详图

BTb 型楼梯板的钢筋构造详图如图 7.53 所示。

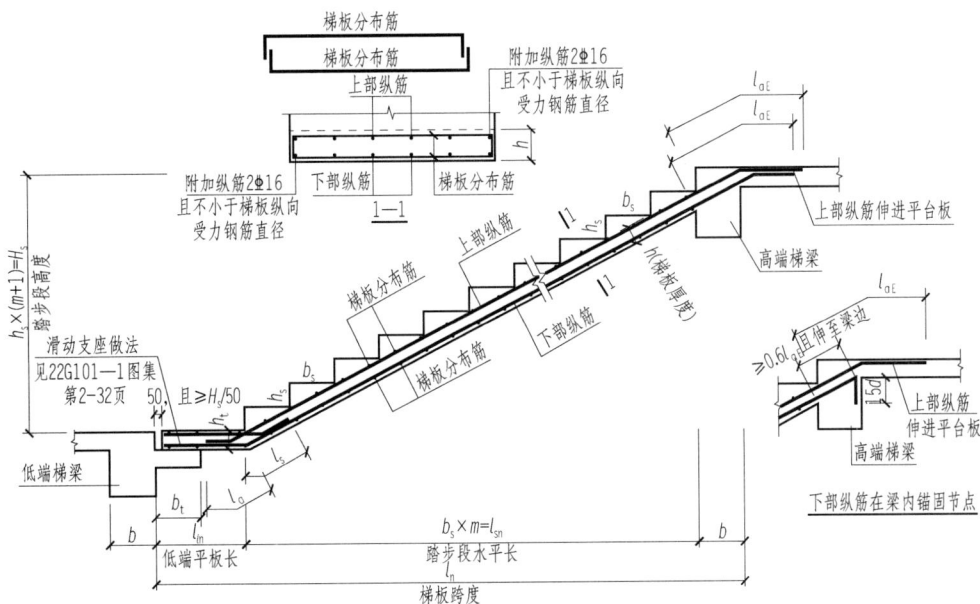

图 7.53　BTb 型楼梯板配筋构造

7. CTa、CTb 型楼梯平面注写及梯板的钢筋构造详图

（1）CTa、CTb 型楼梯平面注写方式与适用条件

CTa、CTb 型楼梯设有滑动支座，不参与结构整体抗震计算；其适用条件为：两梯梁之间的矩形梯板由踏步段和高端平板构成，高端平板宽度应≤3 个踏步宽度，两部分的一端各自以梯梁为支座，且梯板低端支承处做成滑动支座，CTa 型楼梯的滑动支座直接落在梯梁上，CTb 型楼梯的滑动支座落在挑板上。框架结构中，楼梯中间平台通常设梯柱、梯梁，中间平台可与框架柱连接。楼梯平面注写方式如图 7.54 所示，基本同前面所述。

（2）CTa、CTb 型楼梯板的钢筋构造详图

CTa、CTb 型楼梯板的钢筋构造详图如图 7.55、图 7.56 所示，钢筋构造基本同 ATa、ATb 型楼梯板。

8. DTb 型楼梯平面注写及梯板的钢筋构造详图

（1）DTb 型楼梯平面注写方式与适用条件

DTb 型楼梯为带滑动支座的板式楼梯，不参与结构整体抗震计算；其适用条件为两梯梁之间的梯板由低端平板、踏步段和高端平板构成；其支承方式为梯板高端平板支承在梯梁上，梯板低端带滑动支座支承在挑板上。框架结构中，楼梯层间平台通常设置梯柱、梯梁，层间平台可与框架柱连接。

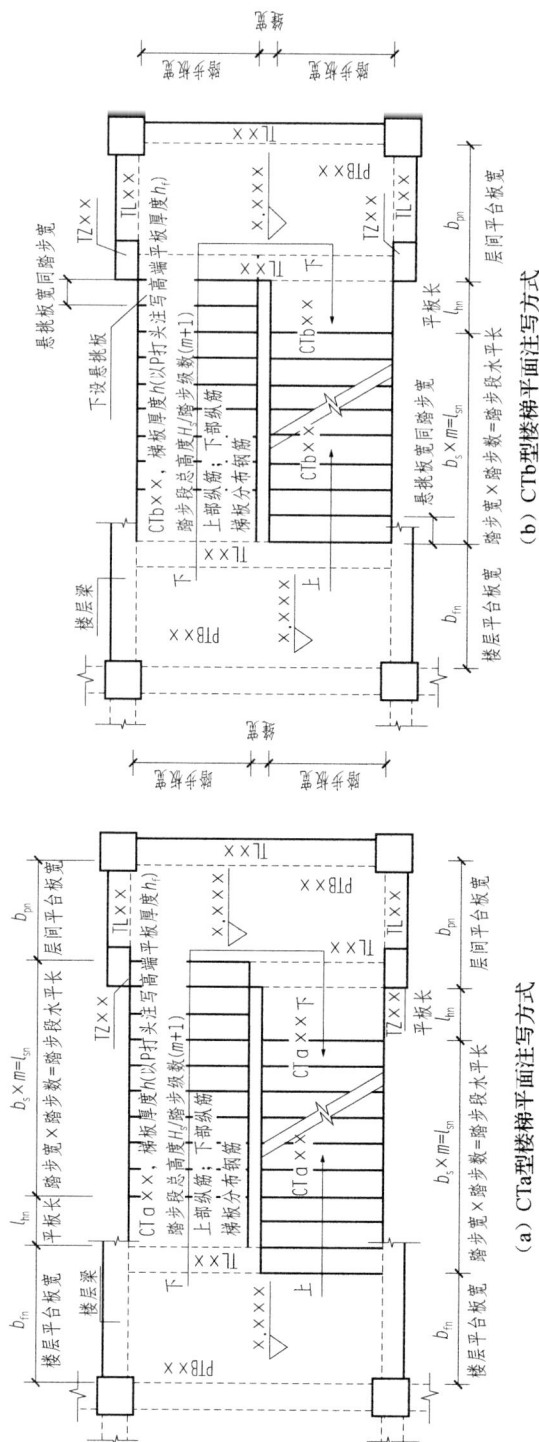

（a）CTa型楼梯平面注写方式

（b）CTb型楼梯平面注写方式

图 7.54 CTa、CTb 型楼梯平面注写方式

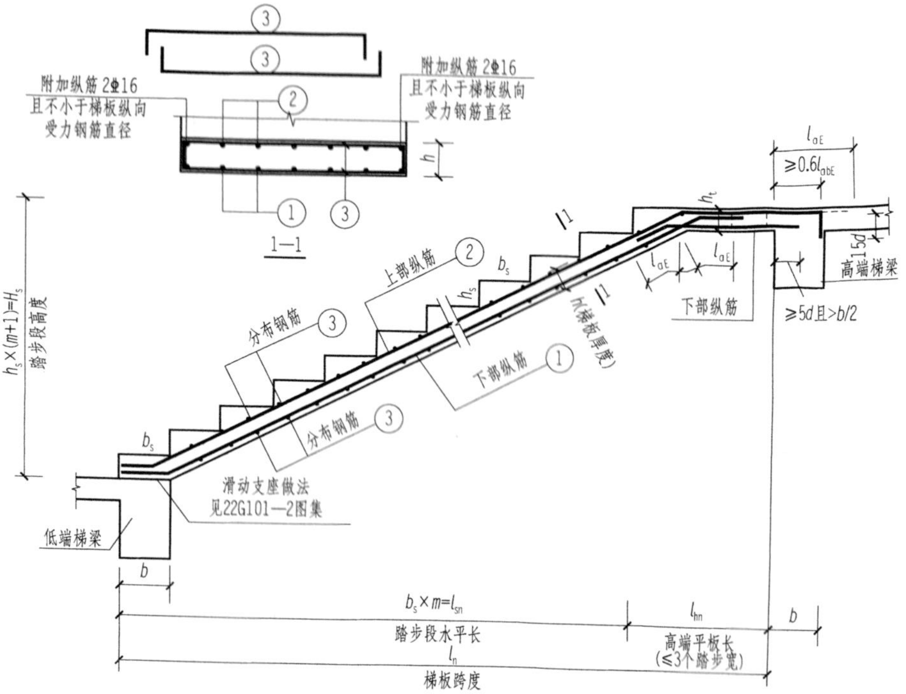

图 7.55　CTa 型楼梯板配筋构造

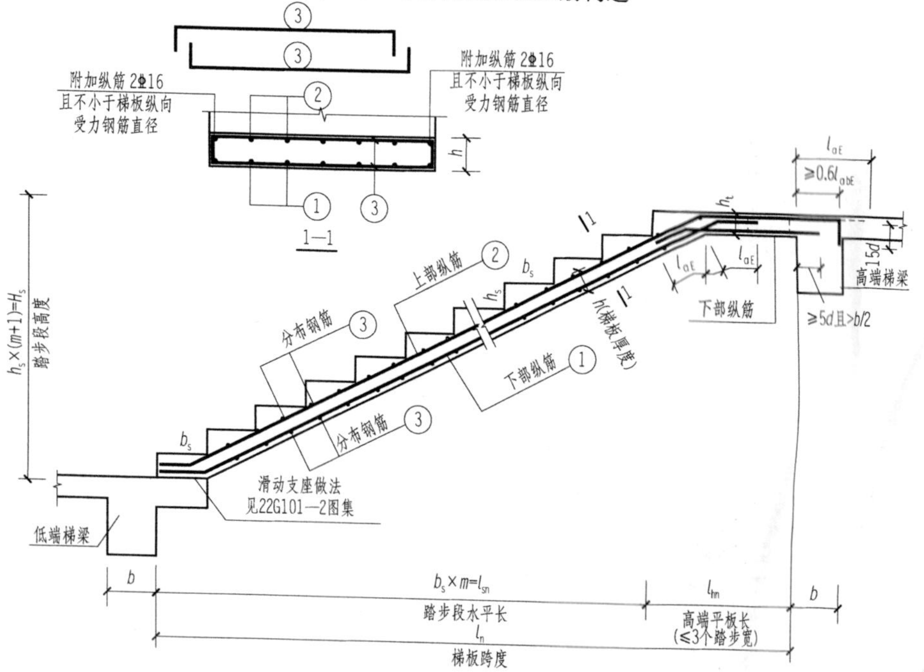

图 7.56　CTb 型楼梯板配筋构造

（2）DTb 型楼梯平面注写方式

DTb 型楼梯平面注写方式如图 7.57 所示，基本同前面所述。

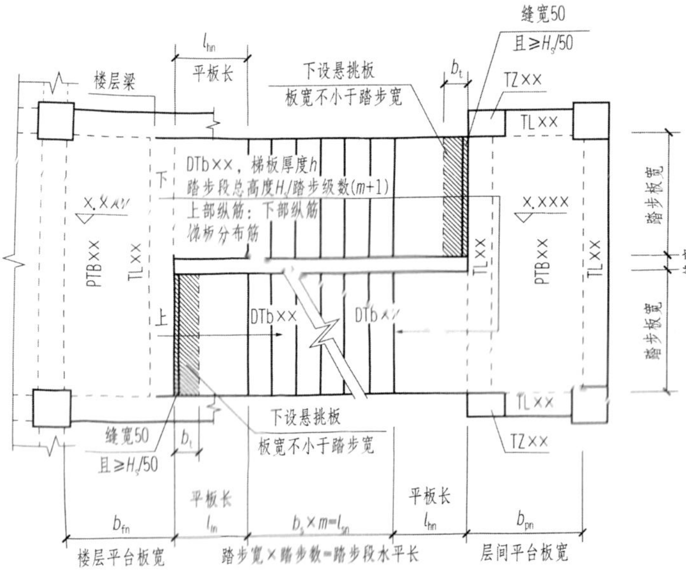

图 7.57 DTb 型楼梯平面注写方式

梯板的分布筋可直接标注，也可统一说明。平台板 PTB、梯梁 TL、梯柱 TZ 配筋可参照 22G101—1 图集标注。带悬挑板的梯梁应采用截面注写方式。DTb 型楼梯的滑动支座做法同 BTb 型楼梯，如图 7.52 所示，采用与图集不同做法时，由设计另行给出。

（3）DTb 型楼梯板的钢筋构造详图

DTb 型楼梯板的钢筋构造详图如图 7.58 所示。

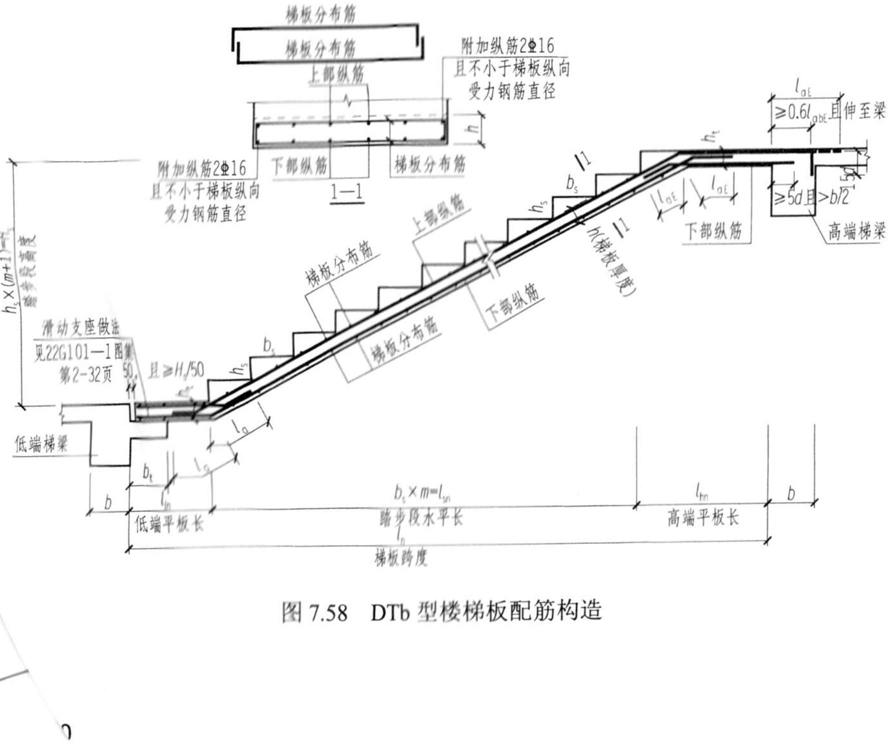

图 7.58 DTb 型楼梯板配筋构造

7.3.2　各型楼梯第一跑与基础连接构造详图

各型楼梯第一跑与基础连接构造详图如图 7.59 所示,因详图表达已很清楚,在这不再赘述。

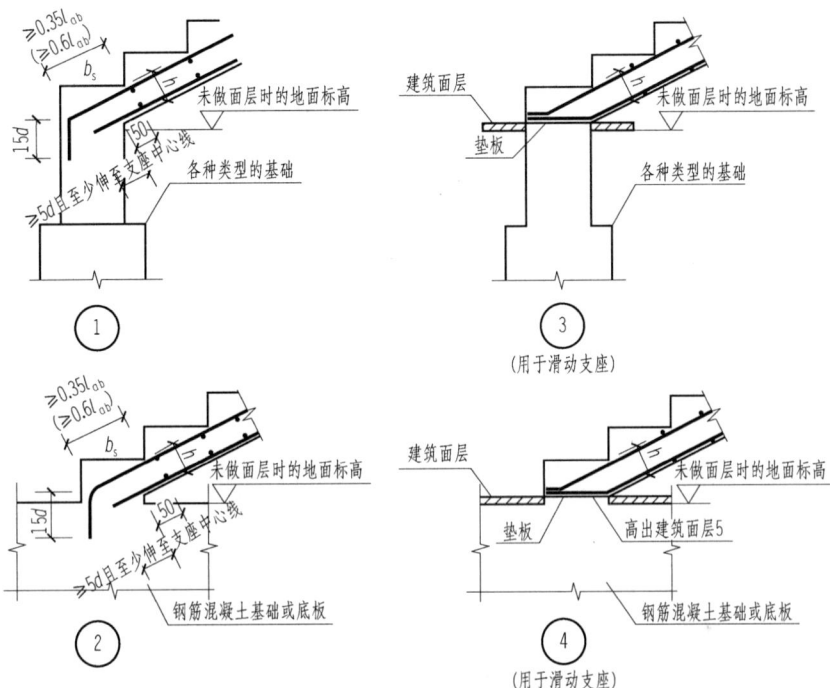

图 7.59　各型楼梯第一跑与基础连接构造详图

当梯板型号为 ATc 型时,图 7.59 中的①图、②图中应改为分布钢筋在纵筋外侧,l_{ab} 应改为 l_{abE},下部纵筋锚固要求同上纵筋,且平直段长度应不小于 $0.6l_{abE}$。楼梯施工图剖面注写示例如图 7.60 所示。

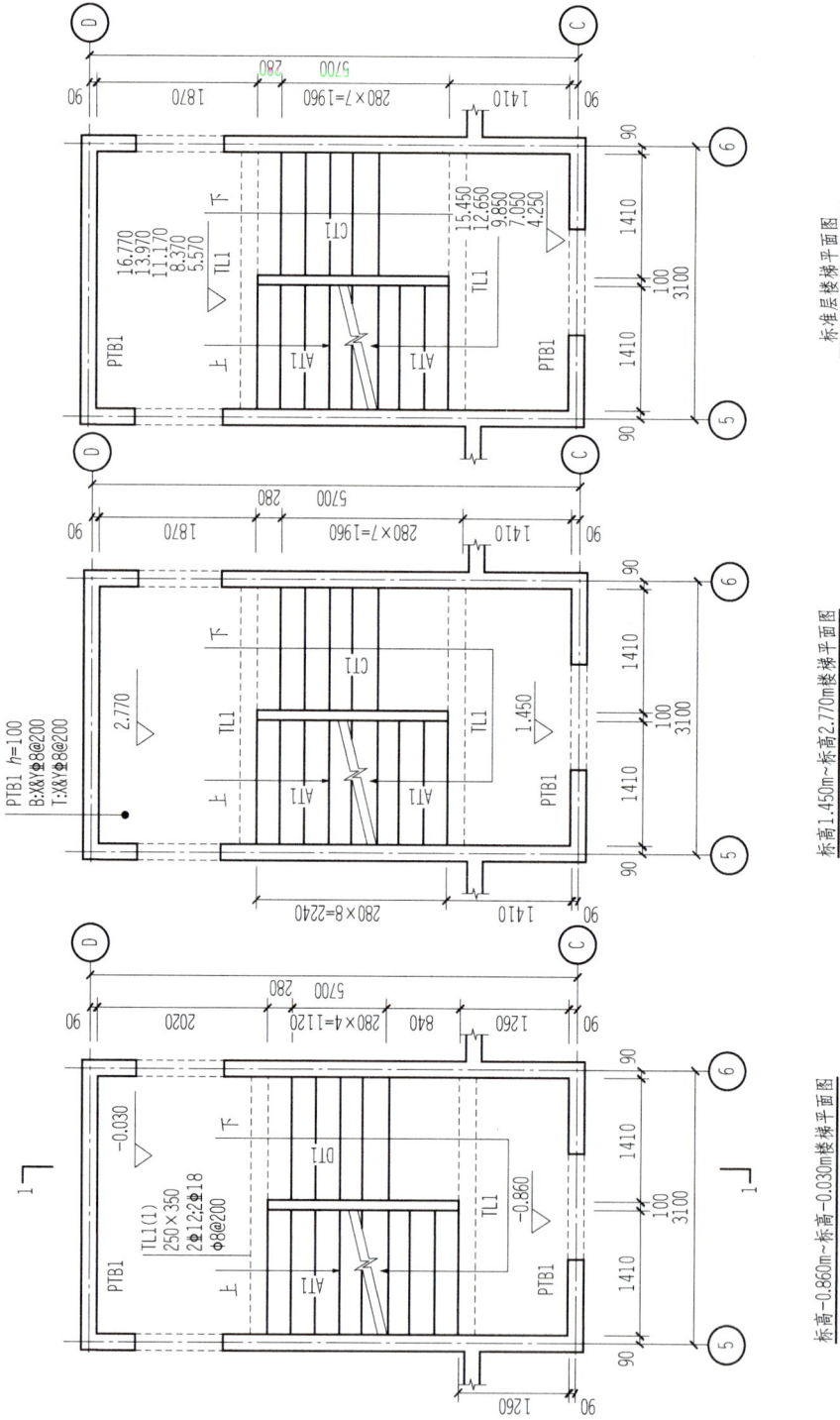

标高1.450m~标高2.770m楼梯平面图

PTB1 h=100
B:X&Y Φ8@200
T:X&Y Φ8@200

标高-0.860m~标高-0.030m楼梯平面图

TL1(1)
250×350
2Φ12;2Φ18
Φ8@200

标准层楼梯平面图

图7.60 楼梯施工图剖面注写示例

列表注写方式

梯板编号	踏步段总高度/踏步级数	板厚 h	上部纵向钢筋	下部纵向钢筋	分布钢筋
AT1	1480/9	100	Φ8@200	Φ8@100	Φ6@150
CT1	1320/8	100	Φ8@200	Φ8@100	Φ6@150
DT1	830/5	100	Φ8@200	Φ8@150	Φ6@150

注：本示例中梯板上部钢筋在支座处充考虑充分发挥钢筋抗拉强度作用进行锚固。

图 7.60（续）

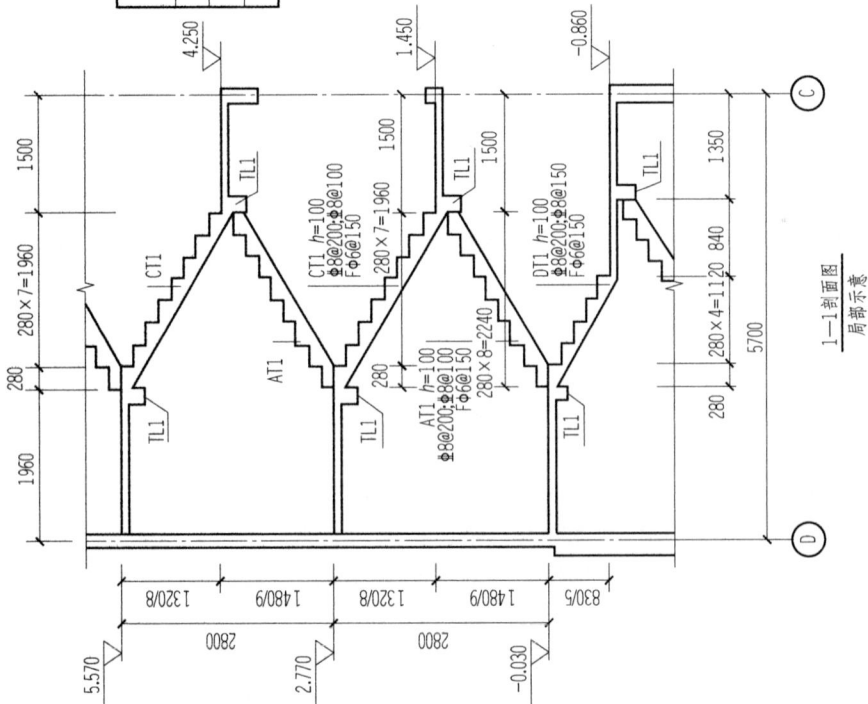

1—1剖面图
局部示意

小　结

1．本模块主要介绍了现浇钢筋混凝土板式楼梯施工图制图规则及现浇钢筋混凝土板式楼梯的标准构造做法。

2．现浇钢筋混凝土板式楼梯平法施工图是指在楼梯平面布置图上采用平面注写、剖面注写和列表注写方式表达的施工图。

3．平面注写方式是以在楼梯平面布置图上注写截面尺寸和配筋具体数值的方式来表达楼梯施工图。平面注写方式包括集中标注和外围标注。

4．剖面注写方式需要在楼梯平法施工图中绘制楼梯平面布置图和楼梯剖面图，注写方式分为平面注写、剖面注写两部分。

5．列表注写方式，是用列表的方式注写梯板截面尺寸和配筋具体数值，以此来表达楼梯施工图。列表注写方式的具体要求同剖面注写方式，仅将剖面注写方式中的梯板配筋注写项改为列表注写项即可。

6．识图人员应能根据楼梯平法施工图中楼梯编号的类型代号查找对应的构造详图，本模块任务7.3结合一些常见楼梯的标准构造详图，介绍了其标准的构造做法。

习　题

一、判断题

1．楼梯平法施工图有平面注写和列表注写两种表达方式。　（　　）

2．楼梯编号由梯板代号和序号组成。　（　　）

3．AT型梯板全部由踏步段构成。　（　　）

4．BT型梯板由踏步段和高端平板构成。　（　　）

5．CT型梯板由低端平板和踏步段构成。　（　　）

6．DT型梯板由低端平板、踏步段和高端平板构成。　（　　）

7．ET型梯板由低端踏步段、中位平板和高端踏步段构成。　（　　）

8．FT型梯板的两端分别以（低端和高端）梯梁为支座。　（　　）

9．GT型梯板的支承方式为：梯板一端的层间平板采用三边支承，另一端的楼层平板采用单边支承。　（　　）

10．ATa、ATb型为带滑动支座的板式楼梯，梯板全部由踏步段构成，其支承方式为梯板高端均支承在梯梁上。　（　　）

11．ATc型楼梯的休息平台与主体结构既可整体连接，也可脱开连接。　（　　）

12．ATc型梯板两侧设置边缘构件（暗梁），边缘构件的宽度取1.6倍板厚。

（　　）

13．BTb 型板式楼梯低端平板通过滑动支座支承在低端梯梁伸出的挑板上。

（　　）

14．DTb 型板式楼梯的组成包含低端平板和踏步段两部分。　　　　（　　）

二、单选题

1．ATb 型梯板为带滑动支座的板式楼梯，其（　　）。

    A．低端设滑动支座支承在梯梁上

    B．低端设滑动支座支承在梯梁的挑板上

    C．高端设滑动支座支承在梯梁上

    D．高端设滑动支座支承在梯梁的挑板上

2．FT 型梯板的支承方式为（　　）。

    A．梯板一端的层间平板采用三边支承，另一端的楼层平板也采用三边支承

    B．梯板一端的层间平板采用单边支承，另一端的楼层平板采用三边支承

    C．梯板一端的层间平板采用三边支承，另一端的楼层平板采用单边支承

    D．梯板一端的层间平板采用单边支承，另一端的楼层平板采用单边支承

3．在楼梯平面布置图上应注写踏步段总高度和踏步级数，两者之间以（　　）分隔。

    A．逗号"，"　　　　B．斜线"/"　　　　C．加号"+"　　　　D．分号"；"

4．当为带平板的梯板且梯板厚度和平板厚度不同时，可在梯板厚度后面括号内以字母（　　）打头注写平板厚度。

    A．X　　　　　　　B．Y　　　　　　　C．F　　　　　　　D．P

5．在楼梯平面布置图上应注写梯板分布钢筋，其注写以（　　）打头，再注写分布钢筋具体值。

    A．X　　　　　　　B．Y　　　　　　　C．F　　　　　　　D．P

6．在楼梯剖面图上应注写梯板上部纵筋和梯板下部纵筋，两者之间用（　　）分隔开来。

    A．逗号"，"　　　B．斜线"/"　　　　C．加号"+"　　　D．分号"；"

7．楼梯外围标注的内容，不包括（　　）。

    A．楼梯间的平面尺寸　　　　　　　B．梯板的平面几何尺寸

    C．平台板配筋　　　　　　　　　　D．混凝土强度等级

8．下列楼梯中，有抗震构造措施的是（　　）。

    A．BT 型　　　　　B．DT 型　　　　　C．ET 型　　　　　D．ATa 型

三、简答题

1．试述 AT 型板式楼梯的特征。

2．某梯板标注为

$$AT1，h=120$$
$$1800/12$$

$$\text{⌀}10@200；\text{⌀}12@150$$
$$F\phi8@250$$

试用文字叙述其所表示的含义。

3．试述楼梯平法施工图采用平面注写方式表达时集中标注的内容。

4．试述楼梯平法施工图采用平面注写方式表达时外围标注的内容。

5．试述楼梯平法施工图采用剖面注写方式表达时楼梯平面布置图需要注写的内容。

6．试述楼梯平法施工图采用剖面注写方式表达时剖面图需要注写的内容。

四、识图题

1．识读图 7.21，并将 AT3 梯板的几何尺寸和配筋填写在表 7.4 中。

表 7.4　题 1 用表

梯板编号	踏步段总高度/踏步级数	板厚 h	上部纵筋	下部纵筋	分布钢筋

2．识读图 7.33，并将 BT3 梯板的几何尺寸和配筋填写在表 7.5 中。

表 7.5　题 2 用表

梯板编号	踏步段总高度/踏步级数	板厚 h	上部纵筋	下部纵筋	分布钢筋

3．识读图 7.22，并用文字表达 AT 型楼梯板的配筋构造。

模块 8

基础平法施工图及标准构造详图识读

思政引导 ☞

　　强台风经过，会拔起一棵棵树，这是大家对台风的印象，但一些根系发达的树却能岿然不动。埋入土中的根系是树的根基，抵御着外界的各种力量。如果我们把建筑物类比为一棵树，那建筑物的基础就像树的根系。万丈高楼平地起，埋入地下的隐蔽工程——基础如果不牢固，就像根系不发达的树容易被拔起一样，建筑物会因为基础不牢而随时发生安全事故，给人民生命财产带来损失。因此，设计好基础，严格按图施工是工程人的底线和基本素养。

知识要求 ☞

　　通过本模块内容的学习，掌握基础平面图的表达方式和内容；掌握独立基础、条形基础和桩基承台的配筋构造；掌握独立基础、条形基础和桩基承台的平法制图规则。

技能要求 ☞

　　通过本模块内容的学习，初步掌握基础平法施工图的识图方法；能读懂独立基础、条形基础和桩基承台的平法施工图，并能根据基础平法施工图中的构件代号及结构设计说明准确找到基础对应的构造详图；能读懂基础的构造详图。

关键术语 ☞

　　基础平面图、基础详图、独立基础、条形基础、桩基承台、标准构造详图、平法制图规则、平面注写、截面注写、列表注写、集中标注、原位标注。

任务 8.1 了解基础施工图的形成方式和表达内容

基础是建筑物最下部埋在土层中的承重构件，承受建筑物的全部荷载，并将其传递至地基。基础施工图主要表达建筑物室内地面以下基础部分的平面布置及详细构造。基础施工图包括基础平面图和表示基础构造的基础详图，以及必要的设计说明。基础施工图是施工放线、开挖基础（基坑）、基础施工、计算基础工程量的依据。

1. 基础平面图

（1）基础平面图的形成方式

假想一个水平剖切平面在建筑物底层室内地面以下剖切，剖切后将剖切平面下部的所有基础构件作水平正投影，所得的水平剖视图称为"基础平面图"。在基础平面图中，被剖切到的基础墙身线用中粗实线绘制；被剖切到的柱用涂黑的柱断面表示；基础底面轮廓线用细实线绘制。

基础的种类有很多，如图 8.1 所示为墙下条形基础平面图，本任务以墙下条形基础说明基础平面图和详图的内容。

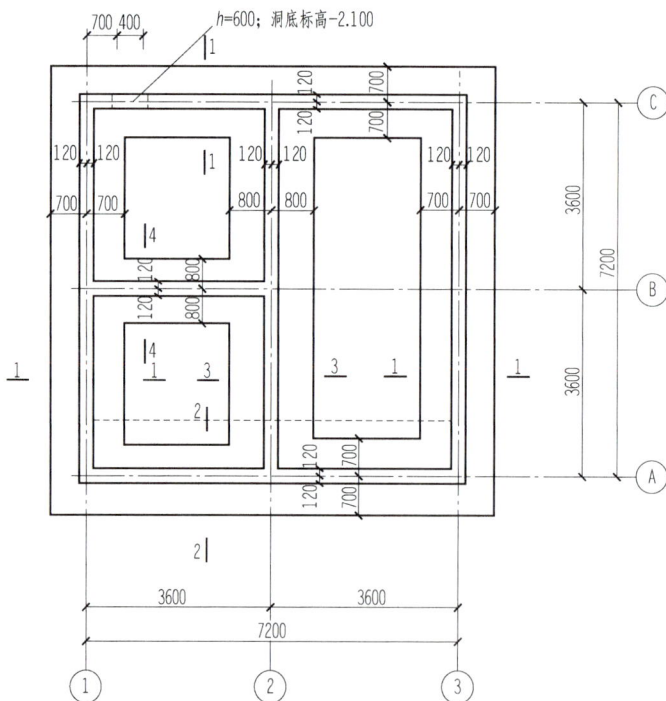

图 8.1 墙下条形基础平面图

（2）基础平面图的内容

墙下条形基础在基础平面图中会表示出墙体轮廓线、基础外轮廓线、基础的宽度和基础断面的位置，并标注定位轴线和定位轴线之间的距离。具体包括以下部分。

1）图名和比例。基础平面图的绘制比例，应与建筑平面图的绘制比例相一致。

2）纵横向定位轴线及编号、轴线尺寸。定位轴线应与建筑平面图一致，一般外部尺寸只标注定位轴线的距离和总尺寸。

3）基础的平面布置和内部尺寸，即基础墙、柱、基础底面的轮廓线、尺寸及其与轴线的位置关系。基础的细部可见轮廓线（如大放脚）一般省略不画，通过基础详图来表达。

4）基础梁的位置、代号和编号。

5）基础墙上留洞的位置及洞的尺寸和洞底标高。基础墙上的预留孔洞，应用虚线表示其位置。

6）基础的编号、基础断面图的剖切位置及其编号。

2. 基础详图

（1）基础详图的形成方式

在基础平面图上的某一个位置，用铅垂剖切面切开基础所得到的断面图即为基础详图，如图 8.2 所示。这样形成的基础详图主要表达基础各部分的详细尺寸和构造。有需要时也可以绘制某基础的平面图的详图，详图形成方式是从上往下进行正投影，主要表达基础各部分的详细平面尺寸，下面主要介绍竖向的断面图详图。

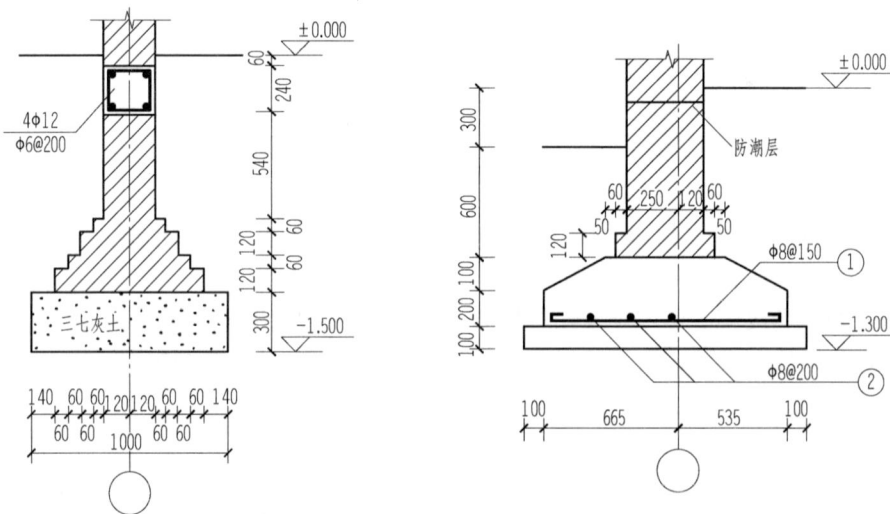

图 8.2　基础详图

（2）基础详图的主要内容

1）图名、比例。

2）轴线及其编号。基础详图中轴线及其编号，若为通用剖面图，则轴线圆圈内可不编号。

3）基础断面的形状、大小、材料及配筋。

4）基础断面的详细尺寸和室内外地面标高及基础底面的标高。

5）垫层、基础墙、基础梁的形状、大小、材料及强度等级。

6）钢筋混凝土基础应标注钢筋直径、间距及钢筋编号。

7）防潮层的位置及做法，垫层材料等（也可用文字说明）。

▶ **阅读资料** ━━━━━━━━━━━━━━━━━━━━━━━━

基础详图的图示特点

1）基础详图常用 1∶10、1∶20、1∶50 等比例绘制。

2）梁的轮廓线用细实线绘制；基础砖墙的轮廓线用中粗实线绘制；梁内钢筋用粗实线绘制，钢筋断面用小黑圆点表示。

3）在基础墙断面上绘制砖的材料图例，而在钢筋混凝土基础、梁的断面上不绘制材料图例，以突出钢筋配置情况；基础垫层材料可用文字说明，不绘制相应的材料图例。

3. 基础设计说明

基础设计说明一般是表述难以用图示表达的内容和易用文字表达的内容，如材料的质量要求、施工注意事项等，由设计人员根据具体情况编写。一般包括以下内容。

1）对地基土质情况提出注意事项和有关要求，概述地基承载力、地下水位和持力层土质情况。

2）地基处理措施，并说明注意事项和质量要求。

3）对施工方面提出验槽、钎探等事项的设计要求。

4）垫层、砌体、混凝土、钢筋等所用材料的质量要求。

任务 8.2　识读标准构造详图，掌握基础的配筋构造

基础的种类按构造形式分为独立基础、条形基础、筏形基础、箱形基础和桩基础等，本任务只介绍独立基础、条形基础、桩基础承台的配筋和平法制图规则。

1. 独立基础

（1）独立基础平面图

钢筋混凝土独立基础一般用于框架结构中的柱下，包括单柱独立基础（图 8.3）、双柱独立基础或四柱独立基础，基础的竖向可以是阶形或者是锥形。某框架结构的部分基础平面图如图 8.4 所示。识图时先看外部尺寸和定位轴线编号并与建筑平面图对照，再看基础种类，然后是每一种基础的详图。

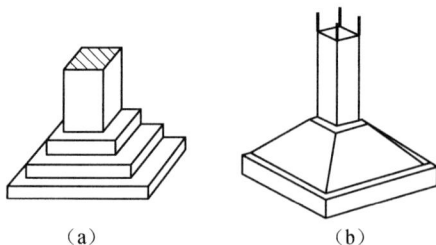

(a)　　　　(b)

图 8.3　单柱独立基础

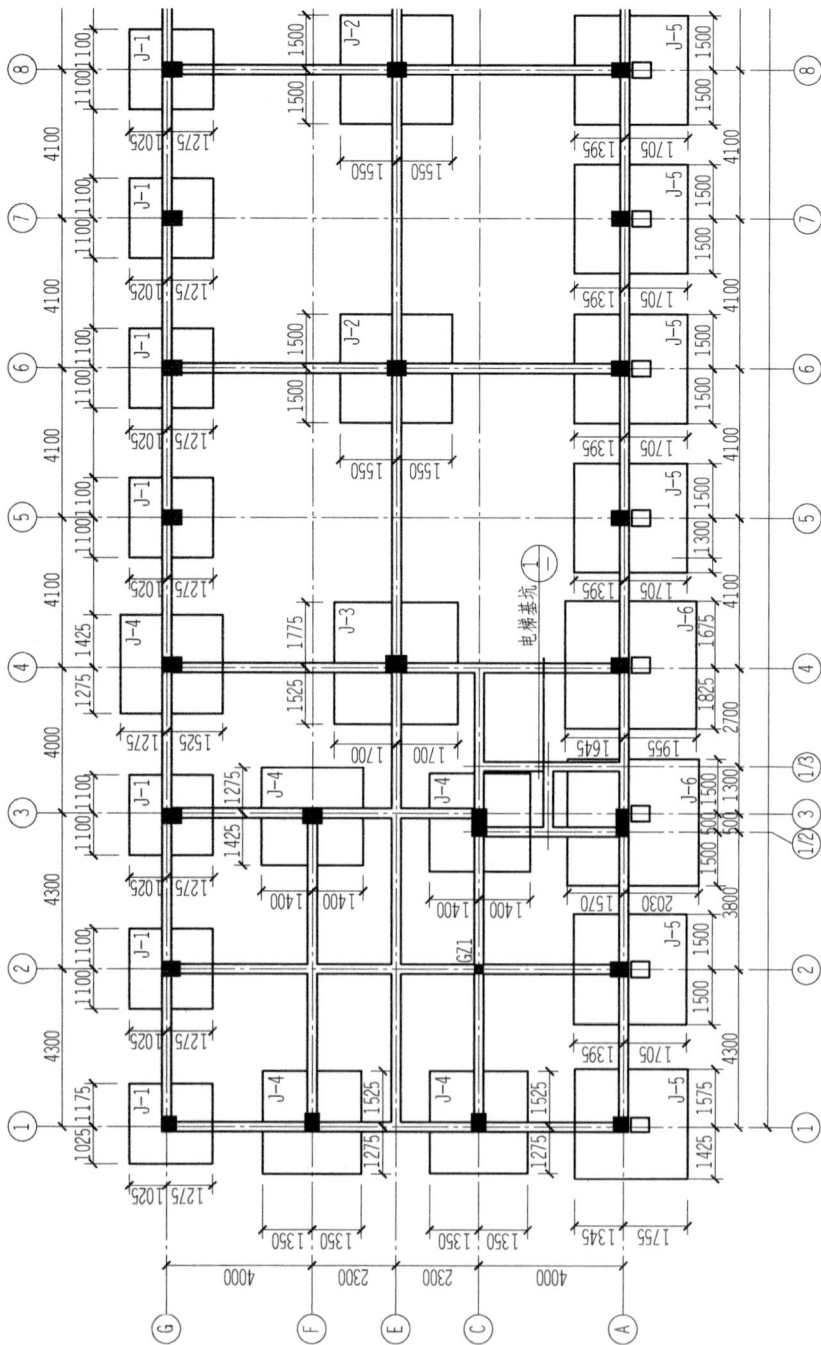

基础平面图 1 : 100

图 8.4　某框架结构的部分基础平面图

（2）单柱独立基础底板配筋

独立基础底板配双向受力钢筋，配筋详图如图8.5所示。

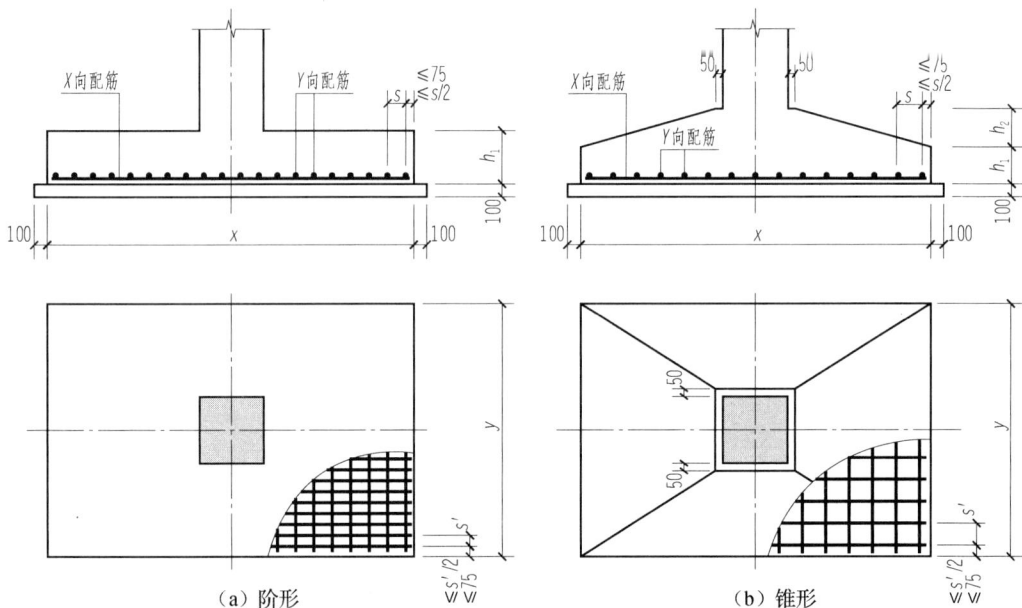

图8.5　独立基础底板配筋

【例8.1】　试对图8.5的配筋进行文字说明。

【解】　从图中可以看出，X向钢筋放在Y向钢筋的下方，单柱独立基础底板的钢筋一般长向钢筋放置在短向钢筋的下方；两个方向钢筋的第一根钢筋距离基础边缘的距离取≤75mm且≤$s/2$（s为同向钢筋的间距，即取 $\min\{75, s/2\}$），锥形基础柱边的水平尺寸至少比柱边缘宽50mm，方便施工时支撑柱模板。

（3）双柱独立基础配筋

对于双柱独立基础的配筋，与单柱独立基础相同，基础底板配双向交叉钢筋，比较基础两个方向从柱外边缘到基础外边缘的伸出长度，伸出长度较大方向的钢筋设置在下，伸出长度较小方向的钢筋设置在上。与单柱独立基础不同的是，双柱独立基础在基础顶面要配置钢筋网，或者在双柱之间设置基础梁。

【例8.2】　试对图8.6中的配筋进行文字说明。

【解】　从图8.6中可以看出，ex方向的钢筋配在下方，ex大于ey。在双柱独立基础的底板顶部配筋通常对称分布在双柱中心线两侧，基础顶部配纵向受力钢筋和分布钢筋，分布钢筋在受力钢筋下方，纵向受力钢筋伸至柱纵筋内侧。

设置基础梁的双柱独立基础配筋构造如图8.7所示，双柱独立基础的底板配筋与柱下条形基础底板配筋相同，底板短边钢筋为受力筋，此时底部短向受力钢筋设置在基础梁纵筋之下，与基础梁箍筋的下水平段位于同一层面。双柱独立基础所设置的基础梁宽度宜超过柱截面宽度 100mm（每边超过 50mm）。

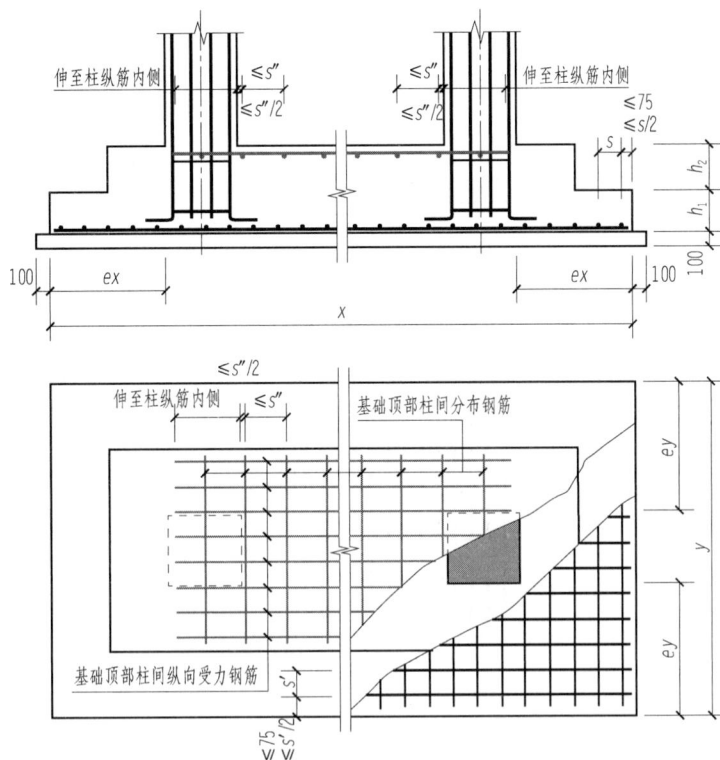

（a）配筋图

（b）现场图

图 8.6　顶部配筋的双柱基础

（4）四柱独立基础配筋

当四柱独立基础已设置两道平行的基础梁时，根据内力需要可在双梁之间及梁的长度范围内配置基础底板顶部钢筋，如图 8.8 所示。注意此时基础底板顶部的分布筋和受力筋方向与图 8.6 所示双柱基础底板顶部所配钢筋方向不同。

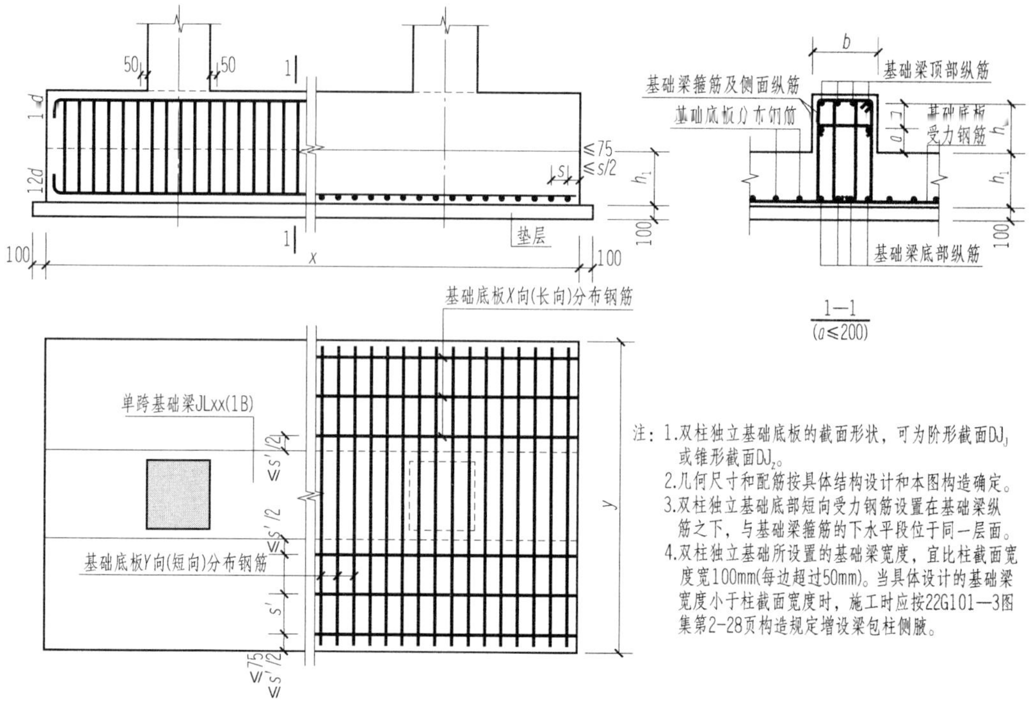
50
50
1
1d
12d
≤75
≤s/2
s
h1
100
垫层
100
x
100
基础底板X向(长向)分布钢筋
单跨基础梁JLxx(1B)
≤s'/2
≤s'/2
基础底板Y向(短向)分布钢筋
s'
≤75
≤s'/2
y
b
基础梁顶部纵筋
基础梁箍筋及侧面纵筋
基础底板受力钢筋
基础梁底部纵筋
1—1
(a≤200)
注：1.双柱独立基础底板的截面形状，可为阶形截面DJJ或锥形截面DJZ。
2.几何尺寸和配筋按具体结构设计和本图构造确定。
3.双柱独立基础底部短向受力钢筋设置在基础梁纵筋之下，与基础梁箍筋的下水平段位于同一层面。
4.双柱独立基础所设置的基础梁宽度，宜比柱截面宽度宽100mm(每边超过50mm)。当具体设计的基础梁宽度小于柱截面宽度时，施工时应按22G101—3图集第2-28页构造规定增设梁包柱侧腋。

图 8.7　配有基础梁的双柱独立基础配筋构造

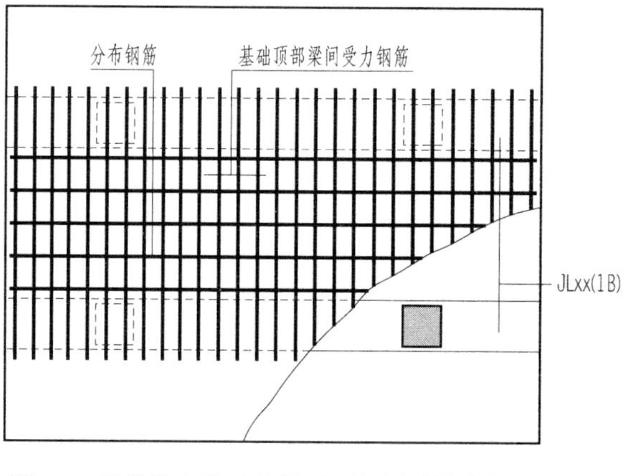
分布钢筋
基础顶部梁间受力钢筋
JLxx(1B)

图 8.8　四柱独立基础配置两平行梁时的底板顶部配筋

（5）独立基础设置短柱时的配筋

独立基础埋置较深设置短柱时，短柱里面按柱配筋，如图 8.9 所示。柱中插入基础底板钢筋的锚固长度为 l_a，可以仅将柱四周的插筋伸至底板钢筋网上，但伸至底板钢筋网上的柱插筋之间的间距不应大于 1000mm，钢筋端部弯锚 6d 且不小于 150mm。

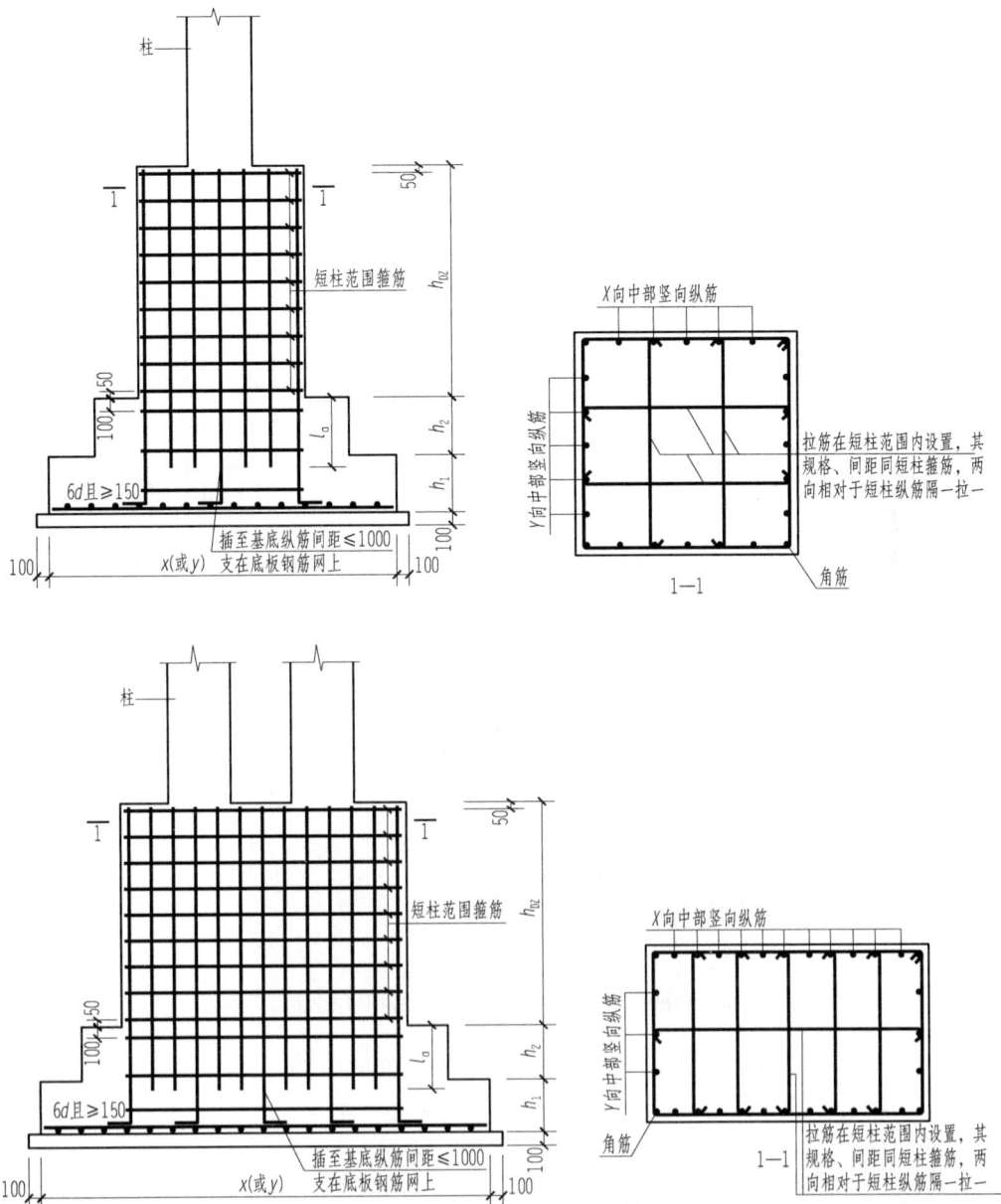

图 8.9　配有短柱的独立基础配筋

（6）独立基础底板配筋长度减少 10% 构造

当独立基础底板长度大于 2500mm 时，除外侧钢筋外，底板钢筋长度可取相应方向底板长度的 0.9 倍，交错放置。非对称独立基础底板长度大于 2500mm 时，当该基础某侧从柱中心至基础底板边缘的距离小于 1250mm 时，钢筋在该侧不应该减短，如图 8.10 所示。独立基础底板配筋长度减少实例见图 8.11。

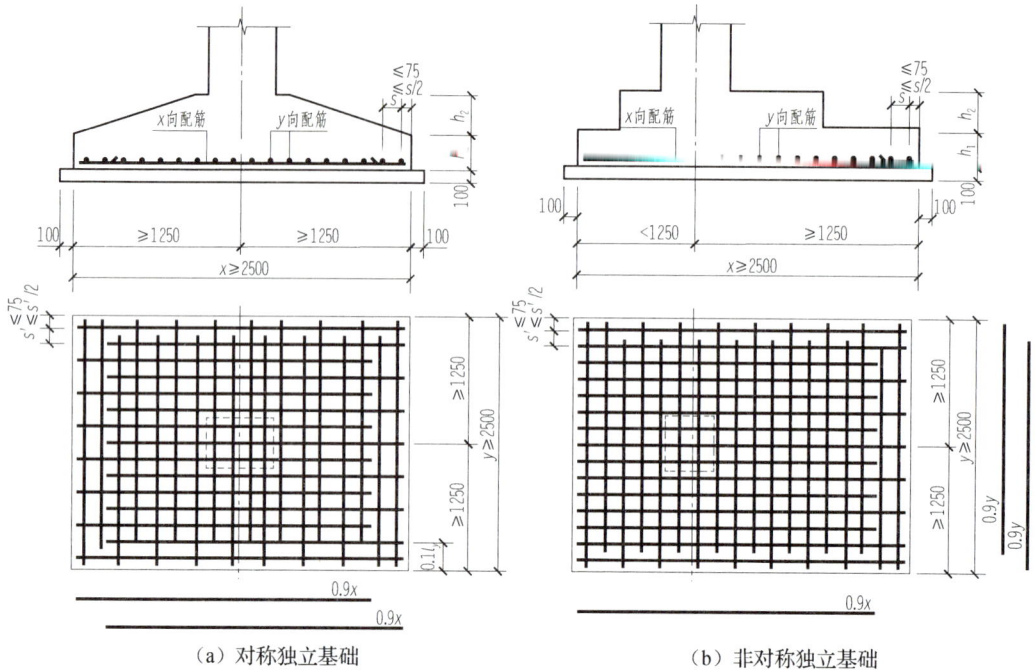

（a）对称独立基础　　　　　　　　　　　　（b）非对称独立基础

图 8.10　独立基础底板配筋长度减少 10%构造

图 8.11　独立基础底板配筋长度减少实例

2. 条形基础

（1）条形基础的配筋

条形基础有墙下条形基础和柱下条形基础。图 8.12 是墙下条形基础。墙下条形基础的宽度方向放置受力钢筋，放于底部；长度方向放置分布钢筋，放在短向钢筋上面。

图 8.13 是柱下条形基础。柱下条形基础是指布置成单向或双向的钢筋混凝土条状基础。条形基础分为两类，一类是梁板式条形基础，另一类是板式条形基础。梁板式条形基础由肋梁（即基础梁）及其横向伸出的翼板组成，翼板断面可以是阶梯形或锥形，图 8.13 中断面是一个台阶呈倒 T 形。这类基础适用于钢筋混凝土框架结构、框架-剪力墙结构、部分框支剪力墙结构等。平法施工图将梁板式条形基础分解为基础梁和条形基

础底板分别进行表达。板式条形基础适用于钢筋混凝土剪力墙结构和砌体结构，平法施工图仅表达条形基础底板。条形基础的底板配筋与墙下条形基础类似，下面仅说明柱下条形基础梁的配筋原则和配筋种类。

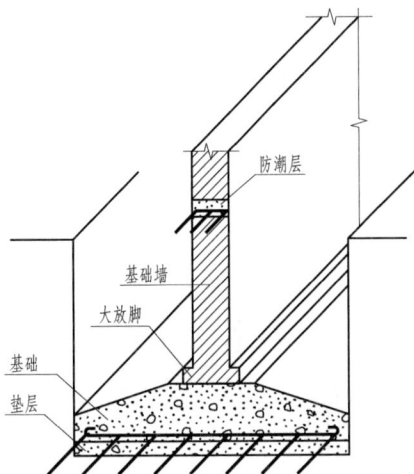

图 8.12　墙下条形基础

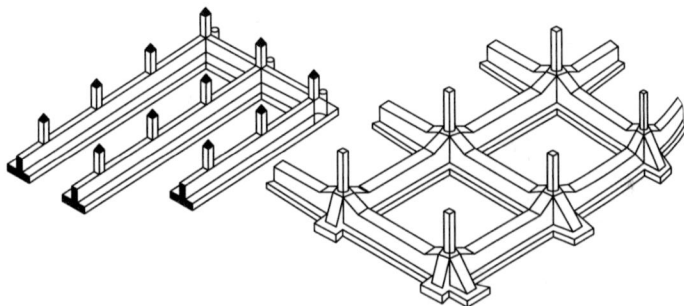

图 8.13　柱下条形基础

在比较均匀的地基上，当上部结构刚度较好，荷载分布较均匀，且条形基础的高度不小于 1/6 柱距时，地基反力可视为按直线分布，在地基反力作用下的条形基础梁的内力可按连续梁计算（即倒梁法），因而条形基础梁的配筋可以类比于一个倒放的梁。在识读《混凝土结构施工图　平面整体表示方法制图规则和构造详图（独立基础、条形基础、筏形基础、桩基础）》（22G101—3）（以下简称 22G101—3 图集）中的条形基础配筋时，将基础梁的配筋与框架结构的梁相比较，可看成是倒放的梁的配筋。条形基础肋梁顶部和底部的纵向受力钢筋除满足计算要求外，顶部钢筋按计算配筋全部贯通，底部通长筋不应少于底部受力钢筋总面积的 1/3。

（2）条形基础底板配筋构造

条形基础底板配筋长度减少构造见图 8.14，当条形基础宽度 $b \geqslant 2.5$m 时，底板受力钢筋的长度可取宽度的 0.9 倍，并宜交错布置。配有基础梁的条形基础底板在交接处的构造配筋见图 8.15、图 8.16，条形基础底板板底不平时的配筋构造见图 8.17。

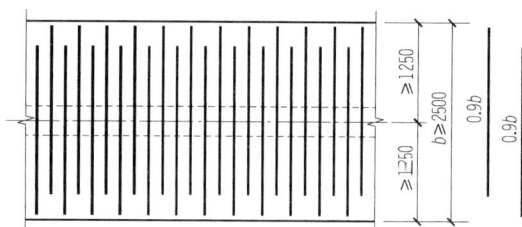

图 8.14 条形基础底板配筋长度减少构造

（底板交接处的受力钢筋和无交接底板时端部的第一根钢筋不应减短）

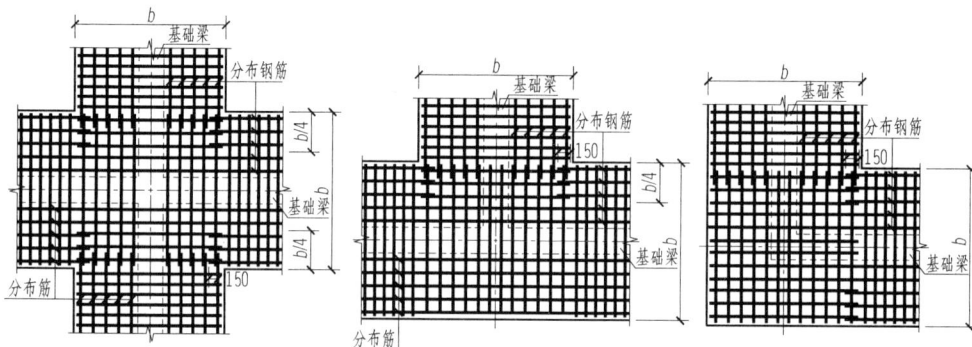

（a）十字交接基础底板，也可用于转角 （b）丁字交接基础底板 （c）转角梁板端部无纵向延伸
梁板端部均有纵向延伸的情况

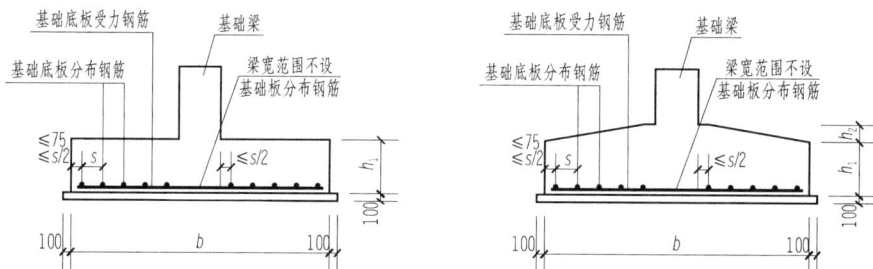

（d）阶梯形截面TJB_J （e）锥形截面TJB_z

图 8.15 条形基础底板配筋构造（一）

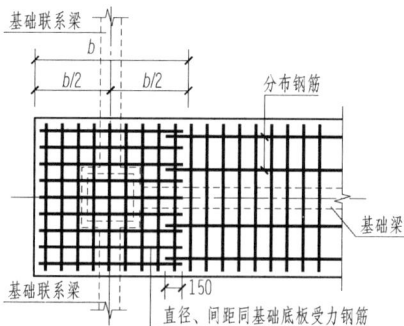

图 8.16 条形基础底板配筋构造（二）

基础底板分布钢筋

基础底板分布钢筋

放坡由设计人员
根据土质情况确定

l_a

l_a

l_a

≤500

垫层

h

≤500

l_a

100

基础底板受力钢筋

基础底板受力钢筋

100

基础底板受力钢筋

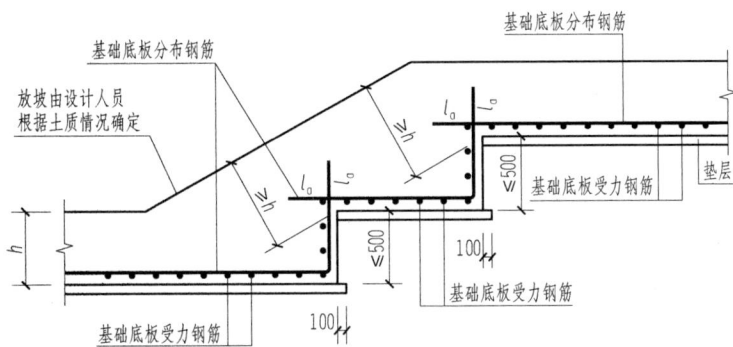

墙下条形基础底板板底不平构造(一)

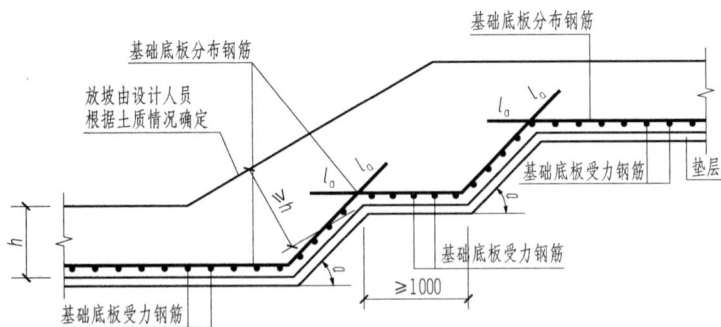

基础底板分布钢筋

基础底板分布钢筋

放坡由设计人员
根据土质情况确定

l_a

l_a

l_a

基础底板受力钢筋

垫层

h

基础底板受力钢筋

≥1000

基础底板受力钢筋

墙下条形基础底板板底不平构造(二)
(板底高差坡度 a 取45°或按设计)

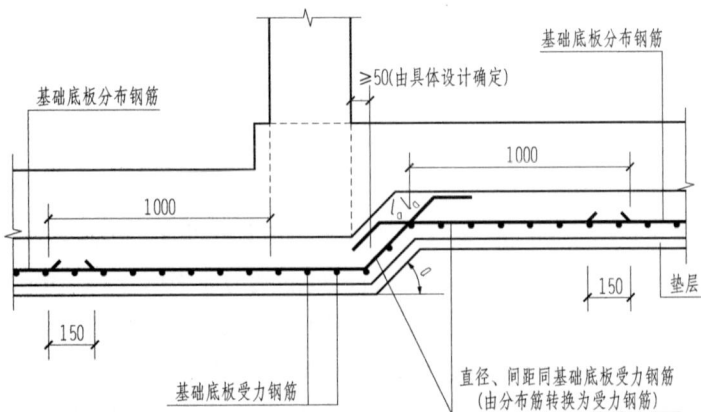

≥50(由具体设计确定)

基础底板分布钢筋

基础底板分布钢筋

1000

1000

l_a

150

垫层

150

基础底板受力钢筋

直径、间距同基础底板受力钢筋
(由分布筋转换为受力钢筋)

柱下条形基础底板板底不平构造
(板底高差坡度 a 取45°或按设计)

图8.17 条形基础底板板底不平时的配筋构造

配有基础梁的条形基础的钢筋混凝土底板在 T 形及十字形交接处，底板的横向受力钢筋仅沿一个主要受力方向通长布置，另一方向的横向受力钢筋可布置在主要受力方向底板宽度的 1/4 处，在拐角处的底板横向受力钢筋应沿两个受力方向布置，详见图 8.15 和图 8.16。注意，图 8.15 和图 8.16 中基础底板的分布钢筋在梁宽度范围内不设置，在两向受力钢筋交接处的网状部分，分布钢筋与同向受力钢筋的搭接长度是 150mm。

（3）条形基础基础梁的配筋构造

基础梁的纵向钢筋包括底部贯通纵筋、底部非贯通纵筋、顶部贯通纵筋、架立筋及侧面纵向钢筋等。基础梁的箍筋配置见图 8.18，基础梁纵向钢筋的连接区域、下部截断钢筋的截断位置和箍筋构造见图 8.19，基础梁底部不平时的构造处理见图 8.20，基础梁两边的高度和宽度不同时的配筋构造见图 8.21，基础梁端部与外伸部位的钢筋构造见图 8.22，梁侧面构造钢筋构造见图 8.23，基础梁在竖向有加腋时的钢筋构造见图 8.24，基础梁与柱结合部位的梁侧向加腋配筋构造见图 8.25，侧向加腋梁的梁柱相交位置的基础梁侧面纵向构造钢筋构造见图 8.26，基础主次梁相交处在主要的梁里面设置的附加箍筋或者反扣的吊筋构造见图 8.27。

图 8.18 为基础梁配置两种箍筋时的构造示意图，当具体设计未注明时，基础梁外伸部位以及基础梁端部节点按第一种箍筋设置。

图 8.19 为基础梁纵向钢筋的连接区域、下部截断钢筋的截断位置和箍筋构造示意图，识读时应注意：

1）跨度值为左跨和右跨的较大值。

2）节点区内箍筋按梁端箍筋设置。梁相互交叉宽度内的箍筋按截面高度较大的基础梁设置。同跨箍筋有两种时，各自设置范围按具体设计注写。

3）当两毗邻跨的底部贯通纵筋配置不同时，应将配置较大一跨的底部贯通纵筋越过其标注的跨数终点或起点，伸至配置较小的毗邻跨的跨中连接区进行连接。

4）当底部纵筋多于两排时，从第三排起非贯通纵筋向跨内的伸出长度值应由设计者注明。

5）基础梁相交处位于同一层面的交叉纵筋，其上下设置应按具体设计说明。

图 8.20 中显示基础梁底部不平时，在折角处的受力筋采用分离式布置，锚固长度为 l_a。从图 8.20 和图 8.21 中可以看出，梁顶部不平时，梁纵筋"能通则通"，锚固长度为 l_a，不能通过的高位梁中纵筋第一排弯折，末端距低位梁顶面 l_a。梁宽不同时，宽出部分纵筋直锚于柱内，长度 l_a，直锚长度不够时，伸至末端钢筋内侧弯折 15d。

图 8.22 中，端部等（变）截面外伸构造中，当从柱内边算起的梁端部外伸长度不满足直锚要求时，基础梁下部钢筋应伸至端部后弯折，且从柱内边算起水平长度 $\geq 0.6l_{ab}$，弯折段长度为 15d。

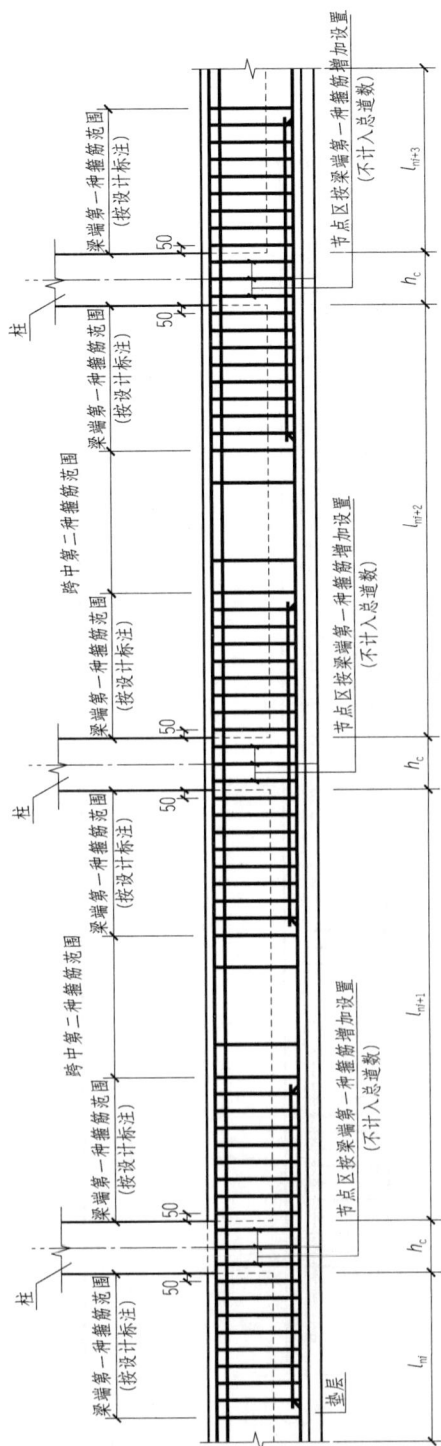

图 8.18　基础梁的箍筋配置构造示意图

基础梁儿配置两种箍筋构造

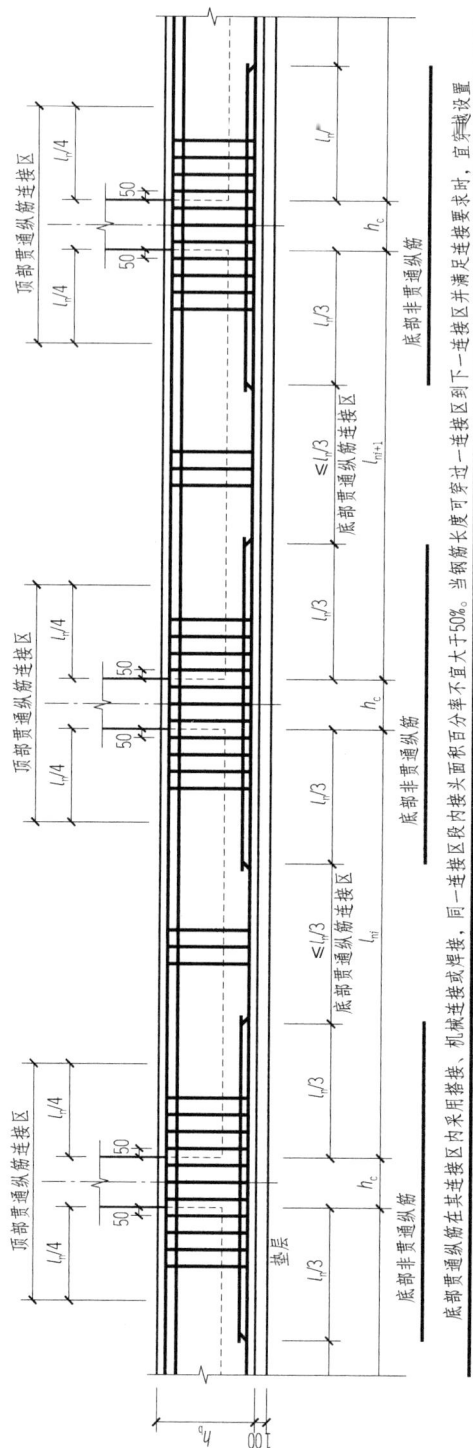

图 8.19 基础梁纵向钢筋的连接区域、下部截断钢筋的截断位置和箍筋构造示意图

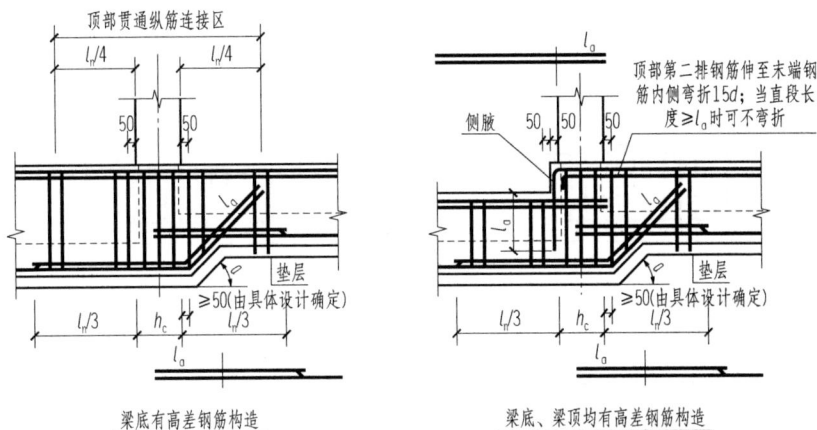

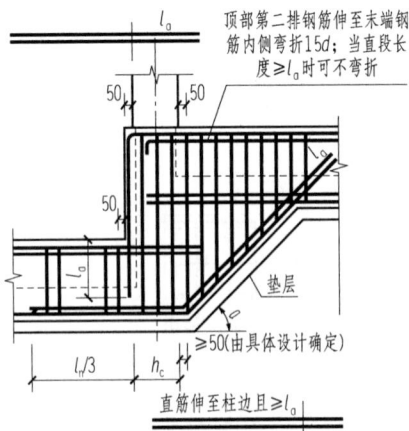

图 8.20　基础梁底部不平时的构造处理

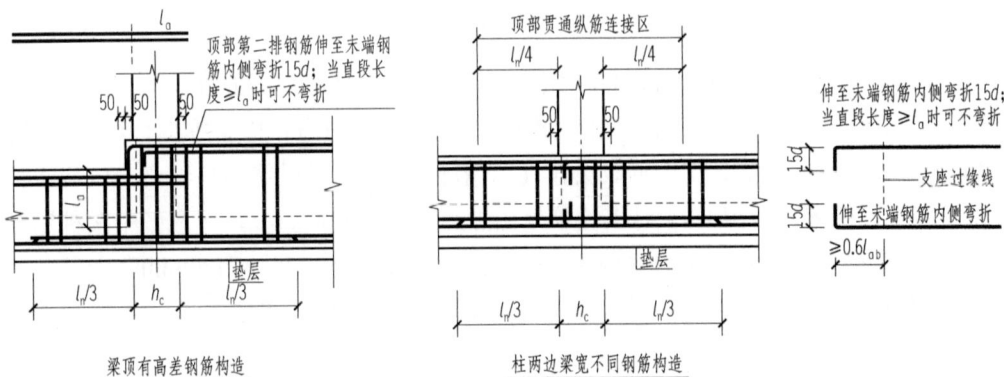

图 8.21　基础梁两边的高度和宽度不同时的配筋构造

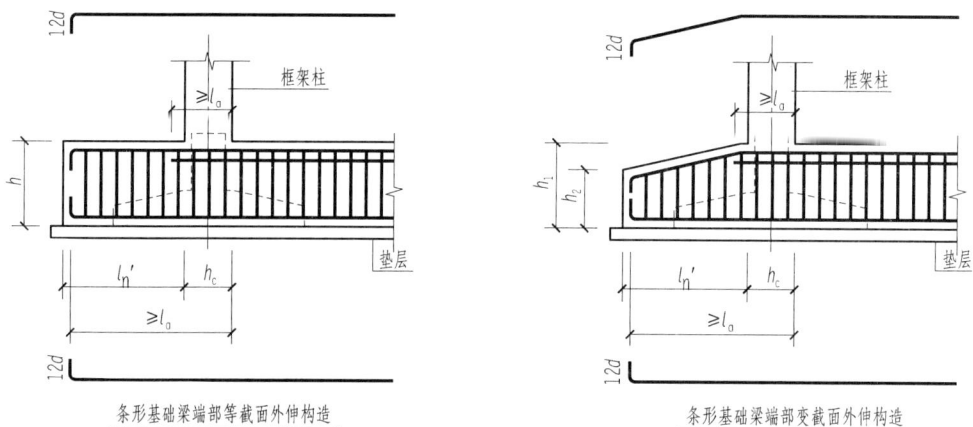

图 8.22　基础梁端部与外伸部位的钢筋构造

　　图 8.23 中，梁侧钢筋的拉筋直径除注明外均为 8mm，间距为箍筋间距的 2 倍。当设有多排拉筋时，上下两排拉筋竖向错开设置。基础梁侧面纵向构造钢筋的搭接长度为 15d。

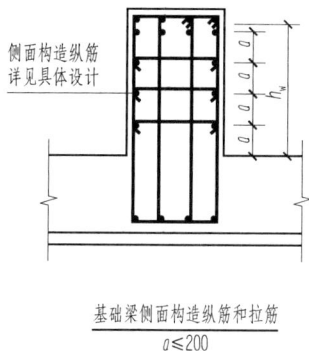

图 8.23　梁侧面构造钢筋

　　图 8.24 中，基础梁竖向加腋部位的钢筋见设计标注。加腋范围的箍筋与基础梁的箍筋配置相同，仅箍筋高度为变值。竖向加腋部位纵筋两端的锚固长度是 l_a，从梁上加腋处算起，除基础梁比柱宽且完全形成梁包柱的情况外，所有基础梁与柱结合部位均应按图 8.25 所示加侧腋。由图 8.25 看出侧腋处由加腋筋和分布筋组成，注意图中两种钢筋要求。各边侧腋边线与基础梁边线成 45° 角，距柱边最小宽出尺寸为 50mm。当柱与基础梁结合部位的梁顶面高度不同时，梁包柱侧腋顶面应与较高基础梁的梁顶面在同一平面上。

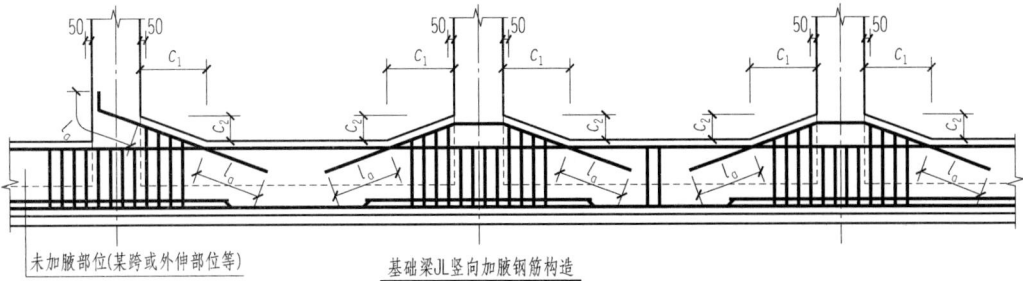

未加腋部位(某跨或外伸部位等)　　　　　基础梁JL竖向加腋钢筋构造

图 8.24　基础梁在竖向有加腋时的钢筋构造

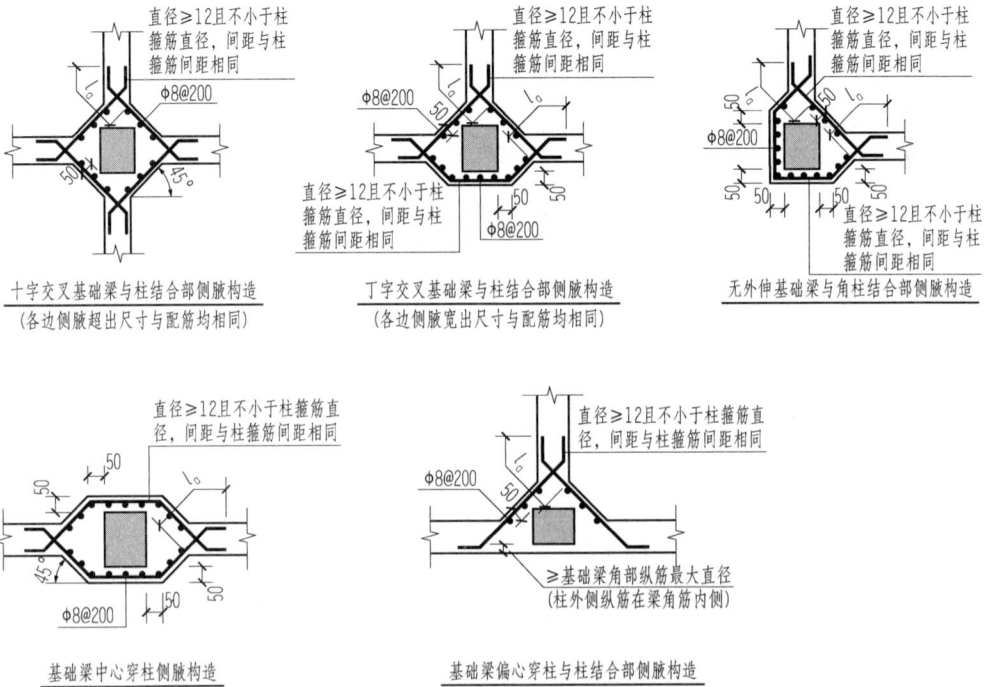

直径≥12且不小于柱箍筋直径，间距与柱箍筋间距相同　φ8@200

十字交叉基础梁与柱结合部侧腋构造
（各边侧腋超出尺寸与配筋均相同）

直径≥12且不小于柱箍筋直径，间距与柱箍筋间距相同　φ8@200

丁字交叉基础梁与柱结合部侧腋构造
（各边侧腋宽出尺寸与配筋均相同）

直径≥12且不小于柱箍筋直径，间距与柱箍筋间距相同　φ8@200

无外伸基础梁与角柱结合部侧腋构造

直径≥12且不小于柱箍筋直径，间距与柱箍筋间距相同　φ8@200

基础梁中心穿柱侧腋构造

直径≥12且不小于柱箍筋直径，间距与柱箍筋间距相同　φ8@200

≥基础梁角部纵筋最大直径
（柱外侧纵筋在梁角筋内侧）

基础梁偏心穿柱与柱结合部侧腋构造

图 8.25　基础梁与柱结合部位的梁侧向加腋配筋构造

基础梁侧面纵向构造钢筋的搭接长度是 $15d$，锚固长度是 $15d$，见图 8.26。图 8.26 中，对于十字相交的基础梁，当相交位置有柱时，侧面构造纵筋锚入梁包柱侧腋内 $15d$（见"图一"）；当无柱时侧面构造纵筋锚入交叉梁内 $15d$（见"图四"）；丁字相交的基础梁，当相交位置无柱时，横梁外侧的构造纵筋应贯通，横梁内侧的构造纵筋锚入交叉梁内 $15d$（见"图五"）。当基础梁侧面是受扭纵筋时，搭接长度是 l_l，锚固长度是 l_a，锚固方式同梁上部纵筋。

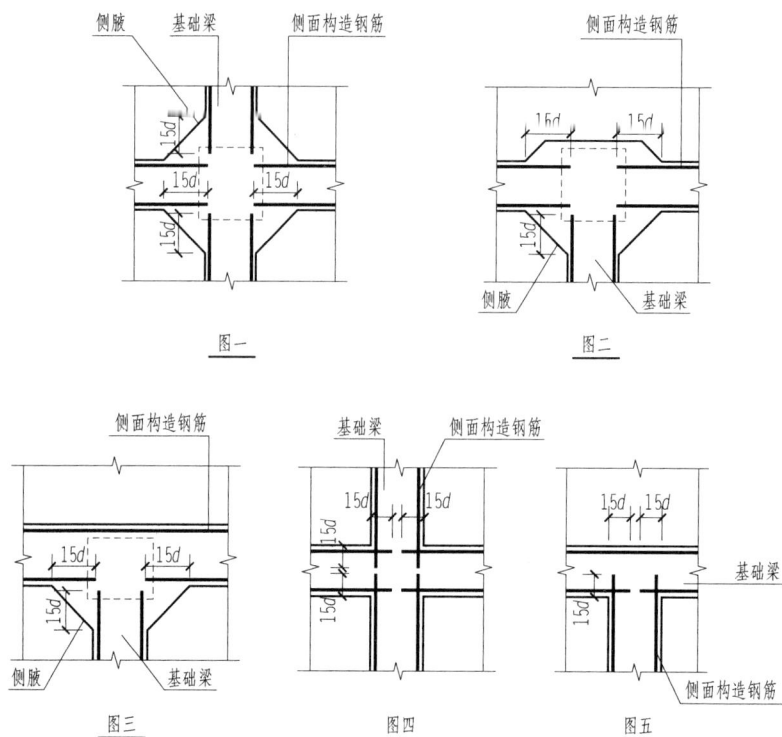

图 8.26　侧向加腋梁的梁柱相交位置的基础梁侧面纵向构造钢筋构造

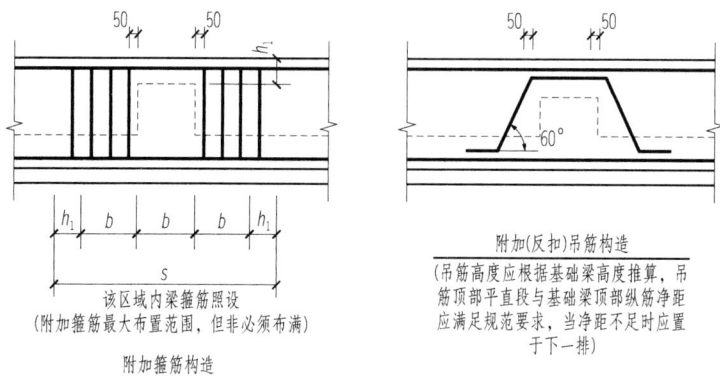

图 8.27　基础主次梁相交处在主要的梁里面设置的附加箍筋或者反扣的吊筋构造

关于基础次梁的配筋构造详见 22G101—3 图集，与主梁的配筋构造类似。

3. 桩基础

桩基础由桩柱和独立承台或者承台梁组成。独立承台有阶形和锥形两种形式，独立承台的配筋见图 8.28～图 8.30。图 8.28 是阶形和锥形承台配筋示意，从图中可以看出桩顶深入承台的嵌入长度和底板钢筋的锚固长度要求。图 8.29 和图 8.30 分别示意了等边三角形和等腰三角形承台的配筋。对于桩柱的嵌入长度，当桩直径或桩的截面边长小于 800mm 时取 50mm，否则取 100mm。桩基础底板钢筋的锚固长度都是从端部桩的内侧算起，方桩是不小于 $25d$，圆桩是不小于 $25d+0.1D$，当伸至端部的直段长度不小于 $35d$（方桩）或者 $35d+0.1D$（圆桩）时可不弯折。

图 8.31 是墙下单排桩基承台梁配筋构造示意图，图 8.32 是墙下双排桩基承台梁配筋构造示意图。

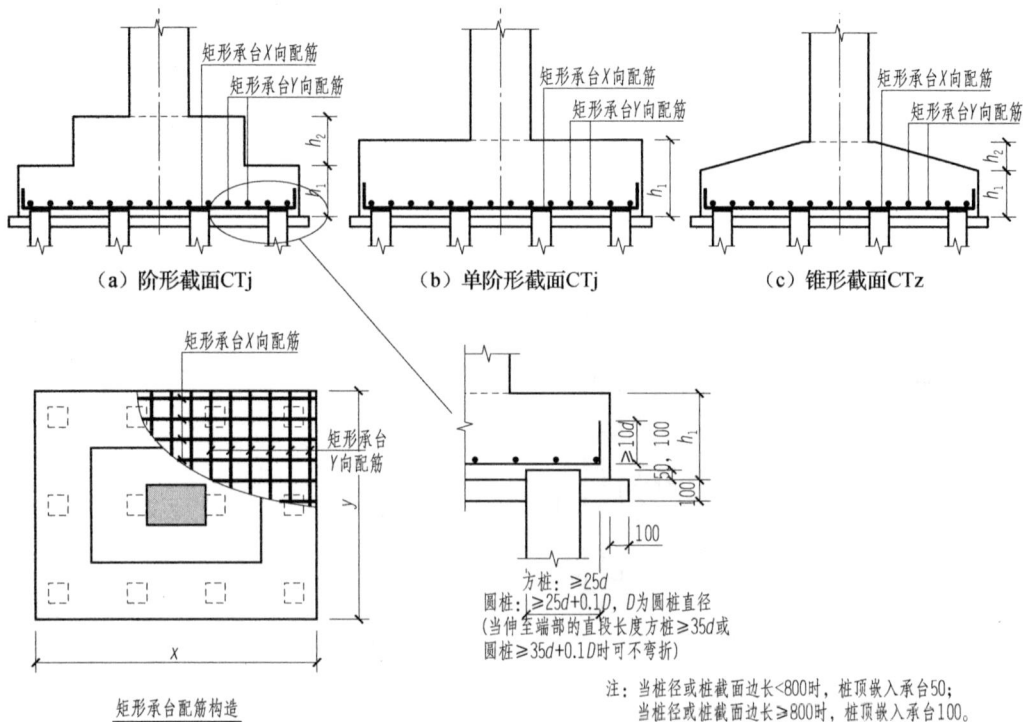

图 8.28　阶形和锥形承台配筋示意

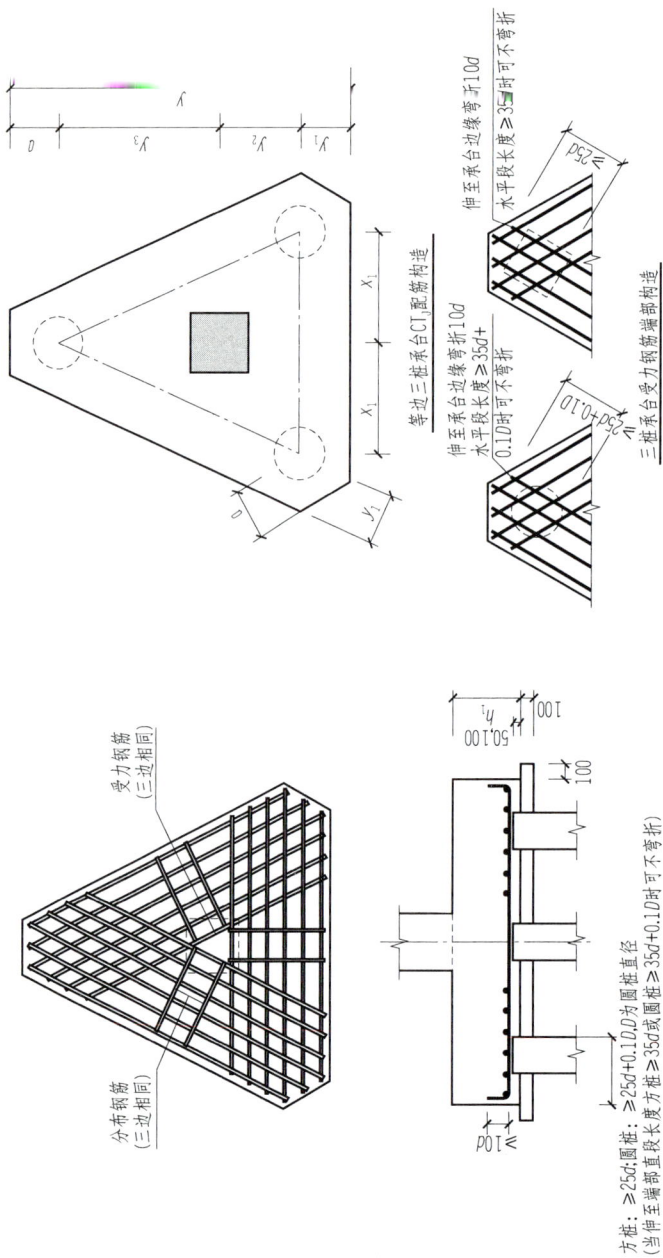

图 8.29 等边三角形承台的配筋示意

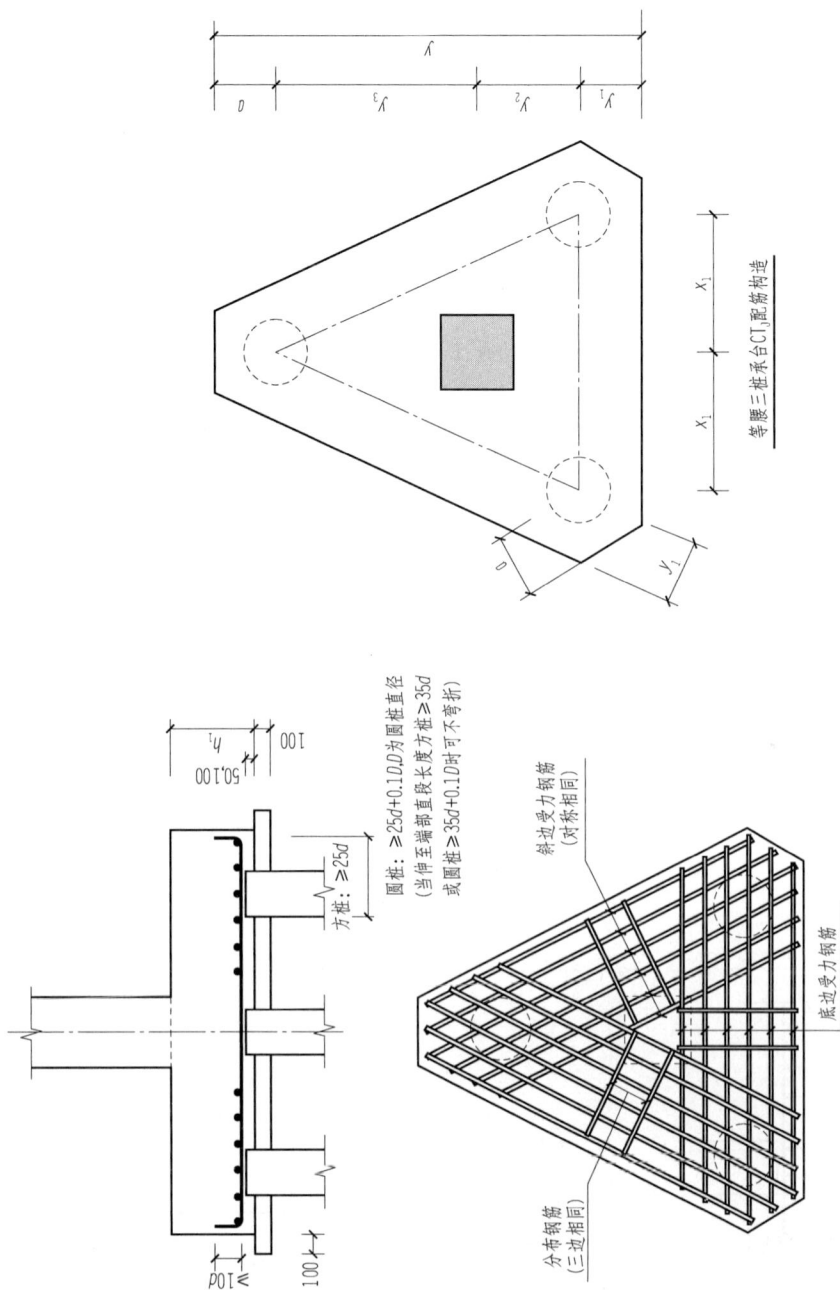

图 8.30　等腰三角形承台的配筋示意

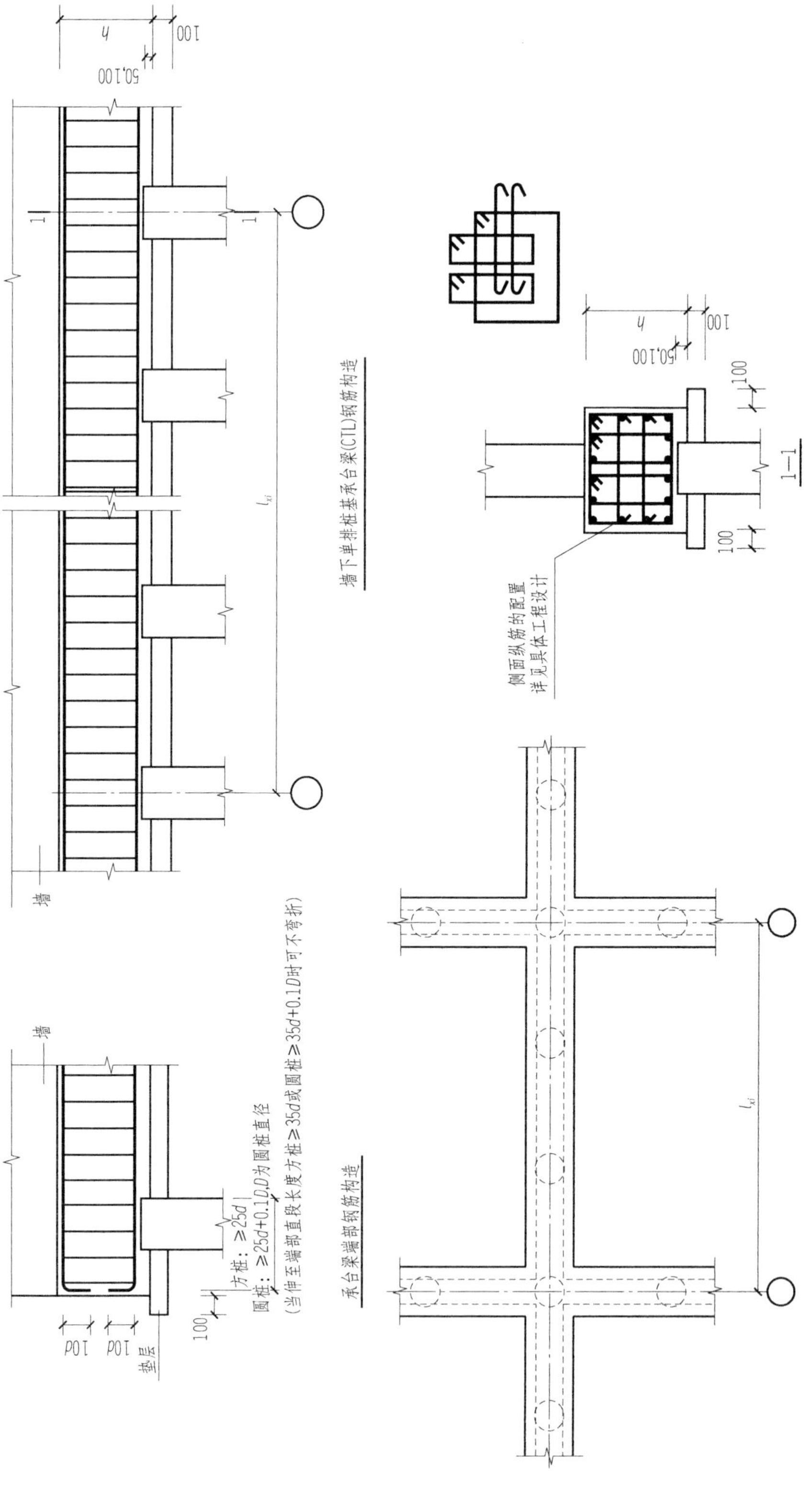
墙下单排桩基承台梁(CTL)钢筋构造
承台梁端部钢筋构造
1—1
侧面纵筋的配置
详见具体工程设计
方桩：≥25d
圆桩：≥25d+0.1D,D为圆桩直径
(当伸至端部直段长度方桩≥35d或圆桩≥35d+0.1D时可不弯折)
墙
垫层
10d
100
50,100
h
l_{xi}
1

图 8.31　墙下单排桩基承台梁配筋构造示意

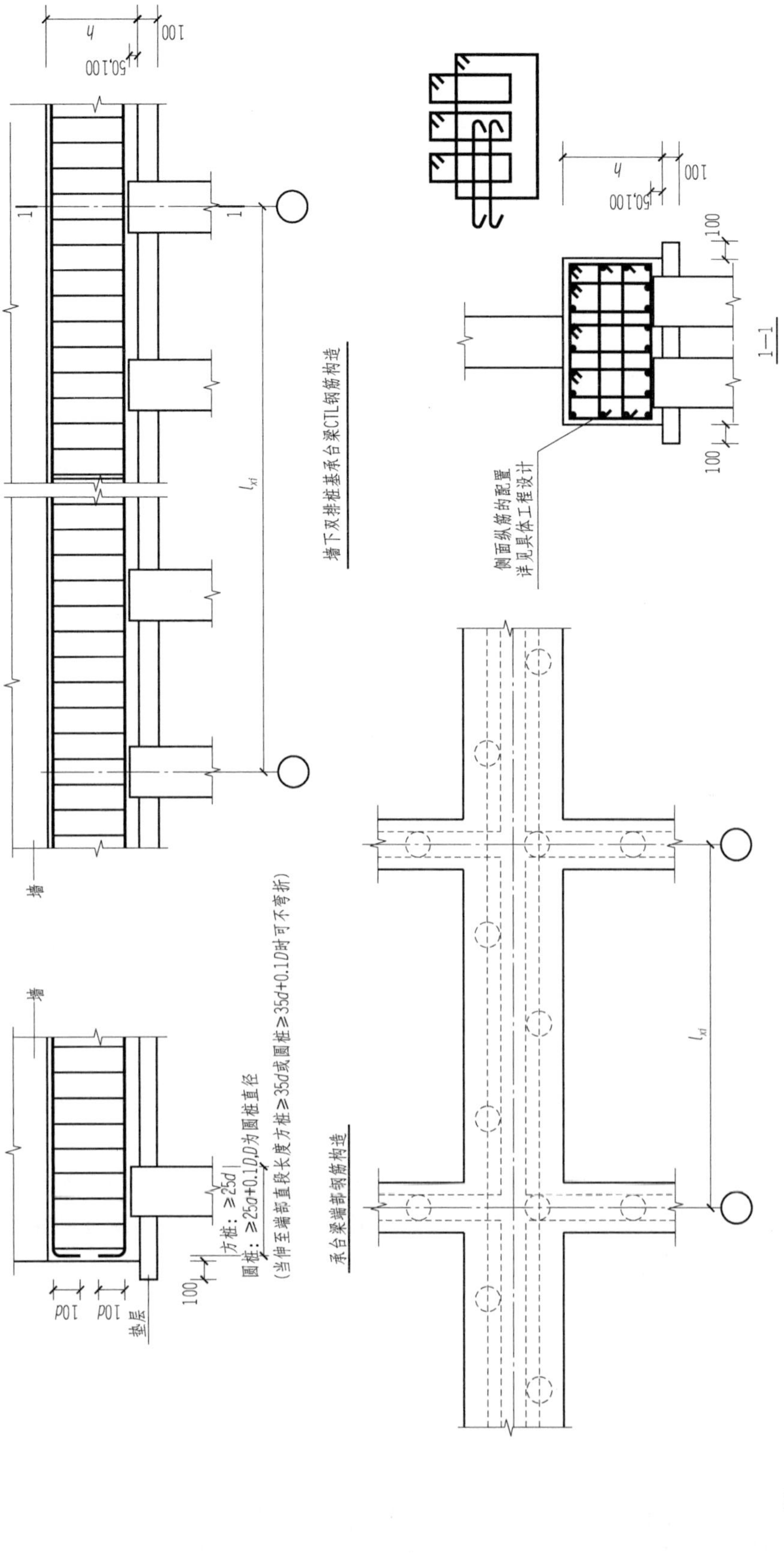
墙下双排桩基承台梁CTL钢筋构造
承台梁端部钢筋构造
墙
垫层
10d
10d
100
方桩：≥25d
圆桩：≥25d+0.1D,D为圆桩直径
(当伸至端部直段长度方桩≥35d或圆桩≥35d+0.1D时可不弯折)
h
50,100
100
1
1
l_xi
侧面纵筋的配置
详见具体工程设计
1—1

图 8.32　墙下双排桩基承台梁配筋构造示意

钢筋混凝土基础宜设置混凝土垫层，扩展基础、筏形基础、桩筏基础设置混凝土垫层时，其纵向受力钢筋的混凝土保护层厚度应从基础底面算起，且不小于40mm，当未设置混凝土垫层时，其纵向受力钢筋的混凝土保护层厚度不应小于70mm。

4. 纵向钢筋在基础中的构造

（1）柱中纵筋在基础中的锚固

柱中纵筋在基础中需要锚固，具体的锚固构造见图8.33。图中显示的 h_j 是柱中钢筋的锚固范围，h_j 是指从基础底面到基础顶面的距离，柱下有基础梁时，是从梁底面到最低的基础梁顶面的高度。

柱中纵筋在基础中的保护层厚度有可能不一致，如纵筋部分位于梁中，部分位于板内。一般情况下，柱中所有纵筋都应锚入基础中并伸至基础板底板，所有纵筋支承在底板钢筋网上，所有纵筋的锚固长度大于 l_{aE}，所有纵筋末端向外侧弯折［端头都是弯向内侧，见图8.33（b）、（d）］，弯折长度为 $6d$ 且不小于150mm，见图8.33（a）、（b）；如果直锚长度不满足，柱中所有纵筋都应锚入基础中并伸至基础板底板，支承在底板钢筋网上，所有纵筋末端弯折，弯折长度为 $15d$。当柱纵筋在基础中保护层厚度不一致（如纵筋部分位于梁中，部分位于板内），柱中纵筋的保护层厚度小于或等于 $5d$ 的部分应设置锚固区横向钢筋，锚固区横向箍筋应满足直径不小于柱中纵筋最大直径的 1/4，间距不大于柱中纵筋最小直径的 5 倍且不大于 100mm。

仅柱中四角纵筋伸至基础底板钢筋网上或者筏形基础中间层的钢筋网上（伸至钢筋网上的柱纵筋间距不应大于 1000mm），其余纵筋锚固在基础顶面下 l_{aE} 即可，这种构造做法需要满足下列条件之一。

1）柱为轴心受压或小偏心受压，基础高度（或基础顶面至中间层钢筋网顶面距离）不小于 1200mm。

2）柱为大偏心受压，基础高度（或基础顶面至中间层钢筋网顶面距离）不小于1400mm。

柱中箍筋，在基础上的第一道箍筋距离基础顶面 50mm。柱中纵筋在基础中的锚固范围内的自上而下的第一道箍筋距离基础顶面 100mm，锚固范围内箍筋间距不大于500mm，至少设置两道箍筋。

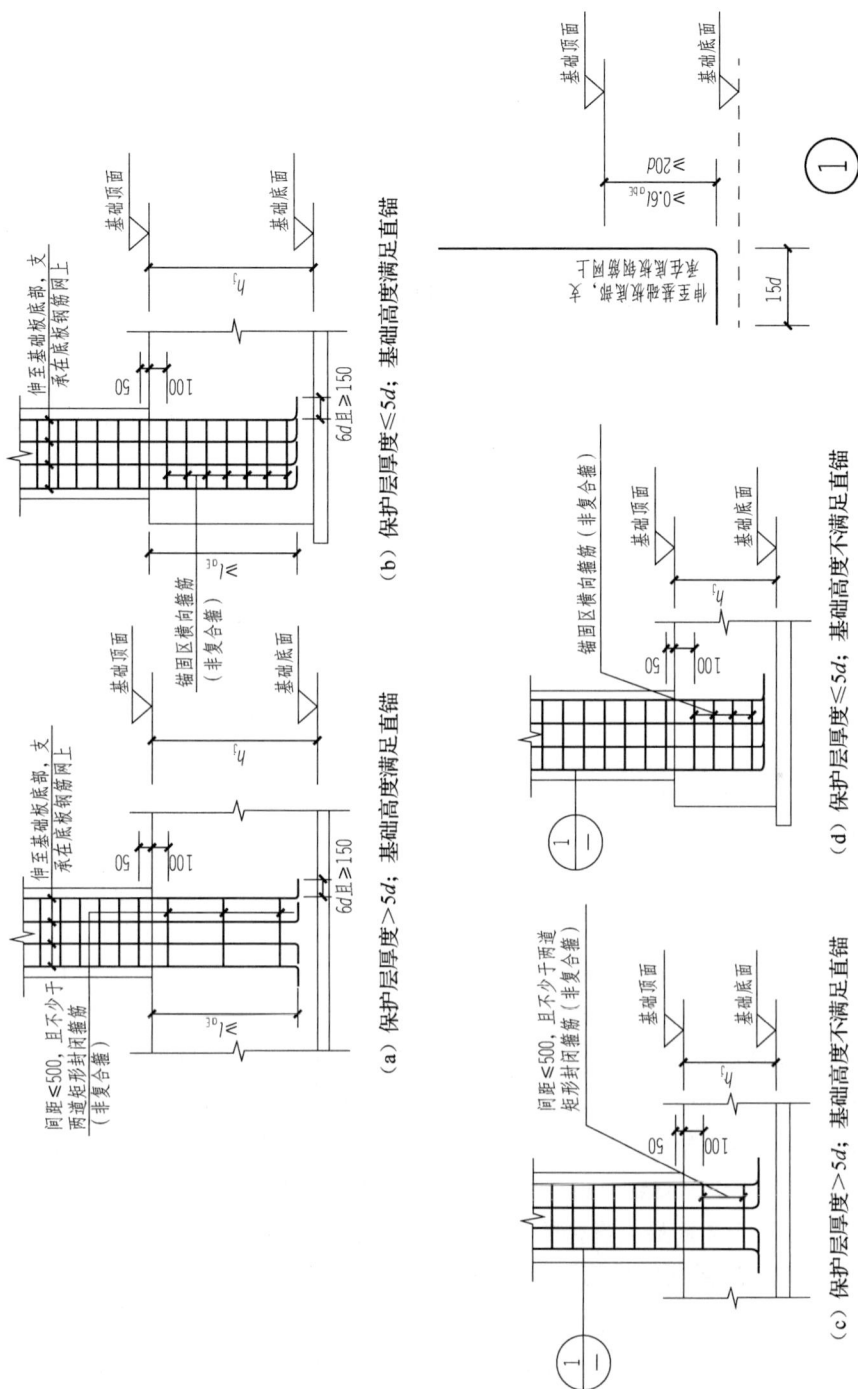

（a）保护层厚度＞5d；基础高度满足直锚

（b）保护层厚度≤5d；基础高度满足直锚

（c）保护层厚度＞5d；基础高度不满足直锚

（d）保护层厚度≤5d；基础高度不满足直锚

图 8.33　柱纵筋在基础中的锚固构造

（2）墙中竖向分布钢筋在基础中的锚固

剪力墙中的竖向分布钢筋在基础中的锚固范围 h_j 同图 8.33 中的含义。剪力墙竖向分布钢筋保护层厚度大于 $5d$ 时，剪力墙中纵筋锚入基础中直锚长度足够大于 l_{aE} 的情况下，每隔 2 根竖向钢筋有一根伸全基础板底部并支承在底板钢筋网上（也可支承在筏形基础的中间层钢筋网片上），伸至基础底板的竖向钢筋末端向外侧弯折，弯折长度为 $6d$ 且不小于 150mm，见图 8.34 中的 1—1；如果直锚长度不满足，墙中所有竖向钢筋都应锚入基础中并伸至基础板底板，支承在底板钢筋网上，所有纵筋末端弯折，弯折长度为 $15d$，见图 8.34 中的 1a—1a 和详图①。d 是竖向分布筋直径。

当墙中竖向钢筋的保护层厚度小于或等于 $5d$ 时，满足直锚要求的情况下，所有竖向钢筋锚固至基础板底板并支承在底板钢筋网上，伸至基础底板钢筋的竖向钢筋末端向外侧弯折，弯折长度为 $6d$ 且不小于 150mm，见图 8.34 中的 2—2；如果直锚长度不满足，墙中所有竖向钢筋都应锚入基础中并伸至基础板底板，支承在底板钢筋网上，所有纵筋末端弯折，弯折长度为 $15d$，见图 8.34 中的 2a—2a 和详图①。d 是竖向分布筋直径。

当墙身竖向钢筋与基础底部钢筋有搭接时，搭接长度见图 8.34（c）。

当墙中竖向钢筋的保护层厚度在基础部分锚固范围内小于或等于 $5d$ 时，该部分应设置锚固区横向钢筋，锚固区横向箍筋应满足直径不小于墙中竖向钢筋最大直径的 1/4，间距不大于柱中纵筋最小直径的 10 倍且不大于 100mm，见图 8.34 中的 2—2、2a—2a。

剪力墙中的边缘构件中的纵筋与柱纵筋在基础中的锚固基本相同，不同的是剪力墙边缘构件中的是纵向钢筋保护层厚度大于 $5d$ 且钢筋满足直锚要求，只将角筋伸至基础底板钢筋网上（也可支承在筏形基础的中间层钢筋网片上）。

5. 基础联系梁

柱下条形基础和筏板形基础中的基础梁和柱下独立基础中的埋入地下的基础梁受力不同，前者是基础梁的底面与地基土层接触，在向上的地基净反力作用下，其受力和配筋与倒放的框架梁类似；后者因为梁底部与基础底部不平，也可以是连接柱下独立基础之外的条形基础和桩基础承台的梁。

图 8.35 显示的是后者的基础联系梁与基础以及柱的连接构造。基础联系梁中纵筋伸入基础中锚固，锚固长度为 l_a 或 l_{aE}，见图 8.35 基础联系梁配筋构造（一）。基础联系梁中纵筋伸至基础顶面柱中锚固时，锚固长度为 l_a 或 l_{aE}，且伸过柱中心线长度不小于 $5d$，d 为梁纵筋直径，若不满足直锚要求，则选择弯锚，见图 8.35 构造（二）。锚固区横向钢筋应满足直径不小于插筋最大直径的 1/4，间距不大于 5 倍插筋最小直径，且不小于 100mm 的要求。基础联系梁中的第一道箍筋距离柱边缘 50mm。

图 8.36 显示搁置在基础上的非框架梁构造，梁中上下纵筋伸入基础顶面范围中直锚，纵筋锚固长度是 l_a。梁上部纵筋保护层厚度不大于 $5d$ 时，锚固长度范围内应设置横向钢筋。

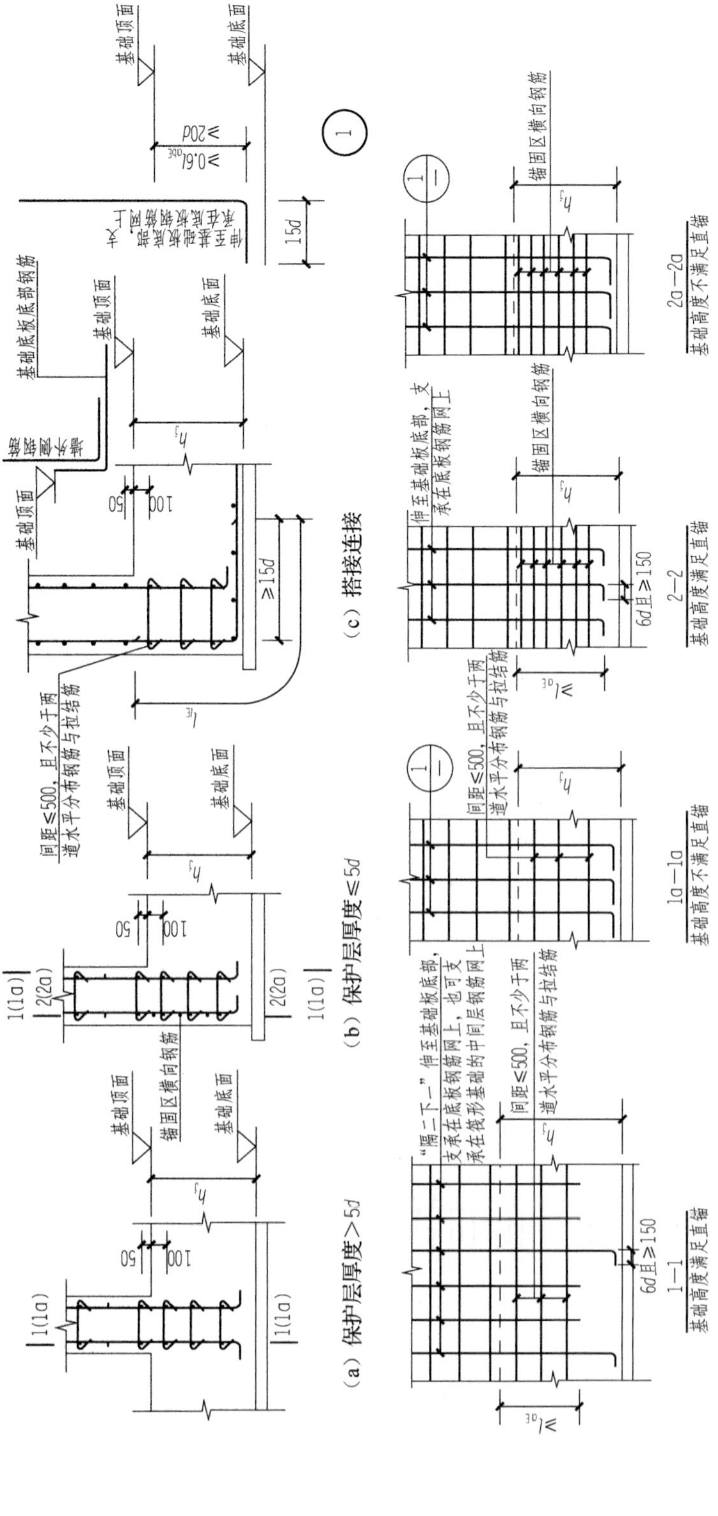

图 8.34　墙身竖向分布钢筋在基础中的构造

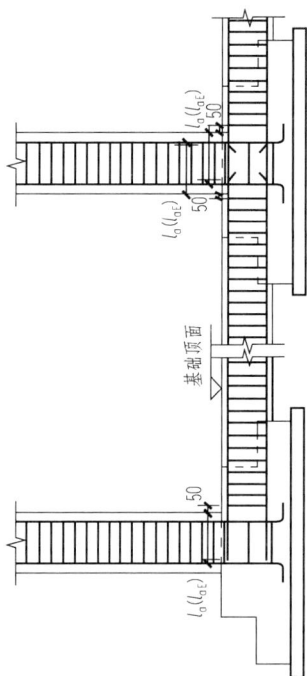

基础联系梁配筋构造（一）

基础联系梁配筋构造（二）

图 8.35 基础联系梁配筋构造

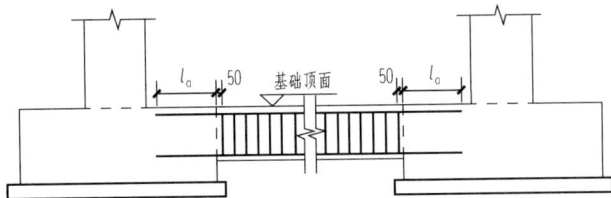

搁置在基础上的非框架梁构造

不作为基础联系梁；梁上部纵筋保护层厚度≤5d时，
锚固长度范围内应设横向钢筋

图 8.36　搁置在基础上的非框架梁构造

任务 8.3　掌握平面整体表达法基础施工图的识读

8.3.1　独立基础施工图的识读

1. 独立基础平法施工图的表示方法

先绘制基础平面图，将所有基础进行编号，编号相同且定位尺寸相同的基础，可仅选择一个进行标注。

绘制独立基础平面布置图时，将独立基础平面与基础所支承的柱一起绘制。设置基础联系梁时，可根据图面的疏密情况将基础联系梁与基础平面布置图一起绘制，或将基础联系梁布置图单独绘制。在独立基础平面布置图上标注基础定位尺寸；当独立基础的柱中心线与建筑轴线不重合时，应标注其定位尺寸。

独立基础平法施工图有平面注写、截面注写和列表法三种表达方式，设计者可根据具体工程情况选择一种，或两种方式相结合进行独立基础的施工图设计。

2. 独立基础的平面注写方式

独立基础的平面注写方式，是在基础平面图上分别引注集中标注和原位标注两部分内容。普通独立基础的集中标注形式见表 8.1。

表 8.1　普通独立基础的集中标注形式

集中标注内容	基础编号	基础竖向尺寸	基础配筋	基础底面标高	文字注解
各种情况说明	DJj×× DJz×× BJj×× BJz××	1）自下而上为 h_1, h_2, ⋯, h_i 2）杯口基础的杯口内尺寸用 a_0/a_1 表示杯口深度和杯底壁的厚度	1）底板配筋情况，如 B：X，Y；B：X&Y 2）杯口各边钢筋以 Sn 打头表示 3）杯口基础短柱配筋以 O 打头表示 4）普通独立基础短柱配筋以 DZ 打头	选注内容，与基础底面基准标高不同时标注	选注内容，必要时标注

素混凝土普通独立基础的集中标注，除无基础配筋内容外均与钢筋混凝土普通独立基础相同。

独立基础集中标注的具体内容，规定如下。

（1）注写独立基础编号（必注内容）

独立基础底板的截面形状通常有两种，即阶形和锥形，见表8.2。

表8.2　独立基础底板的截面形状

类型	基础底板截面形状	代号	序号
普通独立基础	阶形	DJj	××
	锥形	DJz	××
杯口独立基础	阶形	BJj	××
	锥形	BJz	××

（2）注写独立基础截面竖向尺寸（必注内容）

对于普通独立基础，注写竖向尺寸的顺序是由下到上依次标注各阶尺寸，各阶尺寸自下而上用"/"分隔顺写，如 $h_1/h_2/\cdots\cdots$，当基础为单阶时，其竖向尺寸仅为一个，且为基础总厚度，如图8.37～图8.39所示。

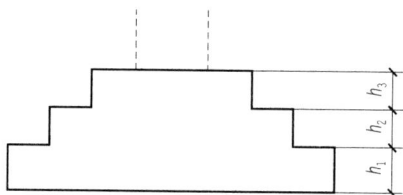

图8.37　阶形截面普通独立基础竖向尺寸

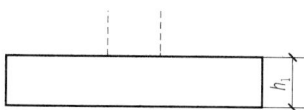

图8.38　单阶普通独立基础竖向尺寸

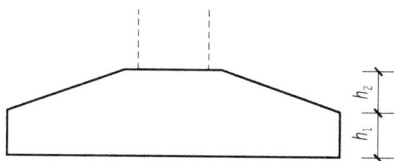

图8.39　锥形截面普通独立基础竖向尺寸

【例8.3】　当阶形截面普通独立基础 DJj×× 的竖向尺寸注写为 400/300/300 时，该基础的竖向尺寸如何识读？

【解】　当阶形截面普通独立基础 DJj×× 的竖向尺寸注写为 400/300/300 时，表示 $h_1=400mm$、$h_2=300mm$、$h_3=300mm$，基础底板总厚度为1000mm。

【例8.4】　当锥形截面普通独立基础 DJz×× 的竖向尺寸注写为 350/300 时，该基础的竖向尺寸如何识读？

【解】　当锥形截面普通独立基础 DJz×× 的竖向尺寸注写为 350/300 时，表示 $h_1=350mm$、$h_2=300mm$，基础底板总厚度为650mm。

（3）注写独立基础配筋（必注内容）

1）注写独立基础底板配筋。普通独立基础的底部双向配筋注写规定如下：以 B 代表各种独立基础底板的底部配筋。X 向配筋以 X 打头注写，Y 向配筋以 Y 打头注写；当两向配筋相同时，则以 X&Y 打头注写。X 向、Y 向的方向规定与楼板配筋表示的坐标方向相同。

阅读资料

为方便设计表达和施工图识图，规定结构平面的坐标方向当两向轴网正交布置时，图面从左到右为 X 向，从下至上为 Y 向；当轴网在某位置转向时，局部坐标方向顺轴网的转向角度做相应转动，转动后的坐标应加图示。

【例 8.5】 当独立基础底板配筋标注为 B：XΦ16@150，YΦ16@200，如何识读？

【解】 表示基础底板底部配置 HRB400 钢筋，X 向直径为 16mm，分布间距为 150mm；Y 向直径为 16mm，分布间距为 200mm。

2）注写普通独立深基础短柱的竖向尺寸及配筋。当独立基础埋深较大而设置短柱时，短柱配筋应注写在独立基础中。具体注写规定如下：以 DZ 代表普通独立深基础短柱。先注写短柱纵筋，再注写箍筋，最后注写短柱标高范围。钢筋注写顺序为：角筋/X 边中部筋/Y 边中部筋，箍筋，短柱标高范围。

【例 8.6】 当短柱配筋标注为 DZ：4Φ20/5Φ18/5 Φ18，Φ10@100，-2.500～-0.050，如何识读？

【解】 表示独立基础的短柱设置在-2.500～-0.050 高度范围内，配置 HRB400 竖向钢筋和 HPB300 箍筋。短柱竖向钢筋为：4Φ20 角筋、5Φ18X 边中部筋和 5Φ18Y 边中部筋；其箍筋直径为 Φ10，间距为 100mm，如图 8.40 所示。

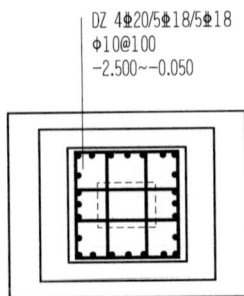

图 8.40 独立基础短柱配筋

（4）注写基础底面标高（选注内容）

当独立基础的底面标高与基础底面基准标高不同时，应将独立基础底面标高直接注写在"（）"内。

◆ 阅读资料

当具体工程的全部基础底面标高相同时，基础底面基准标高即为基础底面标高。当基础底面标高不同时，应取多数相同的底面标高为基础底面基准标高；对其他少数不同标高应标明范围并注明标高。

（5）必要的文字注解（选注内容）

当独立基础的设计有特殊要求时，宜增加必要的文字注解。例如，基础底板配筋长度是否采用减短方式等，可在该项内注明。

◆ 阅读资料

钢筋混凝土和素混凝土独立基础的原位标注，是在基础平面布置图上标注独立基础的平面尺寸。对相同编号的基础，可选择一个进行原位标注；当平面图形较小时，可将所选定的进行原位标注的基础按比例适当放大；其他相同编号的仅注编号。

普通独立基础原位标注的具体内容主要是原位标注尺寸，规定如下：原位标注普通独立基础底板两向边长 x、y；各阶的宽度或锥形平面尺寸 x_i、y_i（i=1，2，3···）。当设置短柱时，还应标注短柱的截面尺寸。对称阶形截面普通独立基础的原位标注见图 8.41；非对称阶形截面普通独立基础的原位标注见图 8.42；设置短柱独立基础的原位标注见图 8.43；对称锥形截面普通独立基础的原位标注见图 8.44；非对称锥形截面普通独立基础的原位标注见图 8.45；普通独立基础的平面注写方式示意见图 8.46；有短柱时可以集中标注出短柱配筋，有短柱的普通独立基础的平面注写方式示意见图 8.47。

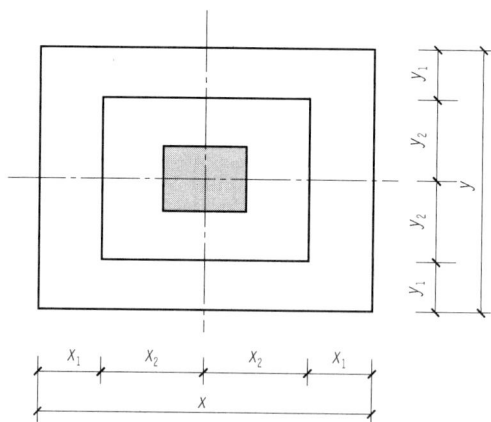

图 8.41　对称阶形截面普通独立基础的原位标注

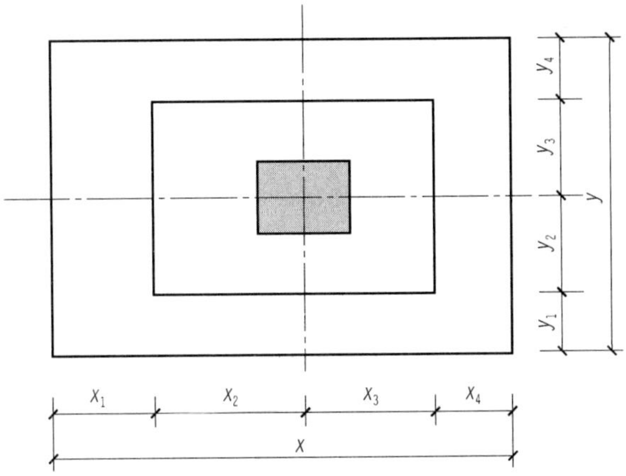

图 8.42　非对称阶形截面普通独立基础的原位标注

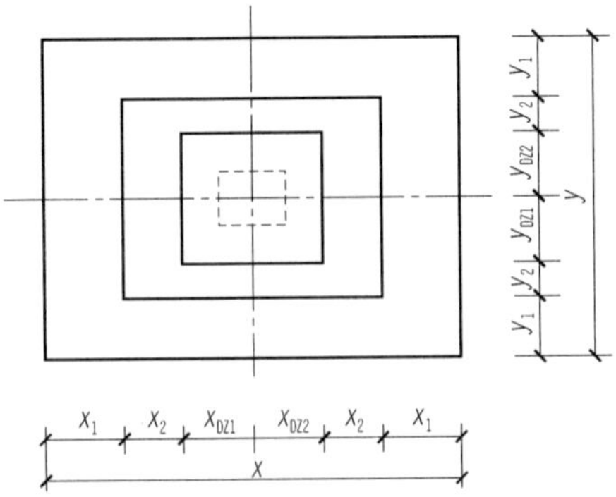

图 8.43　设置短柱独立基础的原位标注

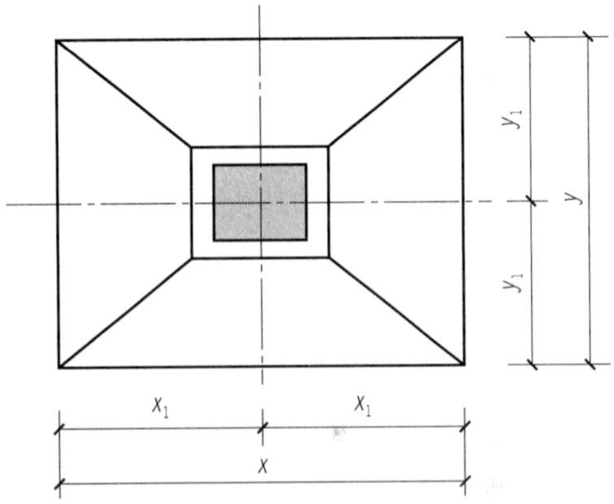

图 8.44　对称锥形截面普通独立基础的原位标注

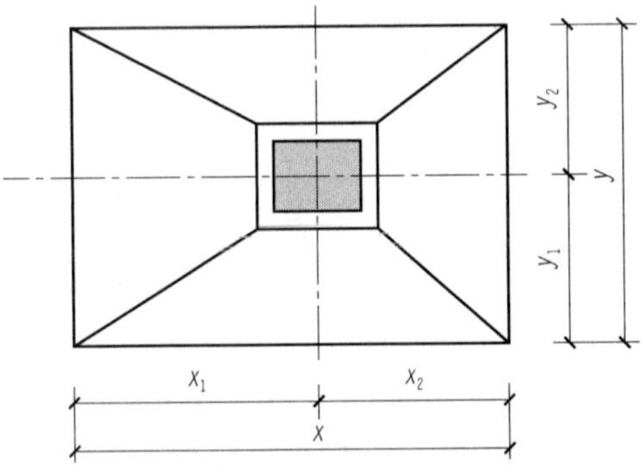

图 8.45　非对称锥形截面普通独立基础的原位标注

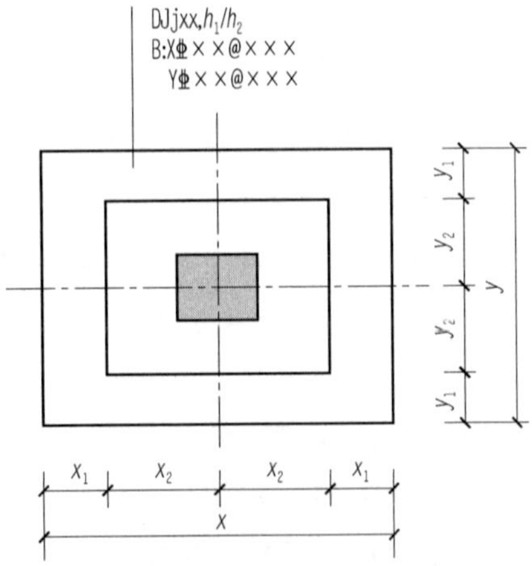

图 8.46　普通独立基础的平面注写方式示意

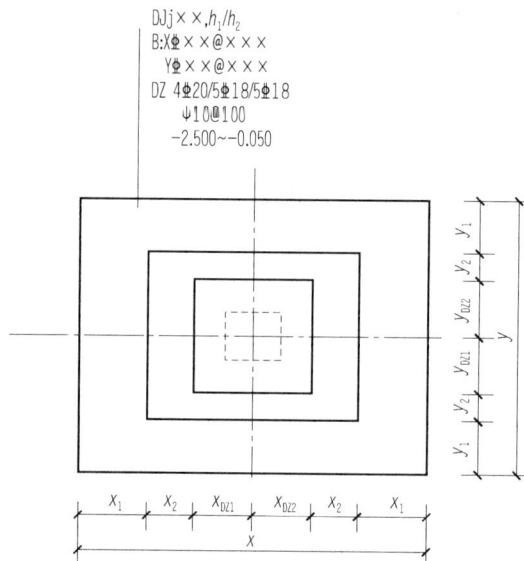

图 8.47 有短柱的普通独立基础的平面注写方式示意

基础底板顶部有配筋时可以采用集中标注的形式标注出钢筋，具体见下方阅读资料。

◆ 阅读资料

　　独立基础通常为单柱独立基础，也可为多柱独立基础（双柱或四柱等）。多柱独立基础的编号、几何尺寸和配筋的标注方法与单柱独立基础相同。

　　当为双柱独立基础且柱距较小时，通常仅配置基础底部钢筋；当柱距较大时，除基础底部配筋外，还需要在两柱间配置基础顶部钢筋或同时设置基础梁；当为四柱独立基础时，通常可设置两道平行的基础梁，需要时可在两道基础梁之间配置基础顶部钢筋。

　　多柱独立基础顶部配筋和基础梁的注写方法规定如下。

　　1）注写双柱独立基础的底板顶部配筋。双柱独立基础的顶部配筋如图 8.6 所示，以 "T" 打头，注写为：双柱间纵向受力钢筋/分布钢筋。当纵向受力钢筋在基础底板顶面非满布时，应注明其总根数。

　　【例 8.7】 双柱独立基础顶部注写 T：11 Φ18@100/ϕ10@200，如何识读？

　　【解】 表示独立基础顶部配置纵向受力钢筋 HRB400，直径为 18，设置 11 根，间距 100mm；分布钢筋为 HPB300，直径为 ϕ10，分布间距为 200mm，如图 8.48

所示。其中，分布钢筋放置在受力钢筋之下。

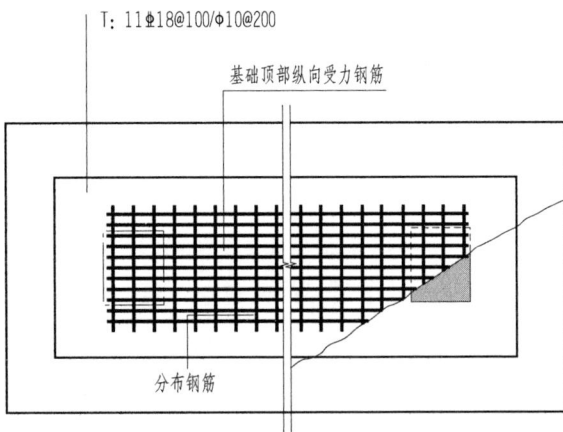

图 8.48　双柱独立基础顶部配筋示意

2）注写双柱独立基础的基础梁配筋。当双柱独立基础为基础底板与基础梁相结合时，注写基础梁的编号、几何尺寸和配筋。基础梁的注写规定与条形基础的基础梁注写规定相同。

通常情况下，双柱独立基础宜采用端部有外伸的基础梁，基础底板则采用受力明确、构造简单的单向受力配筋与分布钢筋。基础梁宽度宜比柱截面宽出不小于 100mm（每边不小于 50mm），如图 8.49 所示。

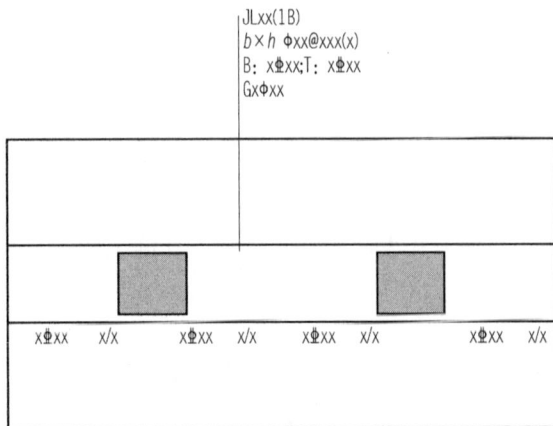

图 8.49　双柱独立基础的基础梁配筋注写示意

3）注写双柱独立基础的底板配筋。双柱独立基础底板配筋的注写，可以按条形基础底板的注写规定（详见条形基础的相关内容），也可以按独立基础底板的注写规定。

4）注写配置有两道基础梁的四柱独立基础的底板顶部配筋。当四柱独立基础已设置两道平行的基础梁时，根据内力需要可在双梁之间及梁的长度范围内配置基础顶部钢筋，注写为：梁间受力钢筋/分布钢筋。

【例8.8】 四柱独立基础顶部注写 T：$\Phi16@120/\phi10@200$，如何识读？

【解】 表示在四柱独立基础顶部的两道基础梁之间配置受力钢筋 HRB400，直径为 16，间距为 120mm；分布钢筋为 HPB300，直径为 $\phi10$，分布间距为 200mm，如图 8.50 所示。从图 8.50 中可以看出，受力筋和分布筋方向与双柱基础顶部配筋不同。

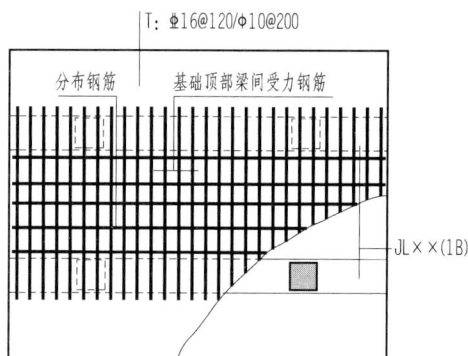

图 8.50　四柱独立基础底板顶部的基础梁间配筋注写示意

平行设置两道基础梁的四柱独立基础底板配筋，也可按双梁条形基础底板配筋的注写规定。

图 8.51 是采用平面注写方式表达的独立基础设计施工图。

3. 独立基础的截面注写和列表注写方式

采用截面注写方式时，应在基础平面布置图上对所有基础进行编号，标注独立基础的平面尺寸，并用剖面号引出对应的截面图。在相同编号的基础中选择其中的一个进行标注。对于已在基础平面布置图上原位标注清楚的该基础的平面几何尺寸，在截面图上可不再重复表达，具体表达内容可参照 22G101—3 图集中相应的标准构造。

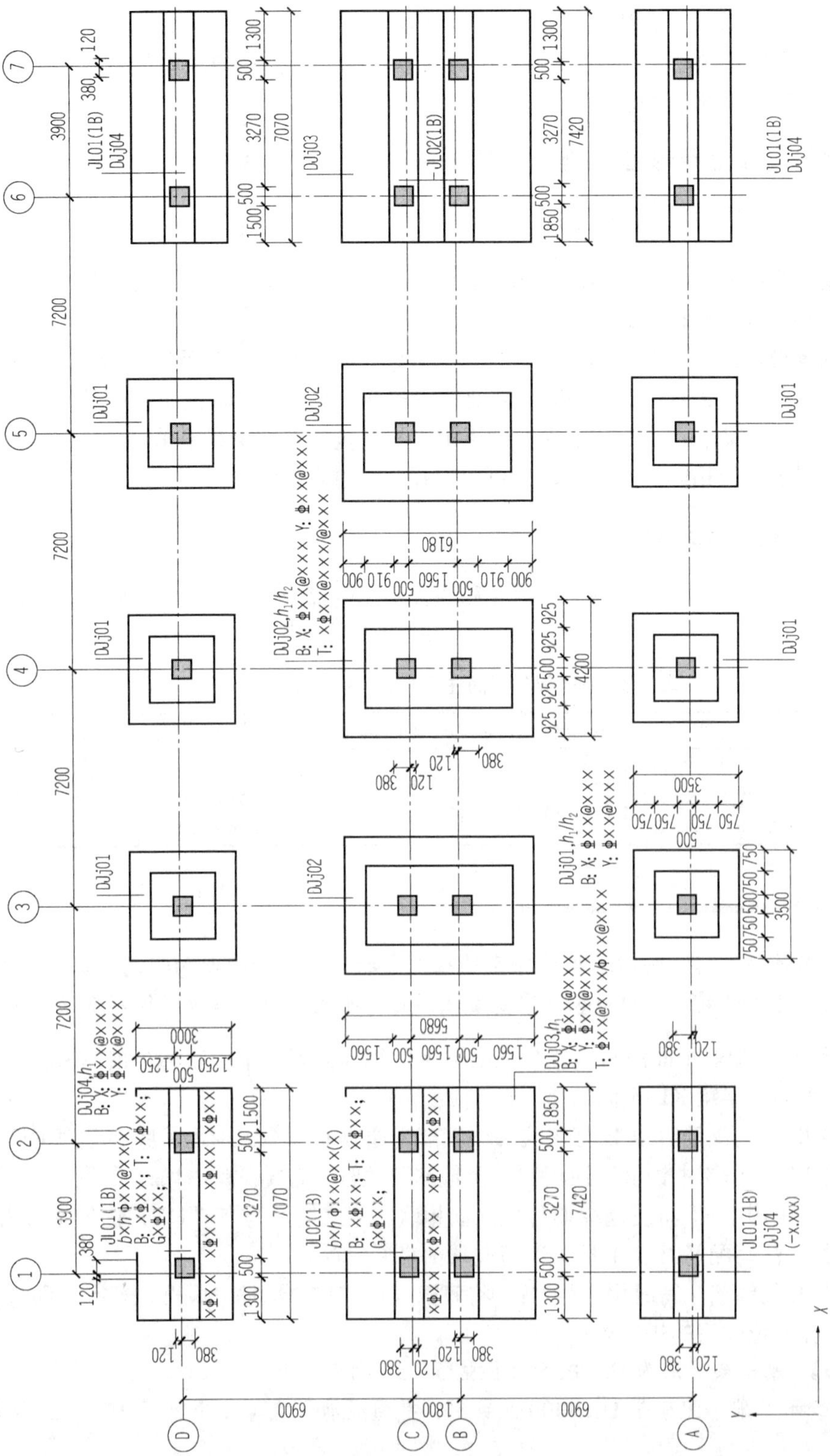

图 8.51　采用平面注写方式表达的独立基础设计施工图

对多个同类基础，可采用列表注写（结合平面和截面示意图）的方式进行集中表达，表中内容为基础截面的尺寸和配筋等，在截面示意图上应标注与表中栏目相对应的代号，表中可根据实际情况增加栏目。

8.3.2 钢筋混凝土条形基础施工图的识读

1. 条形基础平法施工图的表示方法

条形基础平法施工图有平面注写与列表注写两种表达方式，设计者可根据具体工程情况选择一种，或将两种方式相结合进行条形基础的施工图设计。

当绘制条形基础平面布置图时，应将条形基础平面与基础所支承的上部结构的柱、墙一起绘制。当基础底面标高不同时，需要注明与基础底面基准标高不同处的范围和标高。当梁板式基础梁中心或板式条形基础板中心与建筑的定位轴线不重合时，应标注其定位尺寸；对于编号相同的条形基础，可仅选择一个进行标注。

2. 基础梁的平面注写方式

基础梁的平面注写方式分为集中标注和原位标注两部分内容，其中集中标注的内容见表 8.3。

表 8.3 基础梁的平面注写方式（集中标注）

集中标注内容	基础梁编号	基础梁截面尺寸	基础梁配筋	基础梁底面标高	文字注解
各种情况说明	JL×× (××) JL×× (××A) JL×× (××B)	1) $b×h$ 2) $b×h$ Yc_1Xc_2	1) 箍筋 2) 纵筋: B,T,G,N	选注内容，与基础底面基准标高不同时标注	选注内容，必要时标注

▶ **阅读资料**

　　施工时应注意：两向基础梁相交的柱下区域，应有一向截面较高的基础梁按梁端箍筋贯通设置；当两向基础梁高度相同时，任选一向的基础梁箍筋贯通设置。

基础梁 JL 的配筋平面注写方式与框架梁 KL 相同。基础梁的底部、顶部纵筋要以字母打头，这与框架梁 KL 不同。

基础梁 JL 注写配筋时以 B 打头注写梁底部贯通纵筋（不应少于梁底部受力钢筋总截面面积的 1/3）。当跨中钢筋所注根数少于箍筋肢数时，需要在跨中增设梁底部架立筋以固定箍筋，采用"+"将贯通纵筋与架立筋相联，架立筋注写在"+"后面的括号内。

基础梁 JL 注写配筋时以 T 打头注写梁顶部贯通纵筋。

基础梁 JL 的纵筋注写时用分号";"将底部与顶部贯通纵筋分隔开，若有个别跨与其不同的，按原位注写的规定处理。

【例8.9】 基础梁标注为 B: 4Φ25;T: 12Φ25 7/5，如何识读？

【解】 表示基础梁配筋是 HRB400 级钢筋，贯通纵筋梁底部 4 根直径 25，贯通纵筋梁顶部共配置 12 根直径 25，上一排是 7 根，下一排是 5 根。

　　基础梁 JL 注写配筋时以大写字母 G 打头注写梁两侧面对称设置的纵向构造钢筋的总配筋值。基础梁 JL 的侧面抗扭纵筋以大写字母 N 打头。

　　关于基础梁的竖向加腋示意可以参照图 8.13，$b×h$ Y$c1×c2$ 加腋的尺寸 $c1$ 是腋长，$c2$ 是腋高。

　　【例8.10】 图 8.52 中尺寸含义是什么？

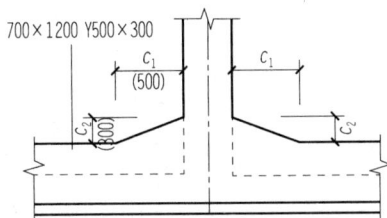

图 8.52　竖向加腋截面注写示意

　　【解】 图 8.52 中基础梁的尺寸在矩形块部分断面尺寸是宽 700mm，高 1200mm，加腋部分的三角形块腋长 500mm，腋高 300mm，厚度与矩形部分相同。

　　基础梁原位标注规定如下。

　　1）原位标注基础梁端或梁在柱下区域的底部全部纵筋（包括底部非贯通纵筋和已集中注写的底部贯通纵筋）。

　　2）原位标注竖向加腋梁加腋部位的钢筋，需要在设置加腋的支座处以 Y 打头注写在括号内。

　　3）原位注写基础梁的附加箍筋或（反扣）吊筋。当两向基础梁十字交叉，但交叉位置无柱时，应根据受力需要设置附加箍筋或（反扣）吊筋。

　　将附加箍筋或（反扣）吊筋直接画在平面十字交叉梁中刚度较大的条形基础主梁上，原位直接引注总配筋值（附加箍筋的肢数注在括号内）。当多数附加箍筋或（反扣）吊筋相同时，可在条形基础平法施工图中统一注明；少数与统一注明值不同时，再原位直接引注。

　　4）原位注写修正内容。原位标注与集中标注不同，需要修正尺寸和配筋时，施工时原位标注取值优先。

　　【例8.11】 图 8.53 中尺寸含义是什么？

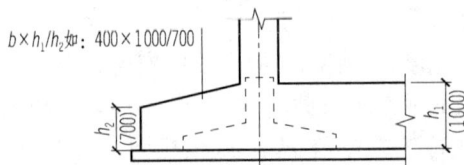

图 8.53　基础梁外伸部位变截面高度注写示意

【解】图 8.53 中基础矩形梁的宽度是 400mm，高度在根部是 1000mm，端部是 700mm。

3. 条形基础底板的平面注写方式

条形基础底板 TJBp、TJBj 的平面注写方式分为集中标注和原位标注两部分内容，集中标注内容见表 8.4。

表 8.4 条形基础底板的平面注写方式（集中标注）

集中标注内容	基础底板编号	底板的竖向尺寸	底板底部及顶板配筋	基础底板底面标高	文字注解
各种情况说明	TJBp××（××）/（××A）/（××B） TJBj××（××）/（××A）/（××B）	自下而上为 $h_1, h_2, \cdots, h_i$	1）B：底板底部横向受力钢筋/纵向分布钢筋 2）T：底板顶部横向受力钢筋/纵向分布钢筋	选注内容，与基础底面基准标高不同时标注	选注内容，必要时标注

【例 8.12】条形基础底板配筋标注为 B：Φ14@150/Φ8@250，如何识读？

【解】表示条形基础底板底部配置 HRB400 横向受力钢筋，直径为 14mm，间距为 150mm；配置 HPB300 分布钢筋，直径为 8mm，间距为 250mm，如图 8.54 所示。

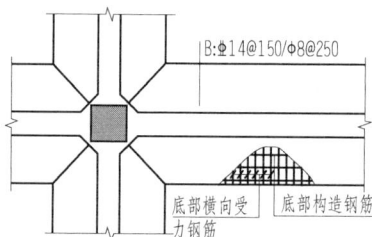

图 8.54 条形基础底板配筋示意

当为双梁（或双墙）条形基础底板时，除在底板底部配置钢筋外，一般尚需在两根梁或两道墙之间的底板顶部配置钢筋，其中横向受力钢筋的锚固从梁的内边缘（或墙边缘）起算。如图 8.55 所示，条形基础底板底部配置 HRB400 横向受力钢筋，直径为 14mm，间距为 150mm，配置 HPB300 构造钢筋，直径为 8mm，间距为 250mm；条形基础底板顶部配置 HRB400 横向受力钢筋，直径为 14mm，间距为 200mm，配置 HPB300 构造钢筋，直径为 8mm，间距为 250mm。

条形基础底板的原位标注规定如下。

（1）原位注写条形基础底板的平面尺寸

原位标注基础底板总宽度 b、基础底板台阶的宽度 b_i（i=1，2，…）。当基础底板采用对称于基础梁的坡形截面或单阶形截面时，b_i 可不注，如图 8.56 所示。素混凝土条形基础底板的原位标注与钢筋混凝土条形基础底板相同。对于相同编号的条形基础底板，可仅选择一个进行标注。

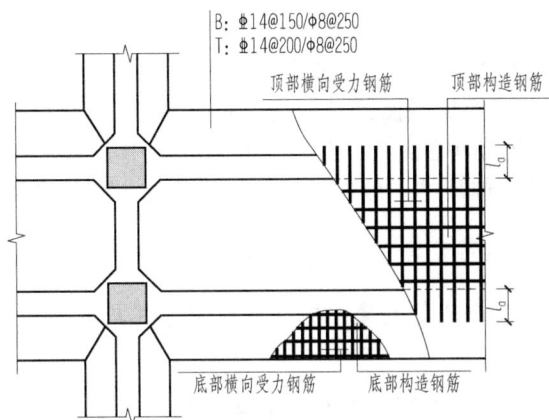

图 8.55　双梁条形基础底板配筋示意

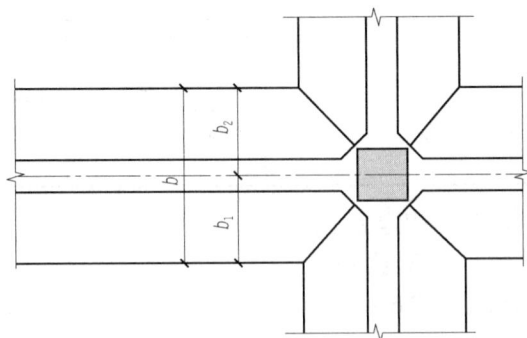

图 8.56　条形基础底板平面尺寸原位标注

梁板式条形基础存在双梁共用同一基础底板的情况,墙下条形基础也存在双墙共用同一基础底板的情况,当为双梁或双墙且梁或墙的荷载差别较大时,条形基础两侧可取不同的宽度,实际宽度以原位标注的基础底板两侧非对称的不同台阶宽度进行表达。

（2）原位注写需要修正的尺寸或者配筋等

当条形基础底板上集中标注的某项内容不适用于条形基础底板时,可以原位修正。

4. 条形基础的列表注写方式

采用列表注写方式时,应在基础平面布置图上对所有的条形基础进行编号。

对多个条形基础采用列表注写方式表达时, 与列表内容配合,先要绘制截面示意图,截面示意图上应标注与表中栏目对应的代号,表中内容为条形基础截面的编号、几何尺寸、配筋等。

8.3.3　桩基承台施工图的识读

1. 桩基承台平法施工图制图规则

桩基承台平法施工图有平面注写、列表法、截面注写三种表达方式,设计者可根据具体工程情况选择桩基承台施工图的表达方式。

绘制桩基承台平面布置图时，应将承台下的桩位和承台所支承的柱、墙一起绘制。当设置基础联系梁时，可根据图面的疏密情况将基础联系梁与基础平面布置图一起绘制，或将基础联系梁布置图单独绘制。当桩基承台的柱中心线或墙中心线与建筑定位轴线不重合时，应标注其定位尺寸；编号相同的桩基承台，可仅选择一个进行标注。

2. 独立承台的平面注写方式

独立承台的平面注写方式分为集中标注和原位标注两部分内容，集中标注内容见表8.5。

表8.5　独立承台的集中标注内容

集中标注内容	独立承台编号	截面的竖向尺寸	配筋	独立承台底面标高	文字注解
各种情况说明	CTj×× CTz××	自下而上为 h_1, h_2, …, h_i	B: 底部钢筋矩形 X, Y, X&Y; 等边三桩, 等腰三桩, △ T: 顶部钢筋 X, Y, X&Y	选注内容，与承台底面基准标高不同时标注	选注内容，必要时标注

独立承台的集中标注具体规定如下。

（1）注写独立承台编号（必注内容）

独立承台的截面形状见表8.6。

表8.6　独立承台的截面形状

类型	独立承台截面形状	代号	序号	说明
独立承台	阶形	CTj	××	单阶截面即为平板式独立承台
	锥形	CTz	××	

（2）注写独立承台的截面竖向尺寸（必注内容）

注写时对各阶尺寸自下而上用"/"分隔顺写，与独立基础的台阶尺寸表达一致，如图8.57和图8.58所示。

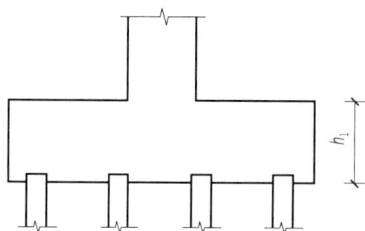

图8.57　阶形独立承台竖向尺寸示意

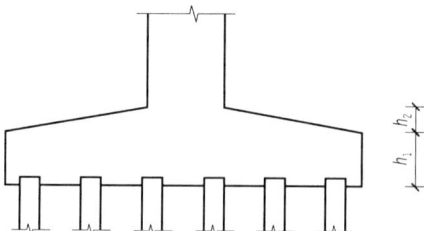

图8.58　锥形独立承台竖向尺寸示意

（3）注写独立承台配筋（必注内容）

底部与顶部双向配筋应分别注写，顶部配筋仅用于双柱或四柱独立承台。当独立承台顶部无配筋时则不注顶部。注写规定如下。

1）以 B 打头注写底部配筋，以 T 打头注写顶部配筋。

2）矩形承台 X 向配筋以 X 打头，Y 向配筋以 Y 打头；当两向配筋相同时，则以 X&Y 打头。

3）当为等边三桩承台时，以"△"打头注写三角布置的各边受力钢筋（注明根数并在配筋值后注写"×3"）。

4）当为等腰三桩承台时，以"△"打头注写等腰三角形底边的受力钢筋+两对称斜边的受力钢筋（注明根数并在两对称配筋值后注写"×2"）。

5）当为多边形（五边形或六边形）承台或异形独立承台，且采用 X 向和 Y 向正交配筋时，注写方式与矩形独立承台相同。

6）两桩承台可按承台梁进行标注。

◆ **阅读资料**

    设计和施工时应注意：三桩承台的底部受力钢筋应按三向板带均匀布置，且最里面的三根钢筋围成的三角形应在柱截面范围内。

（4）注写基础底面标高（选注内容）

当独立承台的底面标高与桩基承台底面基准标高不同时，应将独立承台底面标高注写在括号内。

（5）必要的文字注解（选注内容）

当独立承台的设计有特殊要求时，宜增加必要的文字注解。例如，当独立承台底部和顶部均配置钢筋时，应注明承台板侧面是否采用钢筋封边以及采用封边构造的形式等。

独立承台的原位标注是在桩基承台平面布置图上标注独立承台的平面尺寸，相同编号的独立承台可以仅选择一个进行标注，其他仅注编号。

1）对于矩形独立承台，原位标注台阶总尺寸 x、y，阶宽或锥形平面尺寸 x_i、y_i，桩的中心距以及边距 a_i、b_i，如图 8.59 所示。

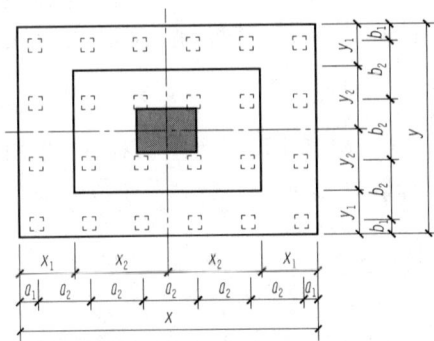

图 8.59 矩形独立承台平面尺寸示意

2）对于三桩承台，原位标注三桩独立承台垂直于底边的高度 x 或 y，承台分尺寸和定位尺寸 x_i、y_i（$i=1$，2，3，…），桩中心距切角边缘的距离 a，等边三桩独立承台、等腰三桩独立承台如图 8.60 所示。

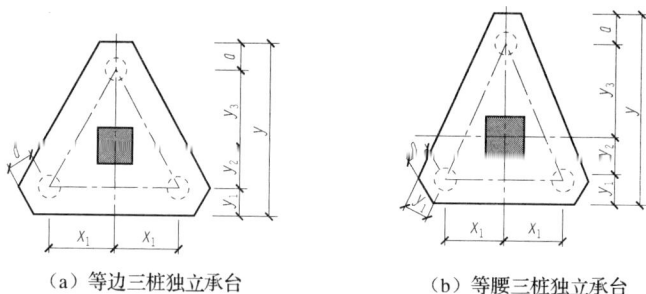

（a）等边三桩独立承台　　　　　　（b）等腰三桩独立承台

图 8.60　等边三桩独立承台、等腰三桩独立承台平面原位标注

3. 承台梁的平面注写方式

承台梁的平面注写方式分为集中标注和原位标注两部分内容，集中标注见表 8.7。

表 8.7　承台梁的集中标注内容

集中标注内容	承台梁编号	截面尺寸	配筋	承台梁底面标高	文字注解
各种情况说明	CTL×× （××） CTL×× （××A） CTL×× （××B）	$b×h$	1）箍筋 2）纵筋：B,T,G,N	选注内容，与承台底面基准标高不同时标注	选注内容，必要时标注

承台梁的原位标注规定如下。

（1）原位标注承台梁的附加箍筋或（反扣）吊筋

当需要设置附加箍筋或（反扣）吊筋时，将附加箍筋或（反扣）吊筋直接画在平面图中的承台梁上，原位直接引注总配筋值（附加箍筋的肢数注在括号内）。当多数梁的附加箍筋或（反扣）吊筋相同时，可在桩基承台平法施工图上统一注明，少数与统一注明值不同时，再原位直接引注。

（2）原位注写修正内容

当在承台梁上集中标注的某项内容（如截面尺寸、箍筋、底部与顶部贯通纵筋或架立筋、梁侧面纵向构造钢筋、梁底面标高等）不适用于某跨或某外伸部位时，将其修正内容原位标注在该跨或该外伸部位，施工时原位标注取值优先。

4. 桩基承台的截面注写和列表注写方式

采用截面注写方式时，应在桩基平面布置图上对所有的桩基承台进行编号。

桩基承台的截面注写方式，可参照独立基础及条形基础的截面注写方式进行施工图的表达。

【例 8.13】　图 8.61 中 CTj01 承台原位尺寸如何识读？

【解】　CTj01 表示是等边三桩独立承台，序号 01，尺寸为 $x_1=1150$ mm，$x=2300$ mm，$y_1=350$ mm，$y_2=550$ mm，$y_3=1100$ mm，$y=2000$ mm，$a=375$ mm。

【例 8.14】　图 8.61 中 CTj02 承台原位尺寸如何识读？

【解】　CTj02 表示是矩形独立承台，序号 02，尺寸为 $x_1=1150$ mm，$x=2300$ mm，$y_1=1050$ mm，$y_2=1800$ mm，$y=3900$ mm。

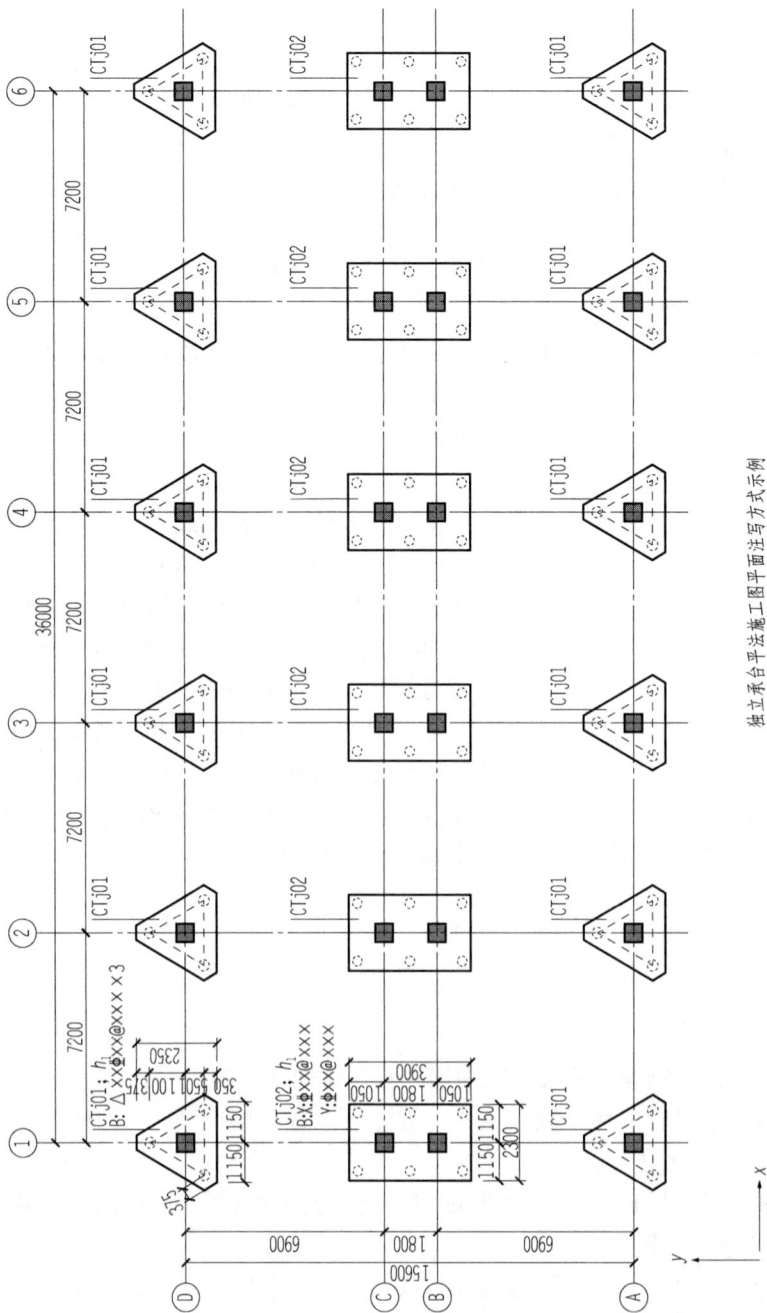

独立承台平法施工图平面注写方式示例

图 8.61　独立承台平法施工图平面注写方式示例

注：1. x、y 为图面方向。
2. ±0.000 时绝对标高（m）：×××.×××；
基础底面基准标高（m）：-×.×××。
3. 桩定位尺寸 a_1、b_1见桩平面布置图。

小　结

1．本模块主要学习了两个方面的知识：一是基础平面图的形成方式、表达内容和识读方法；二是介绍了独立基础、条形基础和桩基承台的配筋构造与平面整体表达方法。在学习过程中要以基础的配筋种类和尺寸作为主要线索来识读平面整体表达方法。

2．传统的基础施工图包括基础平面图和表示基础构造的基础详图，以及必要的设计说明。平面整体表达方法是先绘制基础平面图，将所有基础构件进行编号，编号相同且定位尺寸相同的基础可以选择一个进行标注。

3．绘制基础平面布置图时，将基础平面与基础所支承的柱一起绘制。设置基础联系梁时，可根据图面的疏密情况将基础联系梁与基础平面布置图一起绘制，或将基础联系梁布置图单独绘制。在基础平面布置图上标注基础定位尺寸；当基础的柱中心线与建筑轴线不重合时，应标注其定位尺寸。

4．基础平法施工图有平面注写、截面注写和列表注写三种表达方式，设计者可根据具体工程情况选择一种，或两种方式相结合进行独立基础的施工图设计。

5．基础的平面注写方式有集中标注和原位标注。基础的集中标注包括基础编号、竖向截面尺寸、配筋三项必注内容，以及基础底面标高（与基础底面基准标高不同时）和必要的文字注解两项选注内容。原位标注一般标注平面尺寸和特殊的部位，以及需要修正的部位。配筋标注时，以 B 代表下部钢筋，以 T 代表上部钢筋，X 方向表示在图面上从左到右，Y 方向表示从下到上，竖向尺寸的标注方向为从下到上。这些都是独立基础底板、条形基础底板、承台的平面注写方式相同的地方。条形基础梁应注意其构造要求，其配筋像普通的框架梁的倒置，注意比较其构造的不同点。

习　题

一、判断题

1．单柱独立基础底板的钢筋一般长向的钢筋放置在短向钢筋的上方。　　（　　）

2．钢筋混凝土独立基础一般用于框架结构中的柱下，有单柱、双柱、四柱独立基础，基础的竖向有阶形和锥形之分。　　（　　）

3．当独立基础对称，底板长度大于 2500mm 时，除外侧钢筋外，底板钢筋长度可取相应方向底板钢筋长度的 0.9 倍。　　（　　）

4．墙下条形基础的宽度方向放置受力钢筋，放于底部；长度方向放置分布钢筋，放在短向钢筋上面。　　（　　）

5．桩柱的嵌入长度，当桩直径或桩的截面边长小于 800mm 时取 50mm，否则取 100mm。　　（　　）

二、识图题

1. 识读图 8.62 并回答问题。

图中对应的基础详图有_____个，图中的墙体厚度是_____，1—1 基础外边缘与定位轴线的距离是_____mm，3—3 基础外边缘与定位轴线的距离是_____mm，4—4 基础外边缘与定位轴线的距离是_____mm，图中墙体上的洞口尺寸宽是_____mm，高是_____mm，洞口顶部标高是_____mm。

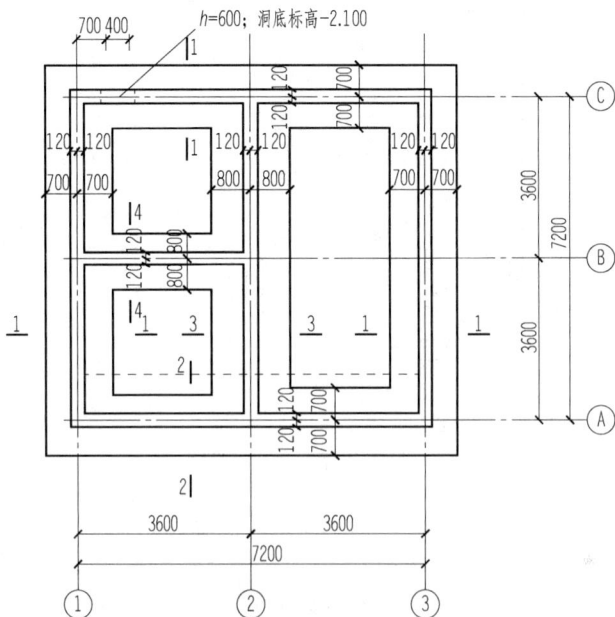

图 8.62　识图题 1

2. 识读图 8.63，并选择出正确答案。

（1）图 8.63 中的基础类别是（　　）。

　　A. 独立基础　　　B. 条形基础　　　C. 桩基础承台

（2）图 8.63 中施工图的表达方法是（　　）。

　　A. 平面注写方式　　B. 截面法　　　C. 列表法

（3）基础底板的钢筋在外侧内部可以截断为 0.9 倍长度的基础型号是（　　）。

　　A. J-4　　　　　B. J-3　　　　　C. J-2　　　　　D. J-1

（4）J-4 基础若是换成平面注写表示方法则集中标注内容正确的是（　　）。

　　A. DJj04　　550/300　　　B：X⊈12@120　　Y⊈12@110

　　B. DJz04　　300/550　　　B：X⊈12@120　　Y⊈12@120

　　C. DJz04　　300/250　　　B：X⊈12@120　　Y⊈12@120

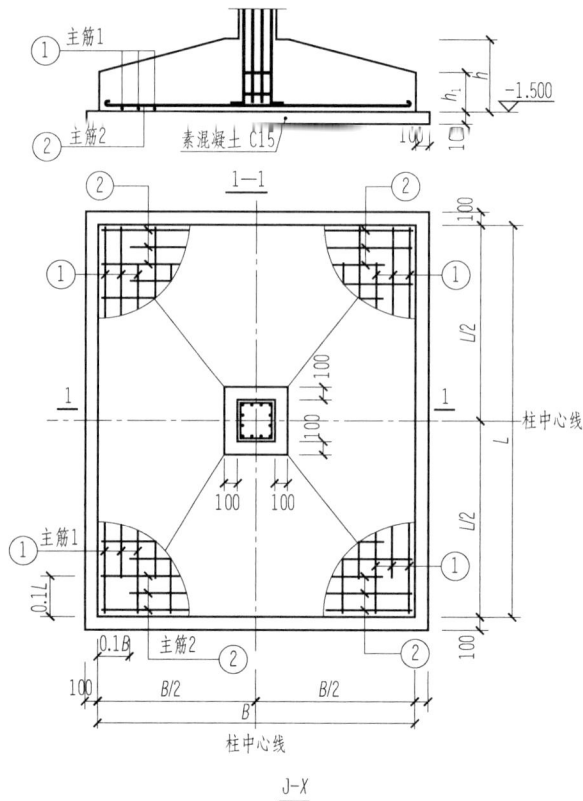

图 8.63 独立基础配筋图

编号	B/mm	L/mm	h_l/mm	h/mm	主筋1	主筋2
J-1	2000	2000	300	450	Φ12@180	Φ12@180
J-2	2000	2500	300	450	Φ12@140	Φ12@140
J-3	2300	2800	300	500	Φ12@130	Φ12@130
J-4	2600	3100	300	550	Φ12@120	Φ12@120
J-5	2900	3400	300	600	Φ12@110	Φ12@110
J-6	3100	3600	300	650	Φ12@100	Φ12@100

3. 图 8.63 中 J-4 基础上的柱配筋图如图 8.64 所示，混凝土强度等级 C25，抗震等级二级，$l_{aE}=46d$，保护层厚度大于 $5d$，根据以上已知信息和第 2 题信息回答下列问题。

（1）柱中钢筋如何锚固？（   ）

A. 直锚   B. 弯锚

（2）柱中钢筋深入基础底板中弯折的钢筋根数是（   ）。

A. 8   B. 4   C. 6

（3）柱中钢筋深入基础底板中的钢筋端部弯折的水平段长度是（　　）mm。

　　A．120　　　　　　　B．150　　　　　　　C．300

（4）柱中钢筋基础底板中的箍筋至少是（　　）道。

　　A．3　　　　　　　　B．1　　　　　　　　C．4

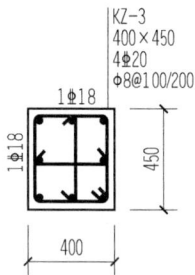

图 8.64　独立基础 J-4 上柱的配筋图

4. 由图 8.65 可知，该基础可能是（　　）。

　　A．阶形独立基础

　　B．单阶矩形承台

　　C．条形基础

图 8.65　基础配筋图实例

5. 识读图 8.66，假设梁两端各有 9 道加密箍筋，如果在基础梁平面图中用平法注写，下面说法正确的是（　　）。

　　A．JL02　300×750　18φ8@100/φ8@200　　B：4φ18　　T：4φ18　　G2φ2

　　B．JL02　300×750　18φ8@100/φ8@200　　B：4φ12　　T：4φ12　　G4φ12

　　C．JL02　300×750　9φ8@100/φ8@200　　B：4φ18　　T：4φ18　　G4φ12

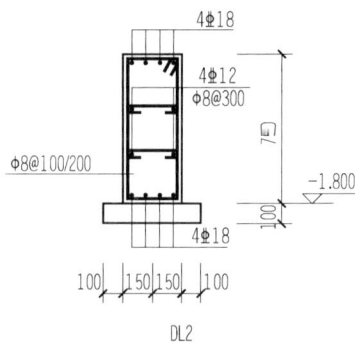

图 8.66 某基础梁配筋图

6. 当独立基础短柱配筋标注为 DZ：4⨍20/5⨍18/5⨍18，φ10@100，-2.500～-0.050，含义是（   ）。

    A. 纵筋是 HRB400 钢筋，角筋 4 根、直径 20mm，短边和长边中部钢筋都是 5 根、直径 18mm，箍筋是 HPB300 钢筋，直径 10mm、间距 100mm，短柱高度范围是-2.500～-0.050m

    B. 纵筋是 HRB400 钢筋，角筋 4 根、直径 20mm，X 向和 Y 向中部钢筋都是 5 根、直径 18mm，箍筋是 HPB300 钢筋，直径 10mm、间距 100mm，短柱高度范围是-2.500～-0.050m

    C. 纵筋是 HRB400 钢筋，角筋 4 根、直径 20mm，竖向和水平方向中部钢筋都是 5 根、直径 18mm，箍筋是 HPB300 钢筋，直径 10mm、间距 100mm，短柱高度范围是-2.500～-0.050m

7. 某承台标注为△6⨍14@100×3，含义是（   ）。

    A. 等边三桩独立承台配置 HRB400 钢筋，三边每边各设置 6 根直径是 14mm 的钢筋

    B. 等边三桩独立承台配置 HRB400 钢筋，三边每边各设置 6 根直径是 14mm 的钢筋，间距 100mm

    C. 等边三桩独立承台配置 HRB400 钢筋，三边每边各设置直径是 14mm 的钢筋，间距 100mm

8. 当独立基础底板配筋标注为 B：X⨍16@150，Y⨍6@200，含义是（   ）。

    A. 底板底部设置 HRB400 钢筋，X 方向直径 16mm、间距 150mm，Y 方向直径 16mm、间距 200mm

    B. 底板底部设置 HRB400 钢筋，水平方向直径 16mm、间距 200mm，垂直方向直径 16mm、间距 150mm

    C. 底板底部设置 HRB400 钢筋，竖向方向直径 16mm、间距 150mm，水平方向直径 16mm、间距 200mm

9. 当条形基础底板配筋标注为 B：⨍14@150/φ8@250，含义是（   ）。

A. 底板底部配置 HRB400 横向受力钢筋，直径 14mm、间距 150mm，垂直方向配置 HPB300 分布钢筋，直径 8mm、间距 250mm

B. 底板底部配置 HRB400 钢筋，X 方向直径 14mm、间距 150mm，Y 方向配置直径 16mm、间距 150mm 的 HPB300 钢筋

C. 底板底部配置 HRB400 钢筋，短边方向直径 14mm、间距 150mm，长边方向配置直径 16mm、间距 250mm 的 HPB300 钢筋

参 考 文 献

杨克生，2000，建筑结构基础与识图[M]．北京：中国建筑工业出版社．

中华人民共和国住房和城乡建设部，2015．混凝土结构设计规范（2015 年版）：GB 50010—2010[S]．北京：中国建筑工业出版社．

中华人民共和国住房和城乡建设部，2018．18G901—1～18G901—3 混凝土结构施工钢筋排布规则与构造详图[M]．北京：中国计划出版社．

中华人民共和国住房和城乡建设部，2021．工程结构通用规范：GB 55001—2021[S]．北京：中国建筑工业出版社．

中华人民共和国住房和城乡建设部，2021．混凝土结构通用规范：GB 55008—2021[S]．北京：中国建筑工业出版社．

中华人民共和国住房和城乡建设部，2022．22G101—1～22G101—3 混凝土结构施工图 平面整体表示方法制图规则和构造详图[M]．北京：中国计划出版社．

中华人民共和国住房和城乡建设部，中华人民共和国国家质量监督检验检疫总局，2016．建筑抗震设计规范（2016 年版）：GB 50011—2010[S]．北京：中国建筑工业出版社．

高等职业教育土木建筑类专业系列教材

建筑结构识图与平法构造图册

（第二版）

主　编　马桂芬　杨劲珍
副主编　陈艳燕　南学平
参　编　郭晓松　郭　漫

科学出版社

北　京

内 容 简 介

本图册以某校餐饮中心和宿舍楼的施工图为主要内容，是《建筑结构识图与平法构造》（第二版）的配套图册，内容包含了建筑施工图和结构施工图，有助于学生更好地进行识图练习。

本书适合高职高专院校土建相关专业学生使用，也可供相关技术人员学习参考。

图书在版编目(CIP)数据

建筑结构识图与平法构造：含图册 / 马桂芬，杨劲珍主编. —2 版. —北京：科学出版社，2024.5

高等职业教育土木建筑类专业系列教材

ISBN 978-7-03-077220-6

Ⅰ. ①建⋯ Ⅱ. ①马⋯ ②杨⋯ Ⅲ. ①建筑结构-建筑制图-识图-高等职业教育-教材 Ⅳ. ①TU204

中国国家版本馆 CIP 数据核字（2023）第 243331 号

责任编辑：万瑞达 李程程 / 责任校对：赵丽杰
责任印制：吕春珉 / 封面设计：曹 来

科学出版社 出版

北京东黄城根北街 16 号
邮政编码：100717
http://www.sciencep.com

三河市骏杰印刷有限公司印刷
科学出版社发行　各地新华书店经销
*

2019 年 9 月第 一 版　开本：787×1092　1/8
2024 年 5 月第 二 版　印张：7 1/4
2024 年 5 月第五次印刷　字数：165 000

定价：69.00 元（共两册）

（如有印装质量问题，我社负责调换）

销售部电话 010-62136230　编辑部电话 010-62130874（VA03）

版权所有，侵权必究

第二版前言

本书为《建筑结构识图与平法构造》（第二版）一书配套图册，辅助课程教学使用。由于《混凝土结构施工图平面整体表示方法制图规则和构造详图》（22G101—1～22G101—3）的公布实施，因此第一版的内容已不能适应教学及发展的需要。本图册在修订过程中，依据22G101—1～22G101—3及其他图集、相关规范、相关规程进行内容调整，并与主教材内容相对应，特别注重新图集变化带来的知识点更新、新旧标准细节的区分。

能看懂平法施工图是依据平法施工图进行工程施工、工程监理、工程计量计价等的基础，因此编者选编了与主教材内容相对应的建筑施工图和结构施工图，以便于学生在学习过程中能够掌握识图方法，并应用于实际工程。

本图册中实际工程施工图，由陈艳燕提供。为保证本图册与主教材的统一性与适用性，马桂芬进行了全部审读，并结合教学需要，进行了修改完善。全书由马桂芬统稿。本书编写过程中得到湖北城市建设职业技术学院的大力支持，得到了陈泉和酒潇华的大力支持，在此表示衷心的感谢。

由于时间仓促，编者水平有限及经验不足，书中难免会有疏漏和不足之处，恳请各位读者批评指正。

第一版前言

本书为《建筑结构识图与平法构造》一书配套图册，辅助课程教学使用。在内容设置上严格依据《混凝土结构施工图平面整体表示方法制图规则和构造详图》（16G101—1～16G101—3）的要求。

能看懂平法施工图是依据平法施工图进行工程施工、工程监理、工程计量计价等的基础，因此编者选编了与主教材内容相对应的建筑施工图和结构施工图，以便于学生在学习过程中能够深刻的掌握，并应用于实际工程。

为保证本图册与主教材的统一性与适用性，危道军进行了全部审读，并结合教学需要，进行了修改完善。全书由危道军统稿。本书编写过程中得到湖北城市建设职业技术学院的大力支持，得到了陈泉和酒潇华的大力支持，在此表示衷心的感谢。

由于时间仓促，编者水平有限及经验不足，书中难免会有疏漏和不足之处，恳请各位读者批评指正。

高等职业教育土木建筑类专业系列教材

建筑结构识图与平法构造图册

（第二版）

主　编　马桂芬　杨劲珍
副主编　陈艳燕　南学平
参　编　郭晓松　郭　漫

科学出版社

北　京

内 容 简 介

本图册以某校餐饮中心和宿舍楼的施工图为主要内容，是《建筑结构识图与平法构造》（第二版）的配套图册，内容包含了建筑施工图和结构施工图，有助于学生更好地进行识图练习。

本书适合高职高专院校土建相关专业学生使用，也可供相关技术人员学习参考。

图书在版编目（CIP）数据

建筑结构识图与平法构造：含图册 / 马桂芬，杨劲珍主编. —2 版. —北京：科学出版社，2024.5

高等职业教育土木建筑类专业系列教材

ISBN 978-7-03-077220-6

Ⅰ. ①建… Ⅱ. ①马… ②杨… Ⅲ. ①建筑结构-建筑制图-识图-高等职业教育-教材 Ⅳ. ①TU204

中国国家版本馆 CIP 数据核字（2023）第 243331 号

责任编辑：万瑞达 李程程 / 责任校对：赵丽杰
责任印制：吕春珉 / 封面设计：曹 来

斜 学 出 版 社 出版
北京东黄城根北街 16 号
邮政编码：100717
http://www.sciencep.com

三河市骏杰印刷有限公司印刷
科学出版社发行　各地新华书店经销
*

2019 年 9 月第 一 版　　开本：787×1092　1/8
2024 年 5 月第 二 版　　印张：7 1/4
2024 年 5 月第五次印刷　　字数：165 000
定价：69.00 元（共两册）
（如有印装质量问题，我社负责调换）
销售部电话 010-62136230　编辑部电话 010-62130874（VA03）

版权所有，侵权必究

目　　录

第一部分

××中心餐饮中心工程图

一、××中心餐饮中心建筑施工图

××××建筑设计院

工程名称：　　　　　××中心

项目名称：　　　　　餐饮中心

设计号：　　　　　　　　　设计阶段：　　　施工图阶段

图　别：　　　建施　　　　日　期：

院　　长：

总工程师：

设计总负责：

专业负责人

建筑：　　　　　　　　电照：

结构：　　　　　　　　暖通：

水卫：　　　　　　　　概算：

××××建筑设计院

工程名称：　　　　××中心　　　　　设计号：

项　目：　　　　餐饮中心　　　　　图　别：　建施

日　期：

图 纸 目 录

第1页 共1页

建 筑 设 计 总 说 明

一、工程概况

1. 工程名称：××中心。
2. 建设地点：××××学院。
3. 建设单位：××××学院。
4. 使用功能：公共建筑。
5. 建筑类别：三类建筑，耐火等级：二级。
6. 防水等级：Ⅱ级，防水层耐用年限：15年。
7. 抗震设防烈度：按六度设防。
8. 设计使用年限：50年。
9. 主要结构类型：框架结构。
10. 本工程设计标高±0.000 相当于场地标高23.540m。

二、设计依据

1. 业主方提供的主要设计任务书以及有关地形图、红线图。
2. 《民用建筑设计统一标准》（GB 50352—2019）。
3. 《建筑设计防火规范（2018年版）》（GB 50016—2014）。
4. 《公共建筑节能设计标准》（GB 50189—2015）。
5. 《建筑内部装修设计防火规范》（GB 50222—2017）。
6. 《民用建筑工程室内环境污染控制标准》（GB 50325—2020）。
7. 《饮食建筑设计标准》（JGJ 64—2017）。
8. 《无障碍设计规范》（GB 50763—2012）。
9. 国家现行的建筑设计有关规范、规定及标准。

三、技术经济指标

1. 建筑占地面积：560.9m²。
2. 总建筑面积：1149.0m²。
3. 建筑层数：2层。
4. 建筑总高度：8.100m。
5. 建筑层高：一层层高4.2m，二层层高 3.9m。

四、建筑主要做法及要求

1. 本工程设计图的尺寸单位除标高以及总平面图尺寸以m为单位外，其余尺寸均以mm为单位。
2. 墙体做法。
   a. ±0.000以上均为加气混凝土砌块砌筑，厚度：外墙体为200mm厚，分户墙和其他未加说明者隔墙均为200mm厚，±0.000以下墙体参见结构施工图。
   b. 墙身防潮层：在±0.000以下60mm处做20mm厚1：2水泥砂浆防潮层（内掺5%防水剂）。
3. 内外建筑构造做法。
   a. 具体做法及使用部位详见建筑构造做法表。
   b. 卫生间低于该层楼地面标高30mm，且找坡i=0.5%并坡向地漏。
   c. 内门窗洞口及墙面阳角做1：2水泥砂浆护角，高1800mm，做法详见《建筑图集：内墙装修及配件》（21ZJ501）。
   d. 房间顶棚粉刷的平顶角线选用《建筑图集：内墙装修及配件》（21ZJ501）。
   e. 凡不同墙体材料连接处做室内抹灰时，加铺宽200mm小网眼钢板一层。
   f. 凡悬挑部分、雨篷、窗口上沿均做滴水线，做法详见《建筑图集：室外装修及配件》（11ZJ901）。
4. 楼梯栏杆做法。
   栏杆做法、扶手做法、踏步防滑做法详见《建筑图集：楼梯栏杆》（11ZJ401）。
   楼梯栏杆间距（垂直）<110mm，水平栏杆长度超过500mm时栏杆高度为1050mm。

5. 屋面及排水做法。
   a. 屋面防水等级为Ⅱ级。
   b. 管道穿屋面泛水做法：除特别注明外见《建筑图集：平屋面》（15ZJ201）。
   c. 雨水管及配件组合：雨水管采用防攀阻燃PVC128型半圆落水管，雨水管配件组合详见《防攀阻燃落水管安装构造》（02ZTJ202）。
6. 门窗。
   a. 具体名称及使用的标准设计图集详见门窗明细表。
   b. 所使用的塑钢外窗以及阳台门的气密性等级必须达到《建筑外门窗气密性、水密性、抗风性能检测方法》（GB/T 7106—2019）规定的Ⅱ级标准，保温性能要求达到K值为2.5W/（m²·K）。
   c. 门窗立樘：木门立于开平开启方向的墙边，卷帘门立于门洞顶梁的内侧，其余均立于墙的中间。
   d. 窗套、檐口、遮阳板、雨篷采用白水泥底，封固底漆一道，刷白色外墙涂料二道。
7. 节能设计。
   a. 体形系数：0.339。
   b. 窗墙面积比：东为0.16，南为0.21，西为0.13，北为0.26。外窗采用单框中空塑钢窗（5+9A+5），传热系数为K=2.9W/（m²·K）。
   c. 屋面保温采用干铺35厚挤塑保温板，建筑构造做法详见《建筑节能构造用料做法》（07EJ101）第45页屋5-3，其传热系数K=0.67W/（m²·K）。
   d. 外墙保温采用35厚苯板外保温涂料，构造做法：外墙涂料+20厚水泥砂浆+35厚挤塑聚苯板+加气混凝土砌块（B07级）+20厚水泥砂浆，其传热系数K=0.55W/（m²·K）。

五、其他有关说明

1. 本工程室内装修除按建筑构造做法表规定的装修项目外，其余由二次室内装修设计确定，不列入土建施工范围。
2. 二次装修必须符合消防安全要求和《民用建筑工程室内环境污染控制标准》（GB 50325—2020）对环保的要求，同时不能影响结构安全和损害水电设施。

3. 本工程室内装修各种材料必须符合《建筑内部装修设计防火规范》（GB 50222—2017）。
4. 各种装修材料的质量、颜色、规格尺寸等均应选好样品，经建设单位和设计单位协商认可后，才能订货。
5. 凡风道、烟道、竖井等内壁砌筑灰缝须饱满，并随砌随原浆抹平。有检修门的管道井内壁应做水泥混合砂浆粉刷。
6. 有吊顶的房间，其粉刷或装饰面层应做至吊顶标高以上100mm处。
7. 凡木砖或木材与砌体接触部位均应涂防腐油，凡金属铁件均应先除锈，后涂防锈漆，面层再刷调和漆二道。
8. 管道安装：管道安装穿过墙身和楼板需预留孔洞，应用细石混凝土将管并孔洞堵塞严密以满足防火要求。
9. 本建筑所采用的建筑材料和装饰材料必须为A类无机非金属材料；人造及饰面木板采用E1类木板；木材采用非煤焦油类、非煤焦油类的防腐剂处理。
10. 凡卫生间、淋浴间、厨房等有防水要求的建筑空间，必须满足《民用建筑设计统一标准》（GB 50352—2019）6.12.3条规定，楼板四周除门洞外，应设置混凝土翻边，其高度为150mm。
11. 面层严禁采用有毒性的塑料、涂料或水玻璃类材料。材料的毒性应经有关卫生防疫部门鉴定。
12. 在施工过程中，有变更要求时，需经设计院同意，由设计人员写出修改通知单后方可施工。图文未详尽之处，均按国家现行施工验收规范处理或由甲、乙、丙三方共同解决。

门窗明细表

门窗名称	洞口尺寸	门窗数量	备注
C-1	1800×3000	11	单框中空塑钢窗（5+9A+5），《建筑图集：建筑节能门窗》（15ZJ602）
C-1A	1800×2700	14	单框中空塑钢窗（5+9A+5），《建筑图集：建筑节能门窗》（15ZJ602）
C-2	600×1350	2	单框中空塑钢窗（5+9A+5），《建筑图集：建筑节能门窗》（15ZJ602）
C-3	1500×1650	6	单框中空塑钢窗（5+9A+5），《建筑图集：建筑节能门窗》（15ZJ602）
C-4	900×1650	2	单框中空塑钢窗（5+9A+5），《建筑图集：建筑节能门窗》（15ZJ602）
C-5	1500×2700	3	单框中空塑钢窗（5+9A+5），《建筑图集：建筑节能门窗》（15ZJ602）
C-6	4500×3000	1	10厚双层钢化玻璃固定窗
C-7	2100×3000	1	10厚双层钢化玻璃固定窗
FM-1	1500×2100	1	乙级防火门 甲方自理
FM-2	1500×2100	1	乙级防火门 甲方自理
GC-1	1800×1200	1	单框中空塑钢窗（5+9A+5），《建筑图集：建筑节能门窗》（15ZJ602）
GC-2	1500×1200	5	单框中空塑钢窗（5+9A+5），《建筑图集：建筑节能门窗》（15ZJ602）
GC-3	600×900	10	单框中空塑钢窗（5+9A+5），《建筑图集：建筑节能门窗》（15ZJ602）
LC-1	1500×7500	1	单框中空塑钢窗（5+9A+5），《建筑图集：建筑节能门窗》（15ZJ602）
LC-1A	1500×5250	1	单框中空塑钢窗（5+9A+5），《建筑图集：建筑节能门窗》（15ZJ602）
LC-2	600×2950	4	单框中空塑钢窗（5+9A+5），《建筑图集：建筑节能门窗》（15ZJ602）
M-1	1800×2650	1	高级实木门，样式由甲方选定，并由设计单位认可
M-2	1500×2400	12	高级实木门，样式由甲方选定，并由设计单位认可
M-3	1200×2100	1	镶板门（参见《建筑图集：木门窗》13ZJ601-1224）
M-4	1000×2100	8	夹板门（参见《建筑图集：木门窗》13ZJ601-1024）
M-5	900×2100	3	夹板门（参见《建筑图集：木门窗》13ZJ601-0924）
M-6	800×2100	10	夹板门（参见《建筑图集：木门窗》13ZJ601-0824）
M-4A	1000×2100	1	残疾人专用门（参见《无障碍设计》12ZJ926）

建筑构造做法表

部位	装修名称	使用部位/装修做法	餐厅	厨房	包间	休息大厅	走廊	楼梯间	卫生间	淋浴间	入口门庭	更衣间	备注
地面	水泥砂浆地面	15ZJ001 地101		●								●	垫土夯实厚度不小于600mm
	陶瓷地砖地面	15ZJ001 地201	●	●	●	●	●						
	花岗岩地面	15ZJ001 地207									●		花岗岩板材质感由甲方自定
楼面	陶瓷地砖卫生间楼面	15ZJ001 楼202							●	●			
	水泥砂浆楼面	15ZJ001 楼101		●				●					
	陶瓷地砖地面	15ZJ001 楼201	●		●	●	●						
内墙面	混合砂浆墙面（二）	15ZJ001 内墙5	●	●	●	●	●	●				●	
	乳胶漆涂料	15ZJ001 涂304	●		●	●	●	●			●	●	
	面砖墙面（一）	15ZJ001 内墙25		●					●	●			
顶棚	铝合金闭式条形板吊顶	15ZJ001 顶14	●	●									
	混合砂浆棚	15ZJ001 顶7			●	●	●	●	●	●		●	
	乳胶漆涂料	15ZJ001 涂304			●	●	●	●	●	●	●	●	
踢脚	面砖踢脚	15ZJ001 踢13		●									
	花岗岩踢脚	15ZJ001 踢23	●				●				●		
油漆	调和漆	15ZJ001 油101											用于所有木门和楼梯木扶手，颜色为浅黄色
	调和漆	15ZJ001 油201											用于金属构件，颜色按详细外墙为准
外墙面	涂料外墙面	构造做法：涂料外墙+20厚水泥砂浆+35厚挤塑聚苯板+加气混凝土砌块（B07级）+20厚水泥砂浆，具体部位及颜色详见各立面所示
	面砖外墙面	构造做法：8厚面砖+20厚水泥砂浆+35厚挤塑聚苯板+加气混凝土砌块（B07板）+20厚水泥砂浆，具体部位及颜色详见各立面所示
屋面	屋A：上人屋面	07EJ101第45页屋5-3	用于标高8.10m屋面
	屋B：不上人屋面	15ZJ001 屋101	用于标高0.80m屋面

说明：卫生间、淋浴间楼面为300mm×300mm规格防滑地砖，内墙采用200mm×300mm面砖贴至屋顶吊顶处，应由甲方会同设计人员看样同意后施工。包房内等二次装修待定。

××××建筑设计院		工程名称	××中心
		项目名称	餐饮中心
审 核		建筑设计总说明	设计号
校 对		建筑构造做法表	图 别 建施
设 计		门窗明细表	图 号 01
专业负责人			
工程负责人			日 期

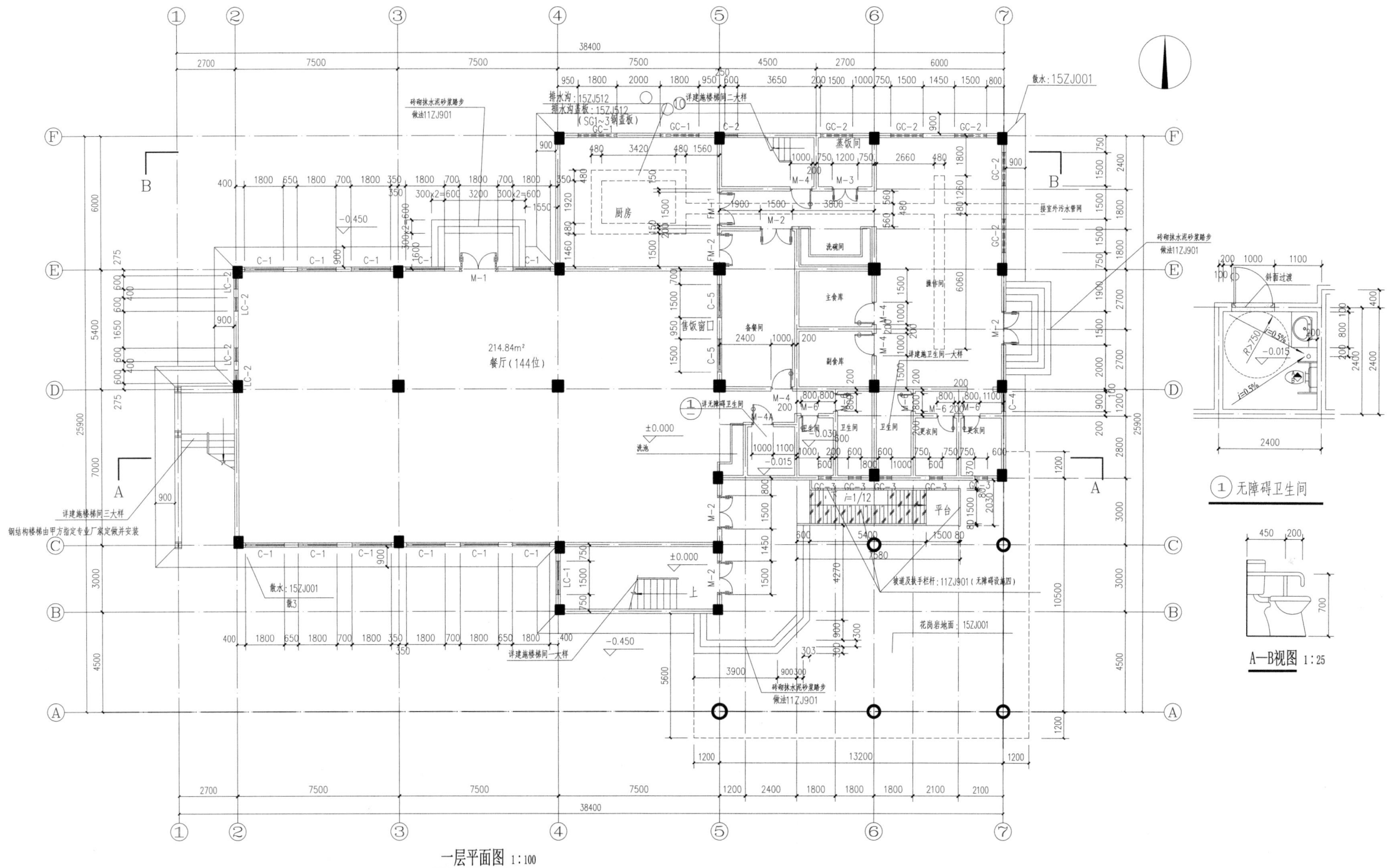

一层平面图 1:100

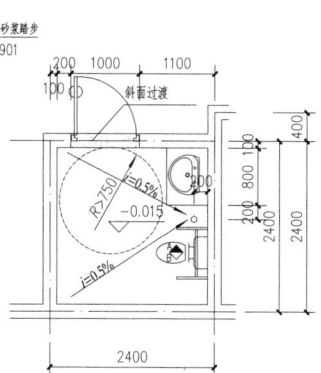

①　②　③　④　⑤　⑥　⑦

38400
2700　7500　7500　7500　4500　2700　6000

散水:15ZJ001

排水沟:15ZJ512
排水沟盖板:15ZJ512（SG1~3钢盖板）
详建施楼梯同二大样

砖砌抹水泥砂浆踏步
做法11ZJ901

蒸饭间
厨房
洗碗间
主食库
操作间
副食库
备餐间
售饭窗口
餐厅（144位）
214.84m²

接室外污水管网

砖砌抹水泥砂浆踏步
做法11ZJ901

卫生间
卫生间
更衣间
详无障碍卫生间一大样
详建施卫生间一大样

洗池
±0.000
−0.015
−0.030

详无障碍卫生间
详建施楼梯同三大样
钢结构楼梯由甲方指定专业厂家定做并安装

散水:15ZJ001
散3

详施工楼梯同一大样

i=1/12
平台
坡道及扶手栏杆:11ZJ901（无障碍设施四）
花岗岩地面:15ZJ001

砖砌抹水泥砂浆踏步
做法11ZJ901

±0.000
−0.450
−0.450

C-1　C-2　C-5　LC-1　LC-2　M-1　M-2　M-3　M-4　M-6　FM-1　FM-2　GC-1　GC-2　GC-3　GC-4

25900
6000　5400　7000　3000　4500

① 无障碍卫生间

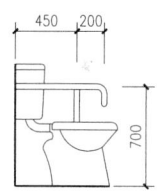

A—B视图 1:25

××××建筑设计院	工程名称	××中心
	项目名称	餐饮中心
审核		设计号
校对	一层平面图	图别　建施
设计		图号　02
专业负责人		日期
工程负责人		

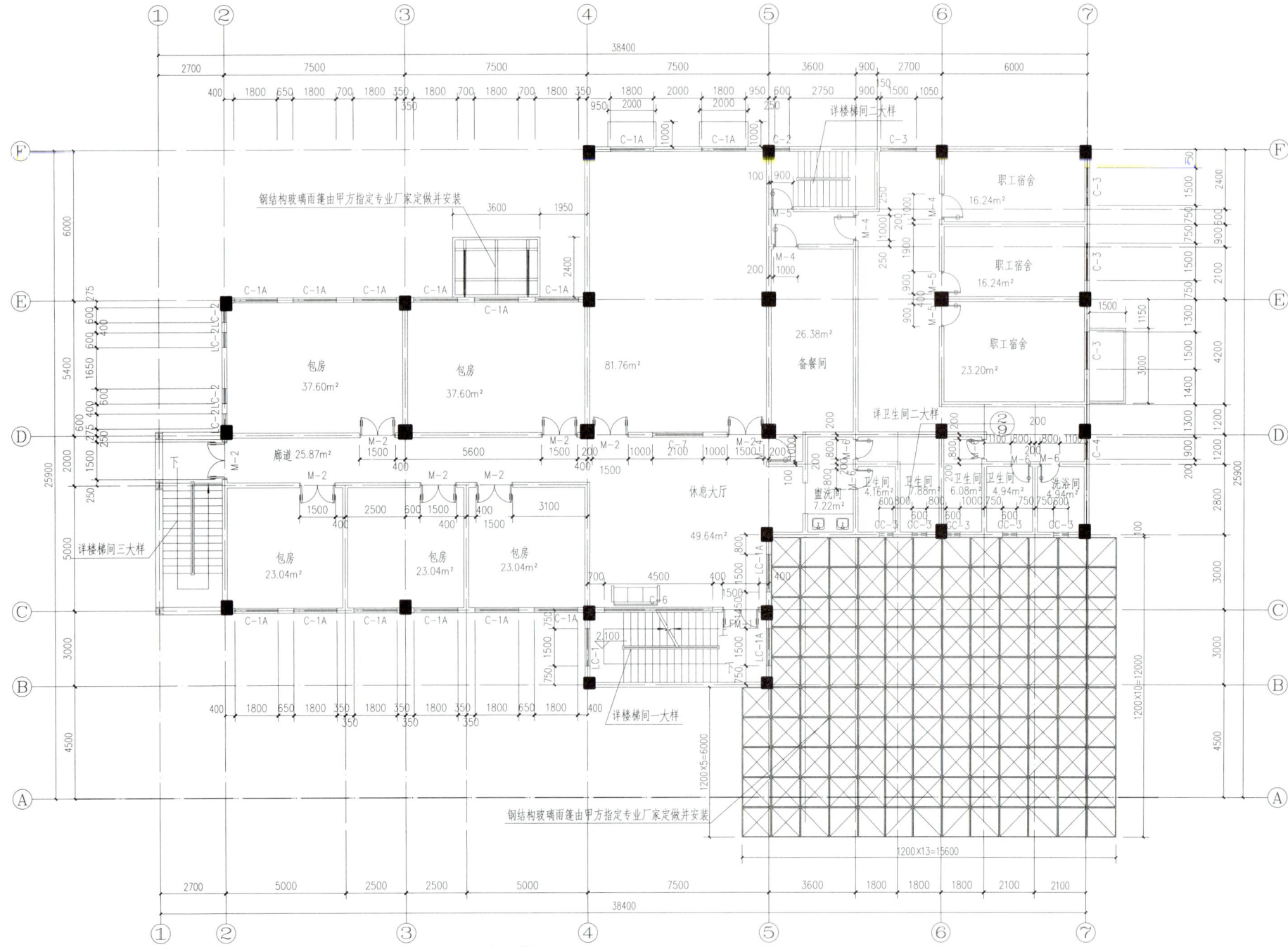

二层平面图 1:100

职工宿舍 16.24m²

职工宿舍 16.24m²

职工宿舍 23.20m²

包房 37.60m²

包房 37.60m²

81.76m²

备餐间 26.38m²

廊道 25.87m²

休息大厅

盥洗间 7.22m²

卫生间 4.16m²

卫生间 7.38m²

卫生间 6.08m²

卫生间 4.94m²

洗浴间 3.94m²

49.64m²

包房 23.04m²

包房 23.04m²

包房 23.04m²

钢结构玻璃雨篷由甲方指定专业厂家定做并安装

钢结构玻璃雨篷由甲方指定专业厂家定做并安装

详楼梯间二大样

详楼梯间三大样

详楼梯间一大样

详卫生间二大样

38400

25900

1200X10=12000

1200X13=15600

1200X5=6000

| XXXX 建 筑 设 计 院 | 工 程 名 称 | XX中心 |
| | 项 目 名 称 | 餐饮中心 |

审 核		设 计 号	
校 对		图 别	建施
设 计	二层平面图	图 号	03
专业负责人		日 期	
工程负责人			

6

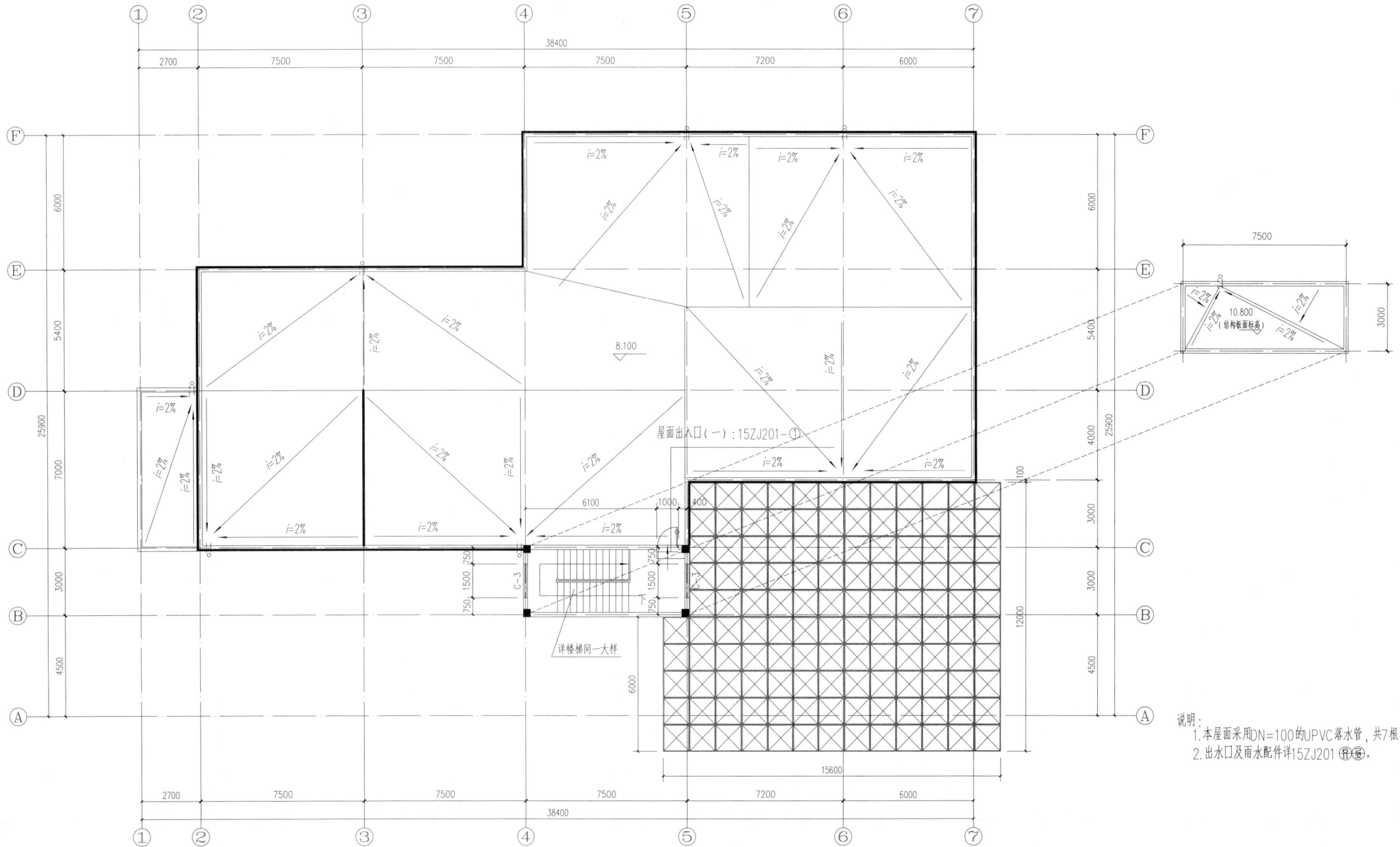

屋顶平面图 1:100

说明:
1. 本屋面采用DN=100的UPVC落水管，共7根。
2. 出水口及雨水配件详15ZJ201 ⑪ ⑫。

屋面出入口(一):15ZJ201-①

8.100

10.800
(结构板面标高)

详楼梯间一大样

C-3

i=2%

| ××××建筑设计院 | 工程名称 | ××中心 |
| | 项目名称 | 餐饮中心 |

审 核		屋顶平面图	设 计 号	
校 对			图 别	建施
设 计			图 号	04
专业负责人			日 期	
工程负责人				

7

白色外墙砖饰面

红褐色外墙砖饰面

9.600

8.100

4.200

±0.000

−0.450

38400

浅灰色外墙砖饰面

①

⑦

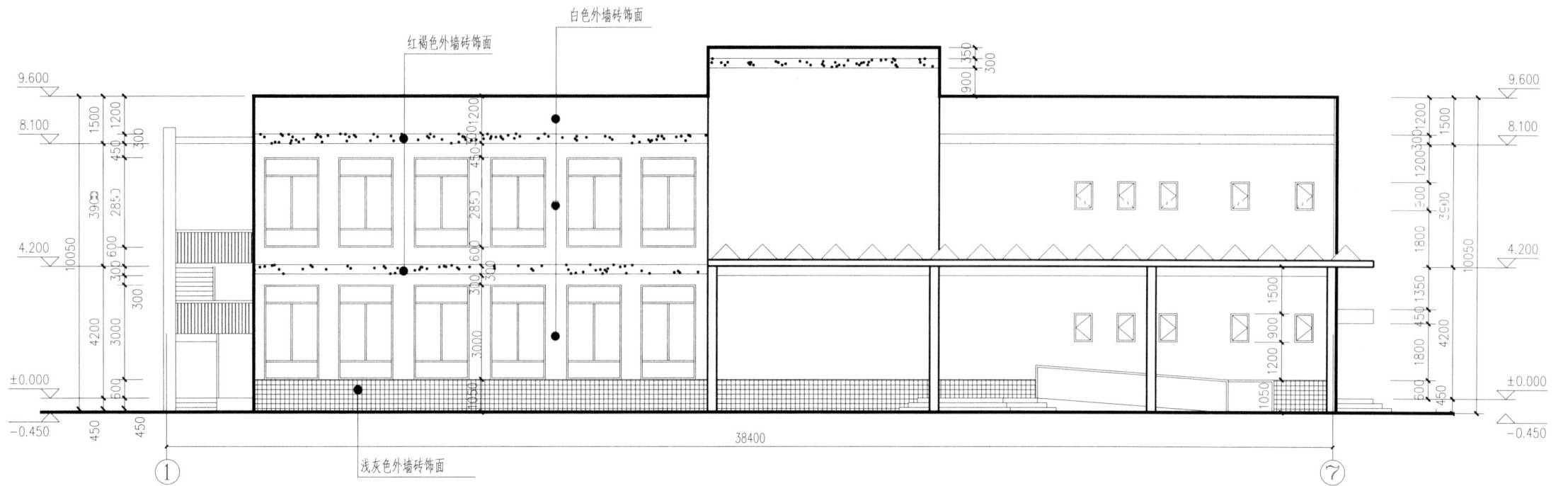

①～⑦立面图 1:100

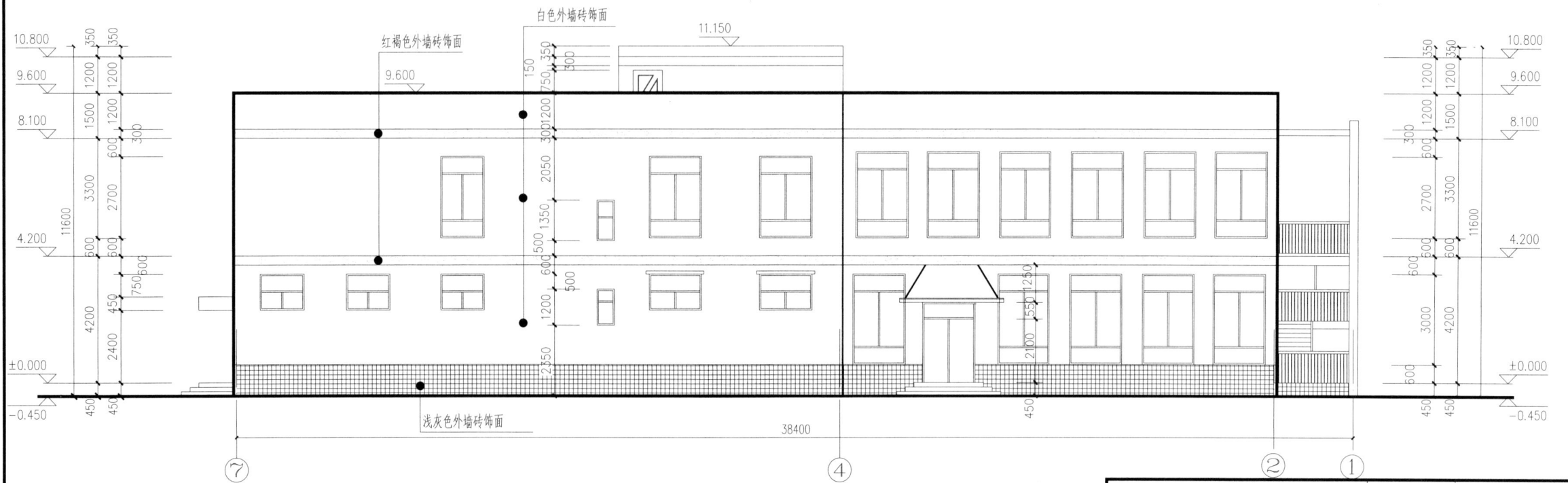

白色外墙砖饰面

11.150

红褐色外墙砖饰面

9.600

10.800

9.600

8.100

4.200

±0.000

−0.450

38400

浅灰色外墙砖饰面

⑦

④

②

①

⑦～①立面图 1:100

×××× 建 筑 设 计 院		工程名称	××中心
		项目名称	餐饮中心
审　核		①～⑦立面图	设计号	
校　对			图　别	建施
设　计		⑦～①立面图		
专业负责人			图　号	05
工程负责人			日　期	

红褐色外墙砖饰面　　　白色外墙砖饰面　　　红褐色外墙砖饰面

钢结构玻璃架廊由甲方指定
专业厂家另行设计安装

浅灰色外墙砖饰面

25900

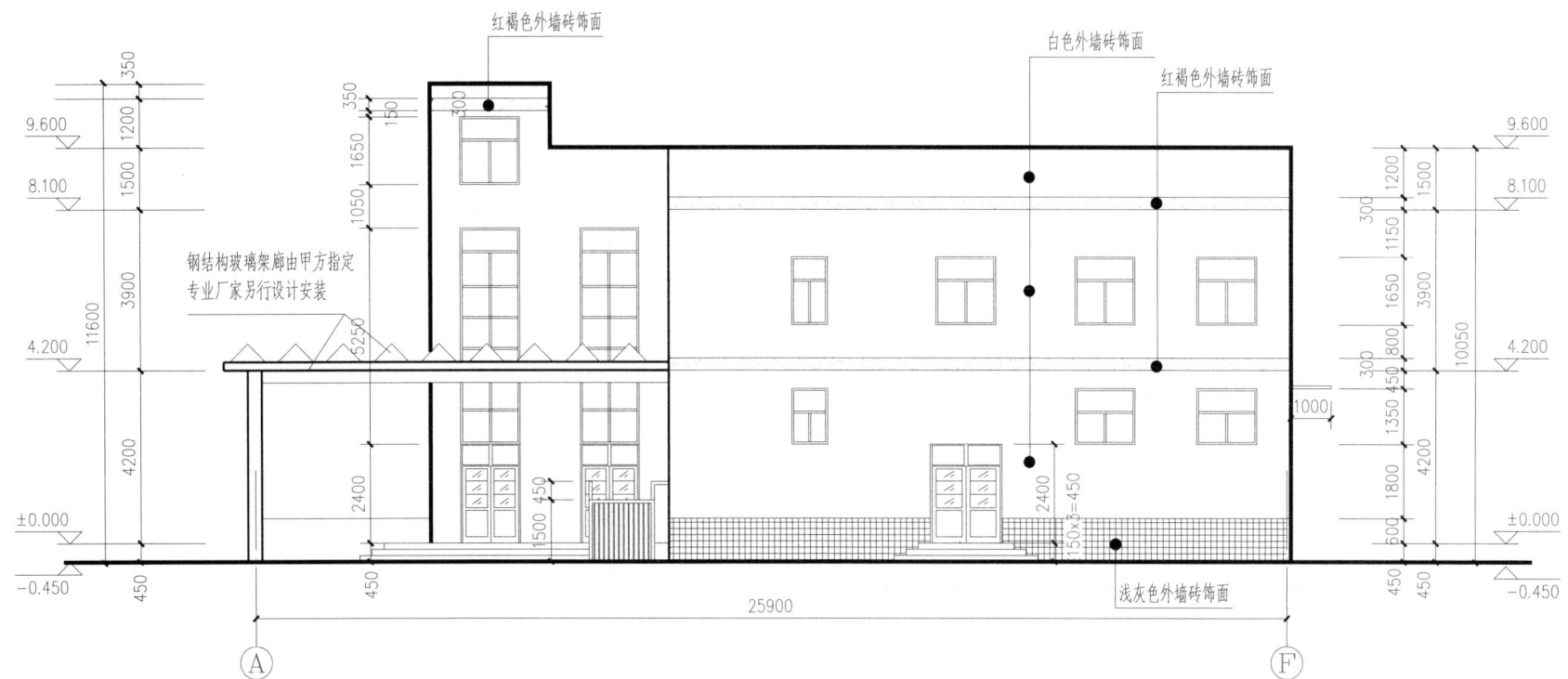

Ⓐ～Ⓕ立面图 1:100

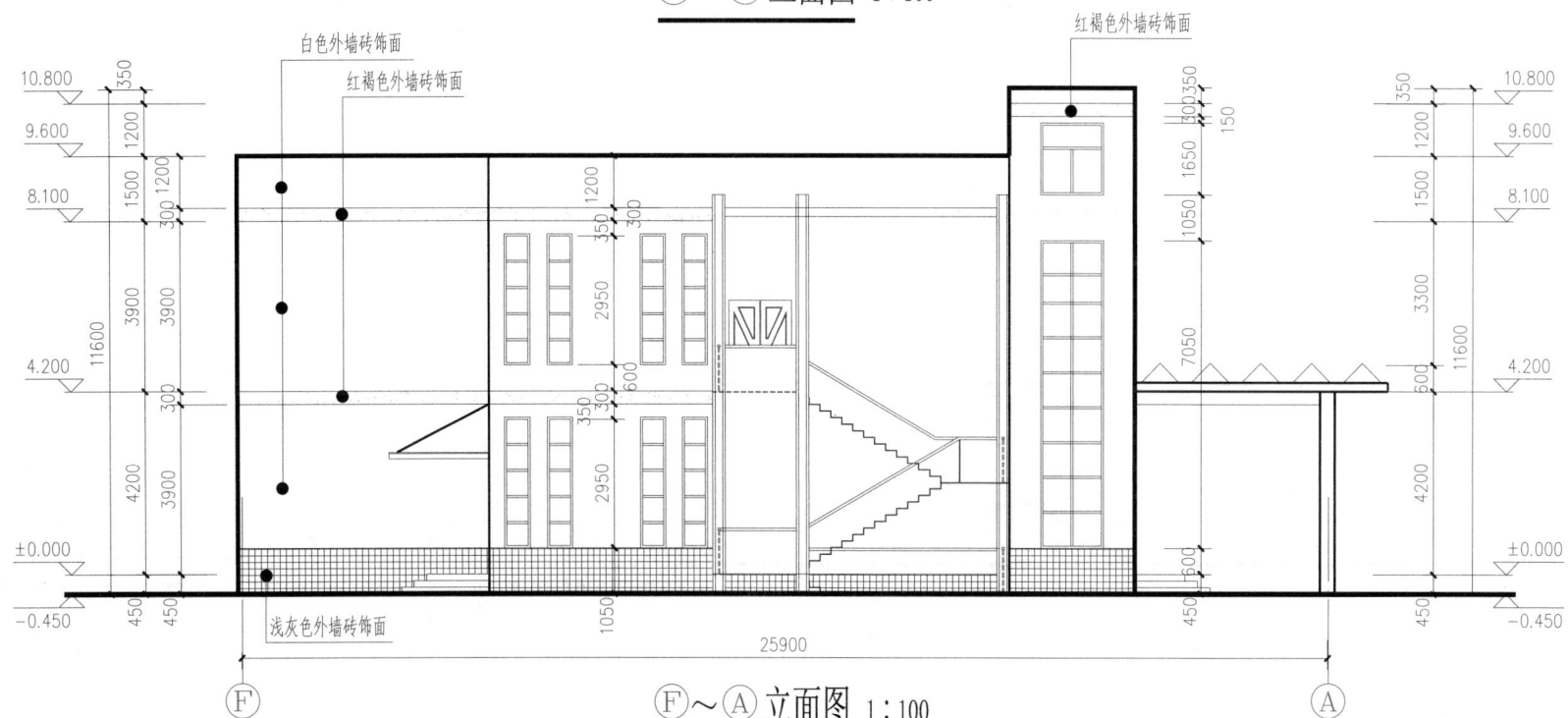

白色外墙砖饰面　　　红褐色外墙砖饰面

红褐色外墙砖饰面

浅灰色外墙砖饰面

25900

Ⓕ～Ⓐ立面图 1:100

××××建筑设计院		工 程 名 称	××中心	
		项 目 名 称	餐饮中心	
审　　核		Ⓐ～Ⓕ立面图 Ⓕ～Ⓐ立面图	设 计 号	
校　　对			图　别	建施
设　　计			图　号	06
专业负责人			日　期	
工程负责人				

9

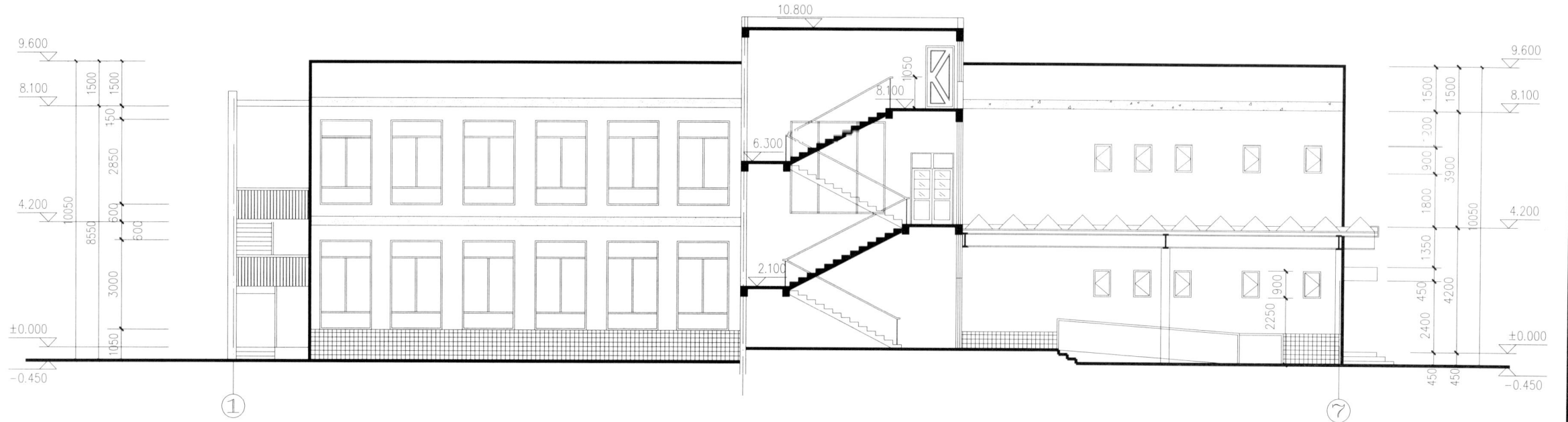

A—A剖面图 1:100

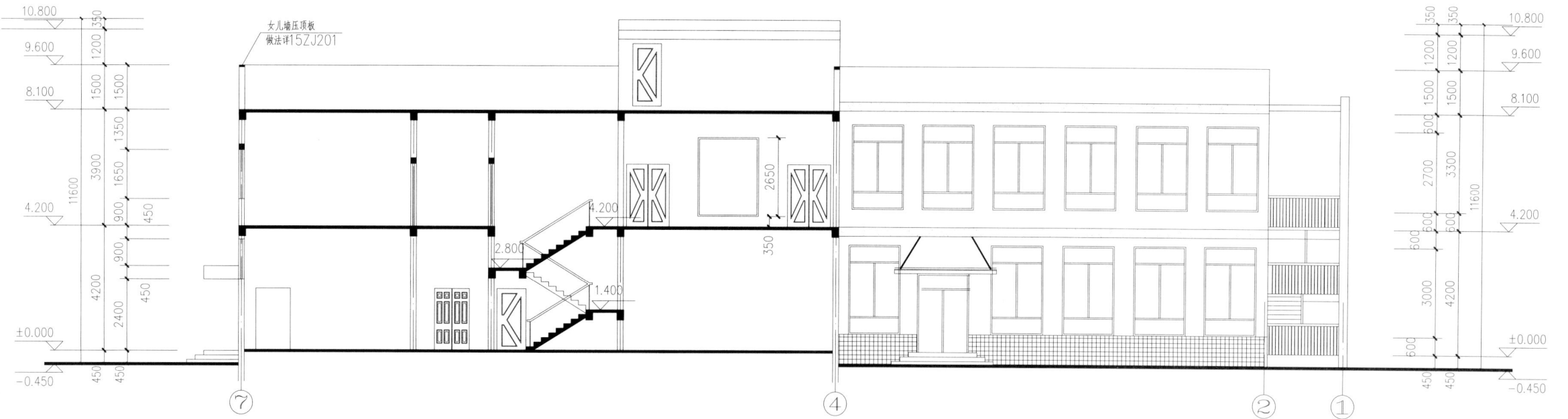

B—B剖面图 1:100

女儿墙压顶板
做法详15ZJ201

| ××××建筑设计院 | 工程名称 | ××中心 |
| | 项目名称 | 餐饮中心 |

审　核		A—A剖面图 B—B剖面图	设计号	
校　对			图　别	建施
设　计			图　号	07
专业负责人			日　期	
工程负责人				

10

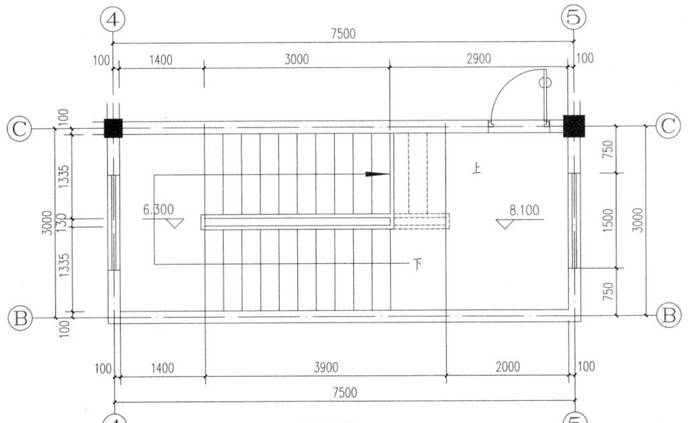

三层平面图 1:50

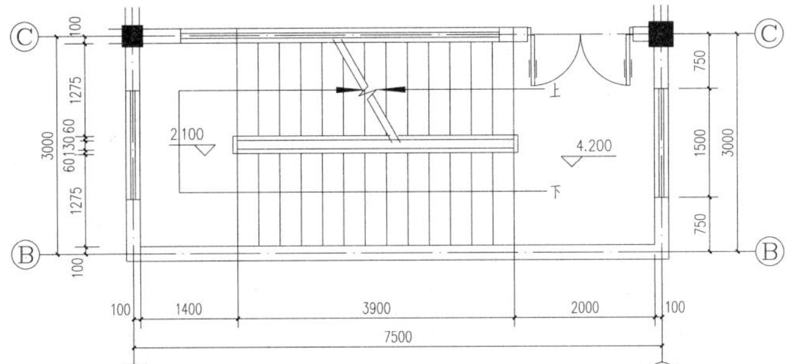

二层平面图 1:50

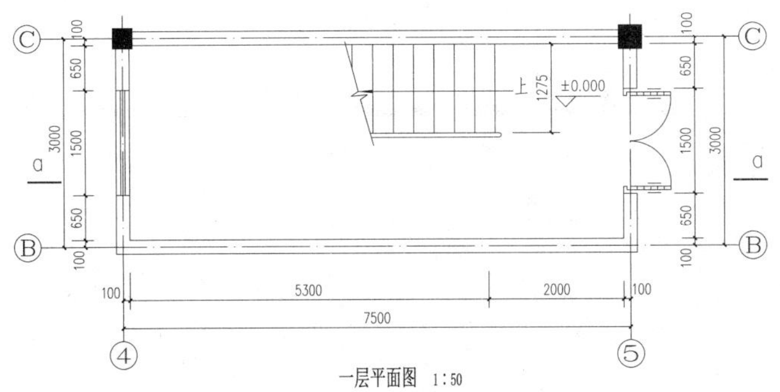

一层平面图 1:50

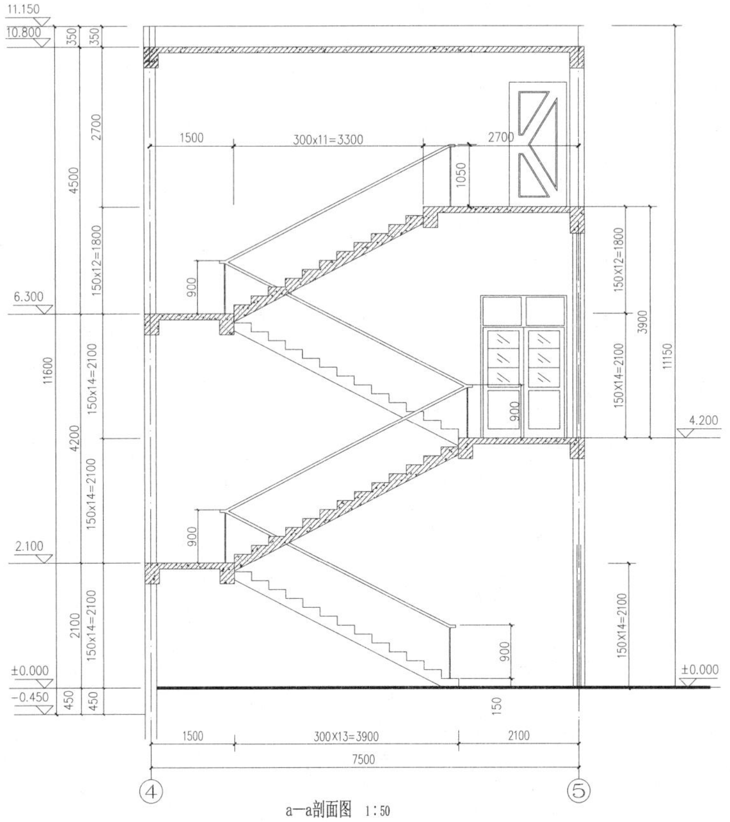

a—a剖面图 1:50

楼梯间一大样 1:50

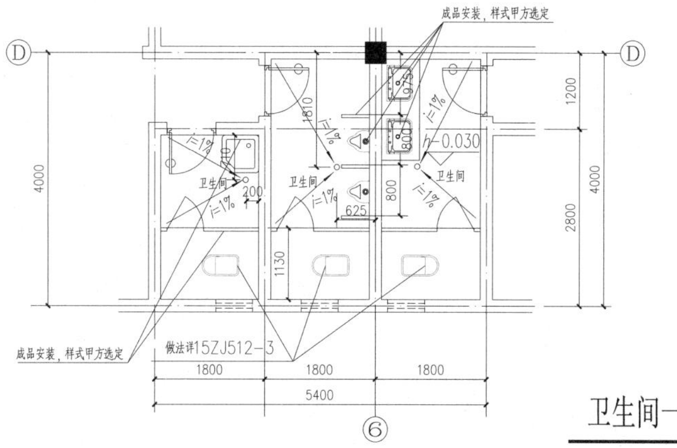

卫生间一大样 1:50

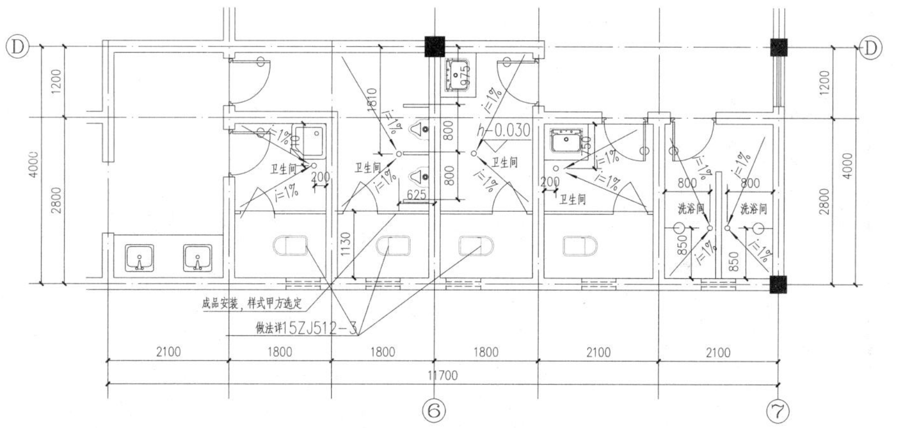

成品安装，样式甲方选定
做法详15ZJ512-3

卫生间二大样 1:50

成品安装，样式甲方选定
做法详15ZJ512-3

××××建 筑 设 计 院		工 程 名 称	××中心	
		项 目 名 称	餐饮中心	
审　核		楼梯间一大样 卫生间一大样 卫生间二大样	设 计 号	
校　对			图　别	建施
设　计			图　号	08
专业负责人			日　期	
工程负责人				

11

一层平面图 1:50

二层平面图 1:50

b—b剖面图 1:50

楼梯间二大样 1:50

一层平面图 1:50

二层平面图 1:50

c—c剖面图 1:50

楼梯间三大样 1:50

不锈钢护栏

±0.000
2.800
4.200
8.100
9.600
1.400
-0.450
2.100

155.6×9=1400
260×8=2080
260×13=3380
150×14=2100
150×3=450

×××× 建 筑 设 计 院

工 程 名 称　××中心
项 目 名 称　餐饮中心

审　　核
校　　对
设　　计
专业负责人
工程负责人

楼梯间二大样
楼梯间三大样

设 计 号
图　别　建施
图　号　09
日　期

12

二、××中心餐饮中心结构施工图

××××建筑设计院

工程名称：_____<u>××中心</u>_____

项目名称：_____<u>餐饮中心</u>_____

设计号：_____ 设计阶段：<u>施工图阶段</u>

图　别：_____<u>结施</u>_____ 日　期：_____

院　　长：_____

总工程师：_____

设计总负责：_____

专业负责人

建筑：_____ 电照：_____

结构：_____ 暖通：_____

水卫：_____ 概算：_____

××××建筑设计院

工程名称：_____<u>××中心</u>_____ 设计号：_____

项　目：_____<u>餐饮中心</u>_____ 图　别：<u>结施</u>

日　期：_____

图纸目录

第1页 共1页

图纸编号	图名	规格	备注
结施01	结构设计总说明	A1	
结施02	基础平面布置图	A2	
结施03	基础详图	A2	
结施04	基础梁平面布置图	A2+	
结施05	柱平面布置图	A2+	
结施06	二层梁配筋图	A1	
结施07	二层板配筋图	A1	
结施08	屋面梁配筋图	A2+	
结施09	屋面板配筋图	A2+	
结施10	楼梯大样图	A2+	

结 构 设 计 总 说 明

一、一般说明

1. 本工程设计标高±0.000相当于黄海标高23.540m。
2. 本工程建筑结构安全等级及基础安全等级均为二级，建筑地基基础设计等级为丙级，结构设计使用年限为50年。
3. 拟建场地抗震设防烈度为六度，建筑场地设防烈度为六度，设计基本地震加速度值为0.05g，设计地震分组为第一组。本工程抗震设防类别为丙类，建筑场地类别为Ⅱ类，属中硬场地土。
   本工程结构体系为框架结构，框架抗震等级为四级。
4. 设计采用的主要规范为国家现行的设计及施工验收规范。
5. 本设计图纸施工须经过施工图审查后方可用于施工。
6. 未经技术鉴定或设计许可，不得改变结构的用途和使用环境。

二、使用荷载标准值

1. 基本风压 $W_0 = 0.35kN/m^2$（地面粗糙度为B类），基本雪压 $S_0 = 0.50kN/m^2$。
2. 活荷载标准值如下表所示。

（单位：kN/m^2）

类别	活荷载标准值	类别	活荷载标准值	类别	活荷载标准值
客厅、餐厅	2.5	阳台、露台	2.5	上人屋面	2.0
厨房	4.0	卫生间	2.0	楼梯	2.5	不上人屋面	0.5

3. 建筑二次装修楼面荷载标准值不得超过以下控制标准值：$1.0kN/m^2$。
4. 施工和装修荷载超过上述荷载时，应自行采取必要的支撑与加固措施，以确保结构安全。

三、主要材料及技术指标

1. 钢筋级别（除图中另有说明者外）：φ为HPB300热轧钢筋，ϕ为HRB400热轧钢筋。
2. 钢材：未注明钢筋及型钢一律选用普通碳素钢Q235B，预埋件应涂防锈漆两道，钢筋应做防火处理。
3. 焊条：HPB300钢筋互焊用焊接用焊条E43，HRB400钢筋互焊用E50，钢筋与钢材Q235焊件焊接用E43。
4. 混凝土强度等级。
   1）基础垫层：C10；圈梁、构造柱：C20；过梁、压顶等：C20。
   2）柱、梁、板：C25。
   3）基础：C25。
5. 结构混凝土耐久性的基本要求如下表所示。

类别	最大水灰比	最小水泥用量/(kg/m³)	最低混凝土强度等级	最大氯离子含量/%	最大碱含量/(kg/m³)
一类	0.65	225	C20	1.0	不限
二a类	0.60	250	C25	0.3	3.0

6. 填充墙体及砌筑砂浆。
   1）室内地坪（±0.000）以下砌体用MU10混凝土实心砖，M7.5水泥砂浆砌筑。
   2）室内地坪（±0.000）以上均采用MU5加气混凝土砌块，容重<7.0kN/m³，M5混合砂浆砌筑。
   3）厨房、卫生间四边隔墙采用M5水泥砂浆砌筑。

四、地基及基础

1. 地基及基础设计说明详见单体基础图。基础施工前应对地下埋藏物及地下管线进行确认，清除报废地下管线及埋藏物。
2. 基础开挖至基底标高时，应留有150mm保留层，待基础工作条备后，及时会同质监、勘察及设计部门有关人员对验槽，验槽合格后，开挖到设计标高并浇筑混凝土垫层，进行基础施工，确保基础土层不受扰动和扰动。
3. 基础验槽合格后，应立即用素土回填，且要清除基坑中的淤积杂物，四周均衡回填。回填土应分层夯实，压实系数不得小于0.96。室内外回填土均分别填至设计标高处。基础工程验收合格后，基坑回填土后，方可进行上部结构的施工。室内外地坪回填土要求同基坑回填土。

五、钢筋混凝土工程

（适用于框架柱、主梁、次梁、现浇楼层屋面板等一次浇筑构件。）
本工程直接受到侵蚀的外露构件、室内潮湿环境、一层地面以下部位的环境类为二a类，其余正常环境类别为一类。

1. 混凝土保护层厚度。
   1）基础受力钢筋的混凝土保护层厚度：无垫层时为70mm，有垫层时为40mm。
   2）未注明的混凝土保护层厚度按标准图22G101-1执行（板保护层厚度同墙）。
2. 钢筋连接与锚固（d为纵向受力钢筋直径）。
   1）直径不小于22mm的钢筋连接宜采用机械连接或焊接连接。当采用焊接连接时，除图中注明者外，搭接焊接长度为6mm且不小于0.3d，焊缝宽度单面焊10d，双面焊5d。同一连接区段内有接头的受力钢筋截面积不大于面积的50%（冷轧带肋钢筋严禁焊接）。且相邻接头中距离不得小于35d及500mm（d为受力钢筋的较大直径）。
   2）其他钢筋可采用绑扎搭接连接。同一连接区段内纵向钢筋绑扎搭接面积不大于25%（冷轧带肋钢筋取25%）。梁、柱箍筋加密区范围内，箍筋间距不大于5d且不大于100mm（d为搭接钢筋的最小直径）。
   3）纵向受拉钢筋的最小锚固长度 l_a、l_{aE}，按标准图集22G101-1。
   4）冷轧带肋钢筋的最小搭接长度均按22G101-1。
   5）冷轧带肋钢筋的锚固长度及搭接长度均同HRB400热轧钢筋。
   6）混凝土现浇板内纵向钢筋锚固长度：板底钢筋伸至支座不小于10d且100mm，楼（屋）面板中的受力钢筋、加强筋、分布筋均应伸入明梁内锚固，不得锚固于次梁内。
   7）现浇板支座负筋定位示意见图1；现浇板板阳转角处的附加构造钢筋详见图2。板角布置见标准图集22G101-1。

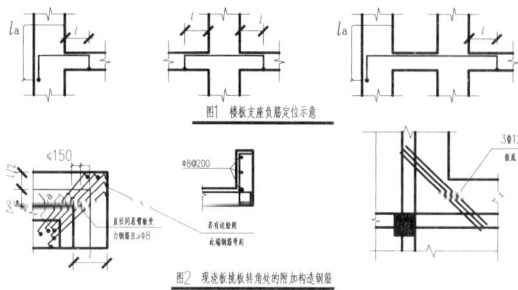

图1 楼板支座负筋定位示意图

图2 现浇板板转角处的附加构造钢筋

3. 混凝土构件施工。
   1）模板支撑应有足够的安全牢度，断面尺寸准确无误，混凝土应严格控制配合比，并符合《混凝土结构设计规范（2015年版）》（GB 50010-2010）的相关要求。浇筑后的12h内应加以覆盖和浇水养护，严防脱水。屋面板采用湿麻袋养护，养护时间不得少于14d。
   2）悬臂构件拆除上一层结构施工且Ⅱ层混凝土强度达到100%后方可拆除及拆模，悬臂板中应严格控制板（梁）面钢筋的架空高度，不得踩踏；悬挑构件浇筑时，均不得集中堆积荷载使用。悬臂板外伸长度≥1m时，应按板长0.2%起拱，且不少于15mm。跨度不小于4m的梁，均按跨中0.1%起拱。
   3）主体结构施工时，应按构造柱、砌体拉结筋及压顶等的设置要求预留拉结筋或预埋铁脚钢筋。特殊工程可按照需要采用预留插筋接驳，现浇C20混凝土。
   4）压顶梁为二次浇筑构件，施工时应与主体结构同时施工。与主体相关的梁柱施工时，应配合楼梯详图标号TZ详图。楼梯构造详见22G101-1一。门窗洞口及阳台栏板施工时须配合建筑详图处理。
   5）混凝土构件施工后总将土壤与设备安装等同时例合，严禁随意凿除已预留孔洞、预埋管线、铁件及焊接预埋件等。在浇筑混凝土之前应与相关工种对照，补漏等。按管配置做电气与水暖设备。
   4. 对于现浇屋面处于潮湿等环境中的构件以及尽而采用保温措施的屋面，在板顶未配筋区域均设φ6@150双向温度收缩钢筋，并与面受力钢筋搭接。除注明者外，现浇板（屋）面板中的分布钢筋如下表所示。

板厚b	h<100	100<h<110	110<h<130
分布筋	φ6@200	φ6@175	φ6@150

5. 现浇板与砌体连接处，除注明者外，在墙上板处范围内设置2φ16通长附加筋（伸入支座150mm），当为悬挑板时，在墙上板位置处设φ12负筋（锚入支内 l_{aE}）。
6. 现浇板上留孔洞直径D及矩形孔宽边度度不大于300mm时，将受力钢筋绕过洞口，不需切断；当300<D或b<1000mm时，楼板洞口见图3，其中①、②号筋面积不小于1.2倍截断钢筋面积，且不小于2φ12，当为圆形孔洞时，应沿洞边放置2φ12环向附加钢筋并φ6@200放射筋。

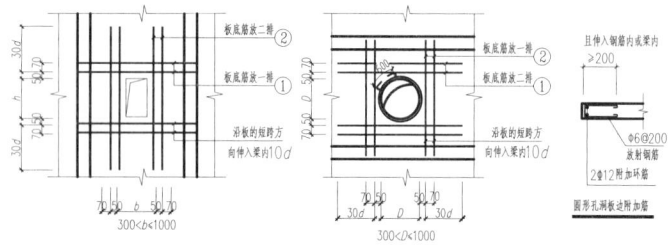

图3 楼板洞口处补强钢筋
（双向板之①号筋伸入支座10d）

7. 本工程梁、柱、剪力墙配筋表示方法及构造按标准图集22G101-1执行，有关内容及页码如下表所示。

序号	内容	序号	内容
1	柱、剪力墙平法施工图制图规则	7	KL、WKL中间支座纵向钢筋构造
2	梁平法施工图制图规则	8	平法支座下部纵向钢筋构造
3	抗震KZ纵向钢筋连接构造	9	抗震KL、WKL箍筋、附加箍筋、吊筋及梁侧向构造
4	抗震KZ柱顶纵向钢筋构造	10	配筋构造
5	箍筋加密区构造	11	XL及各类悬挑梁悬挑端配筋构造
6	抗震框架层及屋面框KL、WKL纵向钢筋构造		

除注明外，采用标准图集22G101-1，做如下更变：
1）梁平法施工图中未标注梁箍筋均双肢箍。
2）抗震KZ柱柱柱角柱纵向钢筋构造选用"柱顶纵向钢筋构造（一）"，①～③。
3）未注明的梁挑梁箍筋均为100mm，直径及肢数同基本箍；主梁配筋构造按22G101-1施工，其中梁上部第一排钢筋不能采用弯角锚，屋面梁尾筋处的梁顶配筋均按22G101-1施工。
4）主次梁搭接处，在次梁两侧设置附加4根，间距50mm，直径及肢数同基本箍。编号相同的梁，其附加吊筋也相同。附加吊筋分别按图施工。

5）支座两侧的梁高不等高梁号不同时，应尽量保持板筋贯通下料。
6）图中未注明的梁侧面构造筋（参标准图集22G101-1）如下表所示。

梁宽b	450<h_w<500	500<h_w<600	600<h_w<800	800<h_w<1000
b<350	G2φ12	C4φ12	C6φ14	C8φ14
350<b<450	G2φ14	C4φ14	C6φ16	C8φ16

六、砌体工程

（适用于填筑墙体及构造柱、过梁、窗台和女儿墙压顶等二次浇筑构件。）

1. 砌体墙体与柱相连与构造柱、剪力墙相连时，按图利分别可靠连接，并沿墙体板面高度每500设置2φ6拉筋，大内构造柱及与以下表所示不特别说明时外。

二次浇筑构件纵向受拉钢筋的最小搭接长度为：1方：43d(φ)、53d(φ)；最小锚固长度为：31d(φ)、38d(φ)。

内容	03ZG003图号	附注
砌体填充墙构造柱与梁、墙的连接构造	36	节点处梁纵筋为φ10，拉筋高120mm
填充墙、女儿墙压顶构造	37	压顶尺寸同墙厚，箍筋4φ12

注：洞口梁按过梁施工，拉结筋与过梁的纵筋搭接长度同上，带形窗洞大于3m时，其压顶梁纵筋锚入柱或构造柱内。

2. 填充墙门窗、管洞及预留孔洞的洞顶，均应设置混凝土过梁。
   1）在一般情况下，梁的支座长度设计均不应超过10kN/m，梁高按墙宽，支座长为250mm，混凝土强度等级为C20。
   ①当洞宽<1500mm时，梁高100mm，底筋2φ12，面筋2φ10，箍筋φ6@150。
   ②当1500mm<洞宽<2100mm时，梁高200mm，底筋2φ16，面筋2φ10，箍筋φ6@150。
   ③当2100mm<洞宽<3000mm时，梁高300mm，底筋3φ16，面筋2φ12，箍筋φ6@150。
   2）当洞净结构梁（或圈梁）底的距离小于过梁的高度时，见图4。当同过梁边受力钢筋为构造柱（墙）时，预埋已确定的过梁标号、截面及配筋（在柱（墙）内预埋相应的钢筋），待施工过后，再将其相互焊接，见图5。
   3）门窗过梁施工（洞净净小240mm时，应按图6沿门窗居及屋顶处现浇设C（窗）梁。厨房、卫生间内隔墙（除门洞外）外设置隔墙，详见图7。
   4）底层墙垛（单侧120或轻质墙净高，高度小于4m）无基础时，可直接在混凝土地面上时，可按图8施工。
   5）墙长超过5m时，应在墙中设置构造柱。定位构造柱与门窗洞口或成墙中，做法见图9。

七、沉降观测

建筑物沉降观测点详见柱定位平面图，埋设完毕有沉降观测点后，应及时将观测点保护起来，以免在施工中将损坏观测点而影响观测的准确性。沉降观测点大样见图10。

沉降观测：在施工期间应在每完工一层观测一次；主体结构封顶后每隔2个月测一次；竣工第一年每季度测一次，以后每6个月测一次，直至沉降稳定（连续二次半年沉降量不超过2mm）为止。若发现异常情况，应及时通知有关单位。

八、其他

1. 各层冷热水管PPR管（外径<32mm）敷设于本层楼面板保护层内及平面平，施工在板保护层外侧钢筋保护层行预先压实10mm深度的，管线接头处确保负筋保存在时，将负荷管挑接头，不可将板面负荷压端或截断，水管应敷设于板保护层内大样详见图11。安装完水管后应刷涂底线施工。
2. 下层式式卫生间处填充墙材料容重不得小于10kN/m³。

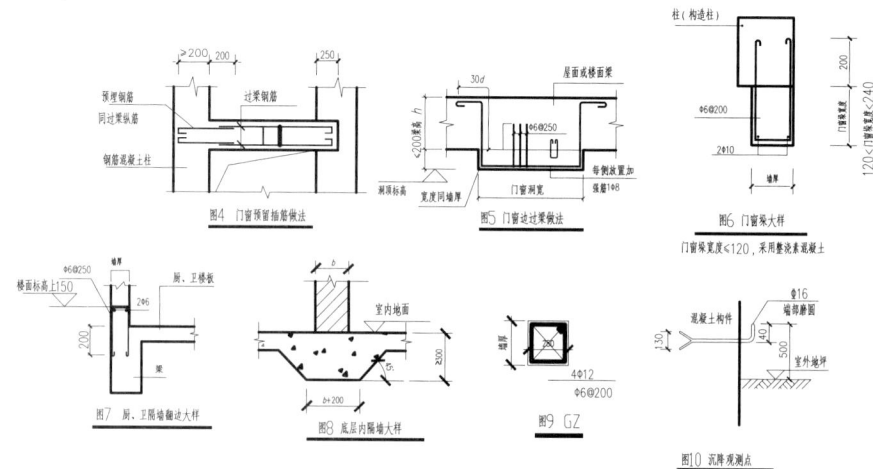

图4 门窗预埋窗筋做法

图5 门窗过梁做法

图6 门窗大样

图7 卫生间墙身大样

图8 底层内隔墙大样

图9 GZ

图10 沉降观测点

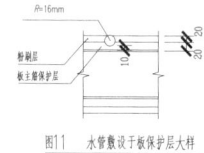

图11 水管敷设于板保护层大样

		工 程 名 称	××中心
××××建筑设计院		项 目 名 称	餐饮中心
审 核			设 计 号	
校 对		结构设计总说明	图 别	结施
设 计			图 号	01
专业负责人				
工程负责人			日 期	

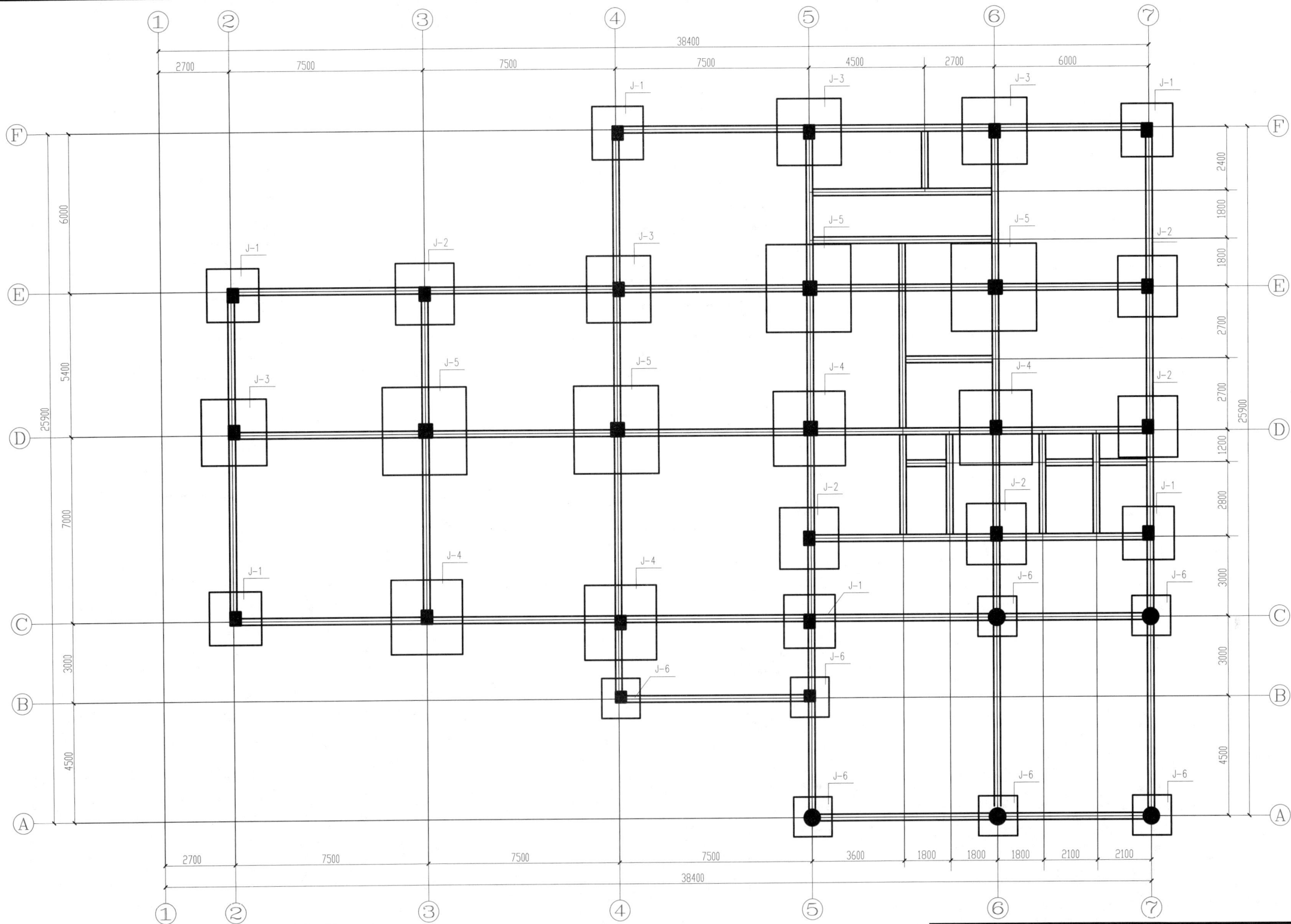

基础平面布置图 1:100

××××建筑设计院		工程名称	××中心		
		项目名称	餐饮中心		
审 核			基础平面布置图	设计号	
校 对				图别	结施
设 计				图号	02
专业负责人				日期	
工程负责人					

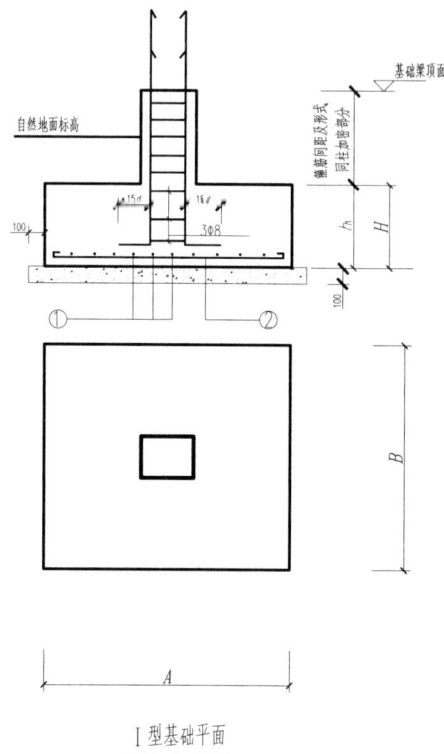

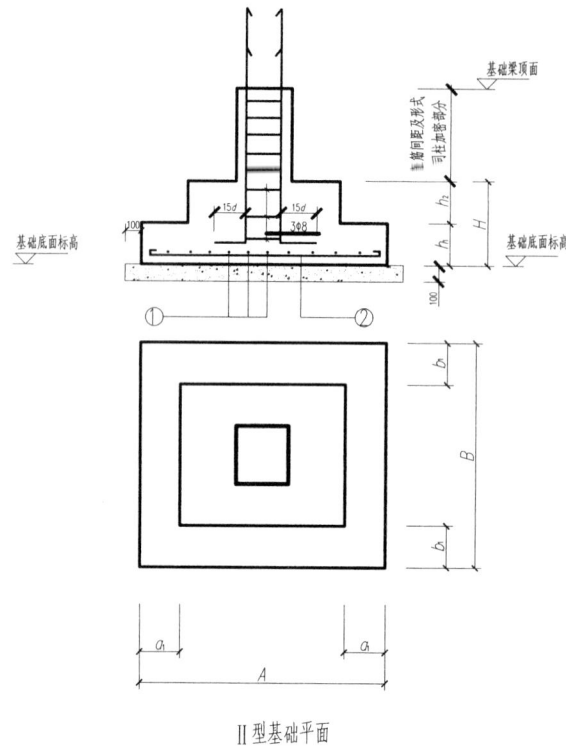

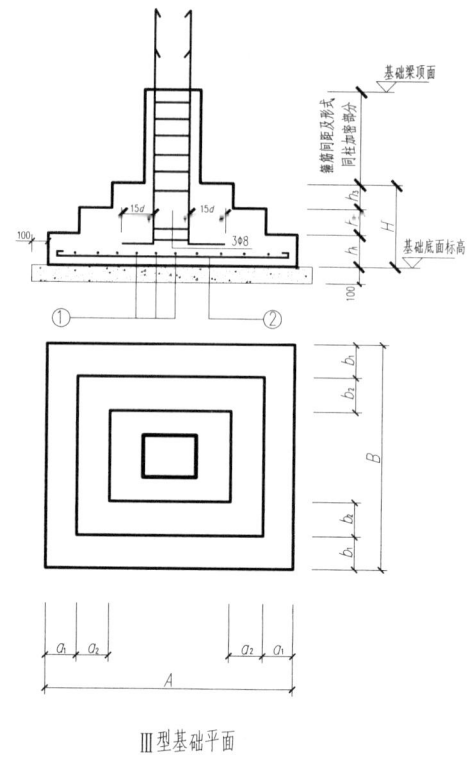

基础详图 1:100

I 型基础平面

II 型基础平面

III 型基础平面

基础编号	类型	基础最小底面标高	基础平面尺寸						基础高度				基础钢筋				备注
			A	B	a₁	b₁	a₂	b₂	H	h₁	h₂	h₃	①	②	③	④	
J-1	I	-2.400	2000	2000					500	500			Φ14@150	Φ14@150			
J-2	II	-2.400	2300	2300	550	550			700	350	350		Φ14@120	Φ14@120			
J-3	II	-2.400	2500	2500	550	550			750	400	350		Φ16@150	Φ16@150			
J-4	II	-2.400	2800	2800	550	550			750	400	450		Φ16@110	Φ16@110			
J-5	III	-2.400	3300	3300	500	500	550	550	950	350	300	300	Φ18@100	Φ18@100			
J-6	I	-2.400	1500	1500					500	500			Φ10@100	Φ10@100			

基础设计说明

1. 本工程基础根据《岩土工程详细勘察报告》设计,采用柱下独立基础,基础持力层为第四层粉质黏土,$f_{ak}=200MPa$。地质结构分层为第一层:素填土;无二、三层土,第四层为粉质黏土。
2. 基础设计的主要依据:《工程勘察报告》和《建筑地基基础技术规范》(DB42/242—2014)。
3. 本建筑物基础安全等级为二级。
4. 柱子的中心与基础的中心重合。
5. 基底标高是-2.4m,基底到达第四层粉质黏土的深度不得小于0.5m。
6. 材料:垫层采用C15混凝土,基础混凝土采用C25,钢筋为HPB300(Φ)级、HRB400(Φ)级。
7. 钢筋的混凝土保护层厚度:基础为40mm。
8. 基础中柱插筋数量及直径、与柱纵筋接头及要求、箍筋直径及形式均见柱构件明细表及标准图集22G101—1。
9. 基础施工时如发现地质情况与勘察报告提供数据不符或有异常情况发生时,应及时通知设计单位,由建设、勘察、设计单位共同研究处理。
10. 本图除标高以m为单位外,其余均以mm为单位。
11. 其他未尽事宜,按现行施工验收规范及规程进行。

××××建筑设计院		工程名称	××中心		
		项目名称	餐饮中心		
审 核				设计号	
校 对		基础详图		图 别	结施
设 计				图 号	03
专业负责人				日 期	
工程负责人					

基础梁平面布置图 1:100

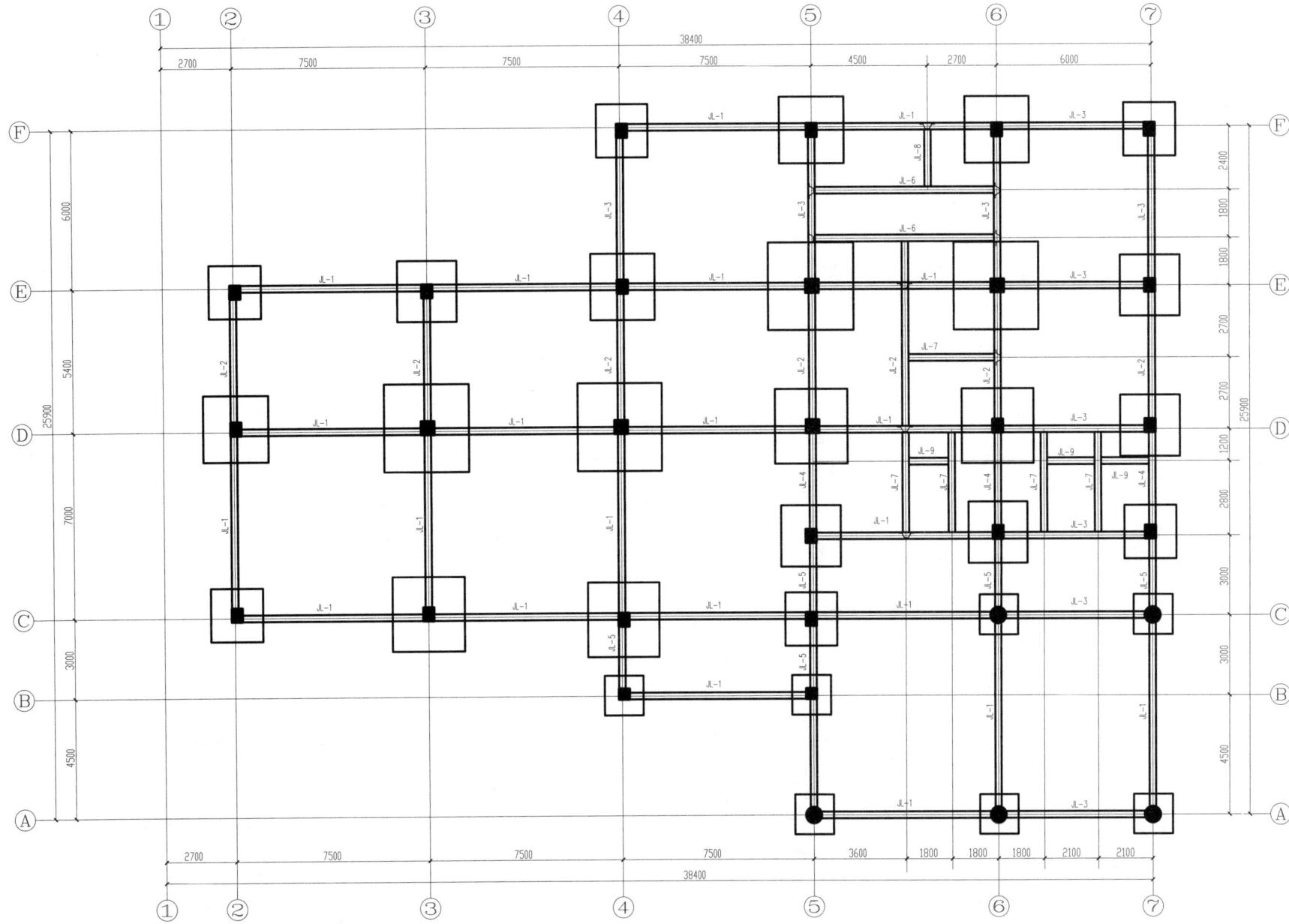

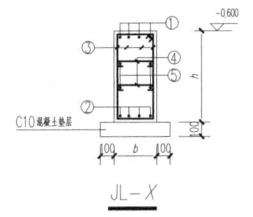

基础梁编号	截面尺寸 (b×h)	配筋					备注
		①	②	③	④	⑤	
JL-1	250×700	4Φ25	4Φ25	Φ8@150(2)	3Φ8@300	6Φ16	主梁
JL-2	250×500	3Φ20	3Φ20	Φ8@150(2)	Φ8@300	2Φ14	主梁
JL-3	250×600	4Φ20	4Φ20	Φ8@150(2)	2Φ8@300	4Φ14	主梁
JL-4	250×450	3Φ18	3Φ18	Φ8@150(2)	—	—	主梁
JL-5	250×450	3Φ16	3Φ16	Φ8@150(2)	—	—	主梁
JL-6	250×600	3Φ20	3Φ20	Φ8@150(2)	Φ8@300	2Φ14	次梁
JL-7	250×400	3Φ16	3Φ16	Φ8@150(2)	—	—	次梁
JL-8	200×350	2Φ16	2Φ16	Φ8@150(2)	—	—	次梁
JL-9	200×350	2Φ16	2Φ16	Φ8@150(2)	—	—	次梁

JL-X

说明:
1. 基础梁依据截面和配筋相同的梁进行编号,各自跨度见平面布置图。
2. 图中所有未注明吊筋均为2Φ20。
3. 图中所有主次梁处均设附加箍筋,做法详见结构设计总说明。
4. 无基础梁的墙做法参见结构设计总说明。
5. 未尽之处按有关规范执行。

| ××××建筑设计院 | 工程名称 | ××中心 |
| | 项目名称 | 餐饮中心 |

审核		设计号	
校对		图别	结施
设计	基础梁平面布置图	图号	04
专业负责人		日期	
工程负责人			

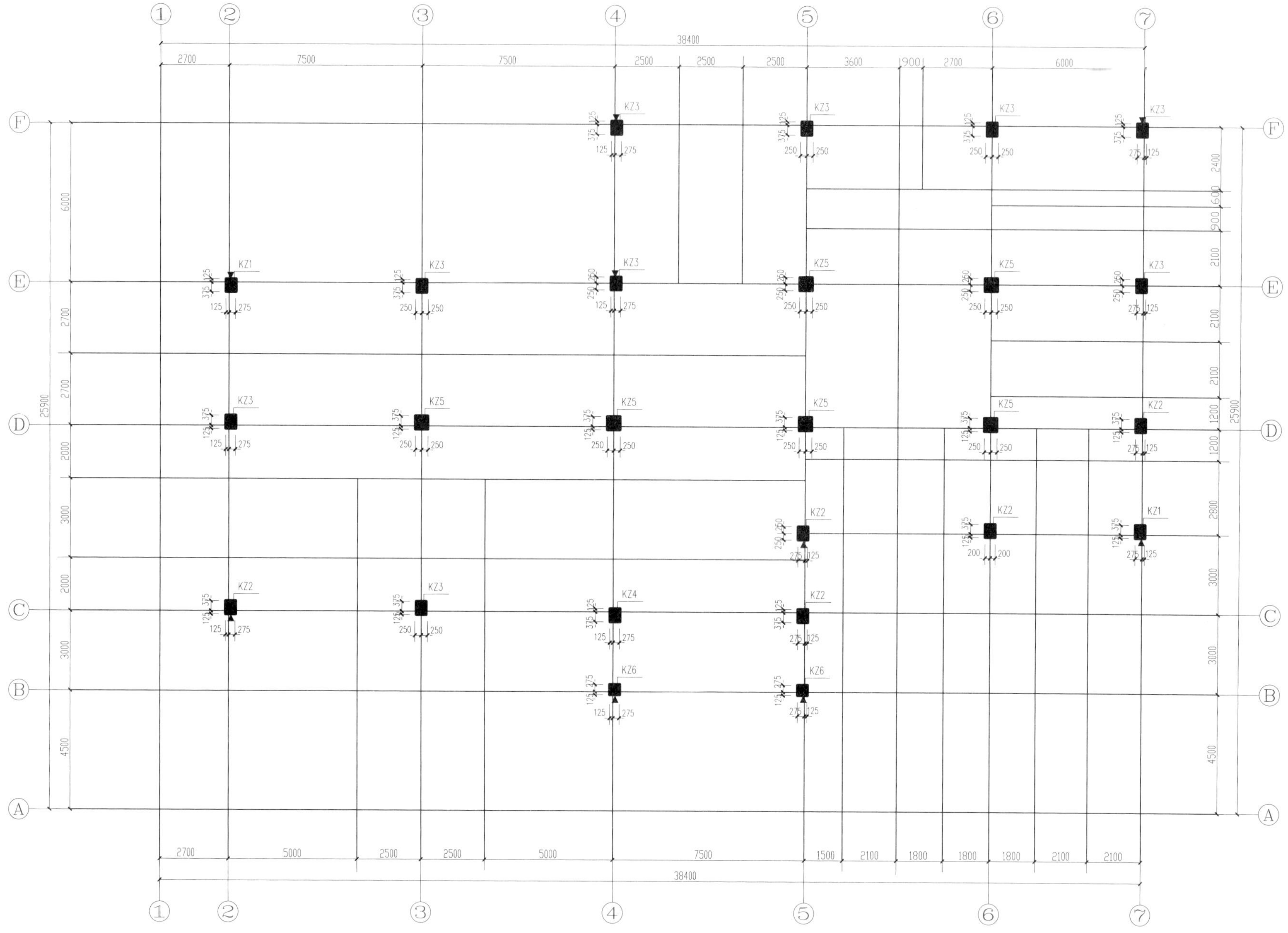

柱平面布置图 1:100

说明:
▲为沉降观测点

柱平法大样图表

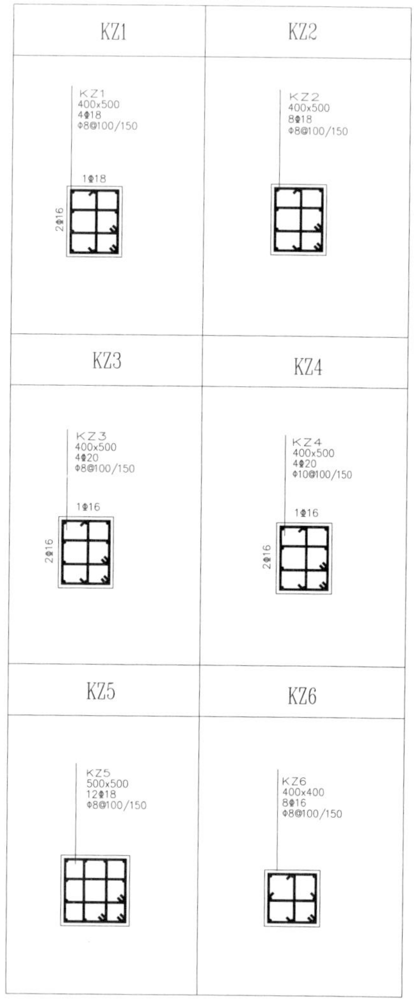

KZ1	KZ2
KZ1 400x500 4Φ18 Φ8@100/150	KZ2 400x500 8Φ18 Φ8@100/150
KZ3	KZ4
KZ3 400x500 4Φ20 Φ8@100/150	KZ4 400x500 4Φ20 Φ8@100/150
KZ5	KZ6
KZ5 500x500 12Φ18 Φ8@100/150	KZ6 400x400 8Φ16 Φ8@100/150

××××建筑设计院	工程名称	××中心
	项目名称	餐饮中心

审 核			设计号	
校 对		柱平面布置图	图 别	结施
设 计			图 号	05
专业负责人			日 期	
工程负责人				

18

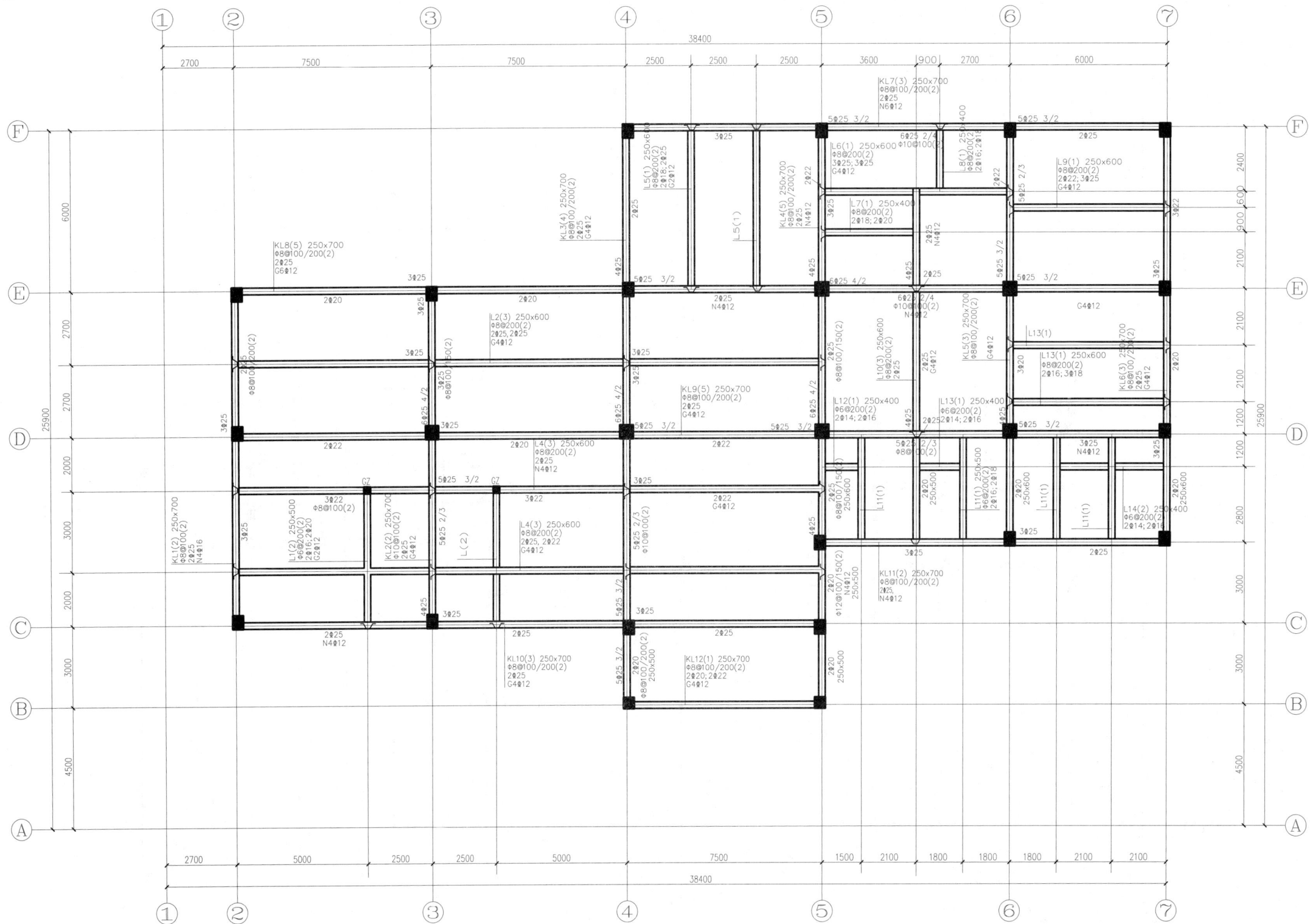

二层梁配筋图 1:100

XXXX 建 筑 设 计 院

| 工程名称 | XX中心 |
| 项目名称 | 餐饮中心 |

审 核		设 计 号	
校 对		图 别	结施
设 计			
专业负责人		图 号	06
工程负责人		日 期	

二层梁配筋图

说明：
1. 未注明梁沿轴居中或齐柱边定位。
2. 未注明主次梁相交处均设置吊筋2Φ20。
3. 本层梁顶标高均为4.170m。

KL7(3) 250×700
Φ8@100/200(2)
2Φ25
N6Φ12

L5(1) 250×600
Φ8@100/200(2)
2Φ18;2Φ25
2Φ12

L6(1) 250×600
Φ8@200(2) Φ10@100(3)
2Φ25;3Φ25
G4Φ12

L8(1) 250×600
Φ8@200(2)
2Φ22

L9(1) 250×600
Φ8@200(2)
2Φ22;3Φ25
G4Φ12

KL4(5) 250×700
Φ8@100/200(2)
2Φ25
N4Φ12

L7(1) 250×400
Φ8@200(2)
2Φ18;2Φ20

KL3(4) 250×700
Φ8@100/200(2)

L5(1)

KL8(5) 250×700
Φ8@100/200(2)
2Φ25
G6Φ12

L2(3) 250×600
Φ8@200(2)
2Φ25;2Φ25
G4Φ12

L10(3) 250×600
Φ8@150(2)

KL5(3) 250×700
Φ8@100/200(2)
G4Φ12

L13(1) 250×600
2Φ16;3Φ18

KL6(3) 250×700
Φ8@100/200(2)
G4Φ12

L9(5) 250×700
Φ8@100/200(2)
Φ8@200(2)
G4Φ12

L12(1) 250×400
Φ6@200(2)
2Φ14;2Φ16

L13(1) 250×400
Φ6@200(2)
2Φ14;2Φ16

L13(1)

KL1(2) 250×700
Φ8@200(2)
2Φ25
N4Φ16

L1(2) 250×500
Φ6@200(2)
2Φ16;2Φ20
G2Φ12

KL2(2) 250×700
Φ8@100/200(2)
G4Φ12

L4(3) 250×600
Φ8@200(2)
2Φ25
N4Φ12

L11(1) 250×600
250×500

L14(2) 250×400
Φ6@200(2)
2Φ14;2Φ16

L11(2) 250×500
Φ8@100/150(2)

KL11(2) 250×700
Φ8@100/200(2)
N4Φ12
250×500

KL10(3) 250×700
Φ8@100/200(2)
2Φ25
G4Φ12
250×500

KL12(1) 250×700
Φ8@100/200(2)
2Φ20;2Φ22
G4Φ12
250×500

L4(3) 250×600
Φ10@100(2)
2Φ25;2Φ22
G4Φ12

38400
25900

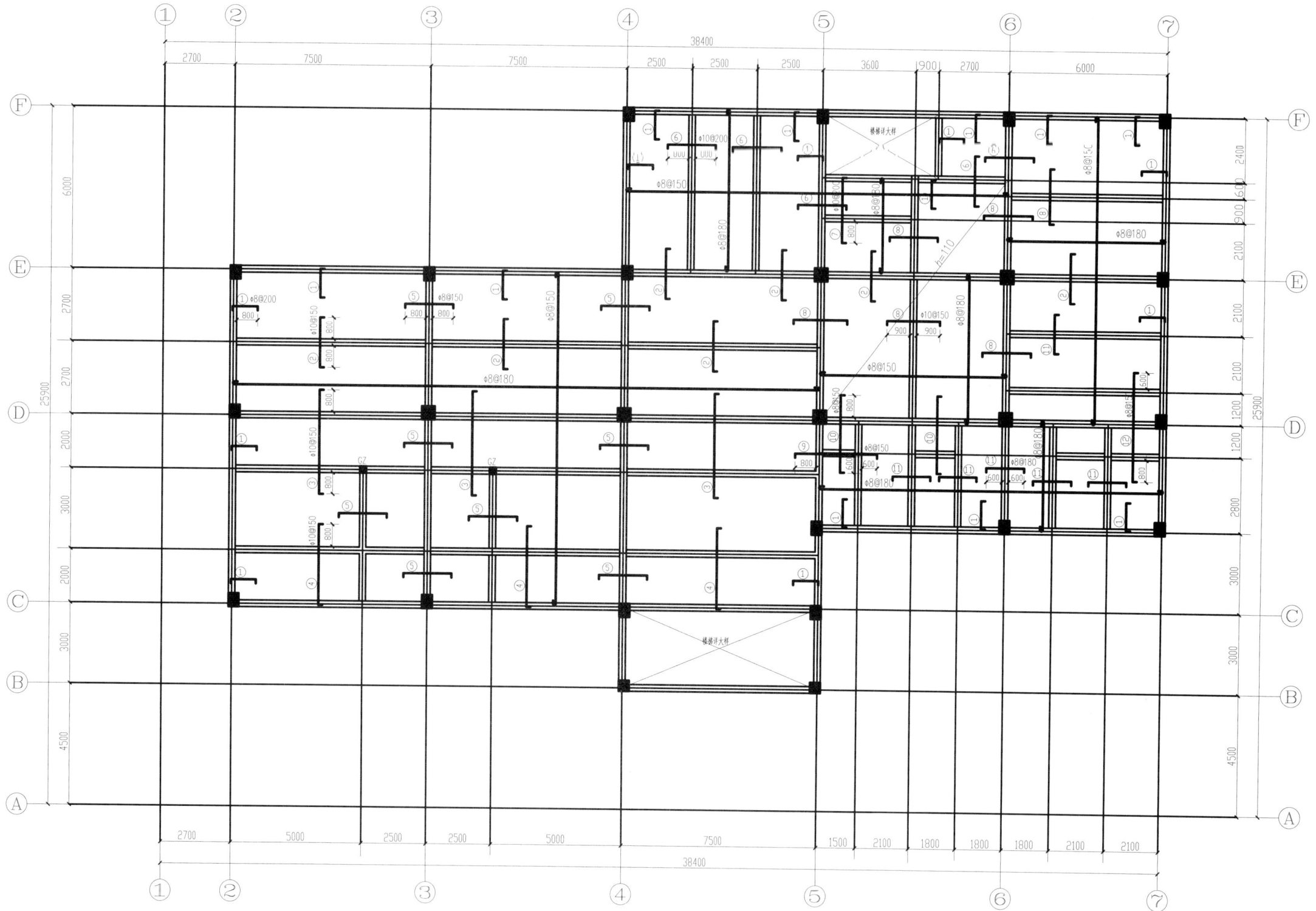

二层板配筋图 1:100

说明：
1. 未注明板钢筋均为φ8@150，未注明板厚均为100mm。
2. 板面标高均为4.170m。

××××建筑设计院	工程名称	××中心
项目名称	餐饮中心
审 核		设计号	
校 对		图 别	结施
设 计	二层板配筋图	
专业负责人		图 号	07
工程负责人		日 期	

20

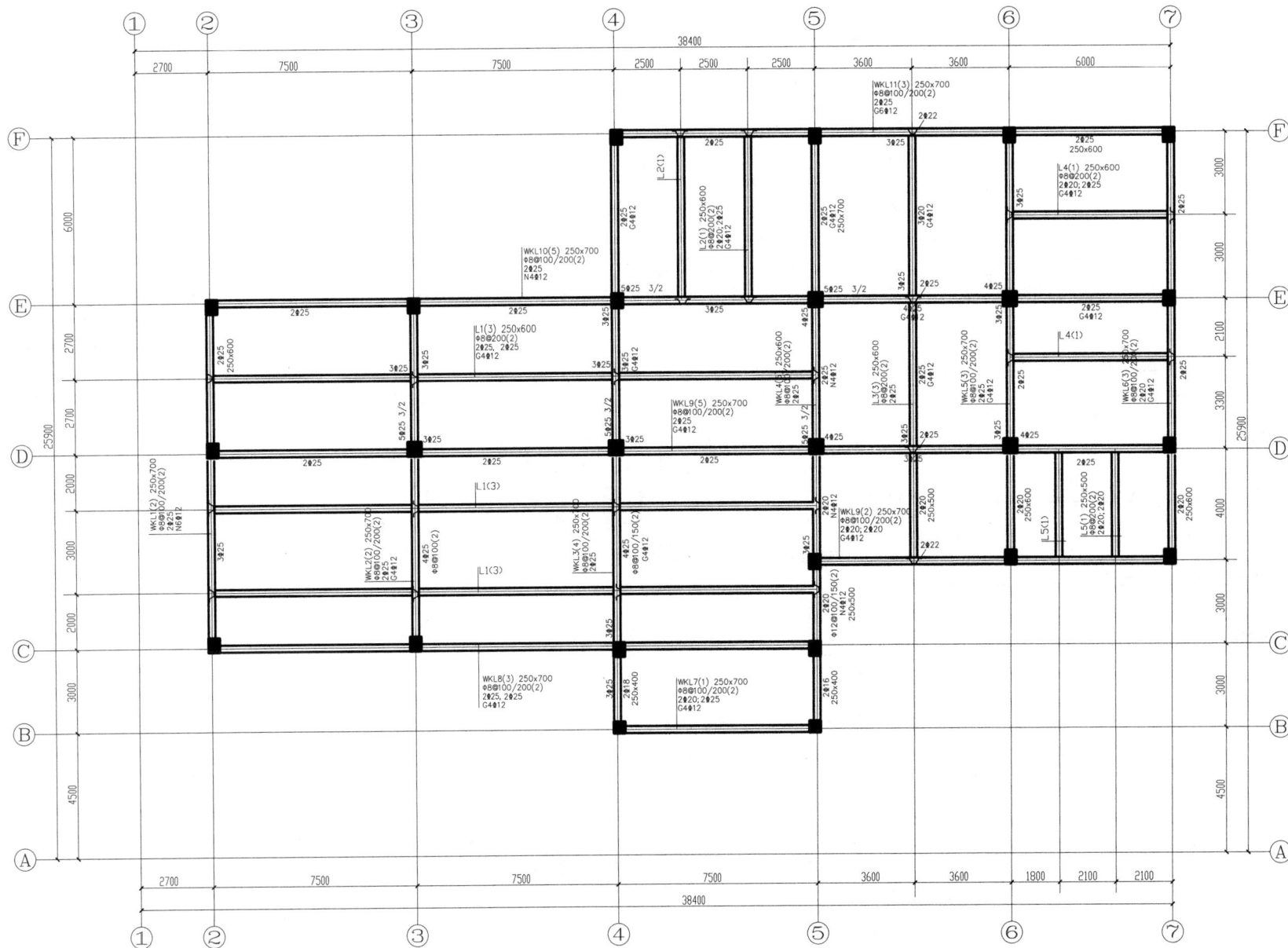

屋面梁配筋图 1:100

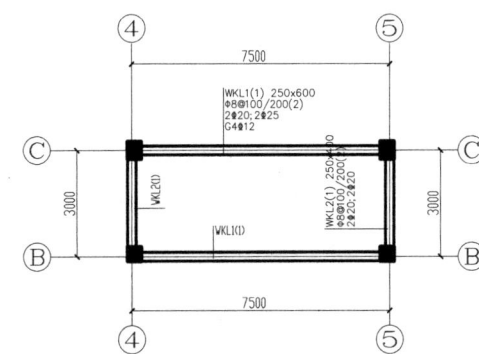

楼梯间屋面梁配筋图 1:100

说明:
1. 未注明梁沿轴居中或齐柱边定位。
2. 未注明主次梁相交处均设置吊筋2Φ20mm。
3. 屋面梁顶标高均为8.070mm。
4. 楼梯间屋面梁顶标高为9.770mm。

××××建筑设计院		工程名称	××中心		
		项目名称	餐饮中心		
审 核				设 计 号	
校 对		屋面梁配筋图		图 别	结施
设 计				图 号	08
专业负责人				日 期	
工程负责人					

21

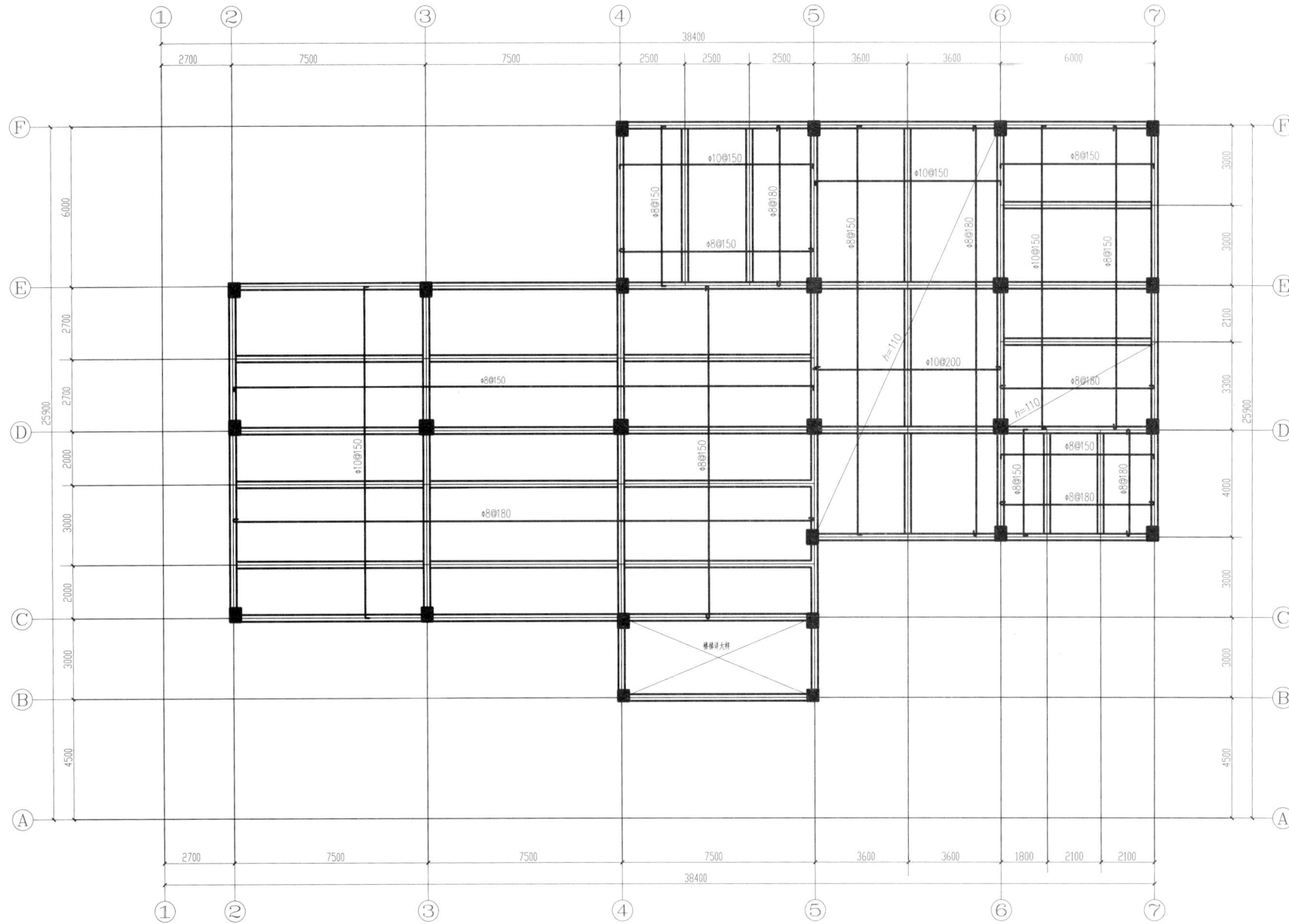

屋面板配筋图 1:100

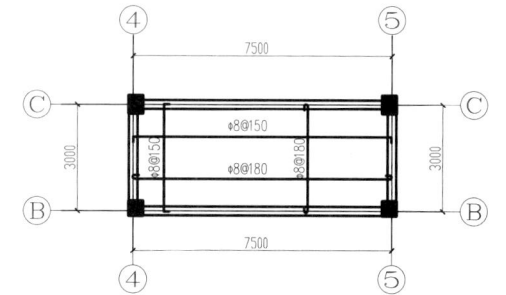

楼梯间屋面板配筋图 1:100

说明：
1. 未注明板钢筋均为φ8@150，未注明板厚均为100mm。
2. 屋面板面标高均为8.070mm。
3. 楼梯间屋面板面标高均为9.770mm。

××××建筑设计院	工程名称	××中心		
	项目名称	餐饮中心		
审 核		设计号		
校 对		图 别	结施	
设 计	屋面板配筋图			
专业负责人		图 号	09	
工程负责人		日 期		

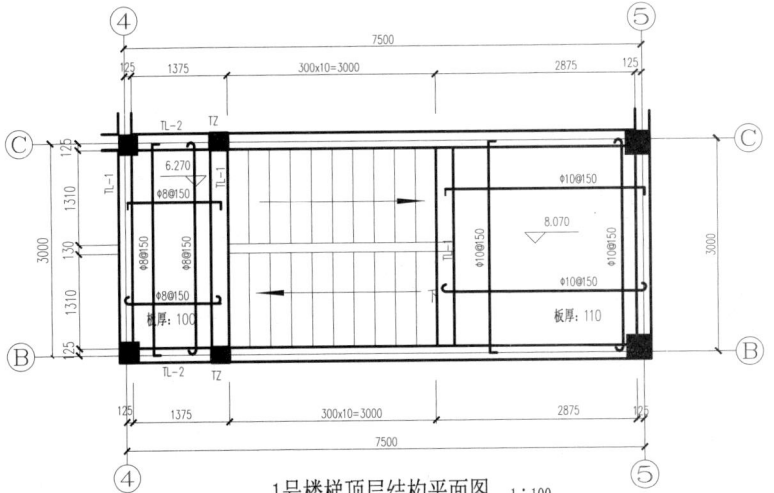

1号楼梯顶层结构平面图 1:100

1号楼梯二层结构平面图 1:100

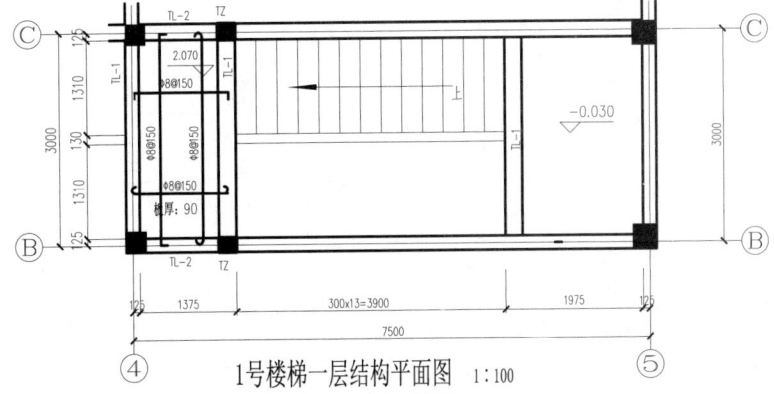

1号楼梯一层结构平面图 1:100

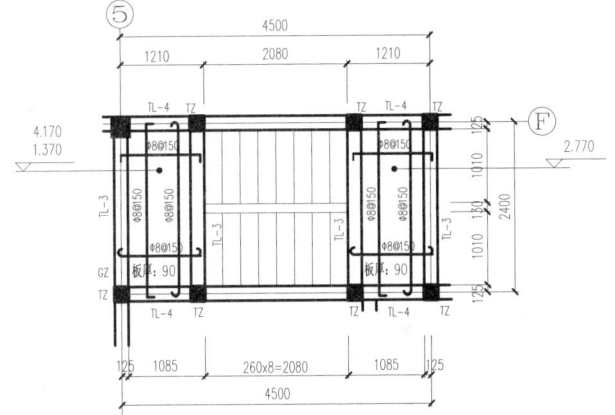

2号楼梯二层结构平面图 1:100

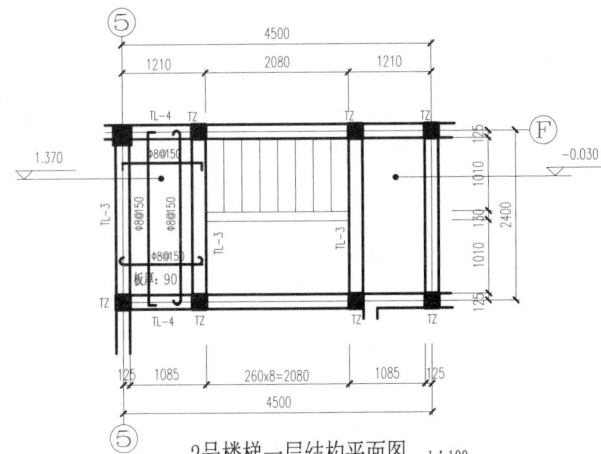

2号楼梯一层结构平面图 1:100

A 型

梯板

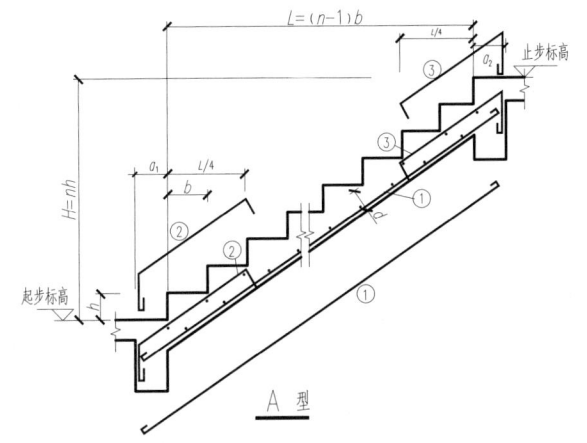

楼梯编号	起步至止步标高	类型	跨度 L	高度 H	厚度 d	级数	踏步尺寸 宽b	踏步尺寸 高h	支座宽 c₁	支座宽 c₂	①	②	③
1号	-0.030~2.070	A	3900	2100	140	14	300	150	250	250	Φ12@125	Φ10@125	Φ10@125
	2.070~4.170	A	3900	2100	140	14	300	150	250	250	Φ12@125	Φ10@125	Φ10@125
	4.170~6.270	A	3900	2100	140	14	300	150	250	250	Φ12@125	Φ10@125	Φ10@125
	6.270~8.070	A	3300	1800	110	12	300	150	250	250	Φ12@150	Φ10@150	Φ10@150
2号	-0.030~1.370	A	2080	2100	100	9	260	156	250	250	Φ12@180	Φ10@150	Φ10@150
	1.370~2.770	A	2080	2100	100	9	260	156	250	250	Φ12@180	Φ10@150	Φ10@150
	2.770~4.170	A	2080	2100	100	9	260	156	250	250	Φ12@180	Φ10@150	Φ10@150

梯梁配筋信息表

TL-1(1) 250x450
Φ8@150
3Φ16;3Φ20

TL-3(1) 250x400
Φ8@100
3Φ16;3Φ16

TL-2(1) 250x300
Φ8@150
2Φ16;2Φ16

TL-4(1) 250x300
Φ8@100/200
2Φ16;2Φ16

TZ 1:25

说明:
1. 本图除标高以m为单位外,其余均以mm为单位。
2. 混凝土强度等级、钢筋级别及保护层厚度、钢筋锚固长度(lₐE)等,均见结构设计总说明。
3. HRB400钢筋端部不必做弯钩;钢筋直钩尺寸按板厚d-15mm。
4. 梯段的分布钢筋用Φ8@200。
5. 本图与建筑图及结构布置图配合使用,栏杆埋件见建筑图。
6. 梯梁同梯柱在同一轴线上定位。
7. 梯梁标高均为休息平台板标高。
8. 梯梁起标高均为楼面标高或基础梁面标高。梯柱顶标高为休息平台板面标高。
9. 梯柱底均在主梁上设置2Φ16吊筋,做法详见22G101-1梁上立柱或墙上立柱做法。
10. 楼层处部分休息平台板配筋详见各层结构平面图。

××××建筑设计院

| 工程名称 | ××中心 |
| 项目名称 | 餐饮中心 |

审 核	
校 对	
设 计	
专业负责人	
工程负责人	

楼梯大样图

设计号	
图别	结施
图号	10
日期	

第二部分

××××学院××宿舍楼工程图

××××建筑设计院

工程名称： ××××学院

项目名称： ××宿舍楼

设计号： _____ 设计阶段： 施工图阶段

图 别： 建施 日 期： _____

院 长： _____

总工程师： _____

设计总负责： _____

专业负责人

建筑： _____ 电照： _____

结构： _____ 暖通： _____

水卫： _____ 概算： _____

××××建筑设计院

工程名称： ××××学院 设 计 号： _____

项 目： ××宿舍楼 图 别： 建施

日 期： _____

图 纸 目 录

第1页 共1页

建 筑 设 计 总 说 明

一、设计依据
1. 甲方提供的相关资料。
2. 现行的国家有关建筑设计主要规范及规程。
   1)《民用建筑设计统一标准》(GB 50352—2019)。
   2)《建筑设计防火规范(2018年版)》(GB 50016—2014)。
   3)《建筑抗震设计规范(2016年版)》(GB 50011—2010)。
   4)《建筑地面设计规范》(GB 50037—2013)。
   5)《屋面工程质量验收规范》(GB 50207—2012)。
   6)《住宅设计规范》(GB 50096—2011)。
   7)其他相关规范。

二、工程概况

工程名称	××××学院×× 宿舍楼		
建设地点	××××学院		
建筑层数	6层	结构形式	框架结构
防火等级	二级	使用年限	50年
抗震设防烈度	6度	屋面防水等级	Ⅱ级，防水耐用年限15年
抗震设防类别	丙类		

建筑面积：建筑占地面积约1010.0m²，建筑总面积为6015.2m²。

三、设计范围
1. 建筑、结构、水、电。
2. 不包括煤气设计，室外环境绿化设计、室内精装修设计。

四、设计尺寸
1. 本建筑物定位详见建筑总平面定位图，室内设计标高±0.000相当于绝对标高22.600。
2. 各层标注标高为完成或面标高(建筑面标高)。
3. 尺寸标注中总平面及标高以m为单位，其余为mm。

五、墙体工程
1. 墙体的基础部分见结施图。
2. 墙体详见建施图。
3. 本工程的外墙±0.000以下采用MU15蒸压灰砂砖、M10水泥砂浆砌筑；±0.000以上采用B07加气混凝土砌块、M7.5水泥砂浆砌筑，柱及构造柱位置、截面尺寸详见结施图，内外墙交接处及墙柱接头处采用钢丝网搭接后再粉刷。
4. "▓▓▓"表示250厚砌体墙，用于外围护结构及宿舍分隔墙。"▬▬▬"表示100厚砌体墙，用于厕所及浴室隔墙。
5. 墙体预留孔洞及预埋件详见建施及设备图。

六、门窗工程
1. 门窗见门窗表。
2. 外窗台泛水为60mm厚C15现浇细石混凝土，3φ6通长筋，φ6@200分布筋，长度为窗洞口尺寸加600mm×2。
3. 塑钢门窗形式：塑钢门窗采用白色双层中空玻璃(5+9A+5)，采用PU高效填缝剂(聚氨酯)，制作安装均按塑钢窗图集《建筑图集：建筑节能门窗》(15ZJ602)。

七、防排水工程
1. 屋面防水等级为Ⅱ级，防水层耐用年限为15年，采用二道设防。屋面做法详见建筑装修说明。
2. 雨水管采用D=100PVC雨水管，雨水口及雨水管安装详见参见《建筑图集：平屋面》(15ZJ201)，竖向每隔1500mm设管卡与墙体连接，顶面设水斗，下部排水口距地面散水200mm，雨水管出水口接市政雨水管网。
3. 墙脚防潮：在室内-0.060m处采用20厚1:2水泥砂浆加5%防水剂。有地圈梁处可不做防潮，外墙勒脚做法参见《建筑图集：室外装修及配件》(11ZJ901—1)。
4. 楼面防水：本工程卫生间楼面为重点防水部位，采用现浇钢筋防水混凝土楼面，做高出楼面150mm防水卷边(与板同时浇筑)，做法详见建施图。并在板面做一毡二油卷材防水层，试水后方可做下道工序。

八、室内外装修工程
1. 室内外各部位楼面、屋面、墙面、顶棚等做法详见建筑装修说明。
2. 本工程所采用的建筑和装修材料均应符合国标《民用建筑工程室内环境污染控制标准》(GB 50325—2020)中相关规定。
3. 地面垫层下的填土应选用砂土、粉土、黏性土及其他无机材料，不得使用淤泥土、淤泥、腐殖土及有机物含量超过8%的土，填料的质量和施工要求应符合现行国家标准《土方与爆破工程施工及验收规范》(GB 50201—2012)的规定，地面垫层下的填土应分层压实，压实系数不应小于0.94。
4. 室内二次装修吊顶采用的饰面材料和构造应符合本工程的耐火等级的规定及不影响本次工程设计正常使用，无本设计单位认可不得添加本设计规定以外的超载物。
5. 本工程隔声减噪等级为二级，室内允许噪声不大于55dB。

九、建筑设施工程
1. 室外台阶做法详见建施图标注。
2. 所有水表箱详见水施，电表箱位置详见电施。

十、其他事项
1. 本工程建筑内未经设计允许不得改变其建筑的用途。

---

2. 各种设备、管线安装必须与土建密切配合预留孔洞和埋件，防止事后打凿。
3. 本工程土建中设计的，后期装修制作得隐蔽打凿隔板和外墙体。
4. 施工过程中，如需修改，必须先征得设计单位同意，并出具变更通知单和修改图后方可施工。如对本设计图纸有不明确之处，请与设计人员联系。
5. 本工程地下混凝土的地下防水按图示比例做法及测量义表测量及装备测量施行。

十一、节能说明
1. 本工程体形系数、各朝向窗墙比以及相应的节能要求详见各子项单体建筑设计说明及各户型建筑节能计算报告书。外窗及阳台门的气密性必须达到国家规定《建筑外门窗气密、水密、抗风压性能检测方法》(GB/T 7106—2019)的要求。
2. 本工程所有围护结构各部分的传热系数和热惰性指标均应符合《公共建筑节能设计标准》(GB 50189—2015)的规定，具体详见各子项单体设计说明及各户型建筑节能报告书。
3. 本工程中外墙采用外墙保温方式，具体做法详见建筑构造用料做法说明。

装修表

类别	面层	编号	名称	用料做法	使用部位
屋面	屋1		倒置式上人屋面	参见15ZJ001—屋201	平屋面
地面	地1		陶瓷地砖地面	参见15ZJ001—地201	用于除卫生间外地面
	地2		防滑地砖地面	参见15ZJ001—地201XF	用于卫生间
楼面	楼1		陶瓷地砖楼面	参见15ZJ001—楼201	用于除卫生间外楼面
	楼2		防滑地砖楼面	参见15ZJ001—楼201XF	用于卫生间
内墙面	涂1		乳胶漆墙面	参见15ZJ001—涂301	用于卫生间外墙面
	内墙1		釉面砖墙面	参见15ZJ001—内墙20	用于卫生间墙面(2.1m高)，2.1m以上墙面同上
	墙裙1		乳胶漆墙裙	参见15ZJ001—墙裙5	用于走廊(1.5m高)
	踢脚1		乳胶漆踢脚		高度由甲方自定
外墙面	外墙1		面水外墙面(二)	参见15ZJ001—墙17	用于墙立面
顶棚	顶1		混合砂浆顶棚	参见15ZJ001—顶2	用于除卫生间以外的其他房间的顶棚
	顶2		水泥砂浆顶棚	参见15ZJ001—顶3	用于卫生间顶棚
踢脚	踢1		踢脚(一)	参见15ZJ001—踢13	用于所有房间
散水	散1		混凝土散水(800mm宽)	参见15ZJ001—做2	散水
台阶	台1		混凝土水泥面层台阶—踏步	参见5ZJ001—台1	出入口台阶
坡道	坡2		水泥砂浆坡道	参见15ZJ001—坡3	无障碍坡道

门窗表

类型	设计编号	洞口尺寸(b×h)	数量	做法索引	备注
普通门	M-1	1000×2100	167	夹板门	乙级防火门
	M-2	700×2100	160	夹板门	
	M-3	1200×2700	12	塑钢白玻双扇平开门	
	M-4	700×2100	22	卫生间隔板门	
	M-5	2700×2900	2	塑钢白玻双扇平开门	
	M-6	1400×2000	2	塑钢白玻双扇平开门	栅栏门
普通窗	C-1	1500×2000	178	塑钢白玻双扇推拉窗	详见窗大样
	C-2	1260×1900(500)	178	塑钢白玻单扇平开窗	详见窗大样
	C-3	3200×2900	10	塑钢白玻组合窗	详见窗大样
	C-4	1400×1900	24	塑钢白玻双扇推拉窗	详见窗大样
	C-5	3200×1000	2	塑钢白玻组合固定窗	详见窗大样
	C-6	3200×2150	2	塑钢白玻组合固定窗	详见窗大样
门洞	D-1	1500×2400	1		
	D-2	1200×2400	5		

十二、其他
1. 围护结构构造。
   1)外墙类型：聚合物砂浆(5mm)+矿棉、岩棉、普喷棉(50mm)+加气混凝土砌块(250mm)+石灰、水泥、砂、砂浆(20mm)。
   2)屋面类型：卷材防水层(5mm)+水泥砂浆(20mm)+矿棉、岩棉、玻璃棉(65mm)+钢筋混凝土(120mm)+石灰、水泥、砂、砂浆(20mm)。
   3)普通楼板：水泥砂浆(20mm)+水泥聚苯(30mm)+水泥聚苯浆浆(20mm)+钢筋混凝土(100mm)。
   4)外窗类型：塑钢窗+低辐射中空玻璃(5+9A+5)，其传热系数=2.90[W/(m²·K)]，外窗气密性等级为Ⅱ级。
2. 规定性指标。
   1)本工程为条式建筑。体形系数为0.24。外窗为中空玻璃，传热系数为2.90W/(m²·K)。窗墙比：南向为0.32，北向为0.35，东西向为0.14。外墙平均传热系数[W/(m²·K)]：南向为0.80，北向为0.80，东向为0.72，西向为0.72，外墙平均热惰性指标为4.44。
   2)屋顶传热系数为0.68W/(m²·K)，屋顶热惰性指标为2.76。
   3)楼板传热系数为1.38W/(m²·K)。
   4)不同朝向的外窗，其传热系数符合节能设计标准《夏热冬冷地区居住建筑节能设计标准》(JGJ 134—2010)第5.0.4条规定。
   5)围护结构各部分的传热系数和热惰性指标应符合《夏热冬冷地区居住建筑节能设计标准》(JGJ 134—2010)的规定。

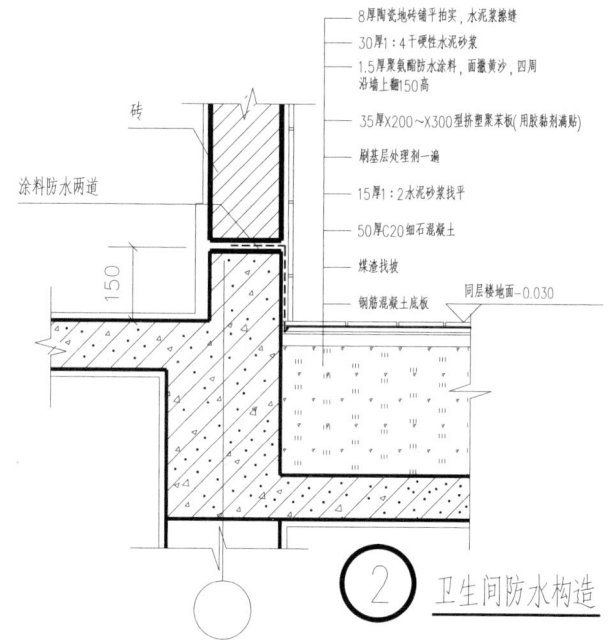

② 卫生间防水构造

（图注）
- 8厚陶瓷地砖干出灰，水泥浆擦缝
- 30厚1:4干硬性水泥砂浆
- 1.5厚聚氨酯防水涂料，面墙翻沙，四周沿墙上翻150高
- 35厚X200~X300型挤塑聚苯板(用胶黏剂黏贴)
- 刷基层处理剂一遍
- 15厚1:2水泥砂浆找平
- 50厚C20细石混凝土
- 煤渣层找坡
- 同层楼地面-0.030
- 钢筋混凝土底板
- 砖
- 涂料防水两道
- 150

××××建筑设计院	工程名称	××××学院		
审 定	项目名称	××宿舍楼	设计号	
校 对			图 号	01
设 计	建筑设计总说明 装修表 门窗表		图 别	建施
绘 图	卫生间防水构造		日 期	

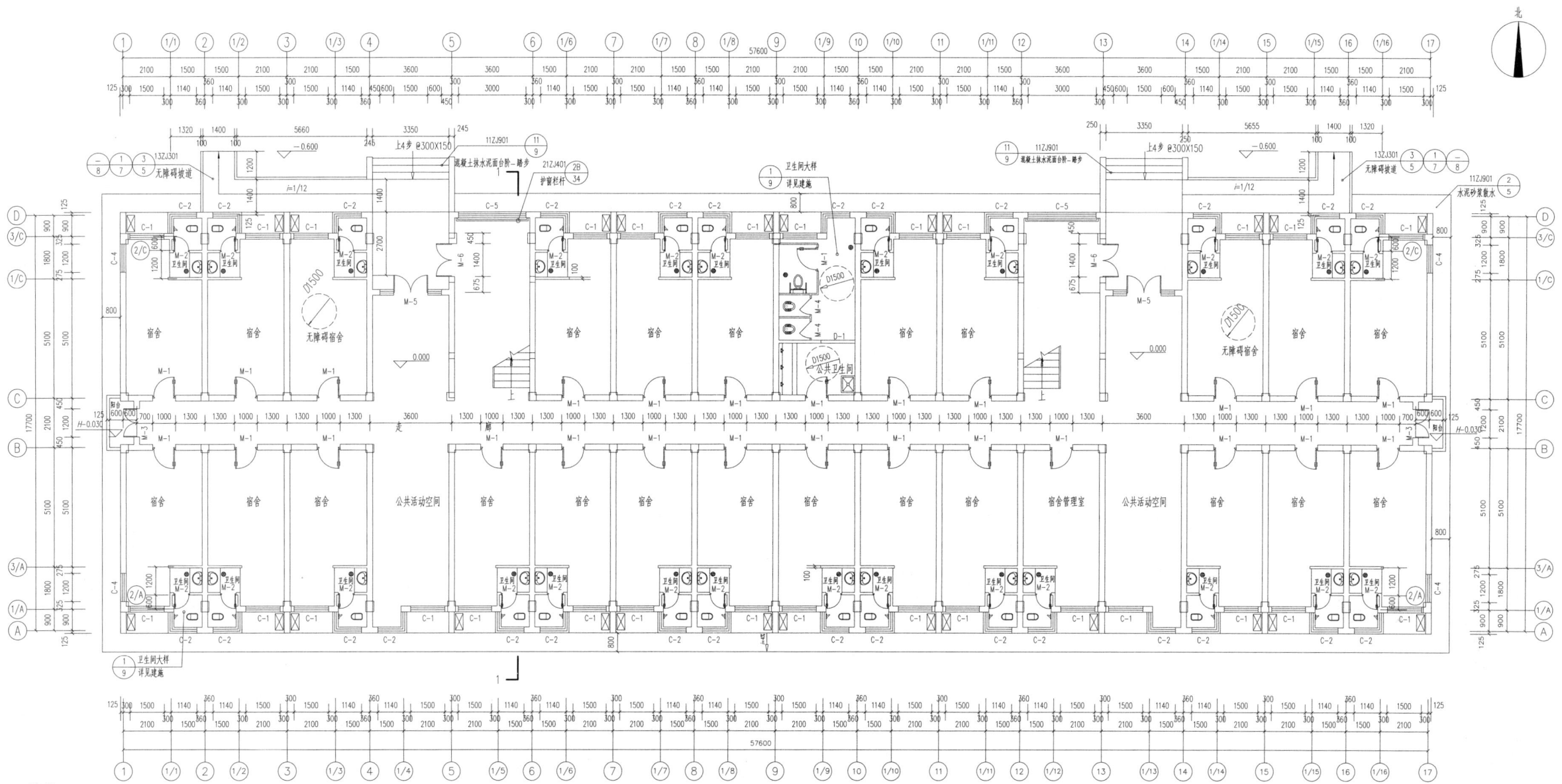

一层平面图 1:100

说明：
1. 卫生间未标明坡度的，披向地漏1%。
2. 立柜式空调预留K1，预留Ø80PVC套管，中心离地200mm。
3. 当空调冷凝水管与雨水管处同一位置时，接入雨水管。

宿舍　宿舍　无障碍宿舍　宿舍　宿舍　宿舍　宿舍　宿舍　无障碍宿舍　宿舍

宿舍　宿舍　宿舍　公共活动空间　宿舍　宿舍　宿舍　宿舍　宿舍　宿舍管理室　公共活动空间　宿舍　宿舍

走廊

卫生间　公共卫生间

北

57600

××××建筑设计院	工程名称	××××学院		
审定	项目名称	××宿舍楼	设计号	
校对			图号	02
设计		一层平面图	图别	建施
绘图			日期	

29

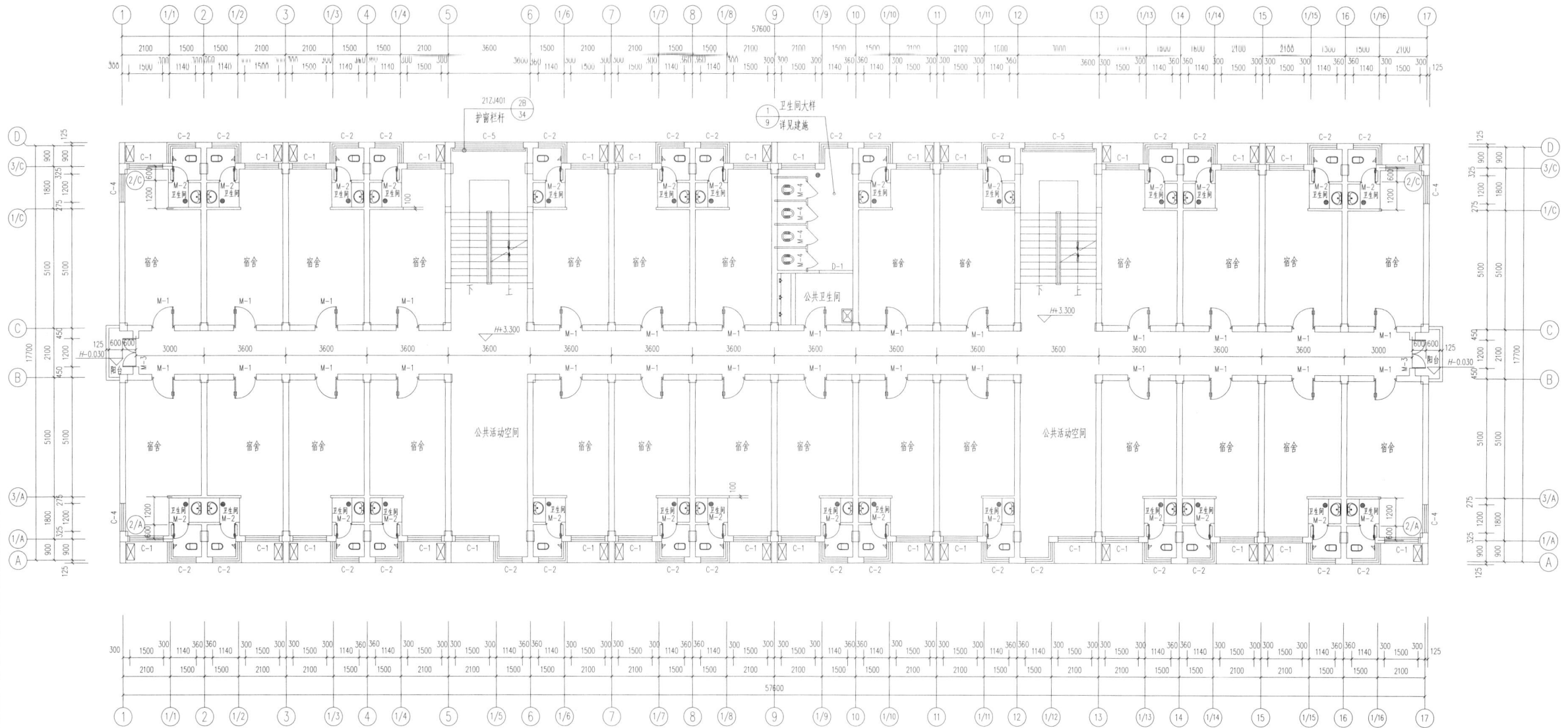

二~六层平面图 1:100

××××建筑设计院	工程名称	××××学院	
审 定	项目名称	××宿舍楼	设计号
校 对			图 号 03
设 计		二~六层平面图	图 别 建施
绘 图			日 期

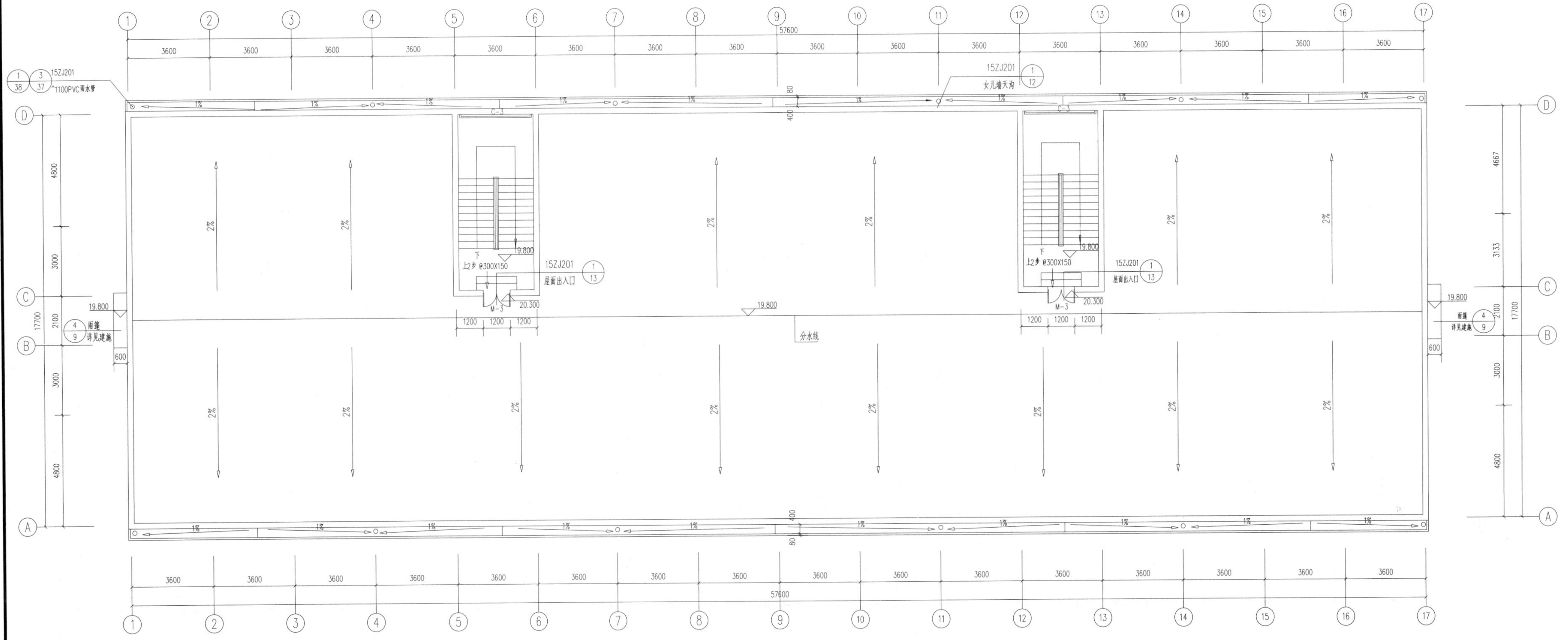

屋顶平面图 1:100

网格轴线标注：
1 2 3 4 5 6 7 8 9 10 11 12 13 14 15 16 17

各跨间距：3600（多处）
总长：57600

标高：19.800 / 20.300

2%（坡度，多处）
1%（坡度，多处）

分水线

15ZJ201
女儿墙天沟
Ø110PVC雨水管
上 2 步 Ø300X150
屋面出入口
面砖 详见建施
M-3
C-3

4800 / 3000 / 2100 / 600 / 4800
17700
4667 / 3133 / 2100 / 600
17700

×××× 建 筑 设 计 院	工程名称	××××学院		
审 定	项目名称	××宿舍楼	设 计 号	
校 对			图 号	04
设 计		屋顶平面图	图 别	建施
绘 图			日 期	

31

①～⑰ 立面图 1:100

××××建筑设计院	工程名称		××××学院		
审　定	项目名称		××宿舍楼	设 计 号	
校　对				图　　号	05
设　计			①～⑰立面图	图　别	建施
绘　图				日　期	

⑰～①立面图 1:100

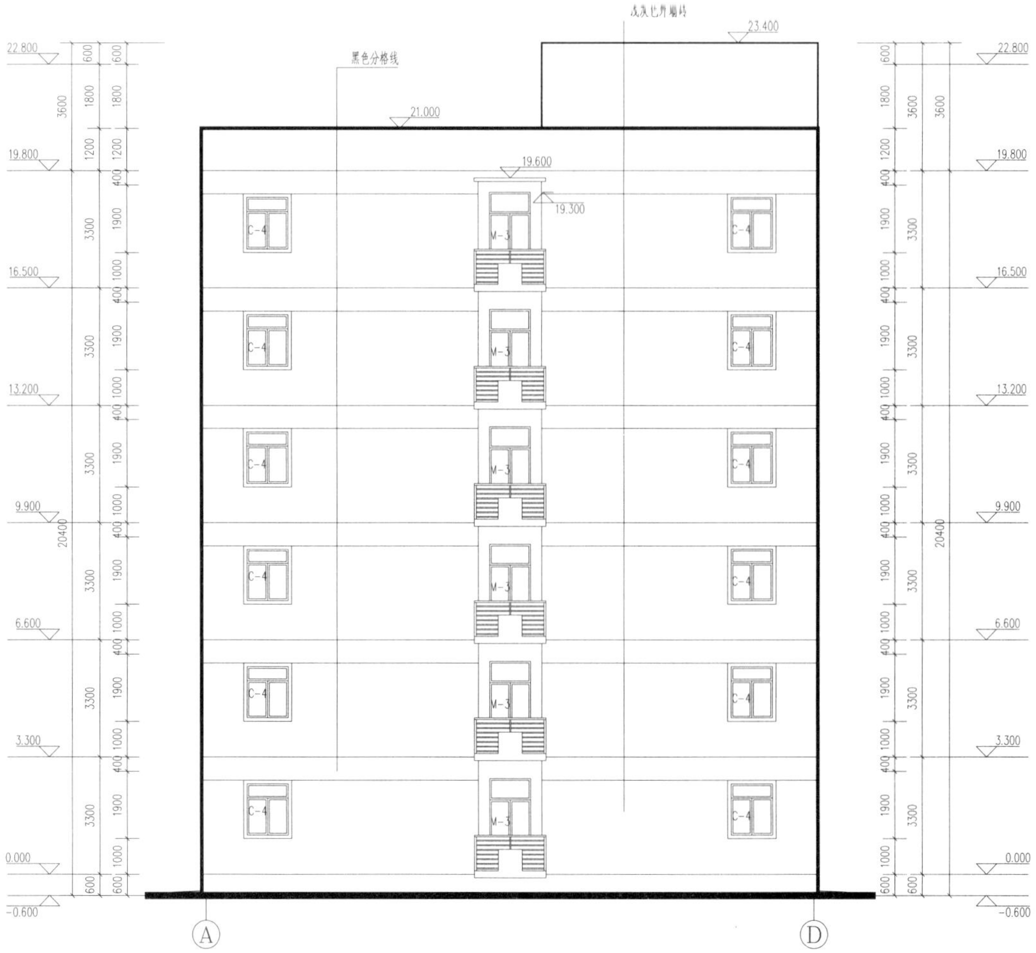

Ⓐ～Ⓓ立面图 1：100

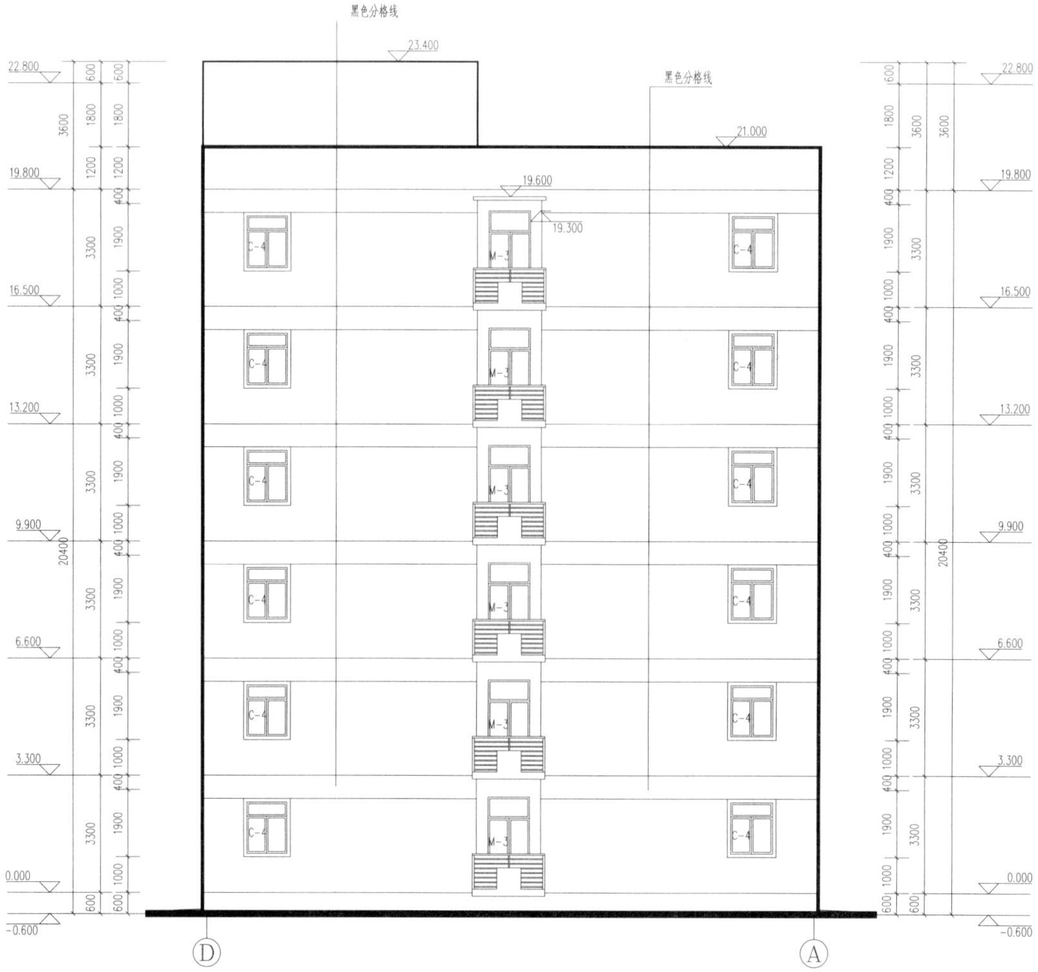

Ⓓ～Ⓐ立面图 1：100

××××建筑设计院	工程名称	××××学院		
审 定	项目名称	××宿舍楼	设 计 号	
校 对			图 号	07
设 计	Ⓐ～Ⓓ立面图		图 别	建施
绘 图	Ⓓ～Ⓐ立面图		日 期	

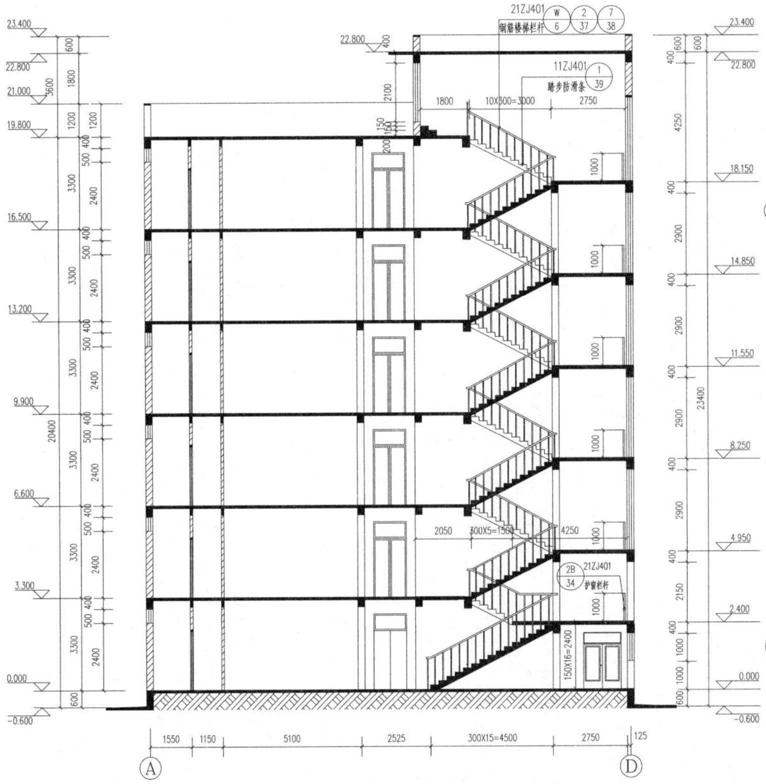

1—1剖面图 1:100

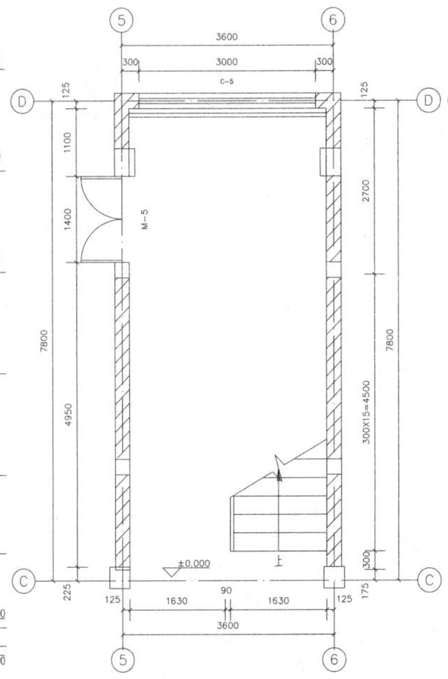

一层平面 1:50

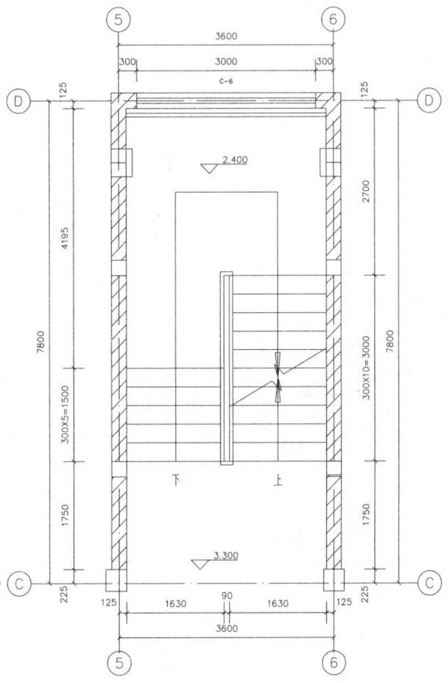

二层平面 1:50

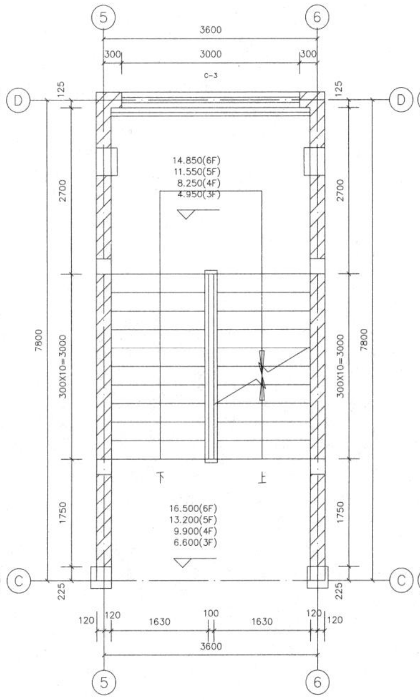

三~六层平面 1:50

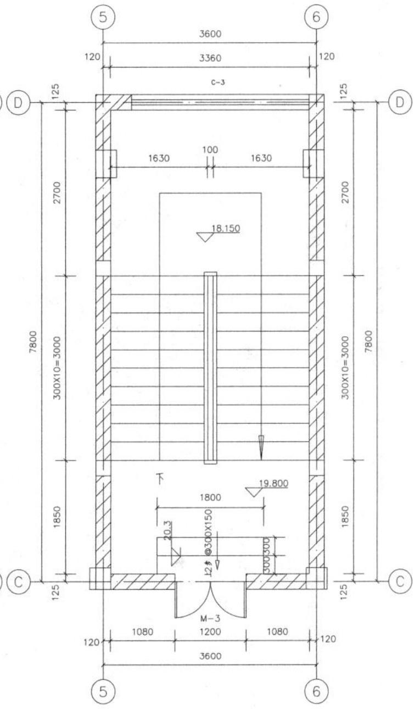

顶层平面 1:50

××××建筑设计院	工程名称	××××学院		
审　定	项目名称	××宿舍楼	设计号	
校　对			图　号	08
设　计	1—1剖面图 楼梯间大样图		图　别	建施
绘　图			日　期	

③门窗大样 1:50

④雨篷大样 1:20

①卫生间大样 1:50

②分格线大样 1:1

⑤雨篷大样 1:20

A滴水线大样 1:1

阳台平面大样 1:25

阳台立面大样 1:25

a—a

b—b

C-1 C-2 C-3 C-4 C-5 C-6 M-5

公共卫生间

ϕ60×3不锈钢钢管
ϕ50×3不锈钢钢管
ϕ30×3不锈钢钢管

钢管栏杆与墙体连接 参20ZJ411

节点大样

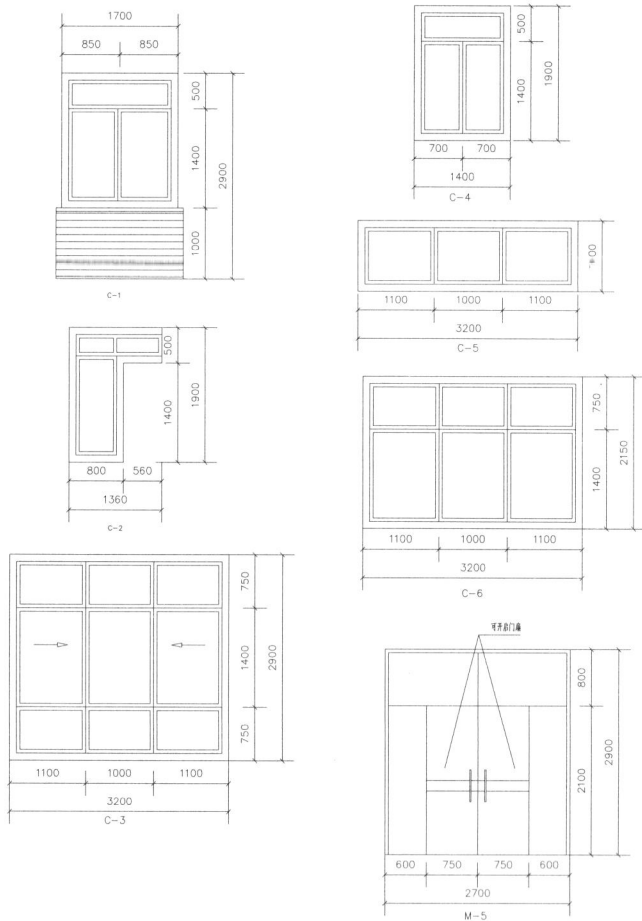

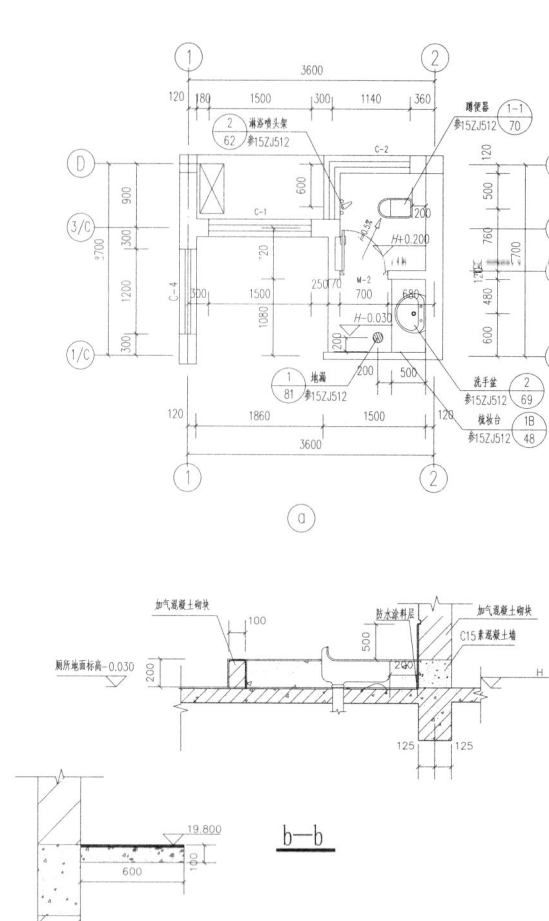

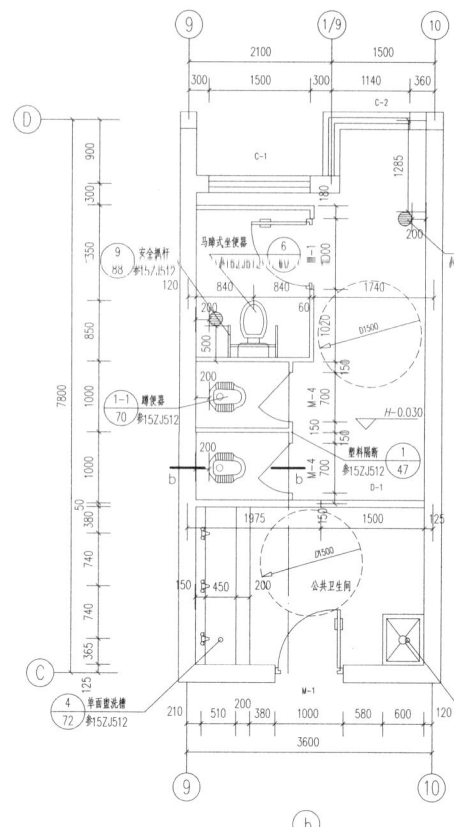

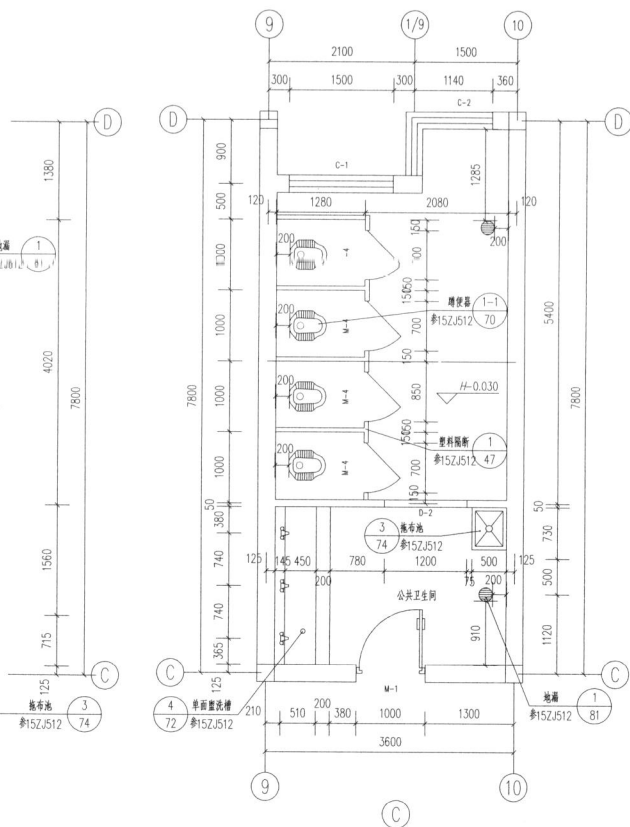

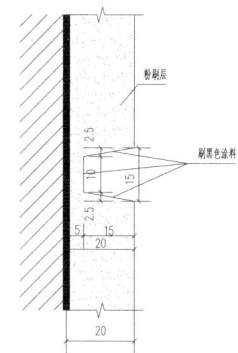

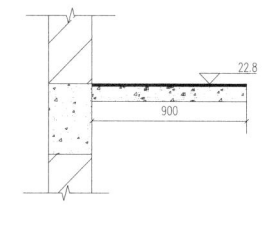

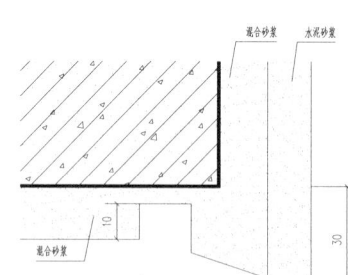

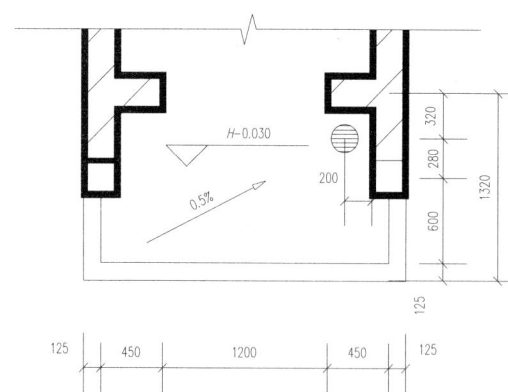

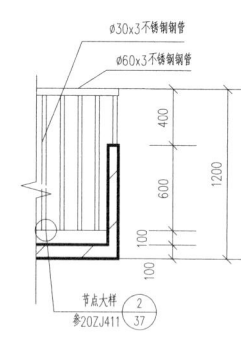

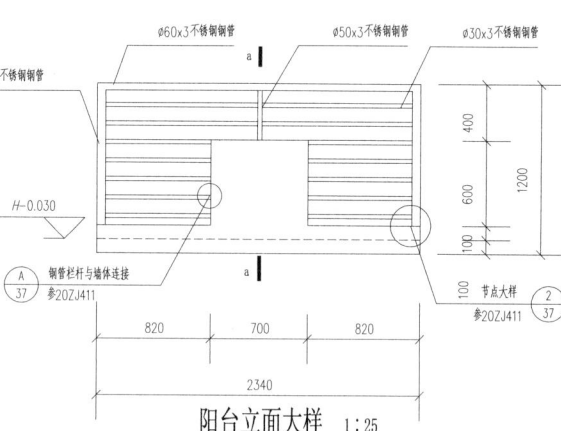

××××建筑设计院	工程名称	××××学院	设计号	
审 定	项目名称	××宿舍楼	图 号	09
校 对				
设 计	门窗大样 雨篷大样		图 别	建施
绘 图	滴水线大样 卫生间大样 分格线大样 阳台大样		日 期	

二、××××学院××宿舍楼结构施工图

XXXX建筑设计院

工程名称：XXXX学院

项目名称：XX宿舍楼

设 计 号：________ 设计阶段：施工图阶段

图 别：结施 日 期：________

院 长：________

总工程师：________

设计总负责：________

专业负责人

建筑：________ 电照：________

结构：________ 暖通：________

水卫：________ 概算：________

××××建筑设计院

工程名称：××××学院 设 计 号：________

图 别：结施

项目名称：××宿舍楼 日 期：________

图纸目录

第1页 共1页

图纸编号	图名	规格	备注
结施01	结构设计总说明	A1	
结施02	基础平面布置图	A1	
结施03	基础顶面～9.870柱布置图	A1	
结施04	9.870～19.770柱布置图	A1	
结施05	19.770～22.770柱布置图 柱配筋表	A1	
结施06	3.270梁配筋图	A2	
结施07	6.570～16.470梁配筋图	A1	
结施08	19.770、22.770梁配筋图	A1	
结施09	3.270～16.470现浇板配筋图	A1	
结施10	19.770现浇板配筋图	A1	
结施11	22.770现浇板配筋图	A1	
结施12	楼梯配筋图	A1	

结构设计总说明

一、工程概况
拟建场地场区

二、工程设计遵循的主要标准、规范、规程
- 《建筑结构可靠性设计统一标准》(GB 50068—2018)
- 《建筑工程抗震设防分类标准》(GB 50223—2008)
- 《建筑抗震设计规范(2016年版)》(GB 50011—2010)
- 《混凝土结构设计规范(2015年版)》(GB 50010—2010)
- 《建筑结构荷载规范》(GB 50009—2012)
- 《建筑地基基础技术规范》(DB42/T 242—2014)
- 《建筑地基基础设计规范》(GB 50007—2011)
- 《建筑桩基技术规范》(JGJ 94—2008)
- 《混凝土+结构施工图平面整体表示方法制图规则和构造详图(现浇混凝土框架、剪力墙、梁板)》22G101—1

三、工程设计标准及有关参数

项目	内容	项目	内容
结构形式	框架结构	基础设计的安全等级	二级
设计基本地震加速度0.05g	6度	基础设计使用年限	50年
抗震设防类别	标准设防类	地基基础设计等级	丙级
场地类别	Ⅱ类	耐火等级	二级
设计地震分组	第一组	层数	地上六层
抗震等级	四级(含框架、楼柱)	主体高度	20.400m
框架抗震等级	四级		
建筑结构的安全等级	二级		

四、标高
本工程相对标高±0.000相当于绝对标高22.600m。

五、本工程设计计算所采用的计算辅助程序
1. 采用"多层及高层建筑结构空间有限元分析计算软件-SATWE"进行结构整体分析。
2. 采用"特殊多层及高层建筑结构空间有限元分析计算与设计软件-PMSAP"进行补充计算。
3. 采用"桩基、条基、钢筋混凝土地基梁、桩基础和筏板基础设计软件-JCCAD"进行基础计算。

六、设计采用的均布活荷载标准值
1. 本工程的雪压按0.5kN/m² 采用，基本风压按0.35kN/m² 采用，地面粗糙度为B类。
2. 楼、屋面活荷载标准值。

单位：kN/m²

荷载类型	标准值	荷载类型	标准值
楼面活荷载	卧室 2.0	楼面二次装修恒荷载	不大于0.7
	消防楼梯 3.5		
	太阳能置放平板 2.0		
	上人屋面 2.0		
屋面活荷载	上人屋面 2.0		
	不上人屋面 0.5		

3. 本工程建筑物耐火等级为二级，构件的燃烧性能和耐火极限如下：
1) 梁：非燃烧体，1.50h。
2) 现浇楼板、疏散楼梯：非燃烧体，1.00h。
3) 柱：非燃烧体，2.50h。
4) 房间隔墙：非燃烧体，0.5h。
5) 楼梯间的墙：非燃烧体，2.00h。
6) 非承重外墙及疏散走道两侧的隔墙：非燃烧体，1.0h。

4. 民用建筑工程所使用的无机非金属建筑材料，包括砂、石、砖、水泥、商品混凝土、预制构件和新型墙体材料等，其放射性指标应符合下表规定。

测定项目	限量	测定项目	限量
内照射指数(I_Ra)	≤1.0	外照射指数(I_r)	≤1.0

七、地基基础
1. 本工程是根据湖北××勘察基础工程有限公司提供的《岩土工程勘察报告》(编号：K-01-12-41)的要求进行设计的。
2. 本工程场地场土类型为中软土，场地类别为Ⅱ类，场地岩土地层简要概述如下表所示。

层号	岩性	厚度/m	岩性	厚度/m
①	素填土	1.8~2.4	强风化泥质砂岩	0.5~0.8
②	粉质黏土	2.6~3.9	中风化泥质砂岩	3.0~9.0

3. 本工程场地地下水对基础混凝土有微腐蚀性，对混凝土结构中的钢筋有微腐蚀性。
4. 本工程地基基础设计等级为丙级，基础采用柱下条形基础形式，持力层为粉质黏土，承载力特征值为f_ak=170kPa，其详设明见结施02。
5. 本工程地面、散水等回填土，必须分层夯实，每层厚度不大于250mm。
6. 本工程应在施工期间及使用期间进行沉降观测、变形观测。
   其方式方法应符合《建筑变形测量规范》(JGJ 8—2016)的有关规定。
7. 本工程基础垫层均采用C30混凝土，HPB300(φ)钢筋、HRB400(Φ)钢筋。
8. 基础梁下面均做100厚C15混凝土垫层，每边比基础承台外边缘各宽出100mm。
9. 开挖后，应进行基础验槽，当发现与勘察报告和设计文件不符时，应通知设计人员现场解决。
10. ±0.000以下砌体采用MU15蒸压灰砂砖与M10水泥砂浆实砌240厚。

八、主要结构材料
1. 钢筋。

符号	钢筋	强度设计值 f_y	强度标准值 f_yk	适用范围	样本
φ	HPB300	270N/mm²	300N/mm²	φ6~φ20	E4.3
Φ	HRB400	360N/mm²	400N/mm²	φ6~φ25	E50

所用钢筋应具有抗拉强度、屈服强度、伸长率和碳、磷含量的合格保证。

2. 混凝土强度等级。

结构部位	梁、板、柱	楼梯	备注
基础垫层顶面以上	C25	C25	所有现浇混凝土应采用预拌混凝土
基础垫层部分	垫层C15，基础梁C30		
	构造柱顶C20，其他未注明均C25		

钢筋的混凝土保护层厚度参照22G101—3中混凝土保护层的最小厚度。

3. 结构混凝土材料的耐久性基本要求。

环境等级	最大水胶比	最低混凝土强度等级	最大氯离子含量/%	最大碱含量/(kg/m³)
一	0.60	C20	0.30	不限制
二a	0.55	C25	0.20	
二b	0.50(0.55)	C30(C25)	0.15	3.0
三a	0.45(0.50)	C35(C30)	0.15	
三b	0.40	C40	0.10	

4. 砌体部分。

部位	材料	强度等级	容重	混合砂浆等级
外墙	250厚蒸压加气混凝土砌块	A3.5B07级	≤8kN/m³	Mb5.0
原有内隔墙	100厚蒸压加气混凝土砌块	A3.5B07级	≤8kN/m³	Mb5.0
卫生间内墙	100厚蒸压加气混凝土砌块	A3.5B07级	≤8kN/m³	Mb5.0

砌体施工及构造要求详见设计总说明。

九、钢筋混凝土结构构造
1. 本工程环境类别：±0.000以上为一类，±0.000以下及室外露天环境和室内卫生间为二a类。钢筋的混凝土保护层厚度参照22G101—3混凝土保护层的最小厚度。
2. 钢筋锚固与连接。
1) 纵向受拉钢筋的抗震锚固长度L_aE、纵向受拉钢筋的抗震搭接长度L_lE见22G101—1平法图集。
2) 图中除特别注明外直径大于22mm的普通钢筋应采用焊接，焊缝长度单面不少于10d，双面焊不少于5d。冷扎带肋钢筋严禁采用焊接接头。
3. 现浇钢筋混凝土板。
1) 现浇屋面(楼面)板配筋构造详见22G101—1。
2) 板的底部钢筋短方向设置于下方，长跨方向设置于上方；板面钢筋，短跨方向设置上网外侧，长跨方向设置上网内侧。
3) 当板底同梁相平时，板的下部钢筋伸入梁内，置于梁下部纵向钢筋之上，板中未注明的分布钢筋均为φ8@200。
4) 板的下部纵向钢筋伸入支座的锚固长度不应小于5d，且应伸过支座中心线。
5) 所有设备管道井在普通安装完毕后用80厚的C20细石混凝土板封堵，板底配φ8@200钢筋网片。
6) 楼面板、屋面板开洞，当洞口长边小于或等于300时，结构图不标注。施工时各专业工种必须根据专业图纸配合土建预留全部孔洞。洞口的钢筋构造详见22G101—1。
7) 跨度大于4m的板，要求板跨中起拱l/400。

4. 现浇钢筋混凝土梁。
1) 梁内第一根箍筋距柱边或梁边50mm起。
2) 主梁在次梁作用处，箍筋应贯通布置，凡未在次梁两侧注明箍筋的，均在次梁两侧各设3组箍筋，箍筋配筋，直径同主梁箍筋，间距为50mm。
3) 主次梁高度相同时，次梁的下部纵向钢筋应置于主梁下部纵向钢筋之上。
4) 屋面框架梁(WKL)、楼层框架梁(KL)纵向钢筋构造详见22G101—1。
5) 屋面框架梁(WKL)、楼层框架梁(KL)纵向钢筋间支座详见22G101—1。
6) 屋面框架梁(WKL)、楼层框架梁(KL)箍筋加密区详见22G101—1。
7) 梁内加箍筋的范围、附加吊筋的构造及梁侧向构造钢筋详见22G101—1。
8) 当本结构转换梁时其框支柱(ZHZ)、框支梁(KZL)配筋构造详见22G101—1。
9) 跨度大于4m的梁，要求梁跨中起拱l/400；净跨度大于2m的悬臂梁，梁端起拱l/300。

5. 现浇钢筋混凝土柱。
1) 抗震KZ纵向钢筋的连接构造详见22G101—1。
2) 地下室抗震KZ纵向钢筋的连接构造及箍筋加密区范围详见22G101—1。
3) 抗震KZ边柱及角柱柱顶纵向钢筋构造详见22G101—1。
4) 抗震KZ中柱柱顶纵向钢筋构造及KZ变截面处纵向钢筋的构造详见22G101—1。
5) 抗震KZ、QZ、LZ箍筋加密范围详见22G101—1。
6) 箍筋及拉筋弯钩构造及梁、柱纵筋间距要求详见22G101—1。

十、填充墙及其构造
1) 填充墙施工厚度控制等级Ⅲ级，内外允许厚度为250mm(卧室内墙筒100mm)，为防止墙体表面开裂，除指明于墙体外还须在墙体与不同墙材的连接处加贴玻纤网格布，宽度不小于200mm。
2) 本工程框架填充墙同柱应采用柔性连接，框架填充墙应沿柱高每隔500mm配置2φ6拉筋，拉筋沿墙全长贯通，当填充墙长度大于5m时墙宜与梁有拉接措施，当墙长超过3m或层高2倍时，其间应设钢筋混凝土构造柱，构造柱主筋为4φ10，箍筋为φ8@200，截面：墙厚×200。当墙高大于4m时宜在墙高中部设置与柱连接的通长系筋，混凝土水平圈梁主筋为4φ10，截面：墙厚×180，详见03ZG003第36页。
3) 楼梯间及人流通道的填充墙拉接上述规定执行外，还应采用钢丝网(φ5@300×300)20厚水泥砂浆面层加强。
4) 支承在易燃墙和易倒墙上的墙体，墙体应设置钢筋混凝土构造柱。当墙长大于3m时，沿墙长度方向设置构造柱，其柱间距不大于3m，构造柱截面为墙厚×180，纵筋为4φ10，箍筋为φ6@200。如图一所示墙体与框架柱紧贴时，应在GZ高度方向设置2φ8@200，与GZ牢靠拉结。
5) 当外墙块填充墙且洞口宽度大于900mm时，应在窗台部位设现浇钢筋混凝土压顶，截面为墙厚×80，内配3φ8纵筋，水平筋2φ6拉筋。当墙高大于2m时沿墙高两端各设伸入墙体内不小于500mm。当为零型组合时应设通长顶部圈梁，高200mm，宽同墙厚且不低于墙厚，内配4φ12，详见03ZG003第37页。
6) 当外墙设通长窗型，窗台下应设现浇钢筋混凝土压顶，在窗台部位设现浇钢筋混凝土压顶，截面为墙厚×100，内配纵筋水平拉筋为φ6@200，压顶下应设置构造柱，构造柱截面为墙厚×180，纵筋为4φ12，箍筋为φ6@200，构造柱间距不大于3m。
7) 本工程女儿墙的构造柱及压顶未注明部分详见03ZG003第37页(构造柱的间距B≤4.200mm，主筋4φ12)。
8) 本工程当门窗洞口上须加过梁时，过梁选用11ZJ103第20页执行。

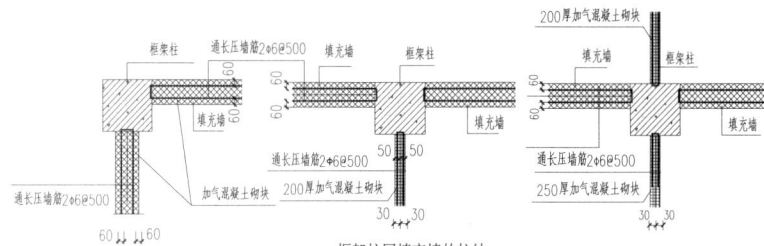

框架柱同填充墙的拉结

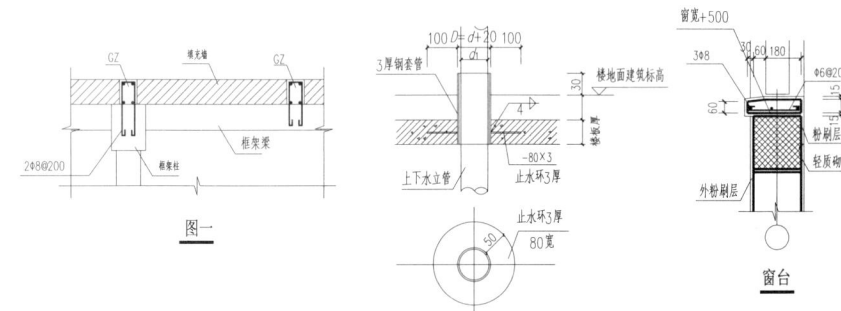

图一

现浇板预埋套管大样

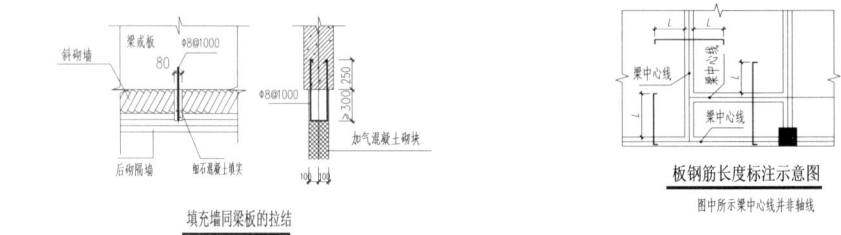

窗台

填充墙同梁板的拉结

板钢筋长度标注示意图
图中所示墙中心线并非轴线

××××建筑设计院	工程名称	××××学院
审 定	项 目	××综合楼
校 对		
设 计	结构设计总说明	
绘 图		

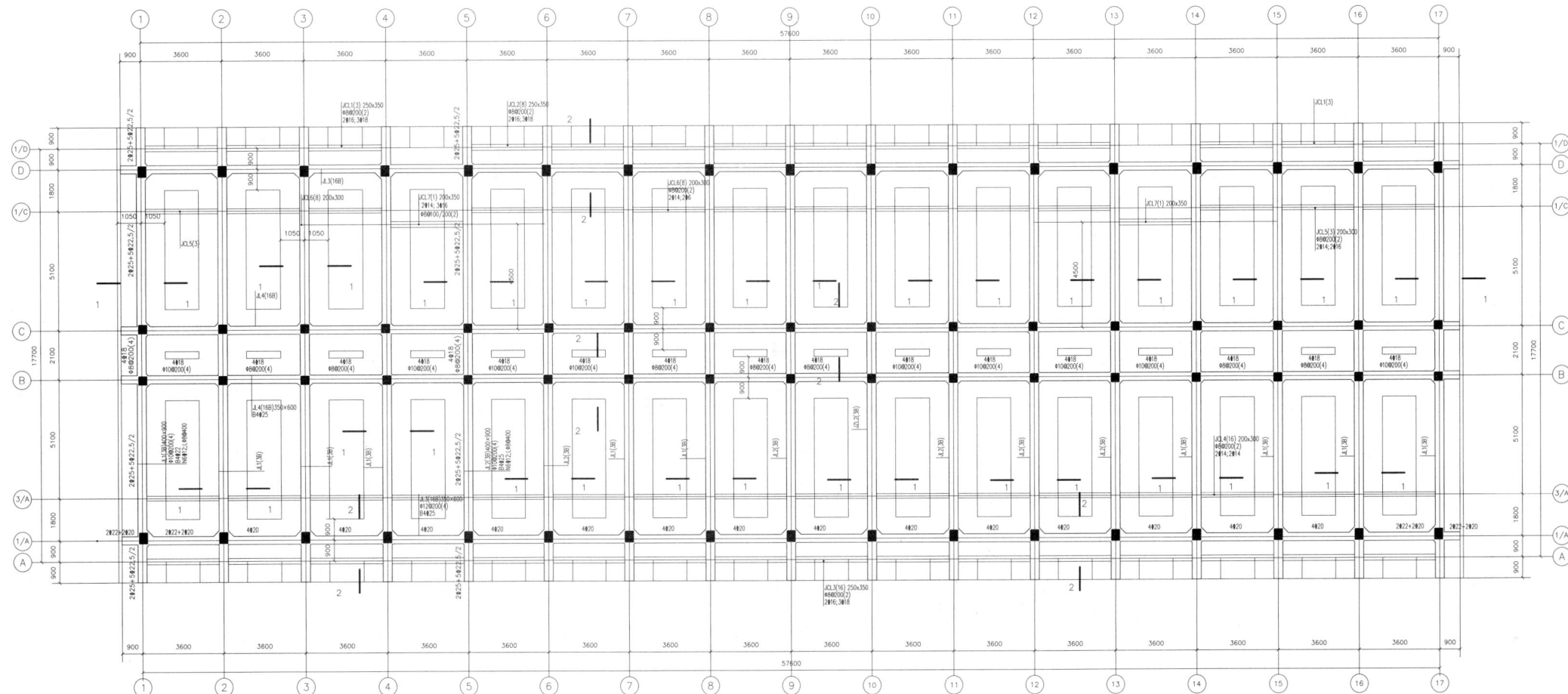

基础平面布置图 1:100

说明：
1. 除标注外梁轴线均居中。
2. 基础采用C30钢筋混凝土；下设100mm厚C15素混凝土垫层，基础底面保护层厚度为40mm。
3. "B"表示板底筋。
4. 其余说明详见结构设计总说明。

一般说明：
1. 本说明应配合基础平面布置图及相关施工图使用。
2. 全部尺寸除注明外，均以mm为单位，标高以m为单位。
3. 本工程±0.000m为22.600m(黄海高程)。
4. 根据勘察工程有限公司提供的《岩土工程勘察报告》的要求进行基础设计，基础设计等级为丙级。本工程采用柱下条形基础形式。
5. 其他说明：
   1) 本工程土层依次为：
      一层为素填土；厚度1.8~2.4m。
      二层为粉质黏土；厚度2.6~3.9m。
      三层为强风化泥质砂岩；厚度0.5~0.8m。
      四层为中风化泥质砂岩；厚度3.0~9.0m。
   2) 本工程基础持力层为二层粉质黏土，承载力特征值为170kPa。
   3) 施工前应查明地下管线，并采取一定措施，以免造成不必要损失。
   4) 当出现超深时应按规范要求留台阶。

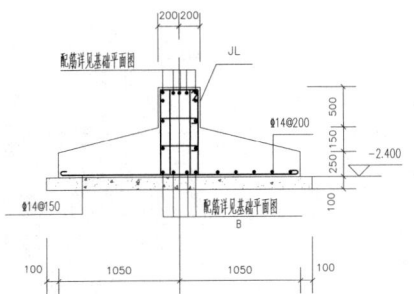

1-1

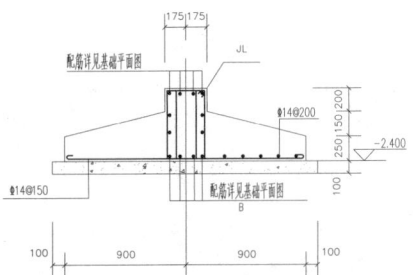

2-2

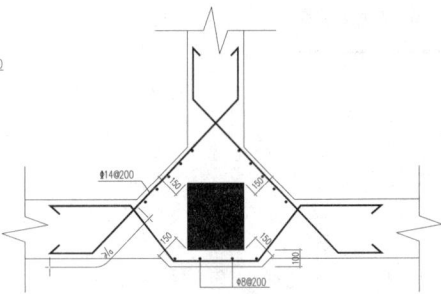

框架柱与基础梁交接构造一

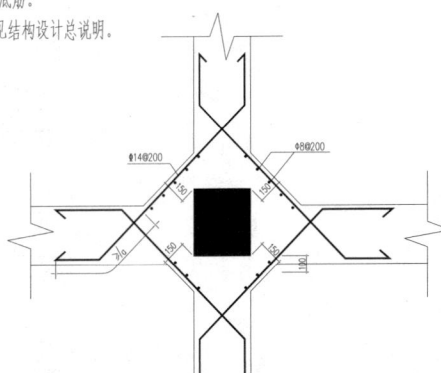

框架柱与基础梁交接构造二

××××建筑设计院	工程名称	××××学院		
	项目	××宿舍楼	设计计号	
审定			图号	02
校对			图别	结施
设计		基础平面布置图		
绘图			日期	

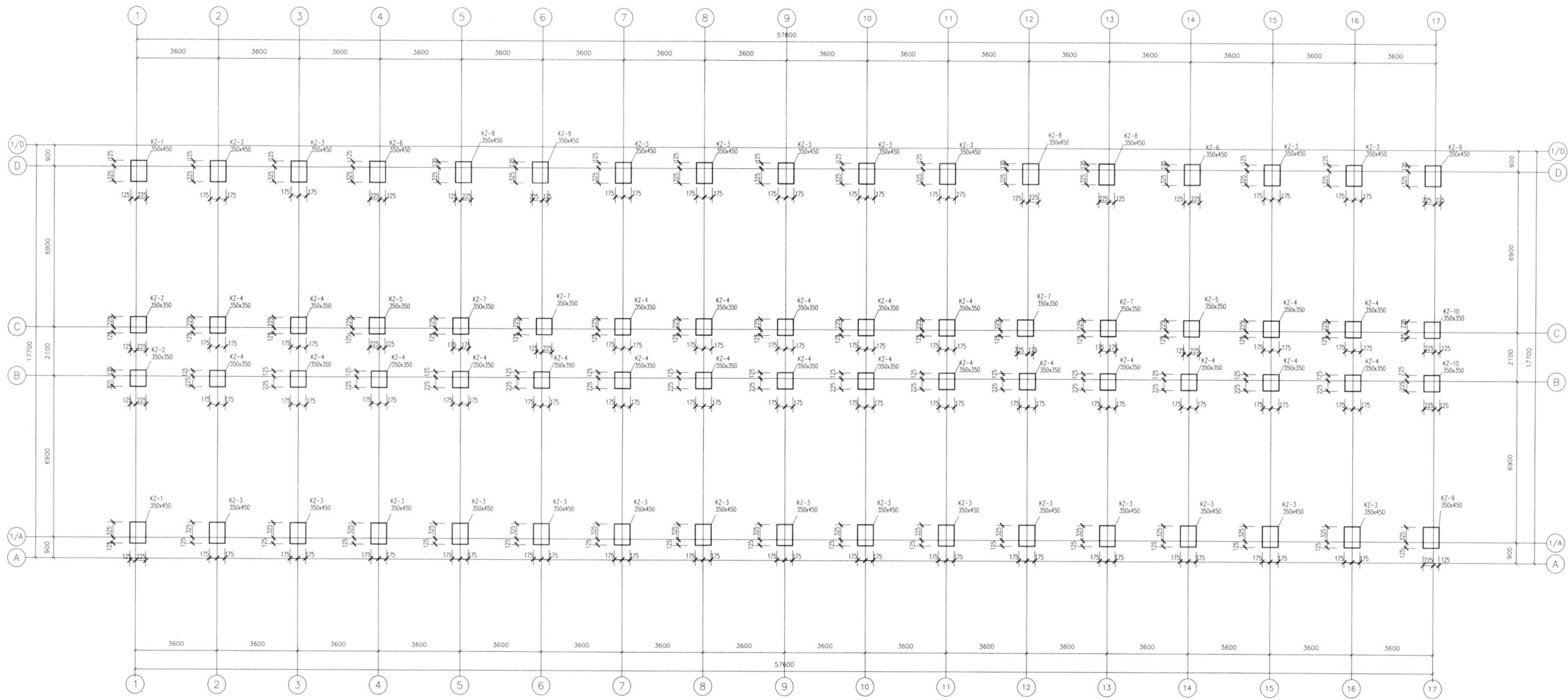

基础顶面～9.870柱布置图 1:100

说明：
1. 未注明柱顶标高见结构层高表。
2. 柱筋加密区详见结构设计总说明。

梯间屋面	22.770	
屋面	19.770	3.00
6	16.470	3.300
5	13.170	3.300
4	9.870	3.300
3	6.570	3.300
2	3.270	3.300
1	-0.030	3.300
层号	标高/m	层高/m

结构层楼面标高
结 构 层 高

××××建筑设计院	工程名称	××××学院		
	项 目	××宿舍楼		
审 定			设计号	
校 对	基础顶面～9.870柱布置图		图 号	03
设 计			图 别	结施
绘 图			日 期	

40

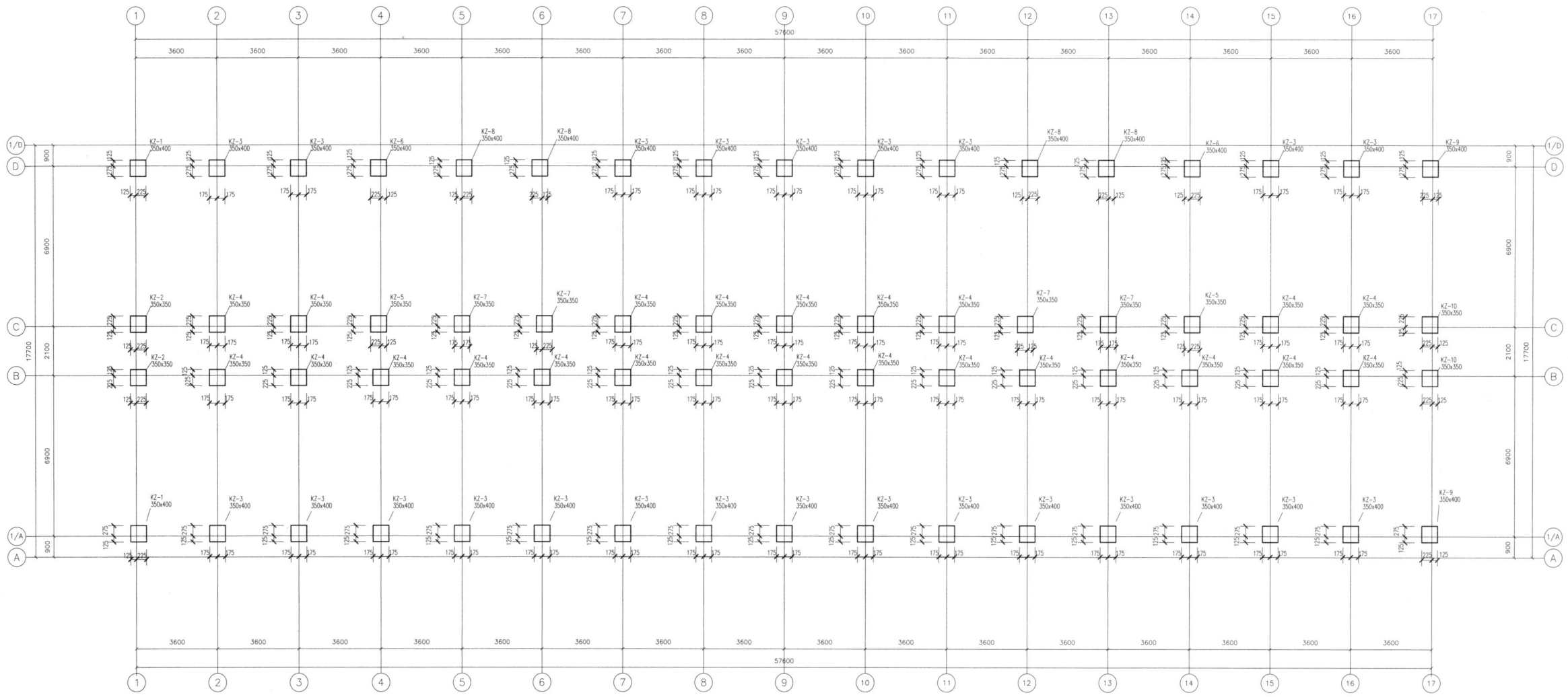

9.870~19.770柱布置图 1:100

说明:
1. 未注明柱顶标高见结构层高表。
2. 柱筋加密区详见结构设计总说明。

梯间屋面	22.770	
屋面	19.770	3.00
6	16.470	3.300
5	13.170	3.300
4	9.870	3.300
3	6.570	3.300
2	3.270	3.300
1	-0.030	3.300
层号	标高/m	层高/m

结构层楼面标高
结构层高

××××建筑设计院

工程名称	××××学院
项 目	××宿舍楼

审 定		设计号	
校 对		图 号	04
设 计		图 别	结施
绘 图		日 期	

9.870~19.770柱布置图

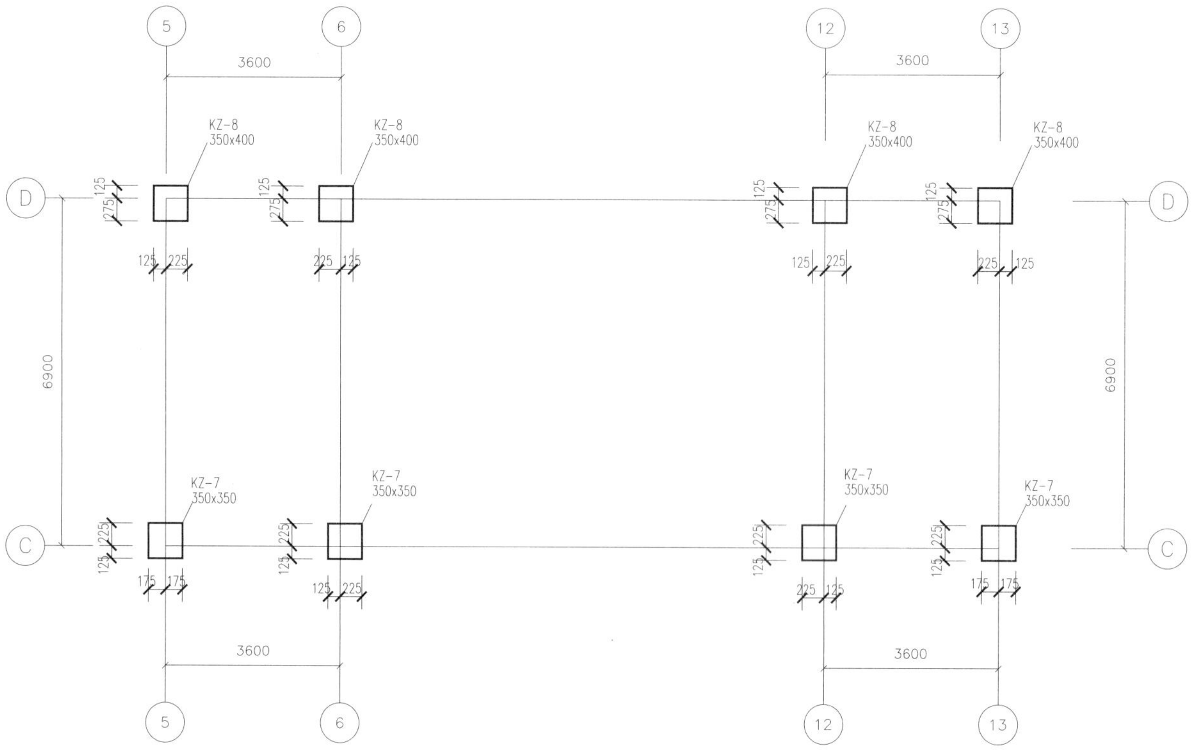

5
6
12
13
3600
3600
KZ-8
350x400
KZ-8
350x400
KZ-8
350x400
KZ-8
350x400
D
D
125
275
125
225
225
125
6900
6900
KZ-7
350x350
KZ-7
350x350
KZ-7
350x350
KZ-7
350x350
C
C
175
3600
3600
5
6
12
13

19.770~22.770柱布置图 1∶100

楼梯间屋面	22.770	
屋面	19.770	3.00
6	16.470	3.300
5	13.170	3.300
4	9.870	3.300
3	6.570	3.300
2	3.270	3.300
1	-0.030	3.300
层号	标高/m	层高/m

结构层楼面标高
结 构 层 高

说明：

1. 未注明柱顶标高见结构层高表。
2. 柱筋加密区详见结构设计总说明。

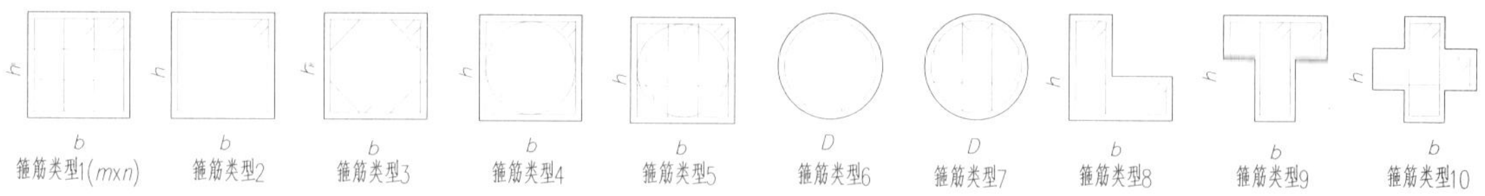

箍筋类型1(m×n)
箍筋类型2
箍筋类型3
箍筋类型4
箍筋类型5
箍筋类型6
箍筋类型7
箍筋类型8
箍筋类型9
箍筋类型10

柱号	标高	b×h(b_i×h_i)(圆柱直径D)	全部纵筋	角筋	b边一侧中部筋	h边一侧中部筋	箍筋类型号	箍筋	备注
KZ-1	基础顶面~3.270	350x450		4Φ18	1Φ16	1Φ16	1(3x3)	Φ10@100	
	3.270~9.870	350x450	8Φ16				1(3x3)	Φ8@100	
	9.870~19.770	350x400	8Φ16				1(3x3)	Φ8@100	
KZ-2	基础顶面~3.270	350x350		4Φ18	1Φ16	1Φ16	1(3x3)	Φ10@100/200	
	3.270~19.770	350x350	8Φ16				1(3x3)	Φ8@100/200	
KZ-3	基础顶面~3.270	350x450		4Φ18	1Φ16	1Φ16	1(3x3)	Φ10@100/200	
	3.270~9.870	350x450	8Φ16				1(3x3)	Φ8@100/200	
	9.870~19.770	350x400	8Φ16				1(3x3)	Φ8@100/200	
KZ-4	基础顶面~3.270	350x350		4Φ18	1Φ16	1Φ16	1(3x3)	Φ10@100/200	
	3.270~19.770	350x350	8Φ16				1(3x3)	Φ8@100/200	
KZ-5	基础顶面~3.270	350x350		4Φ18	1Φ16	1Φ16	1(3x3)	Φ10@100/200	
	3.270~19.770	350x350	8Φ16				1(3x3)	Φ8@100/200	
KZ-6	基础顶面~3.270	350x450		4Φ18	1Φ16	1Φ16	1(3x3)	Φ10@100/200	
	3.270~9.870	350x450	8Φ16				1(3x3)	Φ8@100/200	
	9.870~19.770	350x400	8Φ16				1(3x3)	Φ8@100/200	
KZ-7	基础顶面~3.270	350x350		4Φ18	1Φ16	1Φ16	1(3x3)	Φ10@100	
	3.270~22.770	350x350	8Φ16				1(3x3)	Φ8@100	
KZ-8	基础顶面~3.270	350x450		4Φ18	1Φ16	1Φ16	1(3x3)	Φ10@100	
	3.270~9.870	350x450	8Φ16				1(3x3)	Φ8@100	
	9.870~22.770	350x400	8Φ16				1(3x3)	Φ8@100	
KZ-9	基础顶面~3.270	350x450		4Φ18	1Φ16	1Φ16	1(3x3)	Φ10@100	
	3.270~9.870	350x450	8Φ16				1(3x3)	Φ8@100	
	9.870~19.770	350x400	8Φ16				1(3x3)	Φ8@100	
KZ-10	基础顶面~3.270	350x350		4Φ18	1Φ16	1Φ16	1(3x3)	Φ10@100/200	
	3.270~19.770	350x350	8Φ16				1(3x3)	Φ8@100/200	

柱配筋表

XXXX建筑设计院		工程名称	XXXX学院	
		项　目	XX宿舍楼	
审　定		19.770~22.770柱布置图 柱配筋表	设计号	
校　对			图　号	05
设　计			图　别	结施
绘　图			日　期	

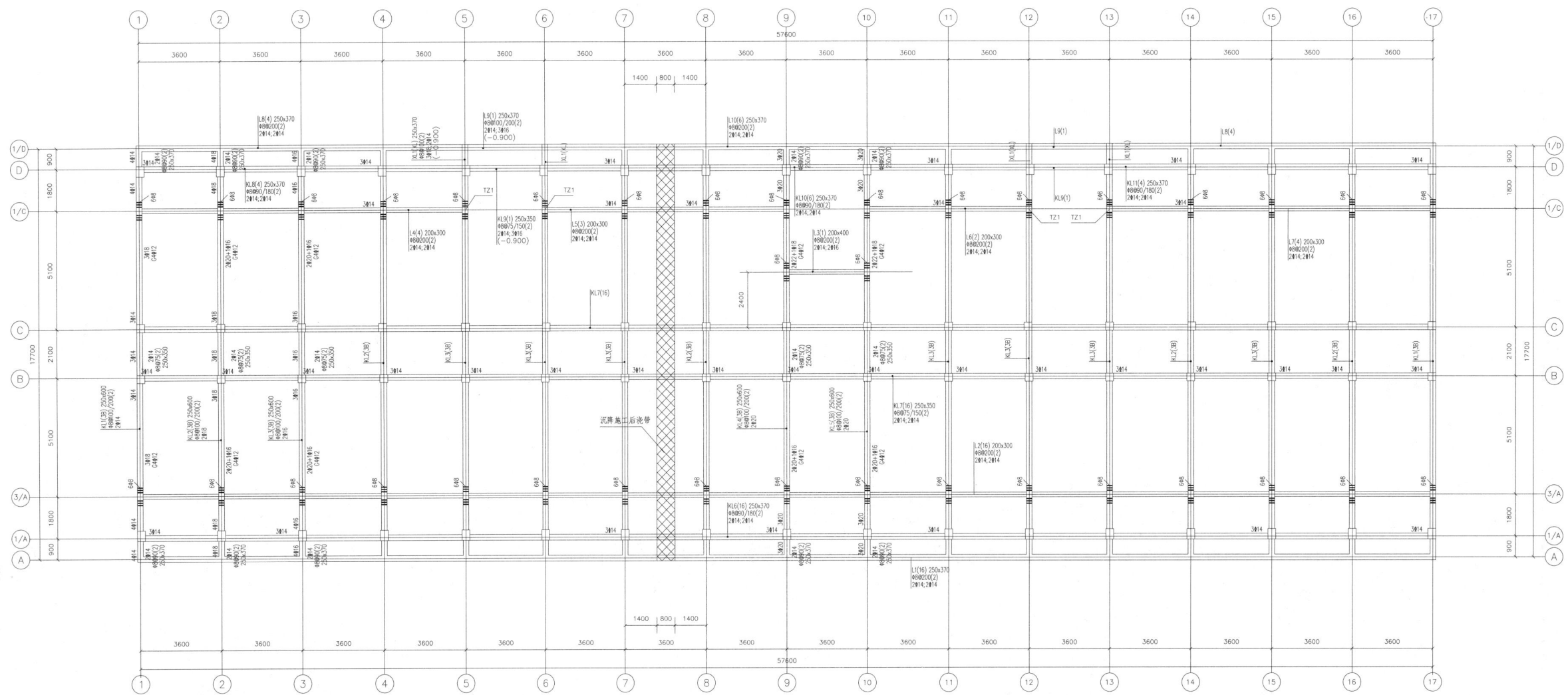

3.270梁配筋图 1:100

后浇带大样

加强筋用
2Φ10@200

施工后浇带混凝土
楼面梁板

说明:
后浇带的施工应符合下列规定:
1. 后浇带浇捣时间为在主体结构施工完毕养护60d。
2. 后浇带的接缝处理应符合施工缝的要求。
3. 后浇带混凝土施工前,后浇带部位应予以保护,防止落入杂物。
4. 后浇带应采用补偿收缩混凝土浇筑,其强度等级应比其两侧混凝土提高一级(C30),混凝土膨胀添加剂须符合要求,须经试验取得最佳配合比。
5. 后浇带混凝土应浇捣密实,加强养护,其养护时间不得少于28d。
6. 后浇带闭合时间选择在较低温度的时候。

说明:
1. 除标注外梁轴线均居中。
2. 混凝土强度为C25。
3. 其余说明详见结构设计总说明。

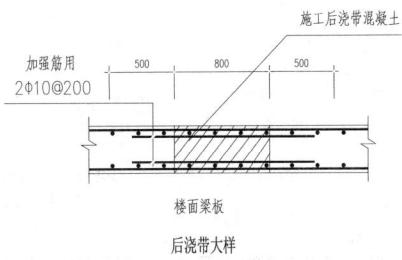

楼梯屋面	22.770	
屋面	19.770	3.00
6	16.470	3.300
5	13.170	3.300
4	9.870	3.300
3	6.570	3.300
2	3.270	3.300
1	-0.030	3.300
层号	标高/m	层高/m

结构层楼面标高
结构层高

XXXX建筑设计院

	工程名称	XXXX学院
	项目	XX宿舍楼
审 定		设计号
校 对		图 号 06
设 计	3.270梁配筋图	图 别 结施
绘 图		日 期

43

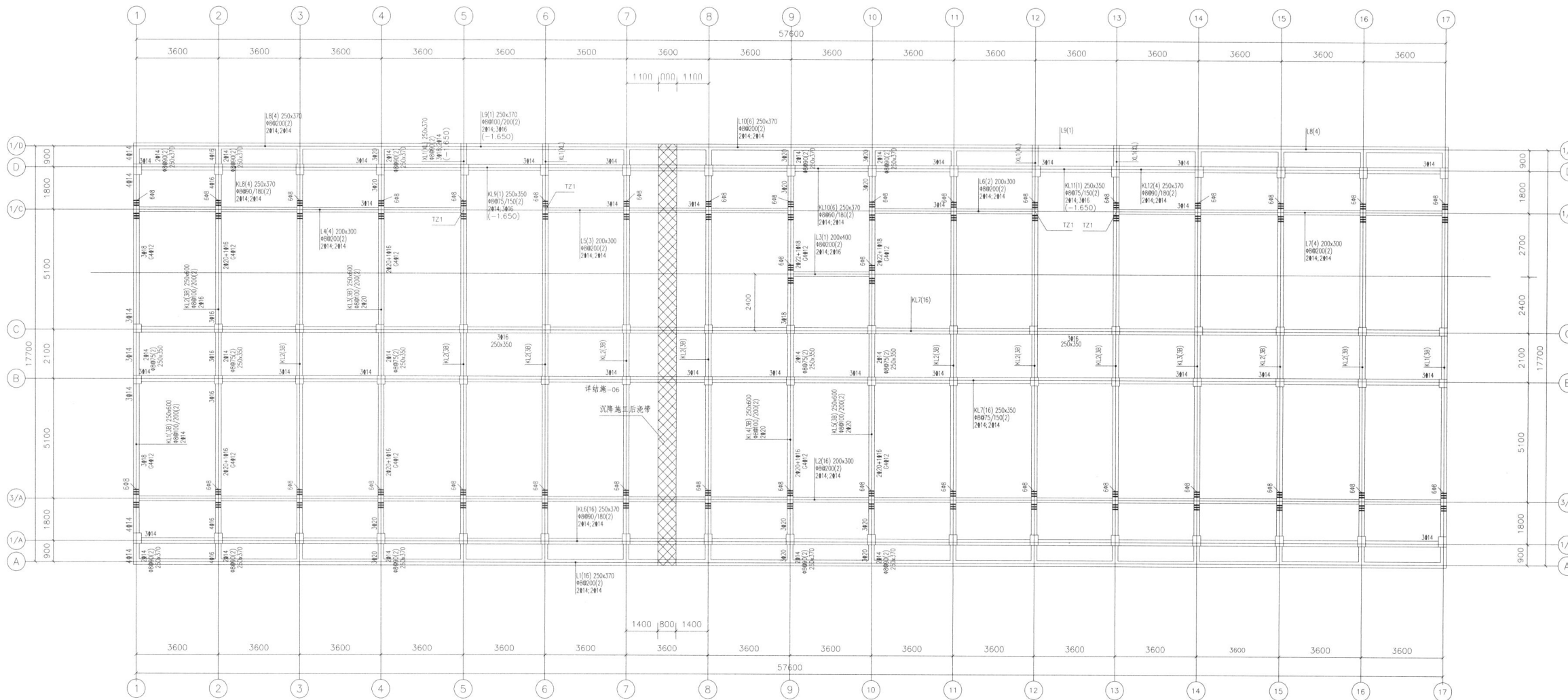

6.570～16.470梁配筋图 1:100

说明:
1. 除标注外梁轴线均居中。
2. 混凝土强度为C25。
3. 其余说明详见结构设计总说明。

梯间屋面	22.770	
屋面	19.770	3.00
6	16.470	3.300
5	13.170	3.300
4	9.870	3.300
3	6.570	3.300
2	3.270	3.300
1	-0.030	3.300
层号	标高/m	层高/m

结构层楼面标高
结 构 层 高

××××建筑设计院	工程名称	××××学院		
	项 目	××宿舍楼		
审 定			设计号	
校 对	6.570～16.470梁配筋图		图 号	07
设 计			图 别	结施
绘 图			日 期	

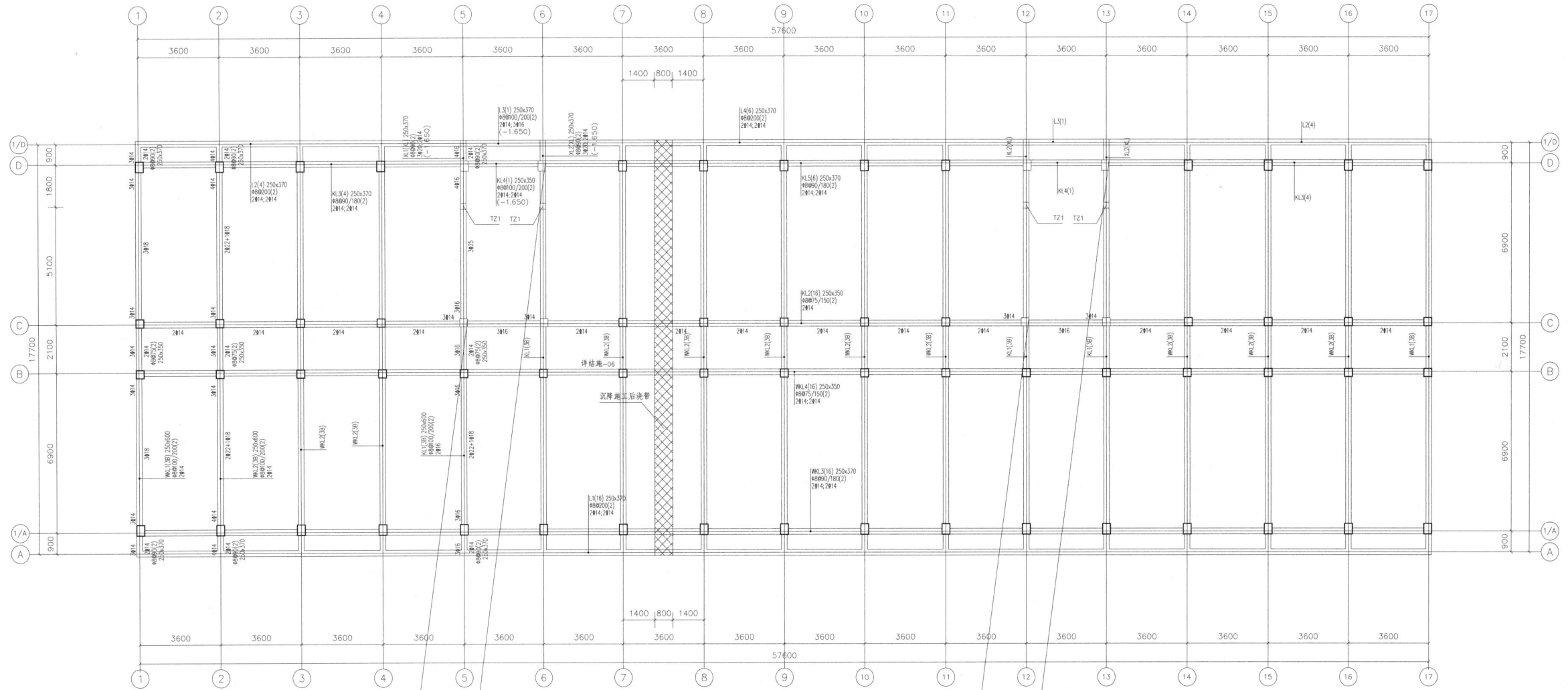

19.770、22.770梁配筋图 1:100

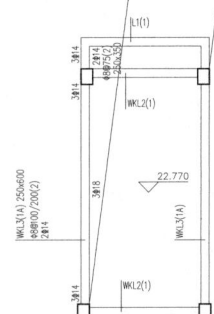

说明：
1. 除标注外梁轴线均居中。
2. 混凝土强度为C25。
3. 其余说明详见结构设计总说明。

结构层楼面标高		
楼间屋面	22.770	
屋面	19.770	3.00
6	16.470	3.300
5	13.170	3.300
4	9.870	3.300
3	6.570	3.300
2	3.270	3.300
1	-0.030	3.300
层号	标高/m	层高/m

结构层楼面标高
结 构 层 高

××××建筑设计院		工程名称	××××学院		
		项 目	××宿舍楼		
审 定				设计号	
校 对		19.770、22.770梁配筋图		图 号	08
设 计				图 别	结施
绘 图				日 期	

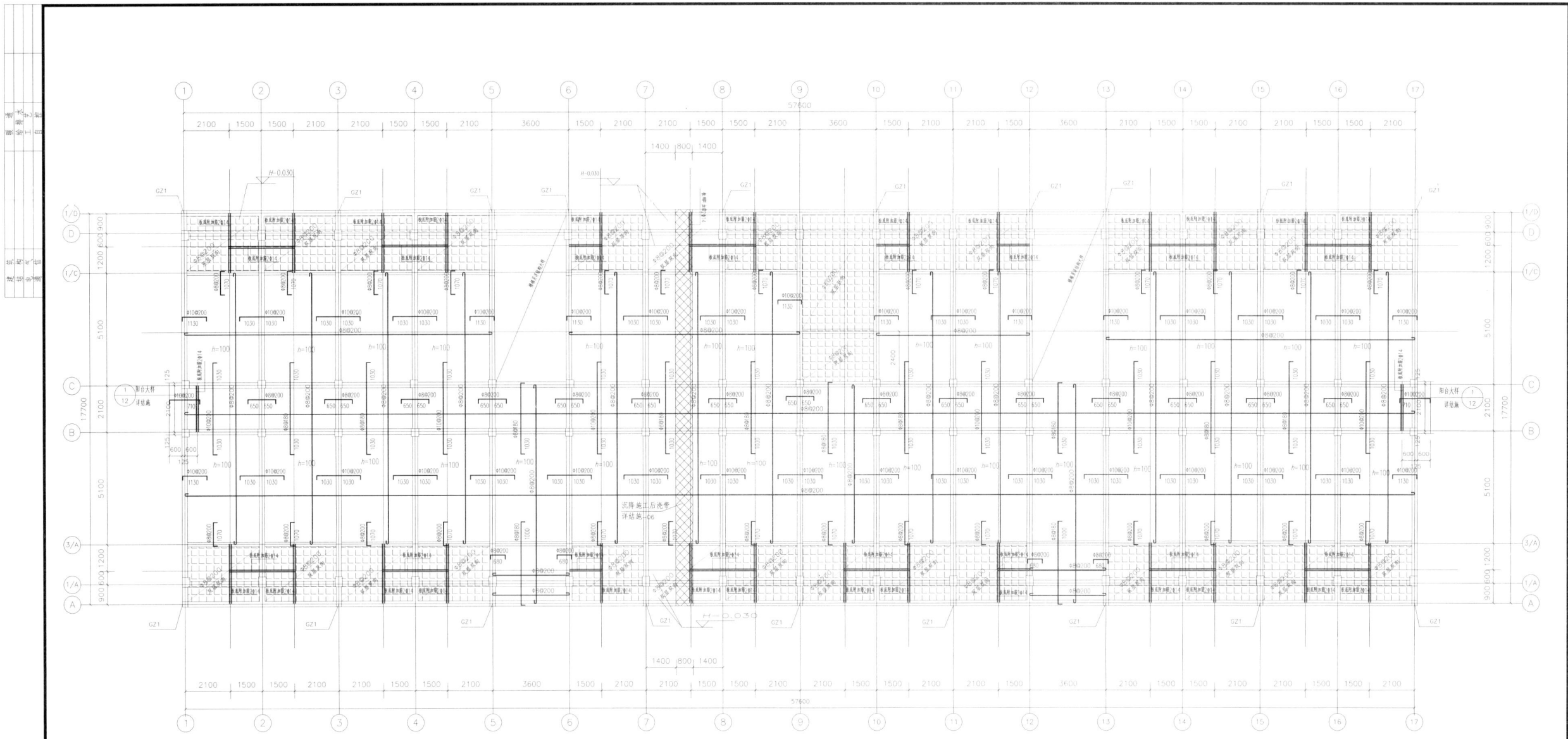

3.270~16.470现浇板配筋图   1:100

说明:
1. 未注明的板厚为100mm。
2. 未注明钢筋为φ8@180。
3. 其余说明详见结构设计总说明。
4. H见结构层高表。

图例: 图中 ▦ 表示此处楼板标高为H-0.030
图中 □ 表示钢筋混凝土柱

4φ14

Φ8@100/200

250

250

GZ1

	楼间屋面	22.770	
	屋面	19.770	3.00
6		16.470	3.300
5		13.170	3.300
4		9.870	3.300
3		6.570	3.300
2		3.270	3.300
1		-0.030	3.300
层号		标高/m	层高/m

结构层楼面标高
结 构 层 高

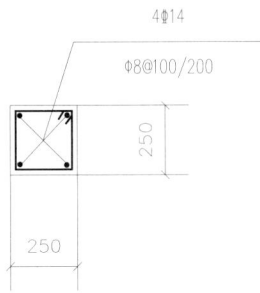

××××建筑设计院

工程名称 ××××学院
项 目 ××综合楼

审 定
校 对
设 计
绘 图

3.270~16.470现浇板配筋图

设计号
图 号 09
图 别 结施
日 期

46

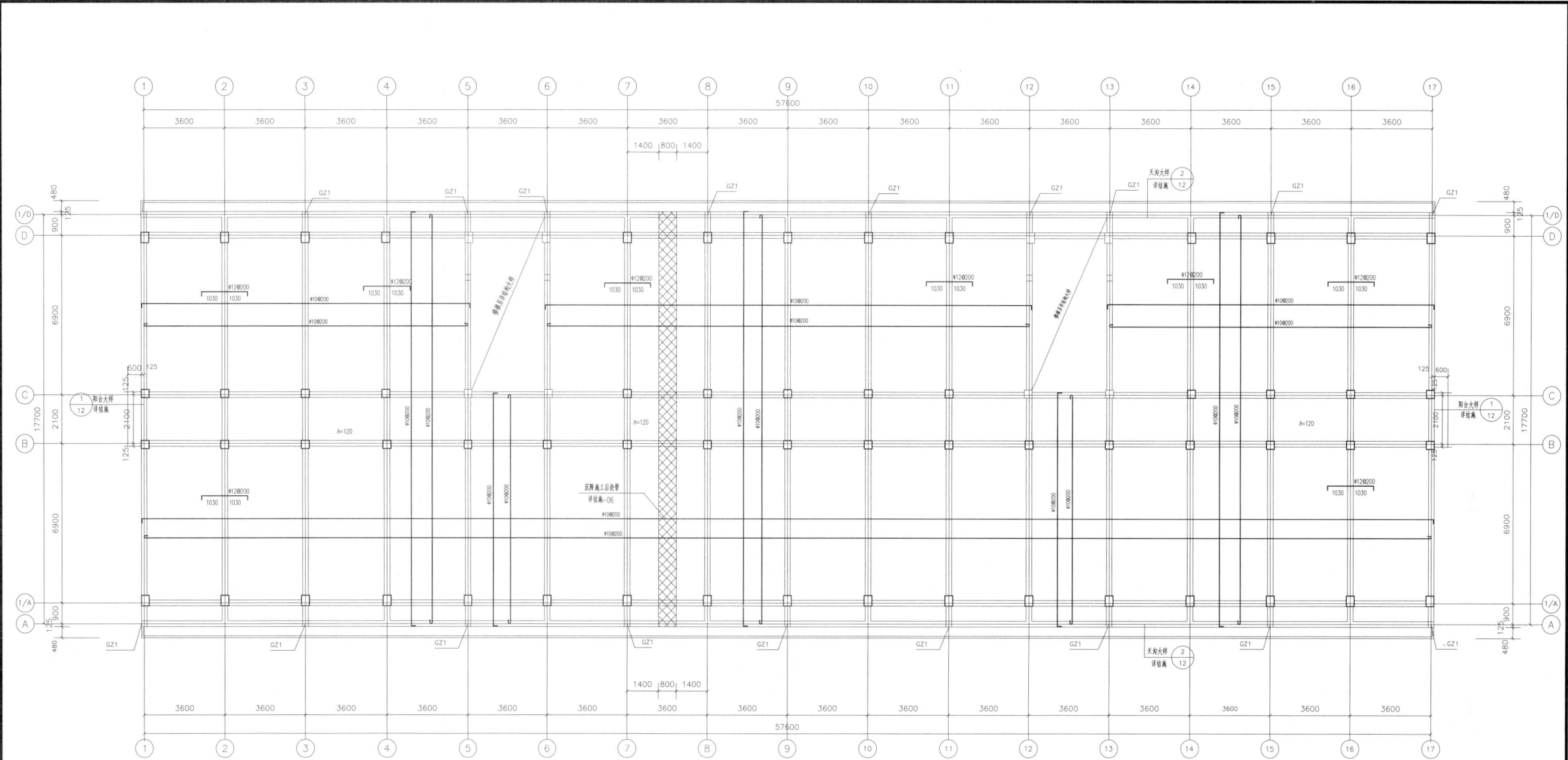

19.770现浇板配筋图 1:100

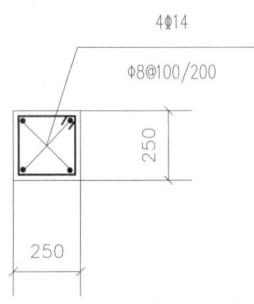

说明：
1. 未注明的板厚为120mm。
2. 未注明钢筋为Φ10@200。
3. 其余说明详见结构设计总说明。
4. H见结构层高表。

4Φ14

Φ8@100/200

250

250

GZ1

梯间屋面	22.770	
屋面	19.770	3.00
6	16.470	3.300
5	13.170	3.300
4	9.870	3.300
3	6.570	3.300
2	3.270	3.300
1	-0.030	3.300
层号	标高/m	层高/m

结构层楼面标高
结 构 层 高

××××建筑设计院	工程名称	××××学院		
	项目	××综合楼		
审 定		设计号		
校 对		19.770现浇板配筋图	图号	10
设 计			图别	结施
绘 图			日期	

47

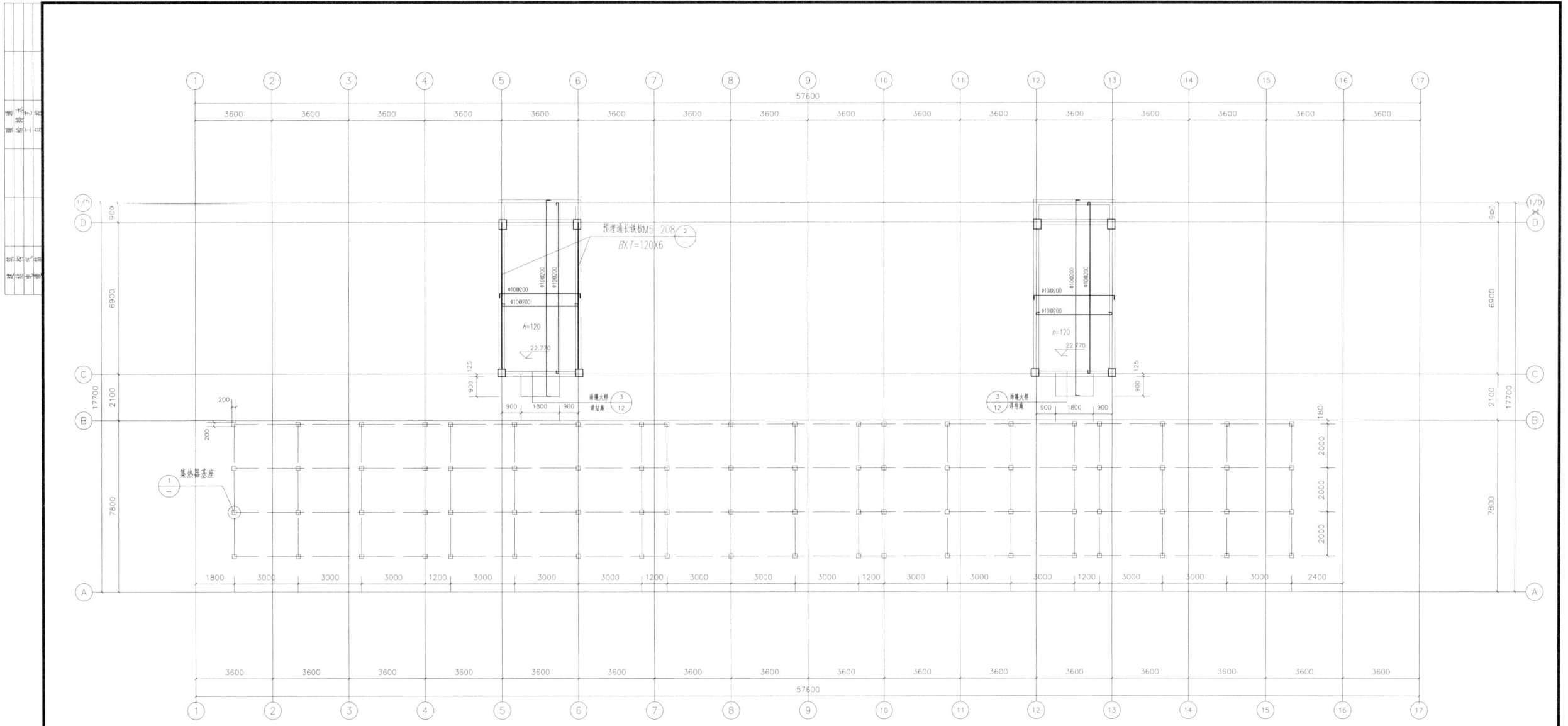

22.770现浇板配筋图 1:100

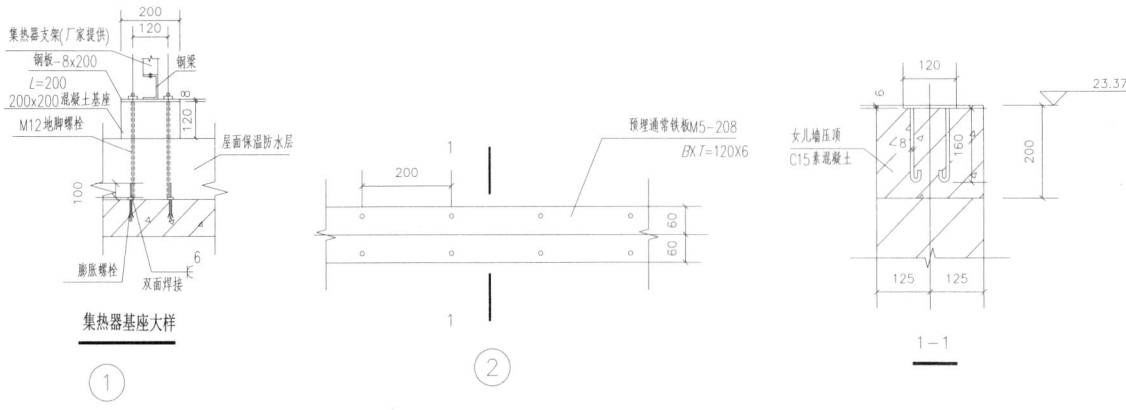

预埋通长铁板M5-208 ②
BXT=120X6

Φ100@200
Φ100@200
Φ100@200

h=120
22.770

集热器基座

详图大样 ③/12

详图大样 ③/12
900 1800 900

集热器支架(厂家提供)
钢板-8x200
L=200
200x200混凝土基座
M12地脚螺栓

屋面保温防水层

膨胀螺栓
双面焊接

集热器基座大样 ①

预埋通长铁板M5-208
BXT=120X6

女儿墙压顶
C15素混凝土

②

1-1

23.37

说明:
1. 未注明的板厚为120mm。
2. 未注明钢筋为Φ10@200。
3. 其余说明详见结构设计总说明。
4. H见结构层高表。

梯间屋面	22.770	
屋面	19.770	3.00
6	16.470	3.300
5	13.170	3.300
4	9.870	3.300
3	6.570	3.300
2	3.270	3.300
1	-0.030	3.300
层号	标高/m	层高/m

结构层楼面标高
结构层高

XXXX建筑设计院

工程名称 XXXX学院
项 目 XX宿舍楼

审 定
校 对
设 计
绘 图

22.770现浇板配筋图

设计号
图 号 11
图 别 结施
日 期

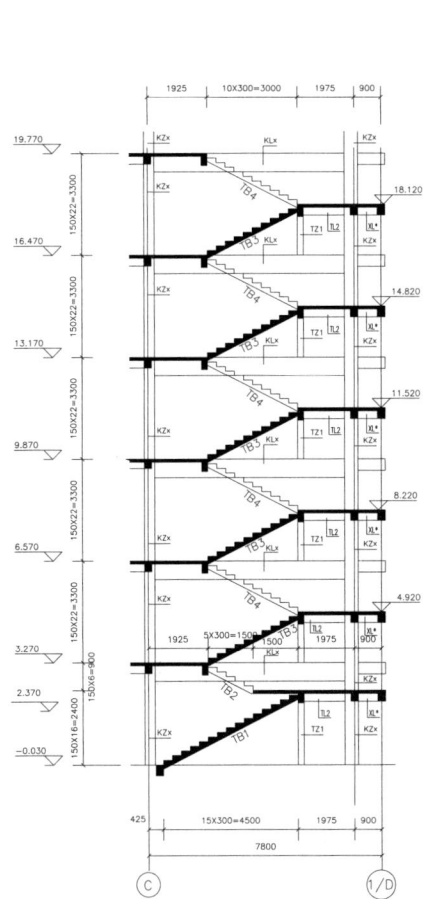

梯间剖面大样图 1:100

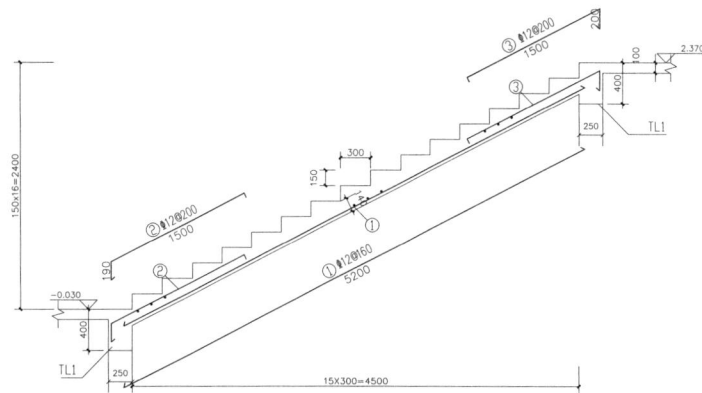

TB1楼梯段配筋图 1:30
分布钢筋: Φ8@200
配筋构造详见22G101—2平台AT型梯板配筋构造

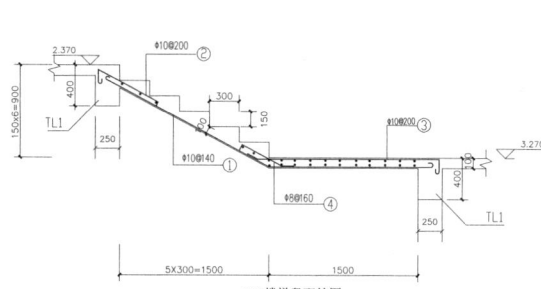

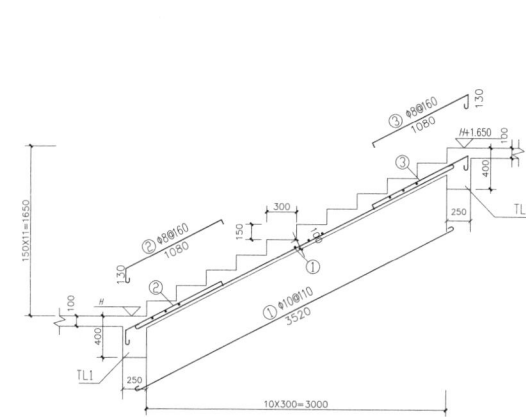

TB2楼梯段配筋图 1:30
分布钢筋: Φ8@200
配筋构造详见22G101—2平台BT型梯板配筋构造

TB3楼梯段配筋图 1:30
注: H见结构层高表
分布钢筋: Φ8@200
配筋构造详见22G101—2平台AT型梯板配筋构造

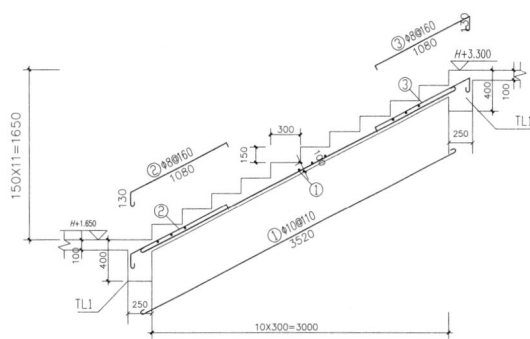

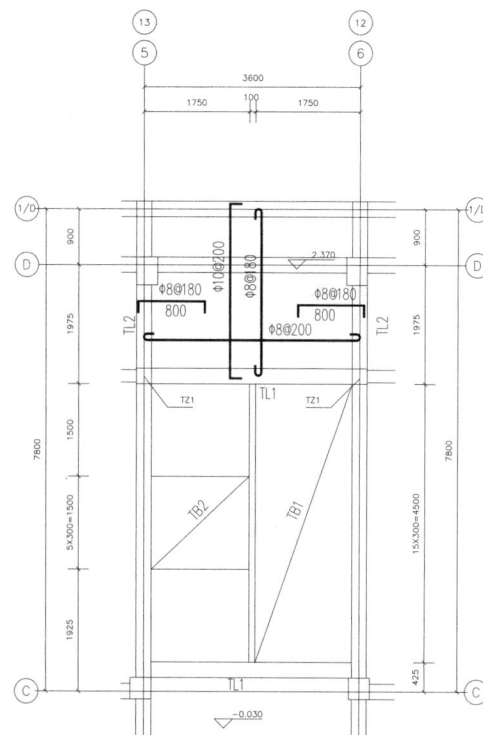

TB4楼梯段配筋图 1:30
注: H见结构层高表
分布钢筋: Φ8@200
配筋构造详见22G101—2平台AT型梯板配筋构造

楼梯一层平面配筋图 1:50

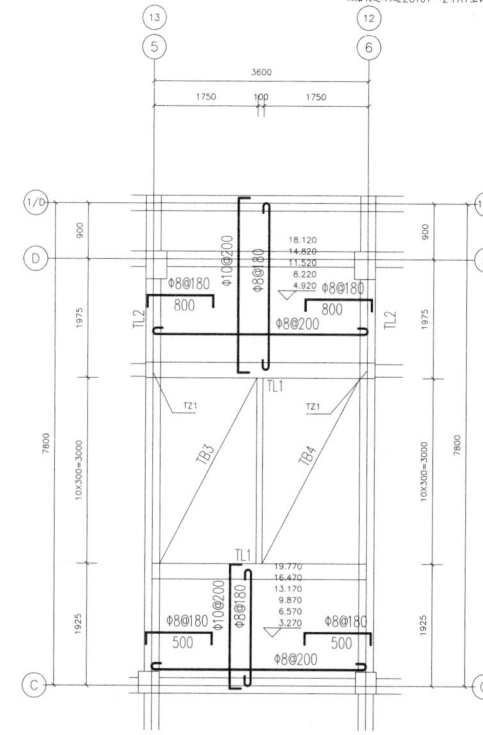

楼梯二~六层平面配筋图 1:50

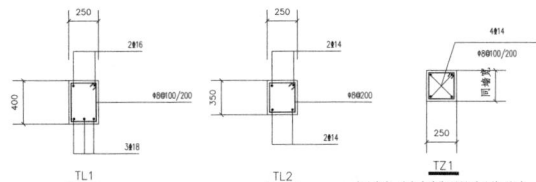

TL1

TL2

TZ1
起止高度: 起标高为基础顶标高或楼面标高
止标高为平台板标高

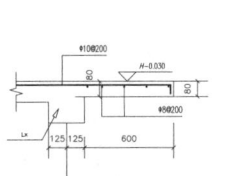

① 阳台配筋大样 1:20
注: H见结构层高表。

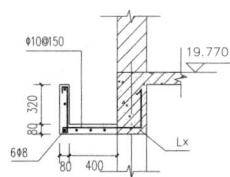

② 天沟大样 1:25

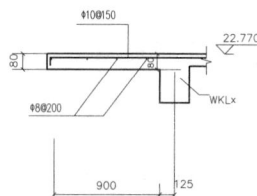

③ 雨篷配筋图 1:20

×××× 建 筑 设 计 院	工程名称	××××学院		
	项 目	××宿舍楼		
审 定			设计号	
校 对	楼梯配筋图		图 号	12
设 计			图 别	结施
绘 图			日 期	

49